中国石油天然气集团有限公司统建培训资源
高技能人才综合能力提升系列培训丛书

天然气净化操作工
技师培训教材

中国石油天然气集团有限公司人力资源部 编

石油工业出版社

内 容 提 要

本书为中国石油天然气集团有限公司统建培训资源"高技能人才综合能力提升系列培训丛书"之一，主要分为专业知识、装置操作与维护、故障诊断与处理、天然气净化 HSE 管理四部分，突出新知识、新技术、新材料、新工艺等"四新"技术介绍，重视专业知识、工艺原理、操作规程、核心技术、关键技能、故障判断与处理、HSE 管理、相关专业联系等方面的知识和技能。本书理论知识与实际操作相结合，突出员工培训的知识和技能，具有较强的实用性和针对性。

本书既可作为高级及以上天然气净化操作工的培训教材，也供其他从事天然气净化操作人员阅读。

图书在版编目（CIP）数据

天然气净化操作工技师培训教材/中国石油天然气集团有限公司人力资源部编．--北京：石油工业出版社，2024.10

（高技能人才综合能力提升系列培训丛书）

ISBN 978-7-5183-6631-6

Ⅰ.①天… Ⅱ.①中… Ⅲ.①天然气净化-技术培训-教材 Ⅳ.①TE665.3

中国国家版本馆 CIP 数据核字（2024）第 092080 号

出版发行：石油工业出版社
　　　　　（北京市朝阳区安华里 2 区 1 号楼　100011）
　　　　网　　址：www.petropub.com
　　　　编辑部：(010) 64240756
　　　　图书营销中心：(010) 64523633
经　销：全国新华书店
印　刷：北京晨旭印刷厂

2024 年 10 月第 1 版　2024 年 10 月第 1 次印刷
787×1092 毫米　　开本：1/16　　印张：23
字数：590 千字

定价：80.00 元
（如发现印装质量问题，我社图书营销中心负责调换）
版权所有，翻印必究

编 审 组

主　　编：傅敬强　王　军　岑　岭
副 主 编：王晓东　张小兵　唐忠渝
编写人员：段　练　文　欣　熊　勇　彭　朝　程晓明
　　　　　　高　进　罗　斌　何大容　张　伟　伍治源
　　　　　　金慕庆　苟永健　王国强　何璐汐　伍　强
　　　　　　兰　翔　杨旭帆
审定人员：张希彬　裴庆银　段明霞　张立群　范　锐
　　　　　　曾　刚　宋文中　王鸿宇　熊运涛　毛　宏
　　　　　　周　军　郑　民　郭子龙　胡　超　向凤武
　　　　　　周　彬　唐　浠　肖函予　赵小森　倪　伟
　　　　　　郑　斌　李林峰　王向林　陈世明　万义秀
　　　　　　傅　适　岑永虎　张有军　侯开红　叶　波
　　　　　　何沿江　赵柳鉴　雷　恒　王小强　向　里
　　　　　　何奉儒　郑雪平　曾　强　黄朝齐　贾　勇
　　　　　　赖　兵　沈荣华　罗　东　瞿　杨　王灵军
　　　　　　洪铭江　陈廷库　陈　龙　秦　婧　胡　勇
　　　　　　鲁大勇　梁　革　徐　飞　温　涛　罗　涛
　　　　　　杨　阳　郑智渊　唐婉怡　盛　斌　蒋　治

前 言

为加快高技能人才储备和知识更新，提升高技能人才职业素养、专业知识水平和解决生产实际问题的能力，进一步发挥高端带动作用，在总结"十三五"技师、高级技师跨企业、跨区域开展脱产集中培训的基础上，中国石油天然气集团有限公司人力资源部依托中国石油集团实训师大赛项目，组织专家力量，历时一年多时间，将教学讲义、专家讲座、现场经验及学员技术交流成果资料加以系统整理、归纳、提炼，开发出首批16个职业（工种）高技能人才培训系列教材，由石油工业出版社陆续出版。

本套教材是中国石油集团加快适用于高技能人才现代培训技术和特色教材开发的有益尝试，适合于已取得技师、高级技师职业资格的人员自学提高、研修培训、传承技艺使用，也适合后备高技能人才超前储备知识使用，同时，也为现场技术人员和培训机构提供实践参考。

本教材分专业知识、装置操作与维护、故障诊断与处理、天然气净化HSE管理四大模块进行编写，突出新知识、新技术、新材料、新工艺等"四新"技术介绍，重视专业知识、工艺原理、操作规程、核心技术、关键技能、故障判断与处理、HSE管理、相关专业联系等方面的知识和技能。

本教材由西南油气田分公司组织编写，傅敬强、王军、岑嶺任主编，王晓东、张小兵、唐忠渝任副主编，统筹编写组成员共同编写。

在本教材编写过程中，得到大庆油田有限责任公司、长庆油田分公司、冀东油田分公司和西南油气田分公司等单位专家的大力支持和帮助，在此一并表示感谢。

由于编者水平有限，书中疏漏之处在所难免，请广大读者提出宝贵意见。

编者
2024年6月

目 录

模块一 专业知识

第一章 化工基础知识 ……………………………………………………………… 3
- 第一节 动量传递 ………………………………………………………………… 3
- 第二节 热量传递 ………………………………………………………………… 15
- 第三节 质量传递 ………………………………………………………………… 22
- 第四节 化学反应工程 …………………………………………………………… 41

第二章 天然气净化主体装置基础知识 …………………………………………… 52
- 第一节 天然气预处理 …………………………………………………………… 52
- 第二节 天然气脱硫脱碳 ………………………………………………………… 53
- 第三节 天然气脱水 ……………………………………………………………… 58
- 第四节 天然气脱烃 ……………………………………………………………… 62
- 第五节 硫磺回收 ………………………………………………………………… 66
- 第六节 尾气处理 ………………………………………………………………… 74
- 第七节 酸水汽提 ………………………………………………………………… 80

第三章 天然气净化辅助装置基础知识 …………………………………………… 82
- 第一节 硫磺成型 ………………………………………………………………… 82
- 第二节 污水处理 ………………………………………………………………… 86
- 第三节 火炬及放空系统 ………………………………………………………… 89

第四章 天然气净化公用装置基础知识 …………………………………………… 90
- 第一节 新鲜水及循环水处理 …………………………………………………… 90
- 第二节 蒸汽及凝结水系统 ……………………………………………………… 91
- 第三节 空气及氮气系统 ………………………………………………………… 93
- 第四节 燃料气系统 ……………………………………………………………… 95
- 第五节 导热油系统 ……………………………………………………………… 95

第五章 天然气净化机电仪基础知识 ……………………………………………… 99
- 第一节 天然气净化动设备基础知识 …………………………………………… 99
- 第二节 天然气净化静设备基础知识 …………………………………………… 111
- 第三节 天然气净化厂的腐蚀与防护 …………………………………………… 116

| 第四节 | 天然气净化仪表基础知识 | 120 |
| 第五节 | 天然气净化电气基础知识 | 135 |

第六章　天然气净化节能基础知识　148
| 第一节 | 综合能耗及单耗 | 148 |
| 第二节 | 节能管理 | 150 |

模块二　装置操作与维护

第一章　天然气净化主体装置操作　155
第一节	天然气预处理	155
第二节	天然气脱硫脱碳	157
第三节	天然气脱水	166
第四节	天然气脱烃	175
第五节	硫磺回收	177
第六节	尾气处理	195
第七节	酸水汽提	206

第二章　天然气净化辅助装置操作　210
第一节	硫磺成型	210
第二节	污水处理	211
第三节	火炬及放空系统	221

第三章　天然气净化公用装置操作　223
第一节	新鲜水及循环水处理	223
第二节	蒸汽及凝结水系统	226
第三节	导热油系统	231
第四节	空气及氮气系统	234
第五节	燃料气系统	236

第四章　天然气净化装置设备维护　238
| 第一节 | 天然气净化装置动设备维护 | 238 |
| 第二节 | 天然气净化装置静设备维护 | 242 |

模块三　故障诊断与处理

第一章　天然气净化厂主体装置故障分析与处理　249
第一节	天然气预处理	249
第二节	天然气脱硫脱碳	250
第三节	天然气脱水	257

  第四节 天然气脱烃 ··· 262
  第五节 硫磺回收 ··· 263
  第六节 尾气处理 ··· 273
  第七节 酸水汽提 ··· 281
 第二章 天然气净化厂辅助装置故障分析与处理 ··· 284
  第一节 硫磺成型 ··· 284
  第二节 消防水系统 ·· 286
  第三节 污水处理 ··· 287
  第四节 火炬及放空系统 ·· 289
 第三章 天然气净化厂公用装置故障分析与处理 ··· 291
  第一节 新鲜水及循环水系统 ·· 291
  第二节 蒸汽及凝结水系统 ··· 294
  第三节 空气及氮气系统 ·· 298
  第四节 燃料气系统 ·· 301
  第五节 导热油系统 ·· 303

模块四 天然气净化 HSE 管理

第一章 天然气净化厂安全管理 ·· 307
 第一节 危害因素辨识与风险控制 ··· 307
 第二节 应急预案与演练 ··· 328
 第三节 作业许可管理 ·· 333
 第四节 常用 QHSE 工具方法 ··· 349
第二章 天然气净化厂环境管理 ·· 353
 第一节 环境因素管理 ·· 353
 第二节 污染源管理 ·· 355

参考文献 ··· 358

模块一
专业知识

第一章　化工基础知识

化工过程操作可分为两大类：一类为不进行化学反应的物理过程，如天然气净化厂的原料气预处理、脱水脱烃、硫磺成型等过程；另一类则以进行化学反应为主，如天然气净化厂的脱硫脱碳、硫磺回收、污水处理等过程。所有单元操作过程都属于速率过程，而动量、热量和质量的传递速率对化工过程进行起重要作用。传递过程原理是化工单元操作的基础，它注重从理论上揭示各种单元操作过程和设备基本原理，而各种具体的单元操作则是这3种基本过程的不同方式的组合（图1-1-1）。在天然气净化厂的单元操作主要有过滤与沉降、气液吸收、加热冷却、气固吸附、精馏等。

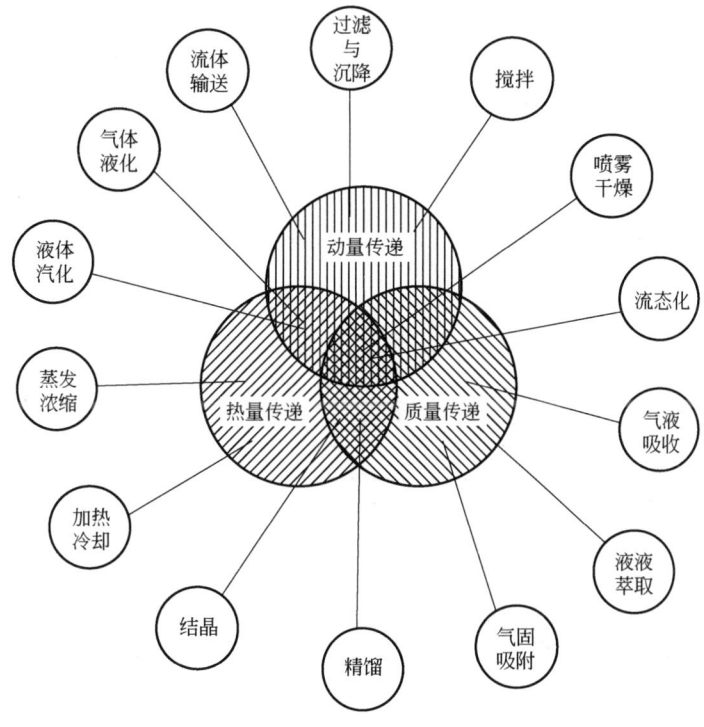

图1-1-1　传递现象与单元操作的关系

第一节　动量传递

一、牛顿黏性定律

流体的典型特征是具有流动性，但不同流体的流动性能不同，这主要是因为流体内部质点间做相对运动时存在不同的内摩擦力,这种表明流体流动时产生内摩擦力的特性称为黏性。黏性是流动性的反面,流体黏性越大,其流动性越小。流体黏性是流体产生流动阻力的根源。

如图 1-1-2 所示,设有上、下两块面积很大且相距很近的平行平板,板间充满某种静止液体。若将下板固定,而对上板施加一个恒定的外力,上板就以恒定速度 u 沿 x 方向运动。若 u 较小,则两板间的液体就会分成无数平行的薄层而运动,黏附在上板底面下的一薄层流体以速度 u 随上板运动,其下各层液体的速度依次降低,紧贴在下板表面的一层液体,因黏附在静止的下板上,其速度为零,两平板间流速呈线性变化。对任意相邻两层流体来说,上层速度较大,下层速度较小,前者对后者起带动作用,后者对前者起拖曳作用,流体层之间的这种相互作用,产生内摩擦,而流体的黏性正是这种内摩擦的表现。

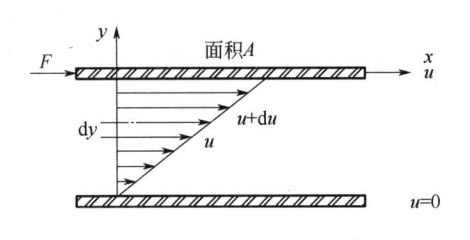

图 1-1-2 平板间液体速度变化

平行平板间的流体,流速分布为直线,而流体在圆管内流动时,速度分布呈抛物线形,如图 1-1-3 所示。

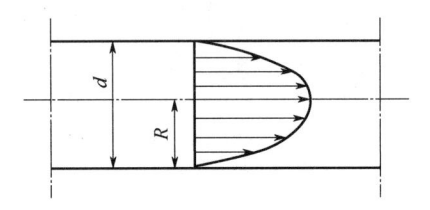

图 1-1-3 实际流体在管内的速度分布

实验证明,对于一定的流体,内摩擦力 F 与两流体层的速度差 du 成正比,与两层之间的垂直距离 dy 成反比,与两层间的接触面积 A 成正比,即

$$F = \mu A \frac{du}{dy} \qquad (1-1-1)$$

式中 F——内摩擦力,N;

$\dfrac{du}{dy}$——法向速度梯度,即在与流体流动方向相垂直的 y 方向上流体速度的变化率,1/s;

μ——比例系数,称为流体的黏度或动力黏度,Pa·s;

A——两层间的接触面积,m^2。

一般,单位面积上的内摩擦力称为剪应力,以 τ 表示,单位为 Pa,则式(1-1-1)变为

$$\tau = \mu \frac{\mathrm{d}u}{\mathrm{d}y} \tag{1-1-2}$$

式(1-1-1)、式(1-1-2)称为牛顿黏性定律,表明流体层间的内摩擦力或剪应力与法向速度梯度成正比。

剪应力与速度梯度的关系符合牛顿黏性定律的流体,称为牛顿型流体,包括所有气体和大多数液体;不符合牛顿黏性定律的流体称为非牛顿型流体,如高分子溶液、胶体溶液及悬浮液等。

二、伯努利方程

伯努利方程反映了流体在稳态流动过程中,各种形式机械能的相互转换关系。

(一) 总能量衡算

如图1-1-4所示的定态流动系统中,流体从1—1′截面流入,2—2′截面流出。

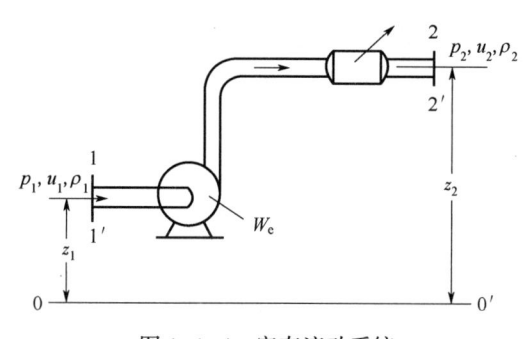

图1-1-4 定态流动系统

衡算范围:1—1′、2—2′截面以及管内壁所围成的空间。
衡算基准:1kg 流体。
基准水平面:0—0′水平面。

1. 内能

物体或若干物体构成的系统内部微观粒子的一切运动形式所具有的能量总和称为内能,常用符号 U 表示,单位为 J。

2. 位能

流体受重力作用在不同高度所具有的能量称为位能。将质量为 m 的流体自基准水平面 0—0′升举到 z 处所做的功,即为位能(E_p):

$$E_p = mgz \tag{1-1-3}$$

1kg 的流体所具有的位能为 zg,单位为 J,其中 z 为自基准水平面的流体高度,m。

3. 动能

流体以一定速度流动,便具有动能(E_k):

$$E_k = \frac{1}{2}mu^2 \qquad (1\text{-}1\text{-}4)$$

1kg 的流体所具有的动能为 $\frac{1}{2}u^2$，单位为 J，其中 u 为流体流速，m/s。

4. 静压能

在静止流体内部，任意一处都有静压力，同样，在流动着的流体内部，任意一处也有静压力。如果在一内部有液体流动的管壁面上开一小孔，并在小孔处装一根垂直的细玻璃管，液体便会在玻璃管内上升，上升的液柱高度即管内该截面处液体静压力的表现，如图 1-1-5 所示。对于图 1-1-4 的流动系统，由于在 1—1′ 截面处流体具有一定的静压力，流体要通过该截面进入系统，就需要对流体做一定的功，以克服这个静压力。换句话说，进入截面后的流体，也就具有与此功相当的能量，这种能量称为静压能或流动功。质量为 m、体积为 V_1 的流体，通过 1—1′ 截面所需的作用力 $F_1 = p_1 A_1$，流体推入管内所走的距离 V_1/A_1，与此功相当的静压能为

$$E_{\text{静}} = p_1 A_1 \frac{V_1}{A_1} = p_1 V_1 \qquad (1\text{-}1\text{-}5)$$

1kg 的流体所具有的静压能为 $\frac{p_1 V_1}{m} = \frac{p_1}{\rho_1}$，其单位为 J。

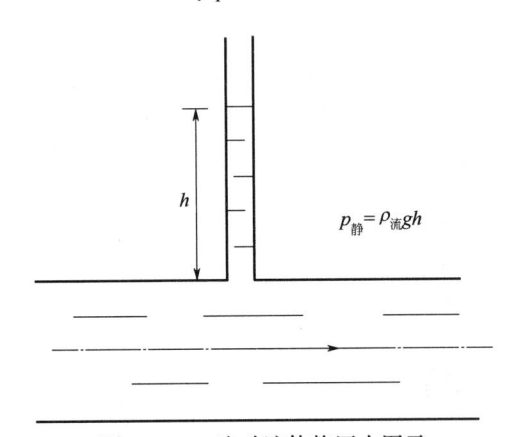

图 1-1-5　流动液体静压力图示

以上 3 种能量均为流体在截面处所具有的机械能，三者之和称为某截面上的总机械能。

此外，流体在流动过程中，还有通过其他外界条件与衡算系统交换的能量。

5. 热量

热量是指由于温度差别而转移的能量。在温度不同的物体之间，热量总是由高温物体向低温物体传递。设换热器向 1kg 流体提供的热量为 q_e，其单位为 J。

6. 外功

在图 1-1-4 的流动系统中，还有流体输送机械（泵或风机）向流体做功，1kg 流体从流体输送机械所获得的能量称为外功或有效功，用 W_e 表示，其单位为 J。

根据能量守恒原则，对于划定的流动范围，其输入的总能量必等于输出的总能量。在

图 1-1-4 中，在 1—1′截面与 2—2′截面之间的衡算范围内，有

$$U_1+z_1g+\frac{1}{2}u_1^2+p_1V_1+W_e+q_e=U_2+z_2g+\frac{1}{2}u_2^2+p_2V_2 \quad (1\text{-}1\text{-}6)$$

或

$$W_e+q_e=\Delta U+\Delta zg+\frac{1}{2}\Delta u^2+\Delta pV \quad (1\text{-}1\text{-}7)$$

式中　U_1、U_2——流体内能，J；
　　　z_1、z_2——自基准水平面的流体高度，m；
　　　u_1、u_2——流体流速，m/s；
　　　p_1、p_2——流体压力，Pa；
　　　V_1、V_2——流体体积，m³。

在以上能量形式中，可分为两类：（1）机械能，即位能、动能、静压能及外功，可用于输送流体；（2）内能与热，即不能直接转变为输送流体的机械能。

（二）实际流体的机械能衡算

1. 以单位质量流体为基准

假设流体不可压缩，则 $V_1=V_2=\dfrac{1}{\rho}$；流动系统无热交换，则 $q_e=0$；流体温度不变，则 $U_1=U_2$。

因实际流体具有黏性，在流动过程中必消耗一定的能量。根据能量守恒原则，能量不可能消失，只能从一种形式转变为另一种形式，这些消耗的机械能转变成热能，此热能不能再转变为用于流体输送的机械能，只能使流体的温度升高。从流体输送角度来看，这些能量是"损失"掉了。将 1kg 流体损失的能量用 $\sum W_f$ 表示，其单位为 J。

式(1-1-6) 可简化为

$$z_1g+\frac{1}{2}u_1^2+\frac{p_1}{\rho}+W_e=z_2g+\frac{1}{2}u_2^2+\frac{p_2}{\rho}+\sum W_f \quad (1\text{-}1\text{-}8)$$

式(1-1-8) 即为不可压缩实际流体的机械能衡算式，其中每项的单位均为 J。

2. 以单位重量流体为基准

将式(1-1-8) 各项同除重力加速度 g，可得：

$$z_1+\frac{1}{2g}u_1^2+\frac{p_1}{\rho g}+\frac{W_e}{g}=z_2+\frac{1}{2g}u_2^2+\frac{p_2}{\rho g}+\frac{\sum W_f}{g} \quad (1\text{-}1\text{-}9)$$

令

$$H_e=\frac{W_e}{g},\ \sum h_f=\frac{\sum W_f}{g}$$

则

$$z_1+\frac{1}{2g}u_1^2+\frac{p_1}{\rho g}+H_e=z_2+\frac{1}{2g}u_2^2+\frac{p_2}{\rho g}+\sum h_f \quad (1\text{-}1\text{-}10)$$

上式中各项的单位均为 m，表示单位重量流体所具有的能量。虽然各项的单位为 m，与长度的单位相同，但在这里应理解为 m 液柱，其物理意义是指单位重量的流体所具有的

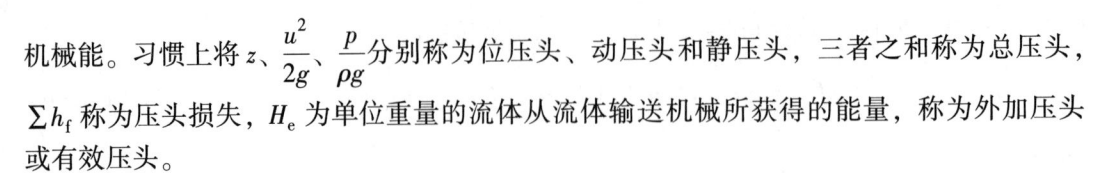

机械能。习惯上将 z、$\dfrac{u^2}{2g}$、$\dfrac{p}{\rho g}$ 分别称为位压头、动压头和静压头，三者之和称为总压头，$\sum h_\mathrm{f}$ 称为压头损失，H_e 为单位重量的流体从流体输送机械所获得的能量，称为外加压头或有效压头。

（三）流体机械能衡算

1. 理想流体的机械能衡算

理想流体是指没有黏性（即流动中没有摩擦阻力）的不可压缩流体。这种流体实际上并不存在，是一种假想的流体，但这种假想对解决工程实际问题具有重要意义。对于理想流体又无外功加入时，式（1-1-8）、式（1-1-10）可分别简化为

$$z_1 g + \frac{1}{2}u_1^2 + \frac{p_1}{\rho} = z_2 g + \frac{1}{2}u_2^2 + \frac{p_2}{\rho} \tag{1-1-11}$$

$$z_1 + \frac{1}{2g}u_1^2 + \frac{p_1}{\rho g} = z_2 + \frac{1}{2g}u_2^2 + \frac{p_2}{\rho g} \tag{1-1-12}$$

通常式（1-1-11）、式（1-1-12）称为伯努利方程式，式（1-1-8）、式（1-1-10）是伯努利方程的引申，习惯上也称为伯努利方程式。

2. 非理想流体的机械能衡算

如图1-1-6所示，若将其看作是流体在水平等径直管中做定态流动。

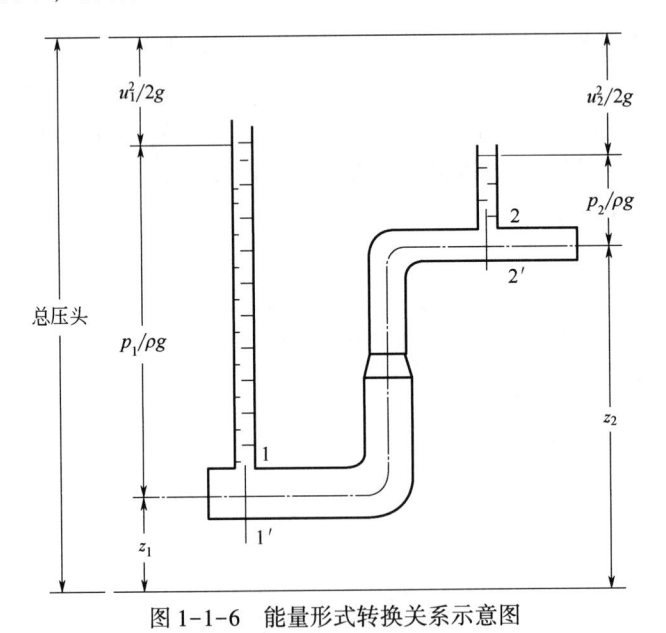

图1-1-6 能量形式转换关系示意图

在 1—1′ 和 2—2′ 截面间建立伯努利方程，即

$$z_1 g + \frac{1}{2}u_1^2 + \frac{p_1}{\rho} = z_2 g + \frac{1}{2}u_2^2 + \frac{p_2}{\rho} + W_\mathrm{f} \tag{1-1-13}$$

因是直径相同的水平管，所以 $u_1 = u_2$，$z_1 = z_2$，则

$$W_f = \frac{p_1 - p_2}{\rho} \tag{1-1-14}$$

若管道为倾斜管，则

$$W_f = \left(\frac{p_1}{\rho} + z_1 g\right) - \left(\frac{p_2}{\rho} + z_2 g\right) \tag{1-1-15}$$

由此可见，无论是水平安装，还是倾斜安装，流体的流动阻力均表现为静压能的减少，仅当水平安装时，流动阻力恰好等于两截面的静压能之差。

对1—1′和2—2′截面间的流体进行受力分析，可得到：由压力差而产生的推动力为 $(p_1 - p_2)\frac{\pi d^2}{4}$，与流体流动方向相同；流体的摩擦力为 $F = \tau A = \tau \pi d l$，与流体流动方向相反。其中 τ 为剪应力，单位为 Pa；A 为管道截面积，单位为 m^2；d 为管道直径，m；l 为管道单位长度，单位为 m。

由于流体在管内做定态流动，在流动方向上所受合力必定为零，则有

$$(p_1 - p_2)\frac{\pi d^2}{4} = \tau \pi d l \tag{1-1-16}$$

整理得

$$p_1 - p_2 = \frac{4l}{d}\tau \tag{1-1-17}$$

将式(1-1-17)代入式(1-1-14)中，得

$$W_f = \frac{4l}{d\rho}\tau \tag{1-1-18}$$

将式(1-1-18)变形，把能量损失 W_f 表示为动能 $\frac{u^2}{2}$ 的某一倍数。

$$W_f = \frac{8\tau}{\rho u^2} \frac{l}{d} \frac{u^2}{2} \tag{1-1-19}$$

令

$$\lambda = \frac{8\tau}{\rho u^2}$$

则

$$W_f = \lambda \frac{l}{d} \frac{u^2}{2} \tag{1-1-20}$$

式(1-1-13)为流体在直管内流动阻力的通式，称为范宁（Fanning）公式。式中 λ 为无因次系数，称为摩擦系数或摩擦因数，与流体流动的雷诺数及管壁状况有关。

根据伯努利方程的其他形式，也可写出相应的范宁公式表示式。

压头损失：

$$h_f = \lambda \frac{l}{d} \frac{u^2}{2g} \tag{1-1-21}$$

压力损失：

$$\Delta p_f = \lambda \frac{l}{d} \frac{\rho u^2}{2} \tag{1-1-22}$$

值得注意的是,压力损失 Δp_f 是流体流动能量损失的一种表示形式,与两截面间的压力差 $\Delta p = (p_1 - p_2)$ 意义不同,只有当管路为水平时,二者才相等。

范宁公式对层流与湍流均适用,只是两种情况下摩擦系数 λ 不同。

(四) 伯努利方程的讨论

(1) 如果系统中的流体处于静止状态,则 $u = 0$;没有流动,自然没有能量损失,$\sum W_f = 0$;当然也不需要外加功,$W_e = 0$,则伯努利方程变为

$$z_1 g + \frac{p_1}{\rho} = z_2 g + \frac{p_2}{\rho} \tag{1-1-23}$$

上式即为流体静力学基本方程式。由此可见,伯努利方程除表示流体的运动规律外,还表示流体静止状态的规律,而流体的静止状态只不过是流体运动状态的一种特殊形式。

(2) 伯努利方程式(1-1-11)、式(1-1-12) 表明理想流体在流动过程中任意截面上的总机械能、总压头为常数,即

$$zg + \frac{1}{2}u^2 + \frac{p}{\rho} = 常数 \tag{1-1-24}$$

$$z + \frac{1}{2g}u^2 + \frac{p}{\rho g} = 常数 \tag{1-1-25}$$

但各截面上每种形式的能量并不一定相等,它们之间可以相互转换。图 1-1-6 清楚地表明了理想流体在流动过程中 3 种能量形式的转换关系。从 1—1′截面到 2—2′截面,由于管道截面积减小,根据连续性方程,速度增加,即动压头增大,同时位压头增加,但因总压头为常数,因此 2—2′截面处静压头减小,也即 1—1′截面的静压头转变为 2—2′截面的动压头和位压头。

三、伯努利方程的应用

(一) 管路计算常用图表

(1) 常用的流体在管内流动的流速范围见表 1-1-1。

表 1-1-1　某些液体的常用流速范围

流体种类及状况	常用流速范围,m/s	流体种类及状况	常用流速范围,m/s
水及一般液体	1.0~3.0	饱和水蒸气	
黏度较大的液体	0.5~1.0	≤800kPa	20~40
低压气体	8~15	>800kPa	40~60
易燃、易爆低压气体	<8	过热水蒸气	30~50
压力较高的气体	15~25	真空操作下气体	<10

(2) 工业管道的绝对粗糙度见表 1-1-2。

表1-1-2　某些工业金属管道的当量绝对粗糙度

管道类别	绝对粗糙度 ε, mm
新的无缝钢管	0.1~0.2
具有轻度腐蚀的无缝钢管	0.2~0.3
具有显著腐蚀的无缝钢管	0.5 以上

（3）摩擦系数 λ 与雷诺数 Re、ε/d 的关系见图 1-1-7。

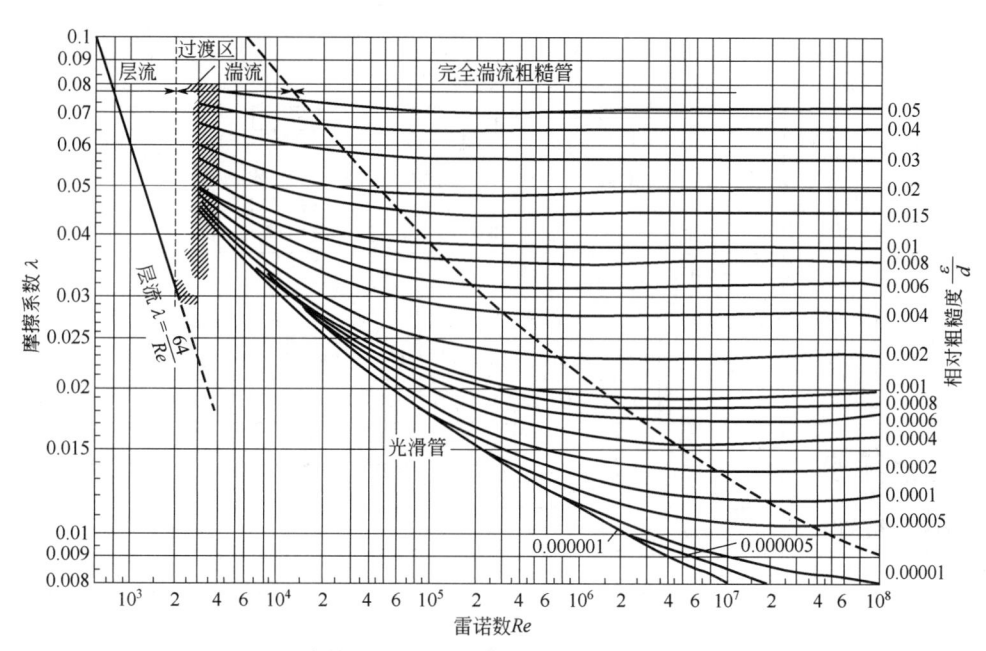

图 1-1-7　摩擦系数 λ 与雷诺数 Re 及相对粗糙度 ε/d 的关系

（4）局部阻力 ζ 的值见表 1-1-3。

表 1-1-3　常用管件、阀门的局部阻力系数

管件和阀件名称				ζ 值						
标准弯头		45°, ζ = 0.35				90°, ζ = 0.75				
弯管	φ / R/d	30°	45°	60°	75°	90°	105°	120°		
	1.5	0.08	0.11	0.14	0.16	0.175	0.19	0.20		
	2.0	0.07	0.10	0.12	0.14	0.15	0.16	0.17		
突然扩大	A_1/A_2	0	0.1	0.2	0.3	0.4	0.5	0.6	0.7	0.8	0.9	1
	ζ	1	0.81	0.64	0.49	0.36	0.25	0.16	0.09	0.04	0.01	0
突然缩小	A_1/A_2	0	0.1	0.2	0.3	0.4	0.5	0.6	0.7	0.8	0.9	1
	ζ	0.5	0.47	0.45	0.38	0.34	0.3	0.25	0.20	0.15	0.09	0

续表

管件和阀件名称	ζ值								
管出口	1								
管入口	锐缘进口 ζ=0.5	圆角进口 ζ=0.25	流线形进口 ζ=0.04	管道伸入进口 ζ=0.56	ζ=3～1.3	ζ=0.5+0.5cosθ+0.2cos²θ			
标准三通管	ζ=0.4	ζ=1.5当弯头用	ζ=1.3当弯头用	ζ=1					
闸阀	全开		3/4开		1/2开		1/4开		
	0.17		0.9		4.5		24		
标准截止阀（球心阀）	全开ζ=6.4				1/2开ζ=9.5				
蝶阀	α	5°	10°	20°	30°	40°	45°	50°	60°	70°
	ζ	0.24	0.52	1.54	3.91	10.8	18.7	30.6	118	751
旋塞	θ	5°		10°		20°		40°	60°
	ζ	0.05		0.29		1.56		17.3	206
单向阀（止逆阀）	摇板式ζ=2				球形式ζ=70				
角阀（90°）	5								

（二）计算实例

某净化厂脱硫装置 MDEA 循环系统见图 1-1-8，循环泵前管长 50m，90°弯头 10个，闸阀 1 个（全开），3 个锐缘进口，3 个突然扩大（假设设备尺寸远远大于管道尺寸）；循环泵后管长 40m，90°弯头 4 个，闸阀 3 个（全开），调节阀 1 个（1/2 开度），止回阀 1 个（球形式）。管路为 φ114mm×5mm 无缝钢管，假设泵效率为 70%、允许吸入高度（NPSH）为 20kPa，板式换热器压降损失为 20kPa（考虑简化计算，假设不变），水冷却器压降损失为 15kPa（考虑简化计算，假设不变）。由于工况变化，当溶液循环量由 30m³/h 变为 40m³/h 时，需核算管路大小，并通过伯努利方程核算泵入口压力、循环泵扬程。

40%（质量分数）MDEA 溶液密度和黏度见表 1-1-4：

表 1-1-4 40% MDEA 溶液密度和黏度

温度，℃	密度，kg/m³	黏度，mPa·s
40	1026	3.087
58	1015	1.823
123	958	0.5548

第一章 化工基础知识

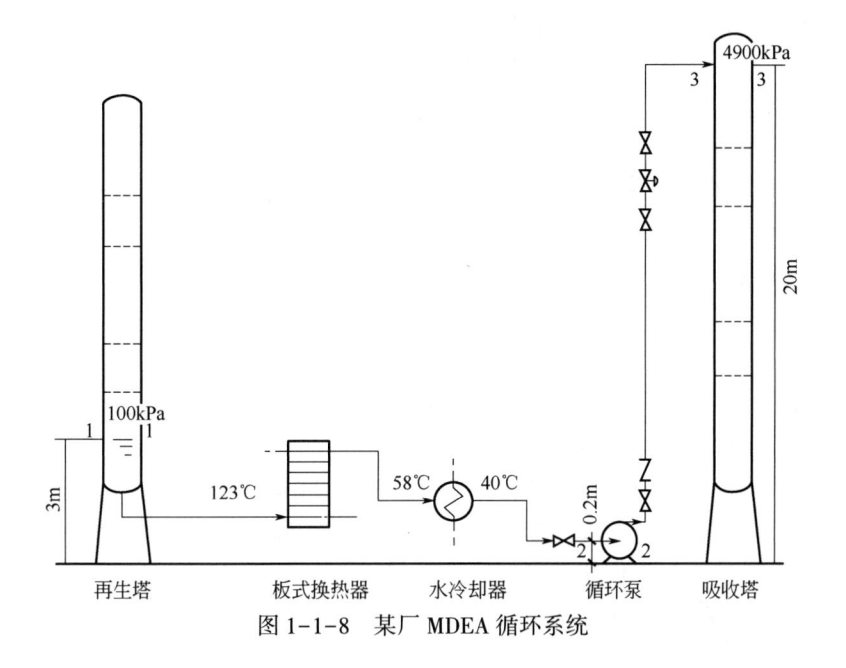

图 1-1-8 某厂 MDEA 循环系统

解：新工况下，循环量变为 40m³/h，由公式 $V=\dfrac{\pi}{4}d^2u$ 可知，管道流速为

$$u=\dfrac{4V}{\pi d^2}=\dfrac{4\times 40}{3.14\times\left(\dfrac{114-5\times 2}{1000}\right)^2\times 3600}=1.31(\text{m/s})$$

查表 1-1-1，新工况下管道内 MDEA 溶液流速在允许流速范围内（1~3m/s），因此原有管道满足新工况要求。

从 1—1 截面至 2—2 截面做机械能衡算式，参见式(1-1-10)

$$z_1+\dfrac{1}{2g}u_1^2+\dfrac{p_1}{\rho g}=z_2+\dfrac{1}{2g}u_2^2+\dfrac{p_2}{\rho g}+\sum h_{f1}$$

可得

$$p_2=p_1+(z_1-z_2)\rho g+\dfrac{1}{2}\rho(u_1^2-u_2^2)-\rho g\sum h_{f1}$$

由于 MDEA 溶液物性随温度、压力变化，在工程中，常用其平均值来简化计算：

$$\rho_m=\dfrac{\rho_1+\rho_2+\rho_3}{3}=\dfrac{1026+1015+958}{3}=999.67(\text{kg/m}^3)$$

$$\mu_m=\dfrac{\mu_1+\mu_2+\mu_3}{3}=\dfrac{3.087+1.823+0.5548}{3}=1.82(\text{mPa}\cdot\text{s})$$

雷诺数 $Re=\dfrac{du\rho_m}{\mu_m}=\dfrac{104\times 1.31\times 999.67}{1.82\times 10^{-3}\times 1000}=74832.44>4000$（湍流）

管壁粗糙度查表 1-1-2，取 ε 为 0.2mm，$\varepsilon/d=0.2\div(114-5\times 2)=1.92\times 10^{-3}$，查图 1-1-8 得 $\lambda_1=0.023$。

查表 1-1-3，10 个 90°弯头、1 个闸阀（全开）、3 个锐缘进口、3 个突然扩大（假设设备尺寸远远大于管道尺寸）的局部阻力系数：
$$\sum \zeta_1 = (0.75 \times 10 + 0.17 + 0.5 \times 3 + 1 \times 3) = 12.17$$

在同一管路中，$u_1 = u_2 = u$，所以

$$\sum h_{f1} = \left(\lambda_1 \frac{l_1}{d} + \sum \zeta_1\right)\frac{u_1^2}{2g} = \left[0.023 \times \frac{40}{(114-5 \times 2) \times 10^{-3}} + 12.17\right] \times \frac{1.31^2}{2 \times 9.81}$$

$$= 1.84(\text{m})$$

由此得循环泵入口压力

$$p_2 = p_1 + (z_1 - z_2)\rho g + \frac{1}{2}\rho(u_1^2 - u_2^2) - \rho g \sum h_{f1}$$

$$= 100000 + (3 - 0.2) \times 999.67 \times 9.81 - 999.67 \times 9.81 \times 1.84 - 20000 - 15000$$

$$= 74404(\text{Pa}) = 74.40(\text{kPa})$$

由于该离心泵的入口压力要求约为 20kPa，所以 74.40kPa 的入口压力仍能满足要求。考虑简化计算，假设换热器压降不变。在实际现场中当循环量增加，换热器阻力降也会上升，可根据设备制造厂家提供相关参数进行换热器的阻力详细计算。

在截面 2—2 至截面 3—3 之间建立机械能衡算式：

$$z_2 + \frac{p_2}{\rho g} + H_e = z_3 + \frac{p_3}{\rho g} + \sum h_{f2}$$

查表 1-1-3，4 个 90°弯头、3 个闸阀（全开）、1 个标准截止阀（1/2 开度）、1 个单向阀（球形式）、1 个锐缘进口、2 个突然扩大（假设设备尺寸远远大于管道尺寸）的局部阻力系数：

$$\sum \zeta_2 = (0.75 \times 4 + 0.17 \times 3 + 9.5 + 70 + 0.5 + 1 \times 2) = 85.51$$

$$\sum h_{f2} = \left(\lambda_2 \frac{l_2}{d} + \sum \zeta_2\right)\frac{u_2^2}{2g}$$

$$= \left[0.025 \times \frac{40}{(114-5 \times 2) \times 10^{-3}} + 85.51\right] \times \frac{1.31^2}{2 \times 9.81}$$

$$= 8.32(\text{m})$$

$$H_e = (z_3 - z_2) + \left(\frac{p_3}{\rho g} - \frac{p_2}{\rho g}\right) + \sum h_{f2}$$

$$= (20 - 0.2) + \frac{4900 \times 10^3 - 74.40 \times 10^3}{999.67 \times 9.8} + 8.30$$

$$= 520.67(\text{m})$$

由于泵的效率为 70%，实际需要的泵扬程为 520.67÷0.7 = 743.81(m)。

现有循环泵能否满足新工况，要查看该泵的特性曲线，在满足流量的情况下，核对泵扬程和配套电动机功率能否达到要求。

由上述应用可知，管路系统阻力损失主要来自管路、管件、阀门、设备等。为满足溶液循

环泵入口条件要求，在允许条件下通过提高再生塔操作压力，提高再生塔底液位，抬高再生塔设备基础；贫液管路尽量少设置弯头、阀门等管件，选择阻力小的管件；加强管线高点排气，减小气阻；及时清洗管道过滤器、换热器等措施，从而确保溶液循环泵安全平稳运行。

第二节　热量传递

一、传热过程的应用

在物体内部或物系之间，只要存在温度差，就会发生从高温处向低温处的热量传递，因此传热是极普遍的一种能量传递过程。化学工业与传热的关系尤为密切，化学反应过程和蒸发、蒸馏、干燥等单元操作，通常要在一定的温度下进行，就需要输入或输出热量；此外，化工设备的保温、生产过程中热能的合理利用以及废热的回收等都涉及传热的问题。

化工生产中遇到的传热问题，通常有两类：一类是强化传热过程，即要求传热速率高，这样可使完成某一换热任务时所需的设备紧凑，从而降低设备费用；另一类是弱化传热过程，如高温设备及管道的保温、低温设备及管道的隔热等，则要求传热速率越低越好。通常，传热设备在化工厂设备投资中占很大比例，有些可达40%左右，所以传热是化工生产中最重要的单元操作之一。在化工生产中进行传热计算，对于提高能源利用率、降低产品成本和保护环境有着重要的意义。

本节主要讨论热量从高温向低温稳定地自发进行传递的过程。

二、三种基本传热方式

根据传热机理的不同，传热有3种基本方式：热传导、热对流和热辐射。实际传热过程中，这3种方式或单独存在或同时存在，在无机械功输入时，净的热流方向总是由高温处向低温处流动。

（一）热传导

物体各部分之间不发生相对位移，由于分子、原子和自由电子等微观粒子的热运动而引起的热量传递称为热传导（又称导热）。热传导的条件是系统两部分之间存在温度差。固体内部的热传导是相邻分子在碰撞时传递振动能的结果。在流体特别是气体中，除分子碰撞外，连续而不规则的分子运动是导致热传导的重要原因。此外，热传导也可因物体内部自由电子的转移而发生，金属的导热能力很强，原因就在于此。

1. 温度场和温度梯度

某一瞬时，空间（或物体内）所有各点的温度分布，称为温度场。在同一时刻，温度场中所有温度相同的点相连接而构成的面，称为等温面。不同的等温面与同一平面相交的交线，称为等温线，它是一簇曲线，图1-1-9(a)表示某热力管道截面管壁内的温度分

(a) 管壁内　　(b) 平壁内

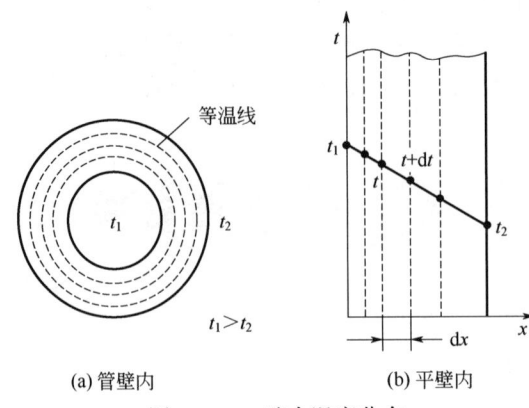

图 1-1-9　壁内温度分布

布，图中虚线代表不同温度的等温线，所以温度不同的等温面（线）不能相交。在等温面上不存在温度差，只有穿越等温面才有温度变化。自等温面上某一点出发，沿不同方向的温度变化率不相同，而以该点等温面法线方向上的温度变化率最大，称为温度梯度。所以，温度梯度表示温度场内某一点等温面法线方向的温度变化率，它是一个向量，其方向与给定点等温面的法线方向一致，以温度增加的方向为正。

对于一维稳态热传导，温度只沿 x 向变化，则温度梯度可表示为 dt/dx。当 x 坐标轴方向与温度梯度方向（指向温度增加的方向）一致时，dt/dx 为正值，反之为负值。

2. 傅里叶定律

傅里叶定律为热传导的基本定律，实践证明，在质地均匀的物体内，若等温面上各点的温度梯度相同，则单位时间内传导的热量 Q 与温度梯度 dt/dx 及垂直于热流方向的导热面积 A 成正比，即

$$Q = -\lambda A \frac{dt}{dx} \tag{1-1-26}$$

式中　Q——导热速率，其方向与温度梯度的方向相反，W；
　　　λ——比例系数，又称导热系数，W/(m·℃)；
　　　A——导热面积，即垂直于热流方向的截面积，m²；
　　　$\dfrac{dt}{dx}$——沿 x 方向的温度梯度，K/m 或 ℃/m。

3. 导热系数

由上式(1-1-26)可得

$$\lambda = -\frac{Q}{A\dfrac{dt}{dx}} \tag{1-1-27}$$

此式即导热系数 λ 的定义式。导热系数在数值上等于单位温度梯度下的热通量。因此，导热系数表征物质导热能力的大小，它是物质的一个重要热物性参数。导热系数的数值与物质的组成、结构、密度、温度及压强有关。

各种物质的导热系数通常用实验方法测定。导热系数数值的变化范围很大,一般来说,金属的导热系数最大,非金属固体次之,液体较小,气体最小。工程计算中常见物质的导热系数可从有关手册中查得。一般情况下各类物质导热系数大致范围如表1-1-5所示。

表1-1-5 物质导热系数的数量级

物质种类	气体	液体	非金属固体	金属	绝热材料
λ,W/(m·℃)	$10^{-2} \sim 10^{-1}$	10^{-1}	$10^{-1} \sim 1$	$10 \sim 10^2$	$10^{-2} \sim 10^{-1}$

(二)热对流

流体内部质点发生相对位移而引起的热量传递过程称为热对流。根据引起质点发生相对位移的原因不同,可分为自然对流和强制对流。自然对流是由于流体内部温度不同,从而引起密度不同,质点发生上升和下降运动而产生的对流。强制对流是指由于流体在某种外力的强制作用下运动而发生的对流。

热对流是在流体流动过程中发生的热量传递过程,它是依靠流体质点的移动进行热量传递的,故与流体的流动情况密切相关。工业上遇到的热对流常指间壁式换热器中两侧流体与固体壁面之间的热交换,即流体将热量传给固体壁面或壁面将热量传给流体的过程称为热对流。它在化工传热过程中占有重要的地位。热对流过程机理较复杂,其传热速率与很多因素有关。

若冷、热两流体分别沿间壁的两侧平行流动,则两流体的传热方向垂直于流动方向。图1-1-10表示与流体流动方向相垂直的某一截面上的流体温度分布情况。

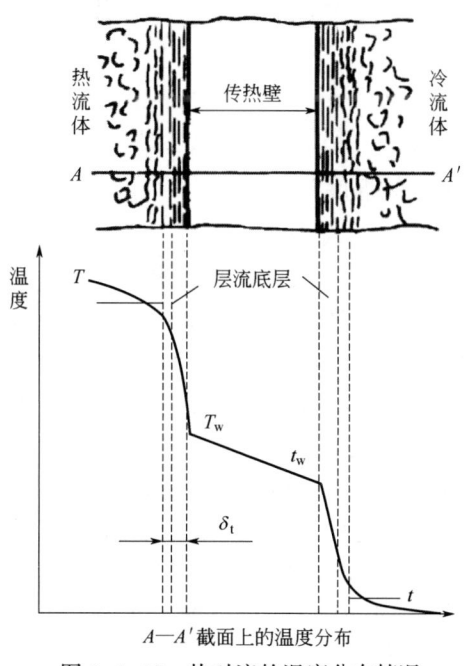

图1-1-10 热对流的温度分布情况

在过渡区内:传热以热传导和热对流两种方式共同进行。温度分布不像湍流主体那么均匀,也不像层流底层变化明显,传热温差介于两者之间,热阻也介于两者之间。总之,流体与固体壁面之间的热对流过程的热阻主要集中在层流底层中。流体对壁面的热对流的推动力在热流体一侧应该是该截面上湍流主体的最高温度 T 与壁面温度 T_w 的温度差；冷流体一侧应该是壁面温度 t_w 与湍流主体的最低温度 t 的温度差。但由于流体截面上的湍流主体的最高温度与最低温度不易测定，工程上通常用该截面处流体的平均温度（热流体为 T，冷流体为 t）代替最高温度与最低温度。

根据在热传导中的分析，温差大热阻就大。所以，流体做湍流流动时，热阻主要集中在层流底层内。如果要加强传热，必须采取措施来减少层流底层的厚度。

（三）热辐射

物质因本身温度的原因，激发产生电磁波向空间传播，则称为热辐射。热辐射的电磁波波长主要位于 0.38~100μm 波段，属于可见光线和红外线范围。任何物体只要温度在热力学温度 0°K 以上，都不断地向外界发射热辐射能，不需任何介质而以电磁波在空间传播。当被另一物体部分或全部吸收时，即变为热能。

工程上，当物体的温度不是很高时，以辐射方式传递的热量远较对流和热传导传递的热量小，常忽略不计。但对于高温物体，热辐射则往往成为传热的主要方式。

（四）传热计算

热传导和热对流是两流体间传热计算的基础，冷、热两流体通过间壁传热的总传热速率方程为

$$Q = KA\Delta t_m = \frac{\Delta t_m}{\frac{1}{KA}} = \frac{传热总推动力}{传热总阻力} \quad (1-1-28)$$

式中　Q——换热器的热负荷，W；
　　　K——总传热系数，W/(m²·℃)；
　　　Δt_m——冷、热流体的平均温度差，℃；
　　　A——换热器的传热面积，m²。

式（1-1-28）也是总传热系数的定义式，它表明总传热系数在数值上等于单位温度差下的总热通量。应当指出的是，总传热系数必须和所选择的传热面积相对应，选择的传热面积不同，总传热系数的数值也不同。在传热计算中，无论选择何种面积作为计算基准，其结果均完全相同，但工程上大多以外表面积作为基准。因此在后面讨论中，除非另有说明，K 都是指基于外表面积的总传热系数。

在传热计算中，首先要确定换热器的热负荷。如图 1-1-11 所示，假设换热器绝热良好，热损失可以忽略时，对于稳态传热过程，根据能量守恒定律，在单位时间内换热器中热流体放出的热量等于冷流体吸收的热量。若换热器中两流体无相变化，热量衡算式可表示为

$$Q = W_h c_{ph}(T_2 - T_1) = W_c c_{pc}(t_2 - t_1) \quad (1-1-29)$$

式中　Q——换热器的热负荷，kW；
　　　W_h、W_c——热、冷流体的质量流量，kg/s；
　　　c_{ph}、c_{pc}——热、冷流体的平均比热容，kJ/(kg·℃)；
　　　t_1、t_2——冷流体的进、出口温度，℃；

T_1、T_2——热流体的进、出口温度，℃。

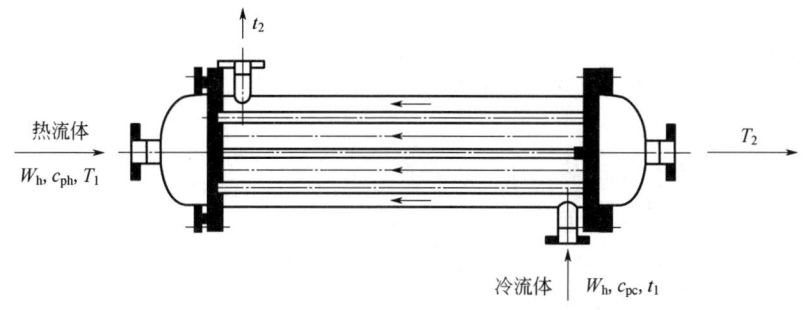

图 1-1-11　换热器的热量衡算

若换热器中的热流体有相变化，例如饱和蒸气冷凝时，式(1-1-29)可表示为

$$Q = W_h r_h = W_c c_{pc}(t_2 - t_1) \tag{1-1-30}$$

式中　r——饱和蒸气的冷凝潜热，J/kg。

式(1-1-30)的应用条件是冷凝液在饱和温度下离开换热器。若冷凝液的温度 T_2 低于饱和温度 T，则式(1-1-30)变为

$$Q = W_h [r_h + c_{ph}(T_S - T_2)] = W_c c_{pc}(t_2 - t_1) \tag{1-1-31}$$

式中　T_S、T_2——热流体的饱和温度、出口温度，℃。

三、强化传热与削弱传热的措施

（一）强化传热

根据传热速率方程 $Q = KA\Delta t_m$，强化换热器传热过程可通过增大传热平均温度差 Δt_m、增大单位体积传热面积 A/V 和增大总传热系数 K 三个途径来实现。

1. 增大传热平均温度差 Δt_m

（1）两侧变温情况下，尽量采用逆流流动。

（2）采用加热方式时可提高加热剂的温度（如用蒸汽加热，可通过提高蒸汽压力来提高其饱和温度）；采用冷却方式时可降低冷却剂的温度（如用冷却水冷却，可降低循环冷却水温度来提高冷却效果）。利用增大 Δt_m 来强化传热效果有限，传热平均温度差大小主要取决于两流体的温度条件。物料温度由生产工艺决定，一般不能随意变动，而加热介质和冷却介质的温度因所选介质的不同而不同。显然这种方法受生产工艺、设备条件、环境条件及经济性等方面的限制，实际操作时有一定的局限性。

2. 增大总传热系数 K

根据热阻方程

$$\frac{1}{K} = \left(\frac{1}{\alpha_1} + R_1\right) + \frac{b}{\lambda}\frac{A_1}{A_m} + \left(\frac{1}{\alpha_2} + R_2\right)\frac{A_1}{A_2} \tag{1-1-32}$$

式中　K——总传热系数，W/(m²·℃)；

R_1、R_2——管内和管外的污垢热阻，又称污垢系数，$m^2 \cdot ℃/W$；

$α_i$——对流传热系数，$W/(m^2 \cdot ℃)$；

b——壁厚，m；

$λ$——流体的导热系数，$W/(m \cdot ℃)$；

A_i——传热面积，m^2。

（1）尽可能利用有相变的热载体（传热系数 α 大）。

（2）用导热系数 λ 大的热载体。

（3）减小金属壁、污垢及两侧流体热阻中较大者的热阻。

（4）提高较小一侧传热系数 α。对于无相变传热可以在管内加扰流元件、增大流速、改变传热面形状和增加粗糙度来提高传热系数。

3. 增大单位体积的传热面积 A/V

图 1-1-12 所示几种翅片均为增大单位体积传热面积而强化传热的换热器翅片。天然气净化厂的空冷器散热管束即是按图 1-1-12(c) 型来设置的。

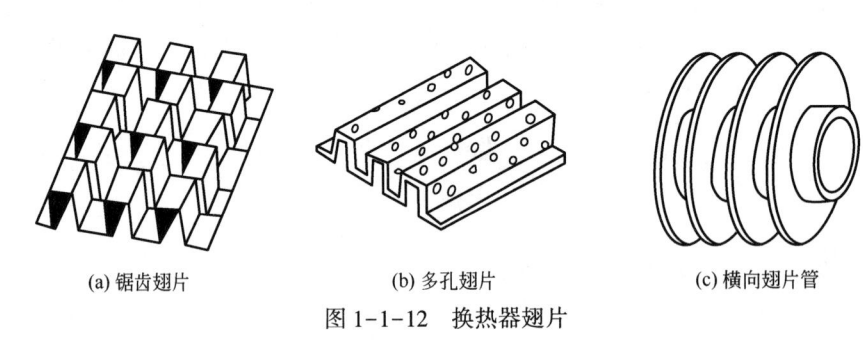

(a) 锯齿翅片　　　(b) 多孔翅片　　　(c) 横向翅片管

图 1-1-12　换热器翅片

对于纯蒸汽冷凝，恒压下气相主体内无温差也无热阻，α 的大小主要取决于液膜厚度及冷凝液的物性。所以，在流体一定的情况下，一切能使液膜变薄的措施均可强化冷凝传热过程。

（二）削弱传热

天然气净化厂也存在要求限制或减弱传热的情况，例如为了减小各种热力设备和热力管道散热，相应采取隔热保温措施等。只要增加任何一项局部热阻，即能达到削弱传热的目的。

由于在生产中设备或管道的外壁温度常高于周围环境的温度，其高温设备外壁一般以自然对流和辐射两种形式向外散热。总传热热量 Q 的计算式为

$$Q = Q_C + Q_R \tag{1-1-33}$$

式中　Q_C——以对流形式损失的热量；

Q_R——以辐射方式损失的热量。

通常，天然气净化厂中常采用增大热阻的方法来削弱传热，如：

（1）在需要保温的管道设备外覆盖硅酸盐等保温隔热材料，并用保温铁皮包裹。

（2）在需要防止高温热损失主燃烧炉设备内部衬里，在人孔内部充填保温砖，再用高温陶纤毡充填空隙以防止热损失。

（3）在硫磺回收主燃烧炉设置遮雨防烫罩，通过调整热量交换量，将炉壳控制在一定温度范围。

四、传热理论的应用

在天然气净化生产中传热过程应用较多，有许多物料需要被加热或冷却以满足工艺生产要求，下面介绍循环水冷却 MDEA 溶液、蒸汽预热酸气两个换热过程。

（一）溶液后冷器

如图 1-1-13 所示，40m³/h（忽略流量随温度变化）浓度为 40%（质量分数）的 MDEA 溶液由 55℃被循环水冷却到 40℃，不考虑换热器换热效率，试计算理论上所需的循环水量。

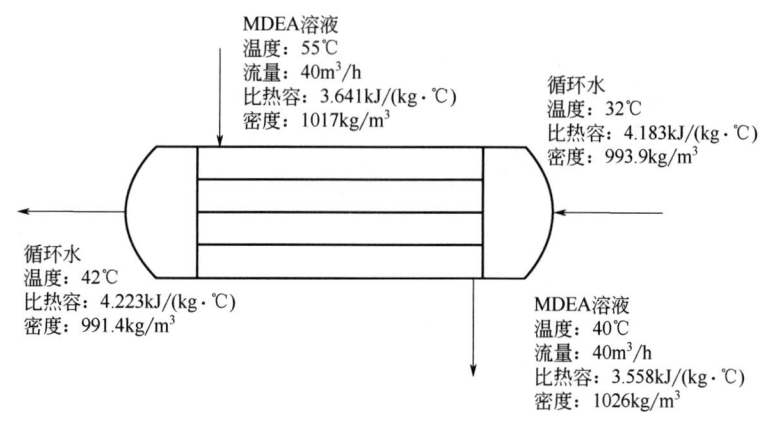

MDEA溶液
温度：55℃
流量：40m³/h
比热容：3.641kJ/(kg·℃)
密度：1017kg/m³

循环水
温度：32℃
比热容：4.183kJ/(kg·℃)
密度：993.9kg/m³

循环水
温度：42℃
比热容：4.223kJ/(kg·℃)
密度：991.4kg/m³

MDEA溶液
温度：40℃
流量：40m³/h
比热容：3.558kJ/(kg·℃)
密度：1026kg/m³

图 1-1-13 MDEA 溶液冷却器

解：从热量平衡角度考虑

$$\frac{V_{水}}{\rho_{水,m}} c_{水,m} \Delta t_{水} = \frac{V_{MDEA}}{\rho_{MDEA,m}} c_{MDEA,m} \Delta t_{MDEA}$$

在工业规模的计算中，常用物系的平均物性参数计算，因此

$$\rho_{水,m} = \frac{993.9+991.4}{2} = 992.65 (kg/m^3)$$

$$c_{水,m} = \frac{4.183+4.223}{2} = 4.203 [kJ/(kg \cdot ℃)]$$

$$\rho_{MDEA,m} = \frac{1017+1026}{2} = 1021.5 (kg/m^3)$$

$$c_{MDEA,m} = \frac{3.641+3.558}{2} = 3.5995 [kJ/(kg \cdot ℃)]$$

$$\frac{V_{水}}{992.65} \times 4.203 \times (42-32) = \frac{40}{1021.5} \times 3.5995 \times (55-40)$$

求得 $V_{水} = 49.93 m^3/h$

即理论上所需的循环水量为 49.93m³/h。

上述计算所需循环水量为最小理论值，实际生产过程中因换热器结垢、堵塞等原因导致换热效率变差时，若通过提高循环水量流量、增大传热系数等措施来达到工艺要求，此时循环水用量和循环水出口温度存在较大变化。

（二）酸气预热器

如图 1-1-14 所示，自酸气分液罐来的酸气经过酸气预热器由 40℃ 被预热到 218℃，不考虑换热器换热效率，假设蒸汽全部冷凝成饱和水，计算理论上所需的蒸汽量。

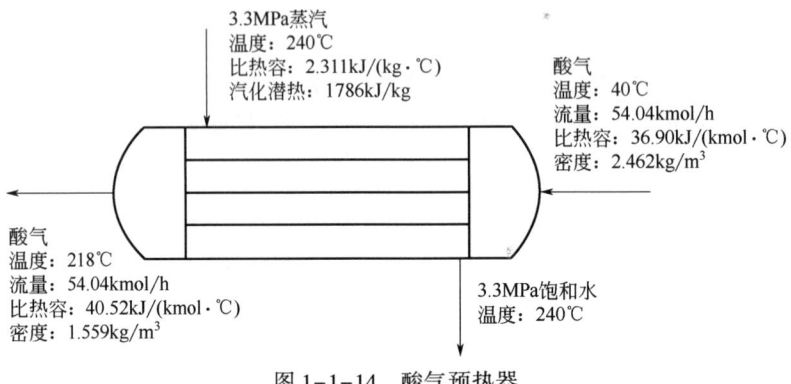

图 1-1-14 酸气预热器

解：从热量平衡角度考虑

$$m_{蒸汽} r_{蒸汽} = Q_{酸气} c_{酸气,m} \Delta t_{酸气}$$

在工业规模的计算中，常用物系的平均物性参数计算，因此

$$c_{酸气,m} = \frac{36.90+40.52}{2} = 38.71 [kJ/(kmol \cdot ℃)]$$

$$m_{蒸汽} \times 1786 = 54.04 \times 38.71 \times (218-40)$$

求得 $m_{蒸汽} = 208.49 kg/h$

即理论上所需的蒸汽量为 208.49kg/h。

第三节 质量传递

一、费克定律

分子扩散有两种基本方式，凡单纯依靠分子热运动引起的组分扩散称为分子扩散；当流体做湍流流动，由于有质点脉动，有旋涡发生，在传质方向上有流体质点的宏观运动，组分的扩散比分子扩散要显著地加快，这种扩散称为涡流扩散，天然气的脱硫、脱水吸收均属于涡流扩散传质过程。

对于两组分系统，若各组分存在浓度梯度时则发生分子扩散，分子扩散所产生的质量通量，可用费克定律描述：

$$j_A = -D_{AB}\frac{dC_A}{dy} \tag{1-1-34}$$

式中 j_A——组分 A 在单位时间内通过与扩散方向（y 方向）相垂直方向上的单位面积的物质的量，$kmol/(m^2 \cdot s)$；

D_{AB}——扩散系数，与组分的种类、温度、组成等因素有关，m^2/s；

$\dfrac{dC_A}{dy}$——组分 A 沿扩散方向上的浓度梯度，$kmol/m^4$。

负号表示质量通量的方向与浓度梯度的方向相反，即组分 A 朝着浓度降低的方向传递。

在天然气净化厂，涉及传质过程的单元操作主要是吸收、解吸等操作。吸收是利用混合物中各组分在某种溶剂中的溶解度不同，相平衡为气液相平衡（亨利定律）。下面将叙述吸收过程的相关理论。

二、吸收与解吸过程

在大多数传质设备中，流体的流动多属于湍流。流体在做湍流流动时，传质的形式包括分子扩散和涡流扩散两种，因涡流扩散难以确定，故常将分子扩散与涡流扩散联合考虑。对流传质的传质阻力全部集中在一层虚拟的膜层内，膜层内的传质形式仅为分子扩散。如图 1-1-15 所示，层流内层分压梯度线延长线与气相主体分压线 p_A 相交于一点 G，G 到相界面的垂直距离即为有效膜厚度 Z_G。有效膜厚 Z_G 是个虚拟的厚度，但它与层流内层厚度 Z'_G 存在一对应关系。流体湍流程度越剧烈，层流内层厚度 Z'_G 越薄，相应的有效膜厚 Z_G 也越薄，对流传质阻力越小。

双膜模型的基本假设（图 1-1-16）：

（1）相互接触的气液两相存在一个稳定的相界面，界面两侧分别存在着稳定的气膜和液膜。膜内流体流动状态为层流，溶质 A 以分子扩散方式通过气膜和液膜，由气相主体传递到液相主体。

（2）相界面处，气液两相达到相平衡，界面处无扩散阻力。

（3）在气膜和液膜以外的气液主体中，由于流体的充分湍动，溶质 A 的浓度均匀，溶质主要以涡流扩散的形式传质。

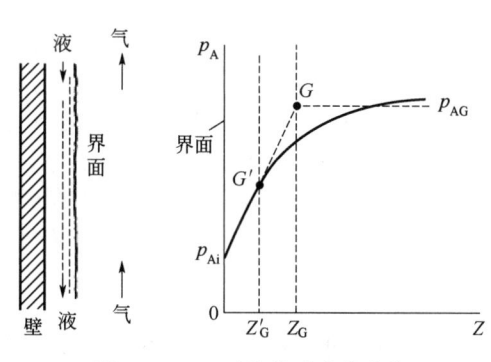

图 1-1-15 对流传质浓度分布

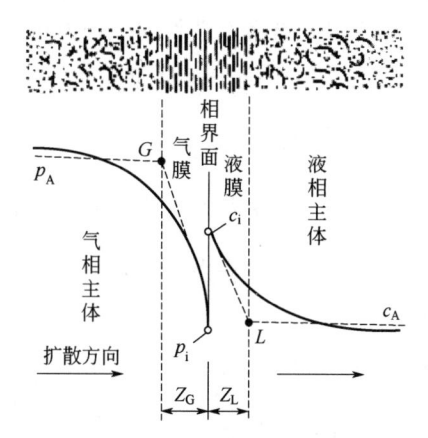

图 1-1-16 双膜理论示意图

（一）吸收过程传质速率方程

（1）用气相组成表示吸收推动力时，总传质速率方程称为气相总传质速率方程，具体如下：

$$N_A = k_G(p_A - p_{Ai}) \tag{1-1-35}$$

式中　N_A——传质速率，$kmol/(m^2 \cdot s)$；

k_G——以气相分压差 $p_A - p_{Ai}$ 表示推动力的气相总传质系数，$kmol/(m^2 \cdot s \cdot kPa)$；

p_A、p_{Ai}——溶质在气相主体、相界面处的分压，kPa。

（2）用液相组成表示吸收推动力时，总传质速率方程称为液相总传质速率方程，具体如下：

$$N_A = k_L(c_{Ai} - c_A) \tag{1-1-36}$$

式中　k_L——以液相浓度差 $c_{Ai} - c_A$ 表示推动力的液相总传质系数，m/s。

c_{Ai}、c_A——溶质在相界面处、液相主体的物质的量浓度，$kmol/m^3$。

（3）总传质系数与单相传质系数之间的关系及吸收过程中的控制步骤。

亨利定律：在一定温度下气液两相充分接触后，两相达到平衡，此时溶质组分在气液两相中的浓度服从某种确定的关系，即相平衡关系。通常在稀溶液范围内，这种相平衡关系近似为直线关系，即符合亨利定律。

若吸收系统服从亨利定律或平衡关系在计算范围为直线，则与实际液相浓度相平衡的气相分压为

$$p_A^* = \frac{c_A}{H} \tag{1-1-37}$$

式中　H——亨利系数，$kmol/(kPa \cdot m^3)$；

p_A^*——与实际液相浓度相平衡的气相分压，kPa。

经上述公式进一步推导可得到：

$$\frac{1}{K_L} = \frac{1}{k_L} + \frac{H}{k_G} \tag{1-1-38}$$

通常传质速率可以用传质系数乘以推动力表达，也可用推动力与传质阻力之比表示。从以上总传质系数与单相传质系数关系式可以得出，总传质阻力等于两相传质阻力之和，这与两流体间壁换热时总传热热阻等于热对流所遇到的各项热阻之和相同。但要注意总传质阻力和两相传质阻力必须与推动力相对应。

（二）控制步骤及强化吸收措施

1. 气膜控制

当 k_G 与 k_L 数量级相当时，对于 H 值较大的易溶气体，有 $\frac{1}{K_G} \approx \frac{1}{k_G}$，即传质阻力主要集中在气相，此吸收过程由气相阻力控制（气膜控制）。如用水吸收氯化氢、氨气等过程即是如此。

2. 液膜控制

对于 H 值较小的难溶气体，当 k_G 与 k_L 数量级相当时，有 $\frac{1}{K_L} \approx \frac{1}{k_L}$，即传质阻力主要集

中在液相，此吸收过程由液相阻力控制（液膜控制）。如用水吸收二氧化碳、氧气等过程即是如此。

3. 总传质系数间的关系

式(1-1-38)除以 H，得

$$\frac{1}{HK_L} = \frac{1}{Hk_L} + \frac{1}{k_G} \tag{1-1-39}$$

当 $p^* = \dfrac{c}{H}$ 时，$K_L = K_G/H$，再推导简化得

$$K_G = HK_L \tag{1-1-40}$$

4. 强化吸收过程的措施

强化吸收过程即提高吸收速率。吸收速率为吸收推动力与吸收阻力之比，故强化吸收过程从以下两个方面考虑。

1）提高吸收过程的推动力

（1）逆流操作。逆流操作可获得较高的吸收液浓度及较大的吸收推动力。

（2）适当提高吸收剂的流量。

（3）降低吸收剂入口温度。当吸收过程其他条件不变，吸收剂温度降低时，相平衡常数将增加，吸收的操作线远离平衡线，吸收推动力增加，从而导致吸收速率加快。

（4）降低吸收剂入口溶质的浓度。当吸收剂入口浓度降低时，液相入口处吸收的推动力增加，从而使全塔的吸收推动力增加。

2）降低吸收过程的传质阻力

吸收的总阻力包括：

（1）气相与界面的对流传质阻力。

（2）溶质组分在界面处的溶解阻力。

（3）液相与界面的对流传质阻力。

通常界面处溶解阻力很小，故总吸收阻力由两相传质阻力的大小决定。若一相阻力远远大于另一相阻力，则阻力大的一相传质过程为整个吸收过程的控制步骤，只有降低控制步骤的传质阻力，才能有效地降低总阻力。

降低吸收过程传质阻力的具体有效措施为：

（1）若气相传质阻力大，提高气相的湍动程度，如加大气体的流速，可有效地降低吸收阻力。

（2）若液相传质阻力大，提高液相的湍动程度，如加大液体的流速，可有效地降低吸收阻力。

（三）解吸过程

解吸过程是吸收的逆过程，是气体溶质从液相向气相转移的过程。实现解吸的必要条件可通过以下几种方法实现。

1. 汽提解吸

其过程为吸收液从解吸塔顶喷淋而下，载气从解吸塔底靠压差自下而上与吸收液逆流

接触，载气中不含溶质或含溶质量极少，故 $p_A<p_A^*$，溶质从液相向气相转移，最后气体溶质从塔顶带出。解吸过程的推动力为 $p_A^*-p_A$，推动力越大，解吸速率越快。使用载气解吸是在解吸塔中引入与吸收液不平衡的气相。通常作为汽提载气的气体有净化天然气、空气、氮气、二氧化碳、水蒸气等。根据工艺要求及分离过程的特点，可选用不同的载气。在天然气净化厂，TEG再生釜选用的汽提气为净化天然气。

2. 减压解吸

将加压吸收得到的吸收液进行减压，因总压降低后气相中溶质分压 p_A 也相应降低，实现了 $p_A<p_A^*$ 的条件。解吸的程度取决于解吸操作的压力，如果是常压吸收，解吸只能在负压条件下进行。

3. 加热解吸

将吸收液加热时，减少溶质的溶解度，吸收液中溶质的平衡分压 p_A^* 提高，满足解吸条件 $p_A<p_A^*$，有利于溶质从溶剂中分离出来。

工业上很少单独使用一种方法解吸，通常是结合工艺条件和物系特点，联合使用上述解吸方法。天然气净化厂的脱硫富液就是先将通过贫富液换热器加热，再送到低压塔中解吸，其解吸效果比单独使用其一种更佳。但由于解吸过程的能耗较大，故吸收分离过程的能耗主要用于解吸过程。

三、精馏

简单蒸馏和平衡蒸馏只能使混合物达到有限程度的分离，要想实现高纯度的分离，必须采用精馏。吸收和精馏的主要区别在于：吸收是利用混合物中各组分在吸收剂中溶解度不同而将其分离，精馏是利用混合物中各组分挥发度的不同而进行分离的。

精馏通常在精馏塔中进行，气液两相通过逆流接触，进行相际传热传质。液相中的易挥发组分进入气相，气相中的难挥发组分转入液相，于是在塔顶可得到几乎纯的易挥发组分，塔底可得到几乎纯的难挥发组分。料液从塔的中部加入，进料口以上的塔段，把上升蒸气中易挥发组分进一步增浓，称为精馏段；进料口以下的塔段，从下降液体中提取易挥发组分，称为提馏段。从塔顶引出的蒸气经冷凝，一部分凝液作为回流液从塔顶返回精馏塔，其余馏出液即为塔顶产品。塔底引出的液体经再沸器部分汽化，蒸气沿塔上升，余下的液体作为塔底产品。塔顶回流入塔的液体量与塔顶产品量之比称为回流比，其大小会影响精馏操作的分离效果和能耗。

双组分混合液的分离是最简单的精馏操作。典型的精馏设备是连续精馏装置（图1-1-17），包括精馏塔、再沸器、冷凝器等。精馏塔供气液两相接触进行相际传质，位于塔顶的冷凝器使蒸气得到部分冷凝，部分凝液作为回流液返回塔顶，其余馏出液是塔顶产品。

位于塔底的再沸器使液体部分汽化，蒸气沿塔上升，余下的液体作为塔底产品。进料加在塔的中部，进料中的液体和上塔段来的液体一起沿塔下降，进料中的蒸气和下塔段来的蒸气一起沿塔上升。在整个精馏塔中，气液两相逆流接触，进行相际传质。液相中的易挥发组分进入气相，气相中的难挥发组分转入液相。对不形成恒沸物的物系，只要设计和操作得当，馏出液将是高纯度的易挥发组分，塔底产物将是高纯度的难挥发组

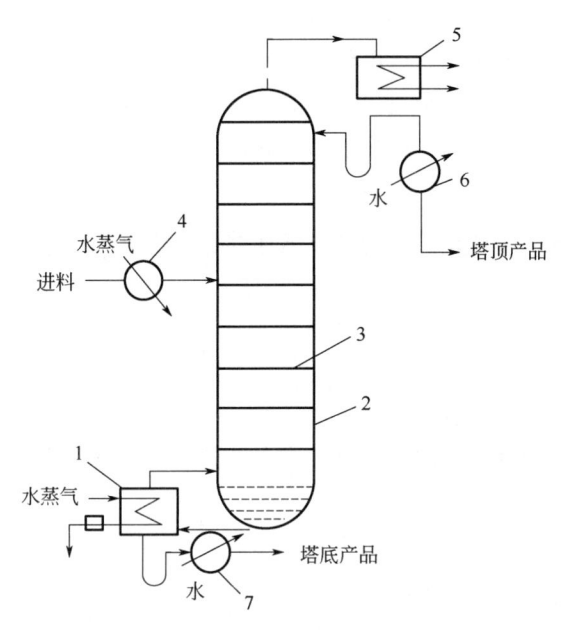

图 1-1-17 精馏装置示意图
1—再沸器；2—精馏塔；3—塔板；4—进料预热器；5—冷凝器；
6—塔顶产品冷却器；7—塔底产品冷却器

分。进料口以上的塔段，把上升蒸气中易挥发组分进一步提浓，称为精馏段；进料口以下的塔段，从下降液体中提取易挥发组分，称为提馏段。两段操作的结合，使液体混合物中的两个组分较完全地分离，生产出所需纯度的两种产品。当使 n 组分混合液较完全地分离而取得 n 个高纯度单组分产品时，须有 $n-1$ 个塔。

精馏之所以能使液体混合物得到较完全的分离，关键在于回流的应用。回流包括塔顶高浓度易挥发组分液体和塔底高浓度难挥发组分蒸气两者返回塔中。气液回流形成了逆流接触的气液两相，从而在塔的两端分别得到相对纯净的单组分产品。塔顶回流入塔的液体量与塔顶产品量之比，称为回流比，它是精馏操作的一个重要控制参数，它的变化影响精馏操作的分离效果和能耗。

（一）基本概念与定律

1. 相律

相律表示平衡物系中的自由度 F、相数 Φ 和独立组分数 C 之间的关系，即 $F=C-\Phi+2$。对双组分平衡物系，$C=2$，$\Phi=2$，故 $F=2$。双组分物系所涉及的参数有：温度 T、压力 p、气相组成 y 和液相组成 x。

2. 拉乌尔定律

理想溶液符合拉乌尔定律。理想溶液是指溶液中各分子之间的作用力相同，从宏观上来看，在组分混合时没有体积效应和热效应。气液相平衡时，组分的蒸气压 p 与溶液中组分的摩尔分数 x 成正比，即对于二元物系有

$$p_A = p_A^\circ x_A \tag{1-1-41}$$

$$p_B = p_B^o x_B = p_B^o(1-x_A) \tag{1-1-42}$$

式中　p_A、p_B——溶液上方组分 A、B 的平衡分压，kPa；

　　　p_A^o、p_B^o——同温度下纯组分 A、B 的饱和蒸气压，kPa；

　　　x_A、x_B——溶液中组分 A、B 的摩尔分数。

3. 道尔顿分压定律

理想气体符合道尔顿分压定律。总压 p 等于各组分分压 p_A、p_B 之和，即

$$p = p_A + p_B \tag{1-1-43}$$

其中

$$p_A = py_A,\ p_B = py_B$$

式中　y_A、y_B——气体中组分 A、B 的摩尔分数。

理想物系是指液相为理想溶液，服从拉乌尔定律；气相为理想气体，服从道尔顿分压定律。

4. 相平衡常数

任一组分 i 的气相组成与液相组成之比，即

$$K_i = \frac{y_i}{x_i} \tag{1-1-44}$$

对于低压下液相为理想溶液的物系，有

$$K_i = \frac{p_i^o}{p} \tag{1-1-45}$$

式中　p_i^o——i 组分的饱和蒸气压，Pa；

　　　K_i——组分 i 的相平衡常数；

　　　p——系统总压，Pa。

5. 相对挥发度

挥发度（v）是指某组分在气相中的平衡分压与该组分在液相中的摩尔分数之比

$$v_i = \frac{p_i}{x_i} \tag{1-1-46}$$

相对挥发度是指混合物中轻重组分的挥发度之比，用 α 表示。在低压下，对双组分理想溶液，可得出

$$\alpha = \frac{v_A}{v_B} = \frac{p_A^o/x_A}{p_B^o/x_B} = \frac{py_A/x_A}{py_B/x_B} = \frac{y_A x_B}{y_B x_A} \tag{1-1-47}$$

理想溶液 $y_B = 1-y_A$，$x_B = 1-x_A$，代入式（1-1-47）中，得气液平衡方程：

$$y = \frac{\alpha x}{1+(\alpha-1)x} \tag{1-1-48}$$

式中　v_A、v_B——A、B 的挥发度；

　　　p_A^o、p_B^o——A、B 组分的饱和蒸气压，Pa。

当 $\alpha = 1$ 时，$y_A/y_B = x_A/x_B$，即组分 A 和组分 B 在平衡气液两相中组成的比值是相同

的，因此不能用蒸馏的方法分离。α 值与 1.0 偏离越远，说明该两组分越易分离。理想物系的相对挥发度随温度的变化不是太大，一般可视为常数。这是因为虽然饱和蒸气压 p_A^o、p_B^o 随温度升高而变大，但其比值却随温度变化不大。

当总压变化不大时，α 一般为常数，而当总压变化较大时，通常压力变大，α 变小。

（二）两组分理想物系气液相平衡

1. 泡点方程

一定压力下，液相开始有气泡析出时的温度为该液相的泡点。不同液相组成与泡点的对应关系称为泡点方程：

$$x_A = \frac{p - p_B^o}{p_A^o - p_B^o} \tag{1-1-49}$$

2. 露点方程

一定压力下，气相开始凝结出露珠时的温度为该气相的露点。不同气相组成与露点的对应关系称为露点方程：

$$y_A = \frac{p_A^o x_A}{p} = \frac{p_A^o (p - p_B^o)}{p(p_A^o - p_B^o)} \tag{1-1-50}$$

3. 相图

1）温度—组成（t—x—y）图

如图 1-1-18 为一定压力下的温度—组成图，图中曲线的两个端点 A、C 分别为难挥发组分和易挥发组分的纯组分沸点。露点线，又称为饱和蒸气线，t—y 线；泡点线，又称为饱和液体线，t—x 线。

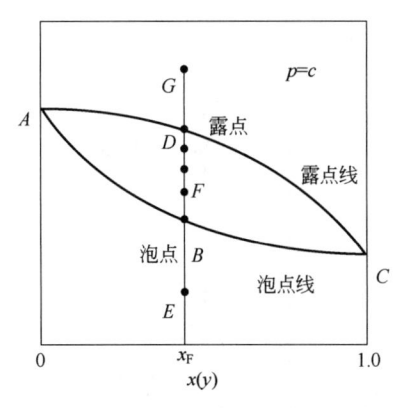

图 1-1-18　二元理想溶液温度—组成相图

露点线以上区域为过热蒸气区，泡点线以下为过冷液体区，两条线之间的区域为两相区。只有在两相区内，才可能对混合物进行一定程度的分离。

2）x—y 相图

x—y 相图可由 t—x—y 相图中的平衡数据绘制而来，该图方便计算，如图 1-1-19 所示。

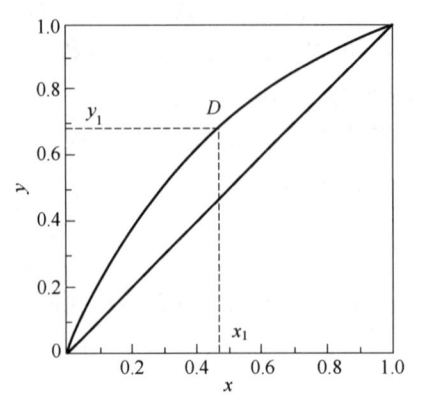

图 1-1-19　苯-甲苯混合液的 x—y 相图

4. 相平衡方程

$$y_i = K_i x_i \tag{1-1-51}$$

5. 两组分非理想溶液平衡关系

实际生产过程中遇到的多数为非理想溶液。非理想溶液是指不符合拉乌尔定律的溶液，其原因在于不同种分子间的作用力不同于同种分子间的作用力，溶液的分压 p_i 与由拉乌尔定律算出的值相比可以是正偏差也可以是负偏差，如果 p_i 较拉乌尔定律的计算值大，即为正偏差，反之则为负偏差。不论是正偏差溶液还是负偏差溶液，在恒沸组成时，其气液相组成皆相同，故无法用一般蒸馏方法分离。

（三）物料衡算

1. 全塔物料衡算

图 1-1-20 给出了全塔物料平衡示意图，具体计算方法如下：

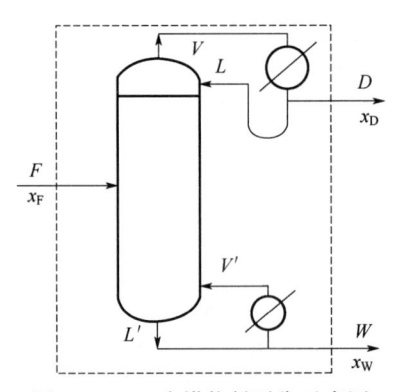

图 1-1-20　全塔物料平衡示意图

$$F = D + W \tag{1-1-52}$$

$$Fx_F = Dx_D + Wx_W \tag{1-1-53}$$

式中　F、D、W——原料液、塔顶产品、塔底产品摩尔流量，kmol/s；
　　　x_F、x_D、x_W——原料液、塔顶产品、塔底产品组成，摩尔分数。

2. 精馏段物料衡算

图 1-1-21 给出了精馏段物料平衡示意图，具体计算方法如下：

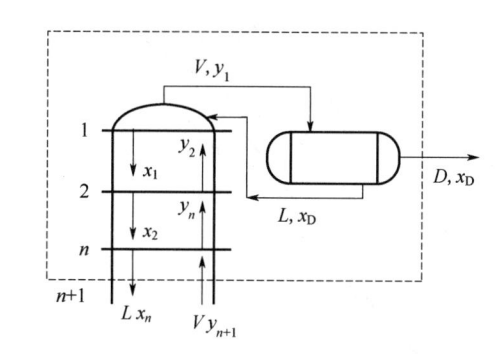

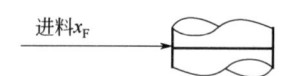

图 1-1-21 精馏段物料平衡示意图

总物料衡算：

$$V=L+D \tag{1-1-54}$$

式中　V——精馏段气相的摩尔流量，kmol/s；
　　　L——精馏段液相的摩尔流量，kmol/s。

易挥发组分物料衡算：

$$Vy_{n+1}=Lx_n+Dx_D \tag{1-1-55}$$

于是可得精馏段操作线方程为

$$y_{n+1}=\frac{L}{V}x_n+\frac{D}{V}x_D \tag{1-1-56}$$

式中 $L=RD$，$V=(R+1)D$，R 为回流比。

$$y_{n+1}=\frac{R}{R+1}x_n+\frac{1}{R+1}x_D \tag{1-1-57}$$

上式表示精馏段内某处下降液流浓度和上升气流浓度之间的关系，它是一条过点 $a(x_D、x_D)$、在 y 轴上截距为 $\frac{1}{R+1}x_D$ 且斜率小于 1 的直线（图 1-1-22）。其斜率决定了精馏段的分离能力，斜率越大，操作线越远离平衡线，精馏段内塔板的分离能力越高。

回流比 R 是精馏塔的重要操作参数之一，其大小直接关系到精馏过程的经济性。适宜的回流比 R_{opt} 通常根据经验选取，其范围为

$$R_{opt}=(1.1\sim2)R_{min} \tag{1-1-58}$$

其中，R_{min} 是为完成某一分离要求所需理论塔板数为无穷大时对应的回流比，称为最小回流比。最小回流比与设计条件有关，因此它仅对设计型问题有意义。其值可用下式计算：

$$\frac{R_{min}}{R_{min}+1}=\frac{x_D-y_q}{x_D-x_q} \tag{1-1-59}$$

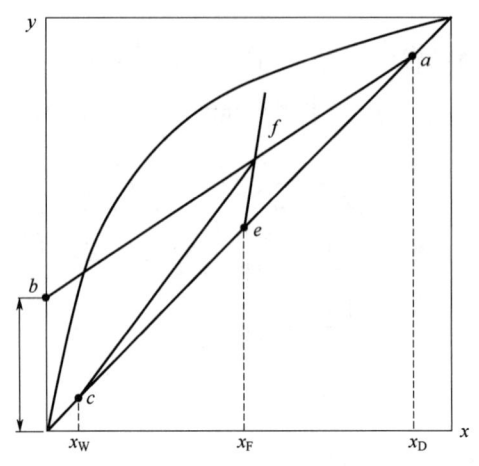

图 1-1-22 提馏段操作线

$$R_{min} = \frac{x_D - y_q}{y_q - x_q} \quad (1-1-60)$$

式中 x_q，y_q 是恒浓点 q（进料线方程与相平衡方程的交点）的坐标，表 1-1-6 列出了进料热状况对 q 线及操作线的参数。

表 1-1-6 进料热状况对 q 线及操作线的影响表

进料热状况	q 值	q 线斜率
冷液体	>1	+
饱和液体	1	∞
气液混合物	0<q<1	-
饱和蒸气	0	0
过热蒸气	<0	+

3. 提馏段物料衡算

图 1-1-23 为提馏段物料平衡示意图，具体计算方法如下：

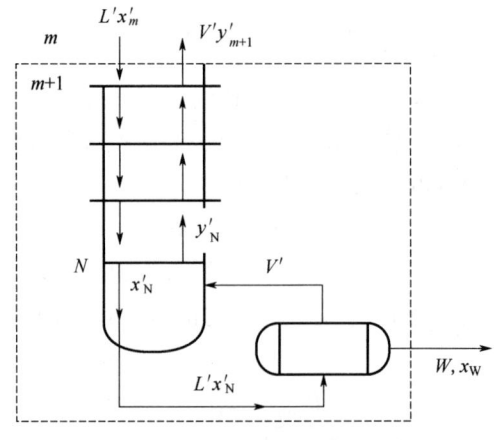

图 1-1-23 提馏段物料平衡示意图

总物料衡算：
$$L' = V' + W \tag{1-1-61}$$

易挥发组分物料衡算：
$$L'x_m = V'y_{m+1} + Wx_W \tag{1-1-62}$$

式中 L'——提馏段液相的摩尔流量，kmol/s；
V'——提馏段气相的摩尔流量，kmol/s。

于是可得提馏段操作线方程为
$$y_{m+1} = \frac{L'}{V'}x_m - \frac{W}{V'}x_W \tag{1-1-63}$$

式中 $L' = L + qF$，$V' = V + (q-1)F$，q 为进料热状况参数，其定义为
$$q = \frac{h_V - h_F}{h_V - h_L} = \frac{每千摩尔进料从进料状态到饱和蒸气所需热}{进料的千摩尔汽化潜热} \tag{1-1-64}$$

提馏段操作线方程表示提馏段内某处下降的液流浓度和上升气流浓度之间的关系，它是一条过点 $c(x_W, x_W)$ 斜率大于 1 的直线（图 1-1-23），其斜率决定了提馏段的分离能力，斜率越小，操作线越远离平衡线，提馏段内塔板的分离能力越高。

4. 进料线方程

$$y = \frac{q}{q-1}x - \frac{x_F}{q-1} \tag{1-1-65}$$

上式是精馏段操作线和提馏段操作线交点 e 的轨迹方程，它是一条过点 $e(x_F, x_F)$、斜率为 $\frac{q}{q-1}$ 的直线。该直线仅与 q、x_F 有关，所以称之为进料线方程，简称为 q 线方程。

5. 操作线画法

（1）精馏段操作线：定点 $a(x_D, x_D)$，在 y 轴上定 $b\left(0, \frac{1}{R+1}x_D\right)$，连接点 ab，如图 1-1-22 所示。

（2）提馏段操作线：定点 $c(x_W, x_W)$，根据点 $e(x_F, x_F)$ 斜率 $\frac{q}{q-1}$ 作 q 线与精馏段操作线交于点 f，连接点 cf，如图 1-1-22 所示。

（四）塔板数的求法

1. 逐板法

全塔各层塔板平衡示意图如图 1-1-24 所示。
（1）精馏段：
第一块上升蒸气全部冷凝并在泡点温度回流，则有：

$y_1 = x_D \xrightarrow{\text{相平衡关系 } y_1 = \frac{\alpha x_1}{1+(\alpha-1)x_1}} x_1 \xrightarrow{\text{操作关系 } y_2 = \frac{R}{R+1}x_1 + \frac{1}{R+1}x_D} y_2 \xrightarrow{\text{相平衡关系}} x_2 \xrightarrow{\text{操作关系}}$

$y_3 \cdots \xrightarrow{x_n \leq x_F} n$ 由于进料板属于提馏段，所以精馏段塔板数为 $n-1$。

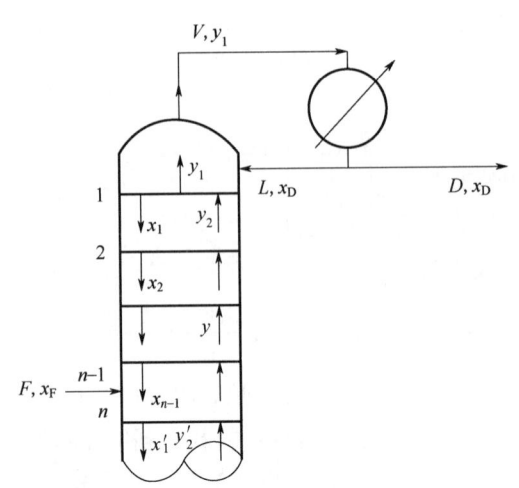

图 1-1-24 全塔各层塔板平衡示意图

（2）提馏段：

$$x_1'=x_n \xrightarrow{\text{操作关系 } y_2'=\frac{L+qF}{L+qF-W}x_1'-\frac{L+qF}{L+qF-W}x_W} y_2' \xrightarrow{\text{相平衡关系}} x_2' \xrightarrow{\text{操作关系}} y_3' \cdots\cdots \xrightarrow{x_m'\leqslant x_W'} m$$

由于有再沸器，再沸器相当于一块塔板，所以提馏段塔板数为 $m-1$。

全塔理论塔板数为 $N=n+m-2$（含再沸器）。

2. 图解法

根据操作线方程与 q 线方程在 x—y 图上画出 q 线及操作线，如图 1-1-25 与图 1-1-26 所示。

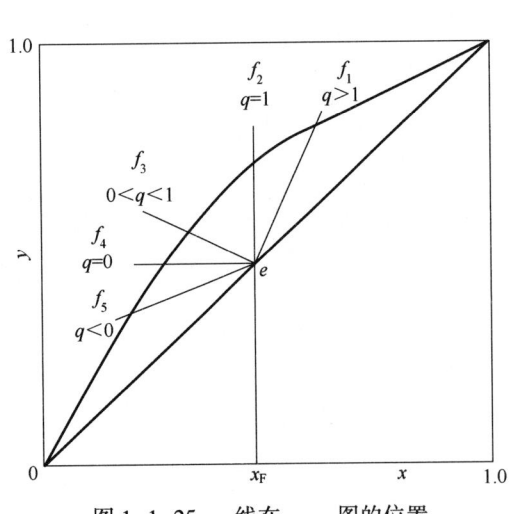

图 1-1-25　q 线在 x—y 图的位置

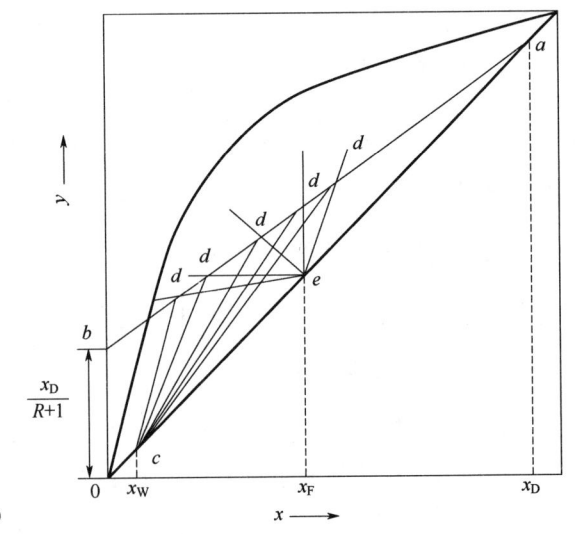

图 1-1-26　q 线与操作线在 x—y 图的位置

在 x—y 图中画阶梯求塔板数，如图 1-1-27 所示。

$N=5$（含重沸器），$N=4$（不含重沸器）。因为最佳进料板液相组成 $x_i \leqslant x_D$，所以最佳进料板 $N_F=3$。

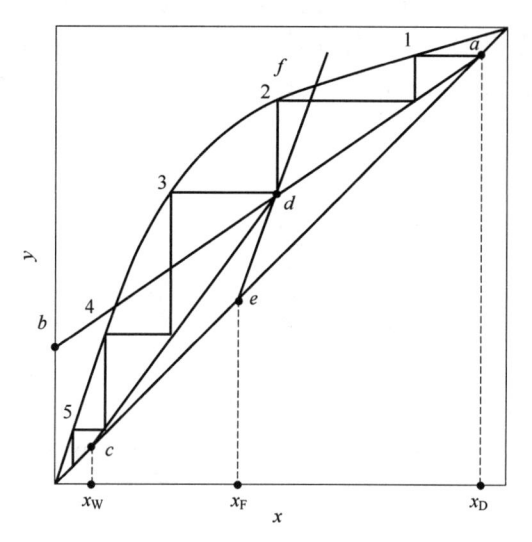

图 1-1-27 画阶梯求塔板示意图

（五）计算实例

例 1 在一连续精馏塔中，精馏段操作线方程为 $y=0.75x+0.2075$，q 线方程式为 $y=-0.5x+1.5x_F$。试求：（1）回流比 R；（2）馏出液组成 x_D；（3）进料液的 q 值；（4）判断进料状态；（5）当进料组成 $x_F=0.44$ 时，精馏段操作线与提馏段操作线交点处 x_q 值为多少？

解：（1）（2）由精馏段操作线方程式可得

$$\frac{R}{R+1}=0.75, \frac{x_D}{R+1}=0.2075$$

解得：$R=3$，$x_D=0.83$

（3）由 q 线方程式可得

$$\frac{q}{q-1}=-0.5$$

解得：$q=0.33$

（4）由于 $0<q<1$，所以进料为气液混合状态。

（5）将 $x_F=0.44$ 代入 q 线方程得

$$\begin{cases} y=-0.5x+0.66 \\ y=0.75x+0.2075 \end{cases}$$

解得：$x_q=0.362$

答：（1）回流比 R 为 3；（2）馏出液相成 x_D 为 0.83；（3）进料液的 q 值为 0.33；（4）进料状态为气液混合状态；（5）当 $x_F=0.44$ 时，x_q 为 0.362。

例 2 在连续常压精馏塔中分离某溶液，塔顶采用全凝器，塔底有再沸器；要求 $x_D=0.94$（摩尔分数，下同），$x_W=0.04$。已知此塔进料 q 线方程为 $y=6x-1$，采用回流比为最小回流比的2倍，溶液在本题条件下的相对挥发度为2，假定恒摩尔流假定成立。试求：
(1) 精馏段操作线方程；(2) 若塔底产品量 W = 100kmol/h，求进料量 F 和塔顶产品量 D；
(3) 提馏段操作线方程；(4) 离开第二理论板的液相组成 x_2。

解：
(1) 已知 q 线方程：$y = 6x - 1$ ①

相平衡方程：$$y = \frac{\alpha x}{1+(\alpha-1)x} = \frac{2x}{1+x}$$ ②

联立①②式得：$x_q = 0.2287$，$y_q = 0.3722$

则最小回流比为

$$R_{\min} = \frac{x_D - y_q}{y_q - x_q} = \frac{0.94 - 0.3722}{0.3722 - 0.2287} = 3.957$$

操作回流比为

$$R = 2R_{\min} = 7.914$$

由精馏段操作线方程：$$y_{n+1} = \frac{R}{R+1}x_n + \frac{1}{R+1}x_D$$

解得：$$y = 0.89x + 0.105$$

(2) 由 q 线方程 $y = \frac{q}{q-1}x - \frac{x_F}{q-1} = 6x - 1$ 得 $q = 1.2$，$x_F = 0.2$。

根据全塔物料衡算式：

$$\begin{cases} F = D + W \\ Fx_F = Dx_D + Wx_W \end{cases}$$

当 W = 100kmol/h 时，解得：F = 121.62kmol/h，D = 21.62kmol/h

(3) $L' = L + qF = RD + qF = 7.914 \times 21.62 + 1.2 \times 121.62 = 317.04$(kmol/h)

$V' = V + (q-1)F = (R+1)D + (q-1)F = (7.914+1) \times 21.62 + (1.2-1) \times 121.62$
$= 217.04$(kmol/h)

所以提馏段操作线方程为

$$y = \frac{L'}{V'}x - \frac{W}{V'}x_W = \frac{317.04}{217.04}x - \frac{100}{217.04} \times 0.04 = 1.46x - 0.0184$$

(4) 逐板法计算 x_2

$y_1 = x_D = 0.94 \xrightarrow{\text{相平衡方程 } y=\frac{2x}{1+x}} x_1 = 0.887 \xrightarrow{\text{操作线方程 } y=0.89x+0.105} y_2$

$= 0.894 \xrightarrow{\text{相平衡方程 } y=\frac{2x}{1+x}} x_2 = 0.808$

答：（1）精馏段操作线方程为 $y=0.89x+0.105$；（2）当 $W=100\text{kmol/h}$ 时，F 为 121.62kmol/h，D 为 21.62kmol/h；（3）提馏段操作线方程为 $y=1.46x-0.0184$；（4）离开第二理论板的液相组成 x_2 为 0.808。

四、干燥

（一）固体物料的去湿方法

在工业生产中，经常需要从湿固体物料中除去湿分（水或者其他溶剂），这种过程简称为"去湿"，常用的去湿方法可分为以下 3 类。

（1）机械去湿法。对于含有较多液体的悬浮液，通常先用沉降、过滤、离心分离等机械方法去湿。这种方法能除去大部分液体，能量消耗较小，一般用于初步去湿。

（2）化学去湿法。使用生石灰、浓硫酸、无水氯化钙等吸湿物料来除去水分。这种方法只能除去少量的水分，且费用高、操作麻烦。适用于小批量固体物料或者气体的去湿。

（3）加热去湿法。对湿物料加热，使所含湿分汽化，并及时移走所生成的蒸气，这种利用热能除去固体物料中湿分的单元操作称为干燥。这种方法能量消耗较多，但去湿较彻底。

在化学工业中，固体物料的去湿一般先用机械去湿除去大量的湿分，再利用干燥法进一步降低含湿量，以达到产品的要求。

（二）干燥过程的分类

1. 根据加热方式不同分类

根据对物料加热方式的不同，干燥过程可分为以下几种。

（1）热传导干燥。热能以传导方式通过传热壁面加热物料，使其中湿分汽化。

（2）对流传热干燥。干燥介质（如热空气、烟道气等）与湿物料直接接触，以对流方式给物料供热使湿分汽化，并带走所产生的蒸气。

（3）红外线辐射干燥。红外线辐射到湿物料被其吸收，使湿物料内部发生激烈摩擦而产生热能，使湿分汽化。红外线干燥法特别适用于涂料的涂层、纸张、印染织物等片状物料的干燥。

（4）介电加热干燥。将需要干燥的物料放置于高频电场中，利用高频电场的交变作用将湿物料加热，并汽化湿分，例如微波加热干燥。

（5）冷冻干燥。将湿物料在低温下冻结成固态，在高真空下对物料提供必要的升华热，使湿物料中的湿分升华。这种方法经常用于医药、生物制品及食品的干燥。

2. 根据操作压力不同分类

按操作压力不同，干燥又分为常压干燥和真空干燥。真空干燥有以下 5 个特点：

（1）操作温度低，干燥速度快，经济性好。

（2）适用于维生素等热敏性产品以及在空气中易氧化、易燃易爆的物料。

（3）适用于含有溶剂或有毒气体的物料，溶剂回收容易。

(4) 在真空下操作,产品含水量可以很低,适用于要求低含水量的产品。

(5) 由于加料口与产品排出口等处的密封问题,大型化、连续化生产困难。

工业上应用最多的还是对流传热干燥,其中干燥介质可以是热空气、惰性气体、烟道气等,去除的湿分可以是水或者其他溶剂。下面主要讨论以热空气为干燥介质,去除湿分为水的对流干燥过程。

(三) 对流干燥过程的传热与传质

对流干燥过程是一个传热与传质相结合的复杂过程,图1-1-28是该过程的示意图。

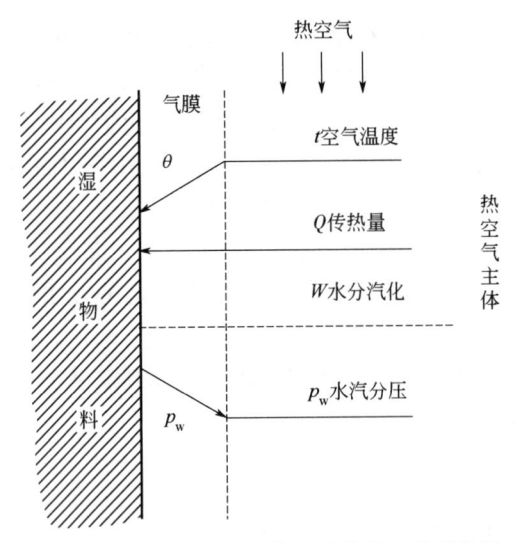

图1-1-28 对流干燥的热、质传递过程示意图

经预热的高温热空气与低温湿物料接触时,热空气以对流方式将热量传递给湿物料,其表面水分因受热而汽化扩散到空气中并被空气带走。同时,物料内部的水分由于浓度梯度的推动而迁移至表面,使干燥连续进行下去,可见,空气既是载热体,也是载湿体,干燥是传热与传质同时进行的过程。传热方向是由气相到固相,推动力为空气温度 t 与物料表面温度 t_0 之差;传质方向则是由固相到气相,推动力为物料表面水汽分压 p_w 与空气主体中水汽分压 p_y 之差,所以,干燥是热、质反向传递过程。

对流干燥流程如图1-1-29所示。空气经风机送入预热器加热至一定温度后送入干燥器中,与湿物料直接接触进行传质、传热,沿程空气温度逐渐降低,含湿量逐渐增加,最后废气自干燥器另一端排出。

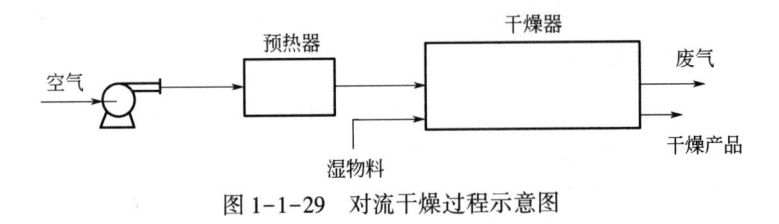

图1-1-29 对流干燥过程示意图

第一章　化工基础知识

五、吸收理论的应用实例

吸收的计算过程较复杂，常需借助于计算机。现有的商业化软件，如 HYSYS、ASPEN PLUS、PRO Ⅱ 等，都可以满足天然气净化装置的模拟计算。现分别以脱硫脱碳吸收塔、脱水吸收塔为例，用 HYSYS 模拟计算。

（一）脱硫脱碳吸收塔

以某天然气净化厂脱硫吸收过程为例，原料气流量为 $400 \times 10^4 \text{m}^3/\text{d}$（20℃，101.325kPa）；温度为20℃；压力为4800kPa（表压），组成见表1-1-7。湿净化气中 H_2S 含量要求小于 $20\text{mg}/\text{m}^3$。MDEA 溶液的质量分数为 45%。

表 1-1-7　原料天然气组成表

组成	N_2	CH_4	C_2H_6	C_3H_8	$i\text{-}C_4H_{10}$	$n\text{-}C_4H_{10}$	CO_2	H_2O	H_2S
摩尔分数，%	0.919	96.480	0.591	0.113	0.005	0.007	1.709	0.165	0.011

吸收塔中天然气压力、气相温度随塔板层变化如图 1-1-30、图 1-1-31 所示。

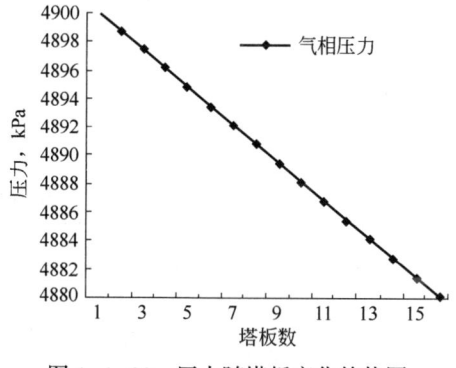

图 1-1-30　压力随塔板变化趋势图 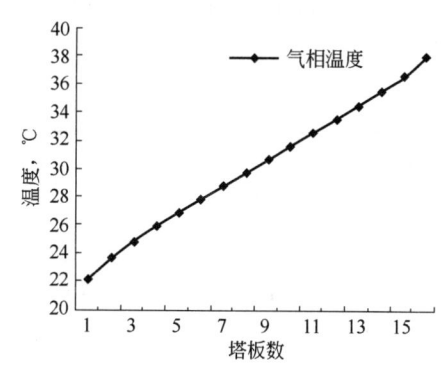　　图 1-1-31　温度随塔板变化趋势图

从图 1-1-32 可看出气相流量（天然气）随着吸收过程的进行逐渐减小，这是因为 H_2S、CO_2 等组分进入 MDEA 溶液相的结果。图 1-1-33、图 1-1-34、图 1-1-35 表示了 CO_2、H_2S、CH_4 在气液相中摩尔分数随塔板数的变化。

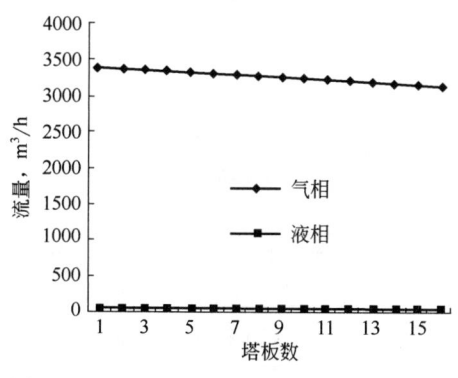

图 1-1-32　气液相流量随塔板变化趋势图 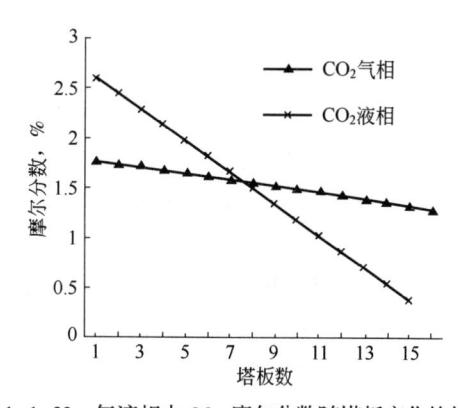　　图 1-1-33　气液相中 CO_2 摩尔分数随塔板变化趋势图

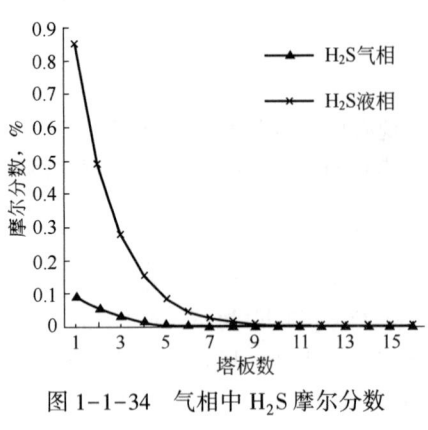

图 1-1-34　气相中 H₂S 摩尔分数随塔板变化趋势图

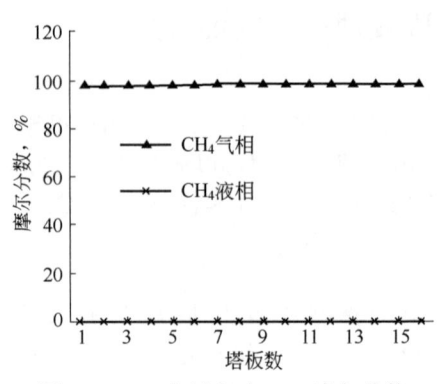

图 1-1-35　气液相中 CH₄ 摩尔分数随塔板变化趋势图

（二）脱水吸收塔

以某天然气脱水站脱水吸收过程为例，原料气流量为 $100\times10^4\mathrm{m}^3/\mathrm{d}$（20℃，101.325kPa）；温度为20℃；压力为8500kPa（表压），组成见表1-1-8。TEG贫液质量分数为99.5%，循环量为 $0.5\mathrm{m}^3/\mathrm{h}$。

表 1-1-8　原料天然气组成表

组分	CH₄	C₂H₆	C₃H₈	He	N₂	CO₂	H₂O
体积分数，%	98.07	0.52	0.04	0.02	0.23	1.08	0.04

脱水吸收塔的压力、温度和组分在液相中的组成计算结果分别见图1-1-36、图1-1-37、图1-1-38。

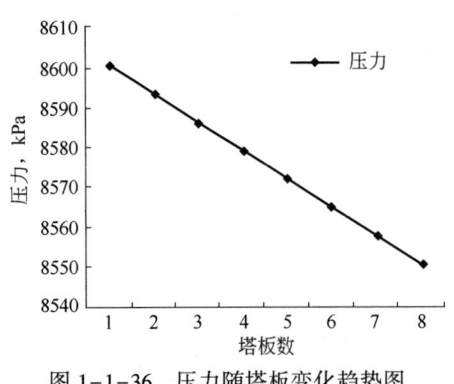

图 1-1-36　压力随塔板变化趋势图

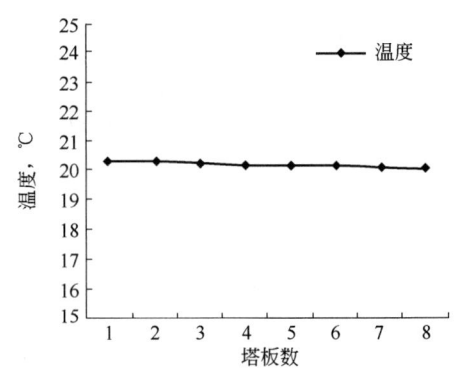

图 1-1-37　温度随塔板变化趋势图

从图1-1-36和图1-1-37可看出随着塔板数量的增加，整体塔压降增加而塔板温度变化不明显，前者是塔盘阻力损失的存在而导致的，后者是由于吸水为物理过程，几乎不产生热效应，二者趋势均与实际生产较为一致。从图1-1-38可以得出TEG几乎不吸收 CH_4 和 CO_2 这一结论。

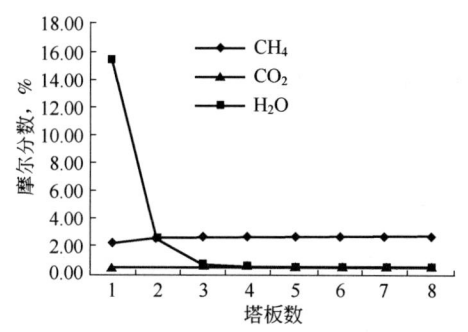

图 1-1-38　液相组分摩尔分数随塔板变化趋势图

第四节　化学反应工程

工业规模的化学反应过程比较复杂，既有化学反应过程，又有物理过程。反应器中主要有流体返混合不均匀流动、传质、传热等过程，并与化学反应过程同时发生。从本质上说，物理过程不改变反应过程的动力学规律，即反应动力学规律不因为物理过程存在而发生变化。但是流体流动、传质、传热过程会影响实际反应场所的温度和浓度在时间、空间上的分布，从而影响反应的最终结果。因此，化学反应工程实际上是反应和分离两个学科的汇合，即物理过程和化学过程两者结合。

在天然气净化厂中，涉及的反应相对较多，如脱硫脱碳的吸收反应、硫磺回收单元的高温热反应和克劳斯催化反应，本节主要简述关于这 3 种反应类型的相关知识。

一、化学反应动力学

（一）基础概念

1. 化学反应式

反应物经化学反应生成产物的过程用定量关系式予以描述时，该定量关系式称为化学反应式：

$$a\text{A}+b\text{B}+\cdots = r\text{R}+s\text{S}+\cdots \tag{1-1-66}$$

式中，A、B 为反应物，R、S 为生成物；a、b、r、s 为参与反应的各组分的分子数，称为计量系数。

如：

$$\text{H}_2\text{S}+\frac{3}{2}\text{O}_2 = \text{SO}_2+\text{H}_2\text{O}$$

反应式中，H_2S、O_2 为反应物，SO_2、H_2O 为生成物；1、$\frac{3}{2}$、1、1 为计量系数。

2. 反应程度

以式(1-1-66)的反应体系为例，开始时体系中组分的量分别为 n_{A_0}、n_{B_0}、n_{R_0}、n_{S_0}。反应到某一时刻，体系中组分的量分别为 n_A、n_B、n_R、n_S。以终态减去初态，且有：

$$\frac{n_A-n_{A_0}}{a_A}=\frac{n_B-n_{B_0}}{b_B}=\frac{n_R-n_{R_0}}{r_R}=\frac{n_S-n_{S_0}}{S_S}=\xi \tag{1-1-67}$$

即任何反应组分的反应量与其化学计量系数之比为相同值 ξ，该值可用来描述该反应进行的程度。

3. 转化率

工业上普遍使用关键组分的转化率来表示一个化学反应进行的程度。所谓关键组分必须是反应物，该组分在原料中的量按化学式计量方程计算能完全反应掉，即转化率最大值为100%。

所谓关键组分（在这里取 A 为关键组分）的转化率是指 A 组分反应（或转化）的分率，其定义为

$$x_A=\frac{n_{A_0}-n_A}{n_{A_0}} \tag{1-1-68}$$

根据转化率与反应程度的关系可得到：

$$x_A=\frac{-a_A}{n_{A_0}}\xi \tag{1-1-69}$$

4. 平均选择性、收率

在平行反应系统中，平均选择性 $\bar{S}$ 定义为

$$\bar{S}=\frac{\text{在系统中生产目的产物而消耗的某一反应物量}}{\text{在系统中反应掉的某一反应物量}} \tag{1-1-70}$$

收率 y 定义为

$$y=\frac{\text{生产目的产物而消耗的某一反应物量}}{\text{加入系统中的某一反应物量}} \tag{1-1-71}$$

由上可知，转化率、平均选择性和收率的关系如下：

$$y=x_A\bar{S} \tag{1-1-72}$$

以 MDEA 的选择性为例，选择性因子 S 为 H_2S 脱除率（η_s）与 CO_2 共吸率（η_c）的比值，即

$$S=\eta_s/\eta_c \tag{1-1-73}$$

由于在一般条件下 η_s 均接近于100%，因此获得准确的 η_c 成为评价选择性的关键。一般通过计算出 3 个 η_c 值的吻合程度来衡量数据的质量。

$$\eta_{c_1}=\{[CO_2]_\text{原}-[CO_2]_\text{净}(1-[H_2S]_\text{原})\}/\{[CO_2]_\text{原}(1-[CO_2]_\text{净})\} \tag{1-1-74}$$

$$\eta_{c_2}=\{34[H_2S]_\text{原}([CO_2]_\text{富}-[CO_2]_\text{贫})\}/\{44[CO_2]_\text{原}([H_2S]_\text{富}-[H_2S]_\text{贫})\} \tag{1-1-75}$$

$$\eta_{c_3}=\{[H_2S]_\text{原}[CO_2]_\text{酸}\}/\{[H_2S]_\text{酸}[CO_2]_\text{原}\} \tag{1-1-76}$$

式中，[H₂S]原、[H₂S]酸、[CO₂]原、[CO₂]酸、[CO₂]净的单位为%；[H₂S]贫、[H₂S]富、[CO₂]富、[CO₂]贫的单位为 g/L。

5. 化学反应速率

在一个化学反应中，由于化学组分计量系数不同，物质的量的变化量是不同的，但反应程度是相同的。然而，反应程度是一个累积量，不能代表速度。因此，定义用单位反应物系中反应程度随时间的变化率表示反应速率。在均相反应中，取单位反应物系体积 V 为基准，即

$$r = \frac{1}{V}\frac{d\xi}{dt} \tag{1-1-77}$$

在气固相催化反应中，取单位催化剂体积 V_{cat} 为基准，即

$$r = \frac{1}{V_{cat}}\frac{d\xi}{dt} \tag{1-1-78}$$

在气液相反应中，取单位相界面积 S 为基准，即

$$r = \frac{1}{S}\frac{d\xi}{dt} \tag{1-1-79}$$

（二）反应动力学方程

定量描述反应速率与影响反应速率的因素之间的关系式称为反应动力学方程。对于在系统中只进行一个不可逆反应的过程，其动力学方程一般都可用下列形式的方程式表达：

$$r = k_c c_A^m c_B^n \tag{1-1-80}$$

式中　k_c——以浓度表示的反应速率常数，是温度的函数；

c_A、c_B——组分 A、B 的浓度，mol/L；

m、n——反应级数。

复杂反应系统的动力学方程可参阅其他书籍。

下面就动力学方程式中参数 m、n 和 k_c 的物理意义加以讨论。

1. 反应分子数和反应级数

首先要区分基元反应和非基元反应。如果反应物分子按化学反应式中在碰撞中进一步直接转化为生成物分子，则称反应为基元反应。若反应物分子要经过若干步，即经由几个基元反应才能转化为产物分子的反应，则称为非基元反应。对于基元反应，级数 m 和 n 等于化学反应式计量数，$m = a_A$，$n = a_B$。而对非基元反应，一般不等于化学计量系数。级数的大小反映了该组分浓度对反应速率影响的程度，级数越高，该组分浓度的变化对反应速率的影响越显著；如果级数等于零，在动力学方程式中该组分的浓度项就不出现，说明该组分浓度的变化对反应速率没有影响；如果级数是负数，说明该组分浓度的增加反而抑制了反应，使反应速率下降。

2. 速率常数 k

k 值显著地取决于温度的高低，其他因素如催化剂、总压、离子强度等都对其有影响。在正常情况下，这些因素比起温度对反应速率常数 k 的影响要小得多。因此，将假设 k 仅是温度的函数，与反应温度的函数关系用阿伦尼乌斯（Arrhenius）方程来描述，即

$$k = k_0 e^{-\frac{E}{RT}} \quad (1-1-81)$$

式中　k_0——与温度无关的常数，称为指前因子或频率因子；
　　　R——气体常数，一般取 8.314J/(mol·K)；
　　　E——反应活化能，单位为 J/mol；
　　　T——热力学温度，K。

对于可逆反应：

$$aA + bB \rightleftharpoons rR + sS$$

该可逆反应是一个复合反应过程，按复合反应动力学的要求，可分解为两个简单的反应过程：

反应 1（正反应）：

$$aA + bB \xrightarrow{k_1} rR + sS$$

动力学方程为

$$r_1 = k_1 c_A^{n_A} c_B^{n_B} \quad (1-1-82)$$

反应 2（逆反应）：

$$rR + sS \xrightarrow{k_2} aA + bB$$

动力学方程为

$$r_2 = k_2 c_R^{n_R} c_S^{n_S} \quad (1-1-83)$$

n_A、n_B、n_R、n_S 为 A、B、R、S 的反应分级数（一般不等于各组分的计量系数）。

当正逆反应速率相等时，总反应速率为零，此时反应达到平衡。可逆吸热反应的速率总是随着温度的升高而增加。对可逆放热反应，在一定条件下（气体组成、转化率、催化剂等一定）存在最佳操作温度，此时反应速率最大。如果在反应达到平衡后，移除生成物，平衡将向右移动，有利于生成目标产物，硫磺回收过程即是通过此方法来提高收率的。

1）均相反应动力学方程

以灼烧炉 CH_4 的燃烧反应为例，反应式为

$$CH_4 + 2O_2 = CO_2 + 2H_2O$$

2）非均相反应动力学方程

以 MDEA 溶液吸收 CO_2 为例，总反应式为

$$R_1R_2R_3N + CO_2 + H_2O \rightleftharpoons R_1R_2R_3NH^+ + HCO_3^-$$

其动力学机理是 CO_2 和 MDEA 的水合反应，是对 CO_2 和 MDEA 均为一级的二级反应，其反应分两步进行：

$$R_1R_2R_3N : + : C{\overset{O}{\underset{O}{}}} \rightleftharpoons R_1R_2R_3N :: C{\overset{O}{\underset{O}{}}}$$

中间化合物催化 CO_2 水解：

$$R_1R_2R_3N :: C{\overset{O}{\underset{O}{}}} + H_2O \rightleftharpoons R_1R_2R_3NH^+ + HCO_3^-$$

上述两个反应的反应历程如下：

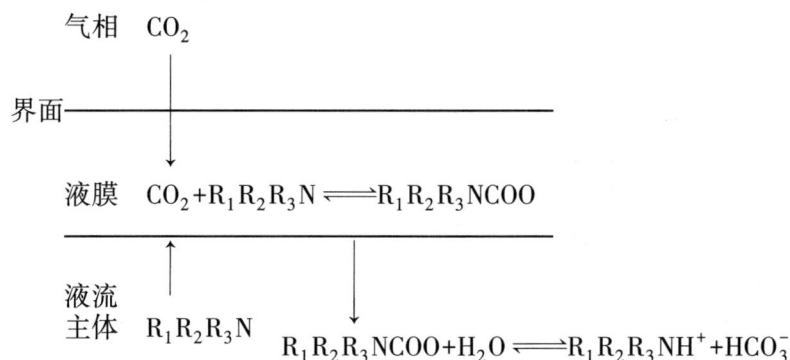

气相　CO_2

界面 ────────────↓────────────

液膜　$CO_2 + R_1R_2R_3N \rightleftharpoons R_1R_2R_3NCOO$

──────↑──────────↓──────────

液流
主体　$R_1R_2R_3N$　　$R_1R_2R_3NCOO + H_2O \rightleftharpoons R_1R_2R_3NH^+ + HCO_3^-$

由于反应 $R_1R_2R_3NCOO + H_2O \rightleftharpoons R_1R_2R_3NH^+ + HCO_3^-$ 系在液流主体中进行并趋于平衡的均相水解反应，总过程由液膜中的反应 $CO_2 + R_1R_2R_3N \rightleftharpoons R_1R_2R_3NCOO$ 控制。

有研究者用下式表示 MDEA 溶液吸收 CO_2 的速率：

$$r = c_{CO_2} c_{MDEA} [k_{H_2O} c_{H_2O} + k_{OH^-} c_{OH^-}] + k'_{OH^-} c_{CO_2} c_{OH^-} \quad (1-1-84)$$

虽然实际情形比较复杂，但通常反应级数对 CO_2 及 MDEA 均作为一级处理。

二、气固相催化反应本征动力学

只要反应前后体系的 $\Delta G < 0$，按化工热力学的观点此反应是能够进行的，但是从动力学来考虑，可能此反应的反应速率极慢，即使反应物之间有较长时间的接触，所得产物量也极少，因此工业生产应用是不现实和不经济的。对于这一类反应过程，通常需要借助催化剂来实现工业生产。如原料为气相，而催化剂是固相时，该反应过程为气固相催化反应过程。硫磺回收装置催化反应即为该类型。

（一）气固相催化反应过程

气固相催化反应发生在气固相接触的相界面处。单位体积固体比表面积越大，则反应进行得越快。因此，多相催化反应所采用的催化剂往往都是多孔结构，其内部表面积极大，化学反应主要在这些表面上进行。如图 1-1-39 所示，对于多孔催化剂，流体中的反

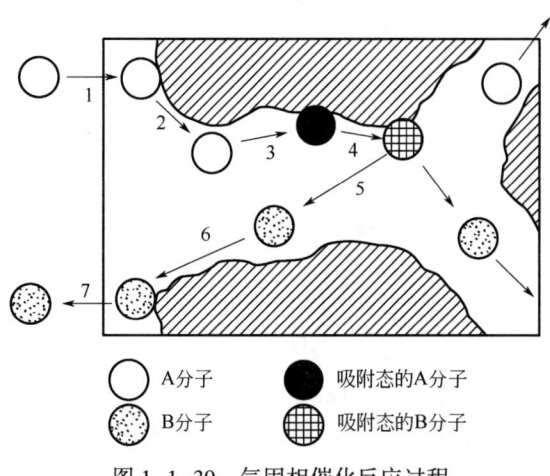

图 1-1-39　气固相催化反应过程

应组分还需从颗粒外表面向各孔的内表面迁移，该过程也是靠气体分子的扩散才能进行，从而形成催化剂颗粒内部不同深度处气体浓度的不同，这种情况被称为内扩散影响。反应产物沿着相反的方向，从内表面向流体主体迁移。

整个多相催化反应过程可概括为以下7个步骤：
（1）反应组分从流体主体向固体催化剂外表面传递。
（2）反应组分从外表面向催化剂内表面传递。
（3）反应组分在催化剂表面的活性中心上吸附。
（4）在催化剂表面上进行化学反应。
（5）反应产物在催化剂表面上解吸。
（6）反应产物从催化剂内表面向外表面传递。
（7）反应产物从催化剂的外表面向流体主体传递。

这7个步骤中，第（1）步和第（7）步是气相主体通过气膜与颗粒外表面进行物质传递，称为外扩散过程；第（2）和第（6）步骤是颗粒内的传质，称为内扩散过程；第（3）（4）（5）步是在颗粒表面上进行化学吸附、化学反应、化学解吸的过程，统称为化学动力学过程。如果其中某一个步骤的速率与其他各步的速率相比要慢得多，以致整个反应速率取决于这一步的速率，该步骤就称为速率控制步骤。

（二）气固相催化反应动力学

1. 本征反应速率

气固相催化反应本征动力学是没有扩散存在，即排除了流体在固体表面处的外扩散影响及流体在固体空隙中的内扩散影响的情况下，固体催化剂及与其相接触的气体之间的化学反应动力学。在气固相催化反应中，反应物分子以化学吸附方式与催化剂相结合，形成吸附络合物的反应中间物，通常它进一步与相邻的其他反应物形成的络合物进行反应生成产物，最后反应产物再从吸附表面上脱附出来。

现以克劳斯催化反应为例。在克劳斯装置的具体操作条件下，一般认为克劳斯反应对H_2S是1级反应，而对SO_2是0.5级反应，本征反应速率可表示如下：

$$-r_{H_2S} = \frac{k_0 e^{\frac{-E}{RT}} p_{H_2S} p_{SO_2}^{0.5}}{(1+bp_{H_2O})^n} \quad (1-1-85)$$

式中　r_{H_2S}——本征反应速率；
　　　k_0——反应速率常数；
　　　E——活化能，J/mol；
　　　R——气体常数，一般取8.314J/(mol·K)；
　　　T——热力学温度，K；
　　　b、n——常数；
　　　p_{H_2S}、p_{SO_2}、p_{H_2O}——H_2S、SO_2、H_2O的分压。

多年来，不同研究者在各种克劳斯反应催化剂上对式(1-1-85)涉及的各项参数进行了测定，得到的反应速率方程在形式上是相似的，而作用机理则与活性表面的物理性质密切相关。

2. 锡尔-惠勒（Thiele-Wheeler）方程

克劳斯反应催化剂作用机理与其表面物理性质的关系式是通过锡尔-惠勒方程来关联的。该方程直观地以转化率反映催化剂的活性，再将后者与催化剂的孔结构参数和扩散条件相关联，如下式所示。

$$\lg x = \frac{6S}{S_V R}\sqrt{kD_e r} \tag{1-1-86}$$

式中 x——转化率；

S——催化剂比表面积，m^2/g；

S_V——气体空速，$g/(m^2 \cdot s)$；

R——催化剂直径，m；

k——本征反应速率常数；

D_e——反应物在催化剂孔结构中的有效扩散系数，m^2/s；

r——平均孔半径，m。

对所有克劳斯反应催化剂而言，具有活性的孔均甚小而不允许进行分子扩散，所以 D_e 与孔径有关。在典型的克劳斯反应的气体浓度和压力条件下，气体分子在小孔中进行努森（Knudsen）扩散，其特点是气体分子撞击孔表面的频率比互相撞击的频率高。有效扩散系数 D_e 可表示如下：

$$D_e = \frac{2}{3}v_a r \tag{1-1-87}$$

式中 v_a——平均分子运动速度，m/s。

将式(1-1-87)代入式(1-1-86)后得到：

$$\lg x = \frac{2\sqrt{6kv_a}}{S_V}\left(\frac{S \cdot r}{R}\right) \tag{1-1-88}$$

假定孔结构为圆柱状，并以 V 表示孔体积，则 S 与 r 的乘积等于 $2V$。此假定虽忽略了催化剂的表面粗糙度以及与孔的交叉点部分，引入了一定误差，但大大简化了式(1-1-88)。

$$\lg x = \frac{4}{S_V}\sqrt{6kv_a}\frac{V}{R} \tag{1-1-89}$$

在式中，$\frac{4}{S_V}\sqrt{6kv_a}$ 中的 S_V 和 v_a 是与操作条件以及气体分子有关的参数，在相同的反应条件下评价催化剂活性时，它们皆可视为常数，而 k 则反映了被评定催化剂的特性。

（三）反应器相关基础知识

在工业规模化学反应器中进行的过程是比较复杂的，物理过程与化学反应过程相互影响、相互渗透，影响反应结果。从本质上说，物理过程不改变反应过程的动力学规律，反应动力学方程并不因为物理过程的存在而发生变化。但是流体流动、传质、传热过程会影响实际反应场所的浓度和温度在时间、空间上的分布，从而影响反应的最终结果。同一反应动力学方程，若物料的浓度与温度不同，则反应速率也将不同。

按物料在反应器内返混情况作为反应器分类的依据，反应器可分为间歇反应器、平推流反应器、全混流反应器、非理想反应器。在天然气净化厂，主燃烧炉、克劳斯催化反应器等均不属于平推流反应器和全混流反应器的范围,而是非理想反应器。通常流体流动情况采用返混程度来表述。

1. 返混

物料在反应器内不仅有空间上的混合而且有时间上的混合,这种混合过程称为返混。物料在反应器内必然涉及混合,即原来在反应器内不同位置的物料而今处于同一位置。如果原来在反应器不同位置的物料是在同一时间进入反应器的,发生混合作用时,这种混合称为简单混合。如果原来在不同位置的物料是在不同时间进入反应器的,由于反应时间不同,因此物料的浓度是不同的,两者混合后混合物的浓度与原物料的浓度不同,这种混合过程称为返混。返混会改变反应器内物料浓度的分布,因此是影响反应器性能的一个重要参数。

2. 停留时间 t 和平均停留时间 $\bar{t}$

停留时间又称接触时间,主要用于连续流动反应器,指流体微元从反应器入口到出口经历的时间。它不是过程的自变量,在反应器中,由于流动状况和化学反应的不同,物料微元体在反应器中的停留时间也各不相同,存在一个分布,称为停留时间分布。各流体微元从反应器入口到出口所经历的平均时间称为平均停留时间。对于快速反应,在反应器内的停留时间较短;而对于慢速反应,在反应器内的停留时间就需要设置得长一些,否则反应还未完全,就离开了反应器,影响转化率。

3. 空速 τ

单位体积催化剂处理的反应混合物的体积流量,单位为 m³/(m³ 催化剂·h),可简化为 h⁻¹,即

$$\tau = \frac{V_0}{V_R} \tag{1-1-90}$$

式中 V_0——特征体积流量,是在反应器入口温度及入口压力下,转化率为零时的体积流量,m³/h;

V_R——反应器有效容积,m³。

三、化学反应工程的应用

下面对化学反应工程理论在天然气净化厂克劳斯硫磺回收工艺中的应用进行简要介绍。

(一)克劳斯反应平衡常数

克劳斯反应属可逆反应。从反应式 $H_2S + \frac{1}{2}O_2 \rightleftharpoons \frac{1}{x}S_x + H_2O$ 可看出,其正向反应速率与 H_2S 和 O_2 的分压 (p) 成正比,且可表示为 $k_1(p_{H_2S}) \cdot (p_{O_2})^{\frac{1}{2}}$;而逆向反应速率则可表示为 $k_2(p_{S_x})^{\frac{1}{x}} \cdot (p_{H_2O})$。$k_1$、$k_2$ 分别表示某一给定温度下反应的速率常数。当正向反应与逆向反应达到平衡时,即可得到:

$$k_1(p_{H_2S}) \cdot (p_{O_2})^{\frac{1}{2}} = k_2(p_{S_x})^{\frac{1}{x}} \cdot (p_{H_2O}) \qquad (1-1-91)$$

$$K_p = k_1/k_2 = (p_{S_x})^{\frac{1}{x}} \cdot (p_{H_2O})/(p_{H_2S}) \cdot (p_{O_2})^{\frac{1}{2}} \qquad (1-1-92)$$

式中的 K_p 就是克劳斯反应在某一给定温度下的平衡常数，其值主要取决于反应温度及达到化学平衡时各组分的分压。

（二）硫蒸气平衡组成

从图 1-1-40 可看出，在低温下相对分子质量较大的种类占多数，相应的硫蒸气分压较低，有利于平衡向右移动。由于硫蒸气组成对平衡转化率有重要影响，故在热力学计算时必须予以考虑。

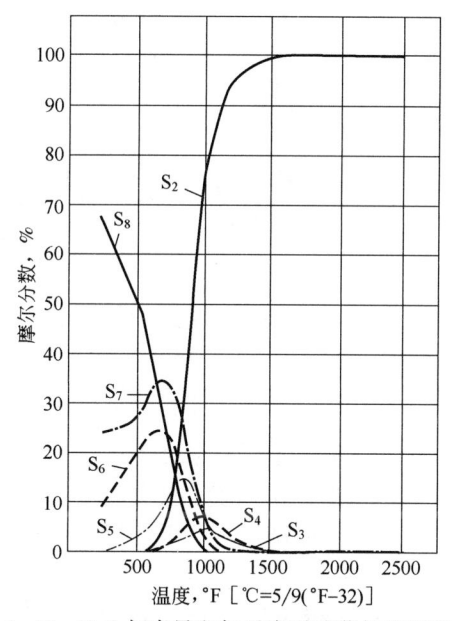

图 1-1-40 H_2S 与当量空气反应时硫蒸气的平衡组成

气相状态的单质硫存在多个形态，且在不同温度下气相中平衡的硫组分间的形态分布是不同的。

平衡时气相中各种硫组分组成比例与温度的关系如图 1-1-40 所示。气相中的硫组分实际上由 S_2、S_3、S_4、S_5、S_6、S_7、S_8 等多种形态构成。但在工艺计算中通常以 S_2、S_6、S_8 三种组分来概括。这三种形态之间的平衡关系如下所示：

$$3S_2 \longrightarrow S_6 + 272.2 kJ$$
$$4S_2 \longrightarrow S_8 + 404.4 kJ$$
$$4S_6 \longrightarrow 3S_8 + 124.5 kJ$$

因单质硫组分间变化的反应热很大，故确定合适的 S_2、S_6、S_8 间的比例对反应温度的确定影响很大。大体来说，在克劳斯燃烧炉的高温条件下主要为 S_2，在催化段则生成 S_8 及少量的 S_6。

（三）反应温度与转化率的关系

图 1-1-41 表示出了以更精确的热力学数据表示的转化率与温度之间的关系，同时也

考虑了硫蒸气组成的影响（图中曲线②和曲线③）。图 1-1-41 和式（1-1-91）阐明了克劳斯法工艺的基本原理，其要点可归纳如下。

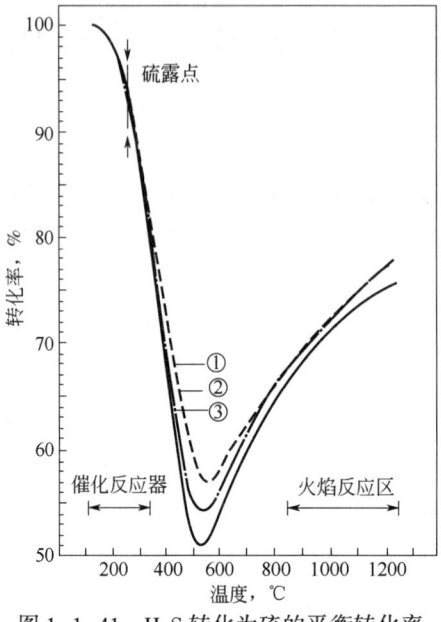

图 1-1-41　H$_2$S 转化为硫的平衡转化率

①西方研究与发展公司 1973 年发表数据（全部 S 形态）；②西方研究与发展公司 1973 年数据（只有 S$_2$，S$_4$ 和 S$_8$）；③Gam Son 等 1953 年数据（只有 S$_2$，S$_6$ 和 S$_8$）

（1）平衡转化率曲线以 550℃ 为转折点分为两部分：右边部分为火焰反应区，在此区域内 H$_2$S 的转化率随温度升高而增加，这代表了装置燃烧炉内的情况；曲线的左边部分为催化反应区，在此区域内 H$_2$S 的转化率随温度降低而迅速增加，这代表了装置上催化转化反应器内的情况。

（2）从反应动力学角度分析，随着温度降低，反应速率也逐渐变慢，温度低于 350℃ 时的反应速率已不能满足工业要求，因而必须使用催化剂加速反应，以求在尽可能低的温度下得到尽可能高的转化率，并大大缩短达到平衡的时间。

（3）从平衡关系式看，O$_2$ 的化学当量过剩不能提高转化率，因为多余的 O$_2$ 将与 H$_2$S 反应生成 SO$_2$。

（4）降低过程气中硫蒸气分压有利于平衡向右移动，且硫蒸气本身又远比其他组分容易冷凝，这就是在两级反应器之间设置硫冷凝器的原因。同时，从过程气中分离硫蒸气后也相应地降低了硫露点，从而使下一级反应器在更低的温度下操作，见表 1-1-9。

表 1-1-9　理论硫露点与其相应产率的关系

系统压力 p，MPa	理论硫露点 T，K	相应产率，%	备注
0.05	527	93.3	不除硫
0.1	553	92.0	不除硫
0.2	580	89.7	不除硫
0.3	508	97.1	除去 70% 硫

综上所述，反应温度对转化率产生极其重要的影响，由此发展出了许多改良的克劳斯硫磺回收工艺，如美国 BV 公司冷床吸附（CBA）、德国林德公司亚露点（Clinsulf-SDP）、加拿大德尔泰公司 MCRC 工艺、中国石油硫磺（CPS）回收技术等。

（四）硫蒸气对反应平衡的影响

综合分析图 1-1-40 及图 1-1-41 的数据可以得出如下认识。

（1）硫蒸气的组成将强烈地影响克劳斯反应的平衡转化率，因而在计算中有必要人为地规定硫蒸气的种类。在两种极端情况下，反应式 $H_2S+\frac{1}{2}O_2 \Longleftrightarrow \frac{1}{x}S_x+H_2O$ 可以改写为如下形式：

$$2H_2S+SO_2 \Longleftrightarrow \frac{3}{2}S_2+2H_2O$$

$$2H_2S+SO_2 \Longleftrightarrow \frac{3}{8}S_8+2H_2O$$

（2）反应的自由能数据表明，在温度低于 510℃时，反应 $2H_2S+SO_2 \Longleftrightarrow \frac{3}{2}S_2+2H_2O$ 不能进行；而温度高于 677℃时，反应 $2H_2S+SO_2 \Longleftrightarrow \frac{3}{8}S_8+2H_2O$ 不能进行。大量的研究和工业实践均表明，H_2S 转化为单质硫的反应是在 218~1400℃的范围内进行的，故计算时理论上应该考虑从 S_2 至 S_8 的所有种类。但在工业生产中，一般只考虑 S_2、S_6 和 S_8。

（3）研究表明，当温度高于 925℃时，几乎 100%的硫蒸气均以 S_2 的形式存在，故即使不考虑其他种类的存在也不会产生太大误差。同样，当温度低于 205℃时，只考虑 S_8 也是合理的。

（4）为了得到一个代表整个温度范围的连续模型以较精确地进行计算，必须至少假定在硫蒸气中有 2 个种类共存，由一个种类表示（如 S_2）高温区，另一个（如 S_8）则表示低温区。如此，在共存的种类之间应存在如下的平衡关系式：

$$4S_2 \Longleftrightarrow S_8$$

（5）在温度低于 2649℃的反应条件下，不发生下面的反应：

$$2H_2S+SO_2 \Longleftrightarrow 3S_1+2H_2O$$

因此，对常规克劳斯装置进行计算时，不必考虑 S_1 种类。

（6）综上所述，硫蒸气（种类）的组成分布仅取决于系统的热力学状态，它仅随系统的温度改变而变化，而与原料酸气中的 H_2S 浓度或采用的工艺流程并无直接关系。

由此可以看出，克劳斯法工艺过程是十分复杂的，故工艺计算时常常借助于商业软件 HYSYS、VMGSIM 等。

第二章 天然气净化主体装置基础知识

第一节 天然气预处理

由于各种气井采出的天然气气质千差万别，多数含有硫化氢、有机硫、二氧化碳、化学药剂、油、水及固体杂质等，除了在井场采用简单工艺分离天然气中的固相杂质和液相杂质外，还需要进一步对天然气进行预处理。

一、工艺原理

用于实现气体和液体、气体和固体的物理分离原理有 3 种：动量、沉降、聚结。一般分离器都是应用了这 3 种原理中的一种或几种，被分离流体中的各相之间不相溶，且密度不相同。

二、工艺流程

比较常见的原料天然气预处理流程为重力分离加过滤分离，见图 1-2-1。

原料天然气进入重力分离器分离出绝大部分凝析油、游离水和固体杂质后，进入过滤分离器进一步脱除所携带的微小液滴和固体杂质，为增强过滤分离效果，可在其后增设高效过滤器，形成多级分离。被分离下来的凝析油、游离水和固体杂质进入污液处理装置处理。

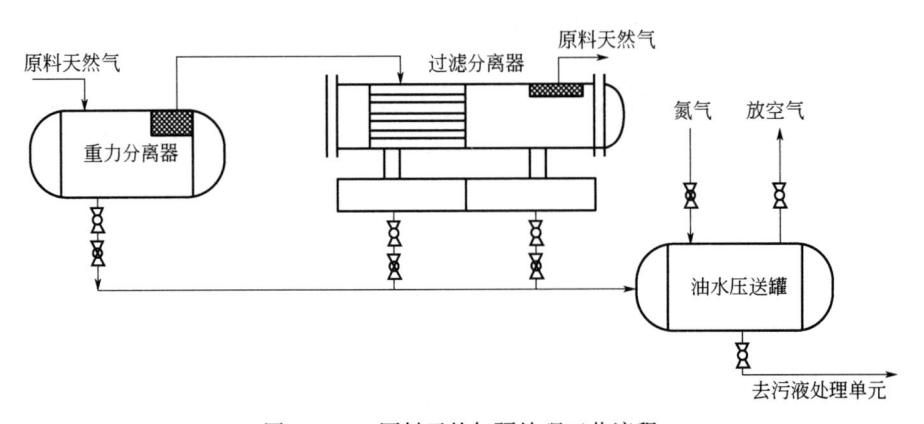

图 1-2-1 原料天然气预处理工艺流程

第二节 天然气脱硫脱碳

原料天然气中通常含有硫化氢（H_2S）、二氧化碳（CO_2）和有机硫化合物等酸性组分，可能引起设备腐蚀、人员中毒等危害，酸性气体脱除的目的是去除和降低这些有害组分，使之达到管输和使用要求。天然气酸性气体的脱除工艺目前大多采用化学溶剂法、物理-化学吸收法以及膜分离法，工艺原理简介如下。

一、化学溶剂法

化学溶剂法是以可逆化学反应为基础，以碱性溶液为吸收溶剂，在低温高压条件下，溶剂与原料气中的酸性组分反应生成某种化合物，在高温低压条件下该化合物释放出酸性组分并使溶剂得以循环使用。

化学溶剂法包括有机胺法［MEA（单乙醇胺）法、DEA（二乙醇胺）法、DIPA（二异丙醇胺）法、DGA（二甘醇胺）法、MDEA（甲基二乙醇胺）法及位阻胺法］和无机碱法（活化热碳酸钾法），现阶段的主导工艺是有机胺法。所有胺法工艺都采用基本类似的工艺流程和设备，胺法工艺的发展过程实质上是各种醇胺溶剂及与之复合配方的溶剂和添加剂的选择、改进的过程。

醇胺类化合物分子中至少含有一个羟基和一个氨基。羟基的作用是降低化合物的蒸气压，增加醇胺在水中的溶解度；而氨基则使溶液呈碱性，能促进溶液对酸性组分的吸收。

醇胺和 H_2S、CO_2 的主要反应均为可逆反应。在吸收塔内，由于酸性组分的分压较高，温度较低，反应平衡向右移动，原料气中的酸性组分被脱除；在再生塔内，由于酸性组分的分压较低，温度较高，反应平衡向左移动，溶液释放出酸性组分，从而实现溶液再生。

MDEA 脱硫吸收法在 20 世纪 80 年代初作为选择性脱硫溶剂获得工业应用，该法在实践中吸收选择性高，具有显著的节能效果、腐蚀轻微、溶剂不易变质等优点，近 30 年来在世界各国得到了广泛的应用。目前我国的天然气（炼厂气）净化装置中酸性气体脱除大部分采用该法或该溶剂复合配方法。MDEA 溶剂法中 H_2S 和 CO_2 的反应速率为：

$$R_2R'N + H_2S \longrightarrow R_2R'NH^+ + HS^- + Q \quad \text{（瞬时反应）}$$

$$CO_2 + R_2R'N \longrightarrow \quad \text{（不反应）}$$

$$CO_2 + H_2O + R_2R'N \longrightarrow R_2R'NH^+ + HCO_3^- + Q \quad \text{（慢反应）}$$

（上式中，$R = -C_2H_4OH$，$R' = -CH_3$）

MDEA 水溶液与含有 CO_2 和 H_2S 的气体接触时，由于 MDEA 和 H_2S 的反应是受气膜控制的瞬时化学反应，而 MDEA 由于 N 基团上没有活泼的氢，故不能与 CO_2 直接生成氨基甲酸盐，只能与其水溶液生成碳酸盐，该反应与 CO_2 在水中的溶解度有很大关系，这种反应机理上的差别造成了反应速率的不同，利用它们不同的反应速率，可在 CO_2 与 H_2S 共存的情况下达到选择吸收 H_2S 的目的，从而有效降低能耗。

纯 MDEA 溶液与 CO_2 不发生反应，但其水溶液与 CO_2 反应速率极慢，为加快吸收速率，在 MDEA 溶液中加入活化剂后，按下式反应进行脱碳：

$$R_2/NH + CO_2 \rightleftharpoons R_2/NCOOH \tag{1}$$

$$R_2/NCOOH + R_2NCH_3 + H_2O \rightleftharpoons R_2/NH + R_2CH_3NH + HCO_3^- \tag{2}$$

式(1)+式(2)：

$$R_2NCH_3 + CO_2 + H_2O \rightleftharpoons R_2CH_3NH + HCO_3^- \tag{3}$$

由式(1)~(3)可知，活化剂吸收 CO_2 并向液相传递，加快了反应速度，而 MDEA 又被再生。MDEA 分子含有一个叔胺基团，吸收 CO_2 后生成碳酸氢盐，加热再生时远比伯仲胺生成的氨基甲酸盐所需的热量低得多。

胺法是天然气酸性气体脱除的主导工艺，下面以胺法工艺流程为例进行介绍，见图 1-2-2。

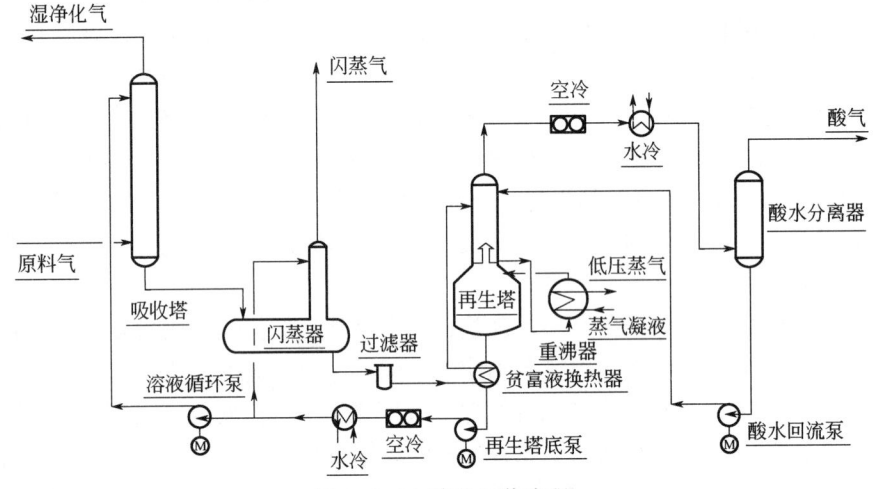

图 1-2-2　胺法工艺流程

原料天然气由下而上与溶液逆流接触通过吸收塔，脱除酸性组分后的湿净化气进入脱水单元。从吸收塔流出的含酸性组分的富液首先在闪蒸罐内闪蒸，闪蒸出来的烃类进入燃料气系统。闪蒸后的富液通过溶液过滤后，经贫富液换热器将贫液中的热量回收后进入再生塔进行再生，再生合格的贫液通过贫富液换热器和贫液冷却器冷却，再通过循环泵加压后进入吸收塔完成循环。再生出来的酸性组分经过冷却将水分分离后，进入硫磺回收装置，水分则回到再生塔顶部，以保持溶液中水组分的平衡和降低溶剂的蒸发损失。

二、物理-化学吸收法

物理-化学吸收法使用化学溶剂和物理溶剂的混合液，兼有化学吸收和物理吸收两类方法的特点。物理-化学吸收法不仅有良好的选择性，还能脱除有机硫。工业上应用广泛的物理-化学吸收法是砜胺法，也称为萨菲诺（Sulfinol）法，此法所采用的物理溶剂为环丁砜，而化学溶剂则是一乙醇胺（MEA）、二异丙醇胺（DIPA）或甲基二乙醇胺（MDEA）等，溶液中含有一定量的水。我国先后将 MEA、DIPA 及 MDEA 与环丁砜组成 3 个体系，分别称为砜胺Ⅰ型、Ⅱ型及Ⅲ型。

砜胺法溶液中的环丁砜和水对酸性组分的吸收属于物理吸收。砜胺法溶液中醇胺对酸性组分的吸收属于化学吸收。砜胺溶液的吸收平衡曲线是物理吸收与化学吸收作用的总和。在 H_2S 分压低时，平衡吸收量随分压的变化不明显，表明化学吸收起主导作用，随着 H_2S 分压升高，物理吸收作用迅速增大。

三、膜分离法

膜分离法是使用一种选择性渗透膜，利用不同气体渗透性能的差别而实现酸性组分分离的方法。膜分离的基本原理是原料气中的各个组分在压力作用下，通过半透膜的相对传递速率不同而得以分离。

四、常用计算

例1 将流量为 0.417kg/s，温度为 353K 的硝基苯通过一换热器冷却到了 313K，冷却水初温为 303K，出口温度确定为 308K，已知硝基苯比热容（$c_{硝}$）为 1.38kJ/(kg·K)，在 303K 时水的比热容（$c_水$）为 4.187kJ/(kg·K)。计算该换热器的热负荷和冷却水用量分别是多少？

解：已知 $G_{硝}=0.417$kg/s，$c_{硝}=1.38$kJ/(kg·K)，$T_1=353$K，$T_2=313$K，$t_1=303$K，$t_2=308$K，$c_水=4.187$kJ/(kg·K)。

① 换热器的热负荷：$Q_{硝}=G_{硝}\cdot c_{硝}(T_1-T_2)=0.417\times1.38\times(353-313)=23$(kJ/s)

② 冷却水用量：

$$G_水=\frac{G_{硝}\,c_{硝}(T_1-T_2)}{c_水(t_2-t_1)}=\frac{23}{4.187\times(308-303)}=1.1(\text{kg/s})$$

答：该换热器的热负荷是 23kJ/s，冷却水用量是 1.1kg/s。

例2 已知一固定管板式换热器参数：DN1000，PN1.6，4 管程，710 根 $\phi25$mm×2.5mm 换热管，换热管长度为 4500mm，管板厚度为 0.05m，试计算该换热器换热面积。

解：已知 $d=25$mm$=0.025$m，$L=4500$mm$=4.5$m，$n=710$，$\delta=0.05$m。
根据换热面积计算公式：

$$A=\pi d(L-2\delta)n=3.14\times0.025(4.5-2\times0.05)\times710=245.2(\text{m}^2)$$

答：该换热器换热面积为 245.2m²。

例3 用一内径为 100mm 的铁管输送 20℃ 的水，流量为 36m³/h，试确定水在管中的流动状态。已知 20℃ 水的黏度 $\mu=1$cP$=10^{-3}$N·s/m²，密度 $\rho=1000$kg/m³。

解：已知 $d=100$mm$=0.1$m，$\rho=1000$kg/m³，$\mu=10^{-3}$N·s/m²，$Q=36$m³/h$=0.01$m³/s。
则水的流速为

$$u = \frac{Q}{A} = \frac{0.01}{\frac{\pi d^2}{4}} = \frac{0.01}{\frac{\pi}{4} \times (0.1)^2} = 1.27 \, (\text{m/s})$$

根据雷诺系数关系式：

$$Re = \frac{du\rho}{\mu} = \frac{0.1 \times 1.27 \times 1000}{10^{-3}} = 127000 > 4000$$

根据雷诺系数定义 $Re > 4000$，所以管路中水呈湍流流动。

答：水在管中呈湍流流动。

例4 某脱硫装置日处理 H_2S 含量为4%（体积分数）、CO_2 含量为1%（体积分数）的天然气 $288 \times 10^4 \text{m}^3$，控制气液比为800，溶液循环量应为多少？

解：已知 $Q_N = 288 \times 10^4 \text{m}^3/\text{d} = 12 \times 10^4 \text{m}^3/\text{h}$，$n = 800$

可知：$L = Q_N/n = 12 \times 10^4 \div 800 = 150 \, (\text{m}^3/\text{h})$

答：其循环量为 $150 \text{m}^3/\text{h}$。

例5 如下图所示，用泵将储槽中密度为 1200kg/m^3 的溶液送到蒸发器内，储槽内液面维持恒定，其上方压力为大气压力。蒸发器的操作压力为26.7kPa（真空度）。蒸发器进口高于储槽内液面15m，管道直径为 $\phi 68\text{mm} \times 4\text{mm}$，送液量为 $20\text{m}^3/\text{h}$，设损失能量为120J/kg。求泵的有效功率。

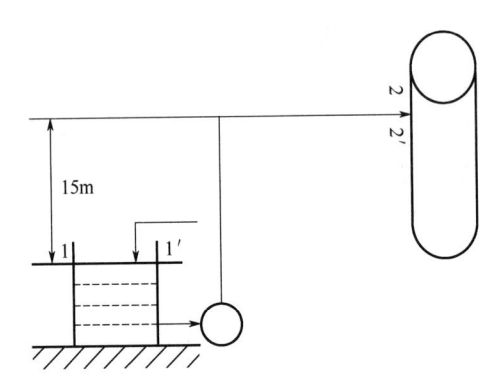

解：以储槽液面为上游截面1—1′，蒸发器进料口截面为下游截面2—2′，并以截面1—1′为基准水平面。在两接面间列伯努利方程式有：

$$z_1 g + \frac{p_1}{\rho} + \frac{u_1^2}{2} + E = z_2 g + \frac{p_2}{\rho} + \frac{u_2^2}{2} + E_f$$

$$E = (z_2 - z_1)g + \frac{p_2 - p_1}{\rho} + \frac{u_2^2 - u_1^2}{2} + E_f$$

已知式中：$z_1 = 0$，$z_2 = 15\text{m}$，$p_1 = 0$，$p_2 = 26.7\text{kPa}$，$u_1 = 0$，$\rho = 1200\text{kg/m}^3$，$u_2 = \dfrac{Q_2}{A_2} = \dfrac{\frac{20}{3600}}{\frac{\pi}{4} \times (0.068 - 0.004 \times 2)^2} = 1.97 \, (\text{m/s})$，$E_f = 120\text{J/kg}$。

将各值代入上式得：

$$E = (15-0) \times 9.81 + \frac{p_a - 26700 - p_a}{1200} + \frac{1.97^2 - 0}{2} + 120 = 247 (\text{J/kg})$$

所以，水泵的有效功率为

$$N_{\text{有}} = Qp E = \frac{20 \times 1200}{3600} \times 247 = 1647 (\text{W}) = 1.647 (\text{kW})$$

答：水泵的有效功率为1.647kW。

例6 某采用MDEA进行脱硫脱碳的天然气净化厂，处理量为$3.05 \times 10^5 \text{m}^3/\text{d}$，温度为30℃，甲烷含量为95.381%，脱硫吸收塔脱出的CO_2和H_2S量分别为192.49kg/min、15.6kg/min，循环量为3289.6kg/min。已知CO_2与MDEA的反应热为-1420kJ/kg，H_2S与MDEA的反应热为-1050kJ/kg，湿净化气离开吸收塔时甲烷比热容为$1.545\text{kJ}/(\text{m}^3 \cdot \text{K})$，40℃时45%的MDEA溶剂比热容为$3.528\text{kJ}/(\text{kg} \cdot \text{K})$。假设湿净化气温度与贫液温度均为40℃，请计算MDEA溶液的温升。

解：酸性气体与MDEA溶液反应放出总热量为

$$15.6 \times 1420 + 192.49 \times 1050 = 224266.5 (\text{kJ/min})$$

湿净化气带出的热量为

$$Q = cM\delta t = 1.545 \times \frac{3.05 \times 10^5 \times 95.381\%}{24 \times 60} \times (40-30) = 3121.2 (\text{kJ/min})$$

不考虑吸收塔热损失，则MDEA溶液经过吸收的温升为

$$\frac{224266 - 3121.2}{3289.6 \times 3.528} = 19.05 (\text{K})$$

答：MDEA溶液的温升为19.05K。

例7 含有30%（体积分数）CO_2的某原料气用水吸收，吸收温度为303K，总压力为101.3kPa，试求液相中CO_2的最大浓度。（在303K时CO_2的亨利系数$E = 0.188 \times 10^6 \text{kPa}$）

解：已知 $E = 0.188 \times 10^6 \text{kPa}$

根据题意，CO_2的平衡分压为

$$p^* = p \cdot V_i = 101.3 \times 30\% = 30.4 (\text{kPa})$$

所以

$$X = \frac{p^*}{E} = \frac{30.4}{0.188 \times 10^6} = 0.00016$$

答：液相中CO_2的最大浓度为0.00016。

例8 某采用MDEA进行脱硫脱碳的天然气净化厂，脱硫再生塔贫液温升带走的热量为290142.7kJ/min，塔顶酸气热负荷为4379.30kJ/min，酸性组分解吸热量为224266.5kJ/min，回流热为69918.2kJ/min，求重沸器的热负荷为多少？

解：$Q_{\text{沸}} = Q_{\text{贫}} + Q_{\text{酸}} + Q_{\text{解}} + Q_{\text{回}} = 290142.7 + 4379.3 + 224266.5 + 69918.2 = 588706.7 (\text{kJ/min})$

答：重沸器的热负荷为588705.6kJ/min。

例9 在一单壳程、四管程的管式换热器中，用水冷却酸气，冷水在管内流动，进出口温度分别为20℃和50℃，酸气的进出口温度分别为100℃和60℃，试求两流体间的平均温度差。（已知在$R = 1.33$，$P = 0.375$时，单壳程、四管程的管式换热器的$\phi_{\Delta t} = 0.9$）

解：已知 $T_1=100℃$，$T_2=60℃$，$t_1=20℃$，$t_2=50℃$。

此题为求简单的折流时流体的平均温度差，按逆流计算有：

$$\Delta t'_m = \frac{\Delta t_2 - \Delta t_1}{\ln\frac{\Delta t_2}{\Delta t_1}} = \frac{(100-50)-(60-20)}{\ln\frac{50}{40}} = 44.8$$

$$R = \frac{T_1-T_2}{t_2-t_1} = \frac{100-60}{50-20} = 1.33$$

$$P = \frac{t_2-t_1}{T_1-t_1} = \frac{50-20}{100-20} = 0.375$$

根据题意知在 $R=1.33$，$P=0.375$ 时

$$\Delta t_m = \phi_{\Delta t}\Delta t'_m = 0.9 \times 44.8 = 40.3(℃)$$

答：平均温度差为 40.3℃。

例 10 某天然气净化厂一季度消耗天然气量为 $1200\times10^4 m^3$，天然气计量误差及损耗量为 $400\times10^4 m^3$，消耗电 $1500\times10^4 kW\cdot h$，该厂自取水量为 $4\times10^4 m^3$，输出净化气量为 $40000\times10^4 m^3$，请计算该厂一季度的综合能耗是多少？综合能耗单耗是多少？（天然气折标煤系数：每 $10^4 m^3=13.3t$ 标准煤；电折标煤系数：每 $10^4 kW\cdot h=4.04t$ 标准煤）

解：由于该厂为自取水，水将不进入综合能耗计算。

按综合能耗计算公式：综合能耗＝企业消耗的各种能源实物量的等价值的乘积之和。

综合能耗＝$(1200+400)\times13.3+1500\times4.04=27340$（t 标煤）

综合能耗单耗计算公式：企业生产能源消耗总量折标煤／产品产量。

综合能耗单耗＝$27340\div40000=0.68$（t 标煤／$10^4 m^3$）

答：该厂一季度的综合能耗是 27340t 标煤，综合能耗单耗是 0.68t 标煤／$10^4 m^3$。

第三节 天然气脱水

天然气中以液相或气相存在的水均会降低管道的输送能力，在较低温度下还有可能形成固体水合物，堵塞阀门、管路和设备；含有 CO_2、H_2S 等酸性气体的天然气带水，会加剧设备、管道的腐蚀。为了减轻设备腐蚀的危害，达到合格的管输标准，必须对天然气进行脱水，使其露点达到一定要求。天然气脱水方法主要有低温冷却法、吸收法、吸附法等，应用最广泛的脱水方法是甘醇脱水法和分子筛吸附法。

一、三甘醇脱水

溶剂吸收法脱水是根据吸收原理，利用某些亲水液体良好的溶水能力，并且不与水分发生化学反应，与天然气在塔内逆流接触脱除水蒸气，通过再生去除水分后循环使用。甘醇法在天然气脱水中使用较普遍，根据脱水效果、运行成本和可靠性，工业生产装置广泛采用的溶剂是三甘醇（TEG），三甘醇脱水露点降可达 40℃。

常用的三甘醇脱水装置由高压吸收和低压再生两部分组成，典型的工艺流程见图1-2-3。湿净化气经分离器分离后，进入脱水塔底部向上流经各层塔板，与向下流动的三甘醇溶液逆流接触吸收水汽。干净化气与贫三甘醇溶液换热后进入产品气管道外输。吸收了水汽的三甘醇富液先经再生精馏柱（及贫/富甘醇换热器）预热后进入闪蒸罐，闪蒸出来的烃类气体作为燃料气回收利用。闪蒸后的富甘醇经过过滤，在缓冲罐内与高温贫液进一步换热后进入再生釜进行再生，脱除所吸收的水汽后成为贫甘醇。通过向重沸器与缓冲罐之间的贫液汽提柱通入汽提气，以提高贫甘醇溶液浓度。再生后的贫三甘醇经换热冷却，由甘醇泵加压进入脱水塔顶，与干净化气换热后循环使用。

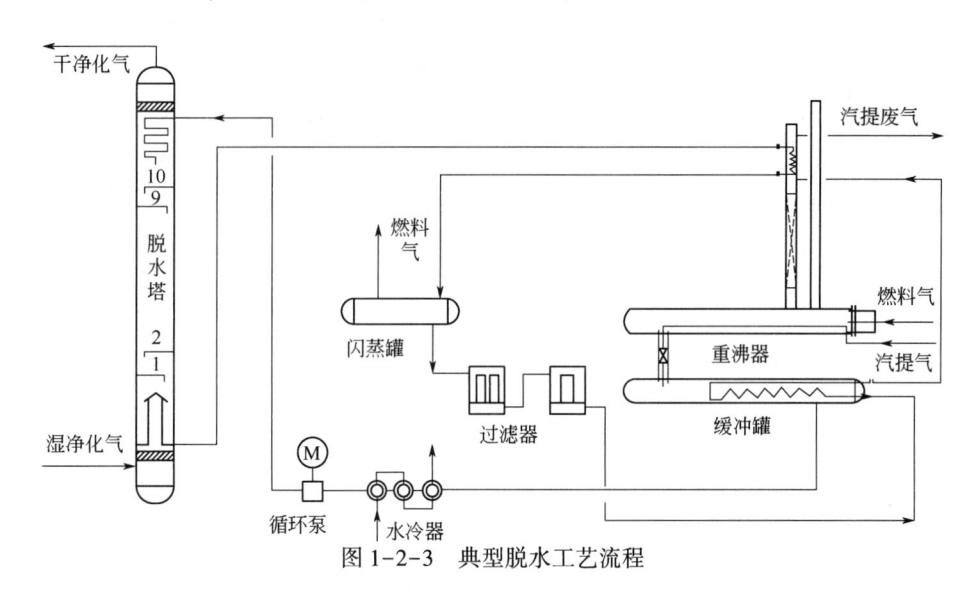

图1-2-3 典型脱水工艺流程

二、分子筛脱水

（一）工艺原理

分子筛是人工合成沸石，是强极性吸附剂，对极性、不饱和化合物和易极化分子（特别是水）有很大的亲和力，故可按照分子极性、不饱和度和空间结构不同对湿净化气进行分离。分子筛热稳定性、化学稳定性高，又有许多孔径均匀的微孔道与排列整齐的空腔，其比表面积大（800~1000m²/g），且只允许直径比其孔径小的分子进入微孔。分子筛对水与硫醇的吸附有很好的选择性，从而实现了水、硫醇与湿净化气的分离。

分子筛对一些物质的吸附强度顺序如下：$H_2O>NH_3>CH_3OH>CH_3SH>H_2S>COS>CO_2>N_2>CH_4$，可见水极易为分子筛所吸附。几种分子筛的选择性吸附性能如表1-2-1所示。

表1-2-1 几种分子筛的选择性吸附性能

类型	孔径尺寸, nm	能吸附的分子	不能吸附的分子
3A	0.3	H_2O, NH_3	大于乙烷
4A	0.4	H_2O, C_2H_5OH, H_2S, CO_2, SO_2, C_2H_6, C_3H_6	大于丙烷

续表

类型	孔径尺寸，nm	能吸附的分子	不能吸附的分子
5A	0.5	$n-C_4H_9OH$，$n-C_4H_{10}$，$C_3H_8 \sim C_{22}H_{46}$	异构物和大于 4 个碳的环状物
13X	1.0	1.0nm 以下的分子	大于 1.0nm 的分子

（二）工艺流程

以双塔分子筛吸附工艺为例（图 1-2-4）：采用双塔分子筛吸附方法脱除天然气中的水分，防止水汽在低温系统发生冰堵，双干燥器塔定时切换再生，确保分子筛的吸附性能。天然气经增压、冷却后进入分子筛脱水单元，经过原料气重力分离器、原料气过滤分离器过滤分离等预处理工艺，除去原料气中携带的机械杂质、游离水以后，进入分子筛干燥塔，脱出原料气中的饱和水，使原料气中含水量小于 $1.0mL/m^3$。干燥后的原料气通过粉尘过滤器滤出粉尘后进入轻烃回收单元。再生气采用经分子筛脱水后的干气，再生气经流量计量后进入再生气加热炉加热到约 250℃ 进入另一分子筛脱水塔对分子筛进行加热再生。再生后的湿气进入再生气空冷器冷却到 45℃ 以下，进入再生气分离器分离游离水后，经再生气压缩机增压，最后返回原料气管线。

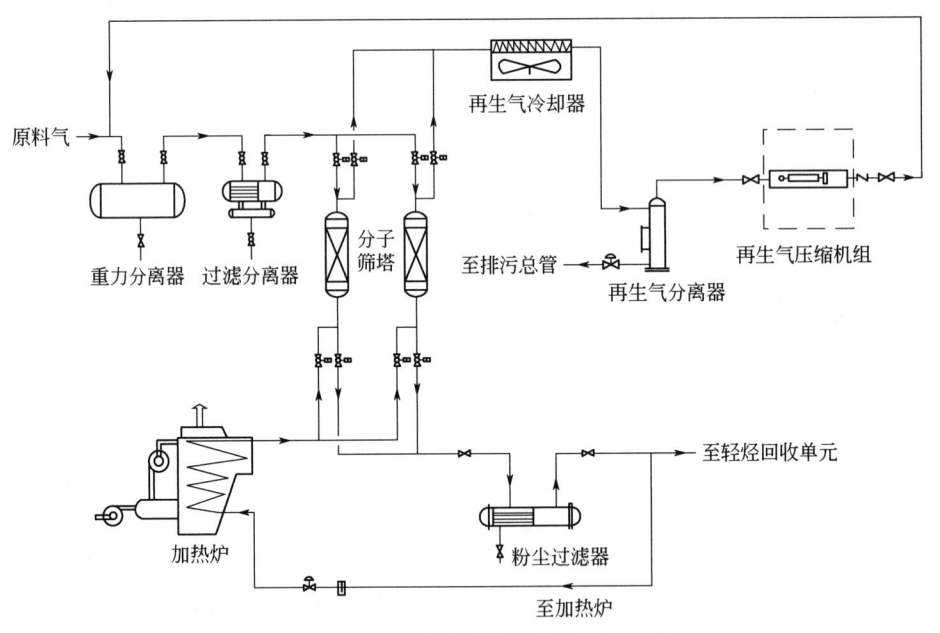

图 1-2-4 双塔分子筛吸附工艺流程图

在其他特殊环境里，也有降压再生工艺。

三、其他脱水法

（一）超音速分离脱水

超音速分离技术在国外的研究与应用已经成熟，但国内的研究仍处于探索阶段。现已开展了较多的基础性研究和数值模拟研究，其中数值模拟研究主要集中在旋流流动过程、内部流动过程和凝结过程等方面，并取得了一定成果。但实验性研究仍然较少，特别是在高压天然气的凝结机理及分离机理方面，未见工业性试验和现场测试试验的报道。在结构设计方面做了大量工作，主要集中在对比性分析和敏感性分析，未提出实质性的结构设计方法和思路。在液滴凝结方面的基础性研究更为少见。目前该过程主要由CNT模型和Gyamathy模型来表征液滴成核、生长过程，实际需根据各修正模型特点选择合适模型用于计算分析。今后的研究需加大入口温压、过饱和度、旋流器安装位置、超音速喷管结构参数等主要因素对凝结过程的影响性研究及对高压天然气超音速分离脱液实验性研究，提高气体凝结和气液分离效率，尽早实现国内自主产权的超音速分离器的工业化应用，为空间有限的海上天然气的脱水、脱酸、脱重烃处理及外输提供有效手段。

（二）膜分离技术脱水

膜分离是指借助膜的选择渗透作用在外界能量或化学位差的推动下对混合物中溶质和溶剂进行分离、分级提纯和富集。该技术作为新的分离净化和浓缩技术与其他传统的分离方法相比，常温下操作有高效、节能、工艺简便、投资少、污染小并且膜分离过程简单、经济适用、分离系数较大、没有污染、能适合常温下连续操作、可直接放大、可专一配膜等优点。常用的膜分离技术有超滤（UF）、微滤（MF）、反渗透（RO）、纳滤（NF）、电渗析（ED）等，现已涉及人们生产和生活的各个方面，对水处理工业、化工生产、医药、食品生产和生物工程等领域的发展产生了巨大的作用。

膜分离技术具有如下特点：

（1）膜分离过程不发生相变化，因此膜分离技术是一种节能技术。

（2）膜分离过程是在压力驱动下，在常温下进行分离，特别适合于对热敏感物质，如酶、果汁、某些药品的分离、浓缩、精制等。

（3）膜分离技术适用分离的范围极广，从微粒级到微生物菌体，甚至离子级都有其用武之地，关键在于选择不同的膜类型。

（4）膜分离技术以压力差作为驱动力，因此采用装置简单，操作方便。

四、常用计算

某净化厂脱水装置，日处理脱硫气量 $480×10^4 m^3$，脱硫气含水量为 $1.1×10^{-3} kg/m^3$，脱水后净化气含水量为 $0.1×10^{-3} kg/m^3$，求该装置的脱水效率。

解：
$$\eta = \frac{原料气水含量-产品气水含量}{原料气水含量} \times 100\%$$

$$= \frac{1.1×10^{-3} - 0.1×10^{-3}}{1.1×10^{-3}} \times 100\%$$

$$= 90.9\%$$

答：该装置脱水效率为90.9%。

第四节 天然气脱烃

天然气脱烃又称为天然气凝液回收，目的是满足商品气管输质量要求，最大程度回收利用天然气凝液。凝液回收主要有吸附法、油吸收法和冷凝分离法3种。目前，天然气处理厂常采取低温冷凝工艺进行脱烃。

一、吸附法

吸附法是利用多孔结构的固体吸附剂对烃类组分吸附能力的强弱差异而使得烃类气体得以分离的方法。该法适用于天然气中重烃含量不高、处理规模小的情况。具有工艺流程简单、投资少的优点，但同时也存在运行成本高、产品局限性大、能耗高等缺点。

二、油吸收法

油吸收法是基于天然气中各组分在吸收油中溶解度的差异而使得不同烃类气体得以分离的方法。该方法具有系统压降小、允许使用碳钢材料、对原料气预处理没有严格要求、单套处理能力大等优点。

三、冷凝分离法

冷凝分离法是利用天然气中各组分冷凝温度不同的特点，在逐步降温过程中，将沸点较高的烃类冷凝分离出来。这种方法的特点是需要提供足够的冷量使天然气降温。

冷凝分离法一般可分为浅冷和深冷，浅冷是以回收丙烷为主要目的，制冷温度一般在-25至-15℃，深冷则以回收乙烷为目的，制冷温度一般在-100至-90℃。而中冷温度一般在-80至-30℃，是以提高丙烷收率为目的。有时也把中冷归于深冷，有的文献也称为中深冷。

常用的制冷工艺主要有节流膨胀制冷、外加冷源制冷、膨胀机制冷和联合制冷。为控制外输天然气烃露点达到质量指标要求，通常仅需采用外加冷源制冷方式，将天然气冷凝至-30至-20℃脱除液烃，即可满足要求。

制冷剂又称制冷工质，是制冷循环的工作介质，利用制冷剂的相变来传递热量，即制冷剂在蒸发器中汽化时吸热，在冷凝器中凝结时放热。为了使进入长输管道气体的烃露点符合要求，天然气处理厂采用丙烷制冷脱烃工艺。丙烷常温工况下，无色无味，易燃易爆，是一种环保、健康的冷剂，蒸发潜热小，单位容积制冷量小，制冷温度适合在-40至-35℃。

天然气处理厂的脱烃装置可分为天然气冷却分离系统、制冷系统和凝液回收系统。

（一）冷却分离系统

进料天然气经重力分离器分离后，进入预冷换热器预冷，然后进入丙烷蒸发器（或通过膨胀机、J-T阀膨胀制冷）冷却，冷却后的天然气进入低温分离器，分离后气相进入预冷换热器与进料天然气逆流换热后外输。流程示意图如图1-2-5所示。

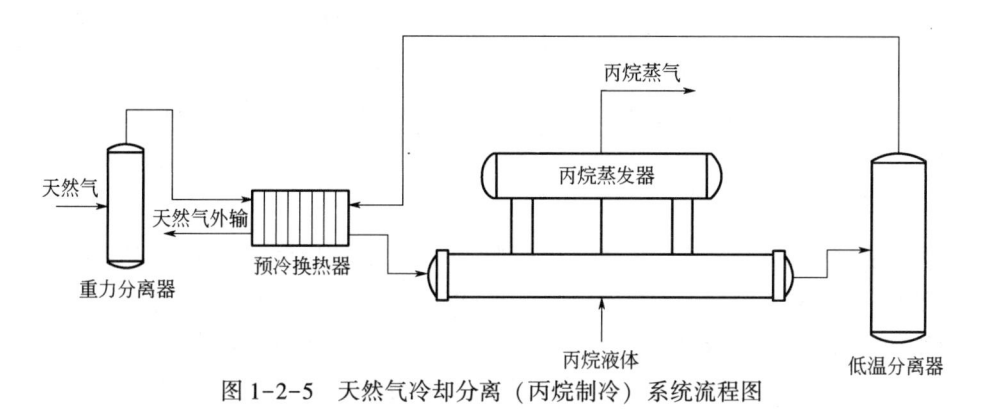

图 1-2-5 天然气冷却分离（丙烷制冷）系统流程图

（二）丙烷制冷系统

液体丙烷在满液蒸发器中吸收天然气的热量变为丙烷蒸气，同时进料天然气温度降低。丙烷蒸气经压缩机压缩后进入油分离器分离出夹带的油滴，丙烷气体经冷凝器冷凝为液体，经过热虹吸储罐进入丙烷储罐，丙烷液体再经节流后进入满液蒸发器，在蒸发器中吸收天然气的热量，蒸发为丙烷蒸气从而完成整个制冷过程的循环。工艺流程见图1-2-6。

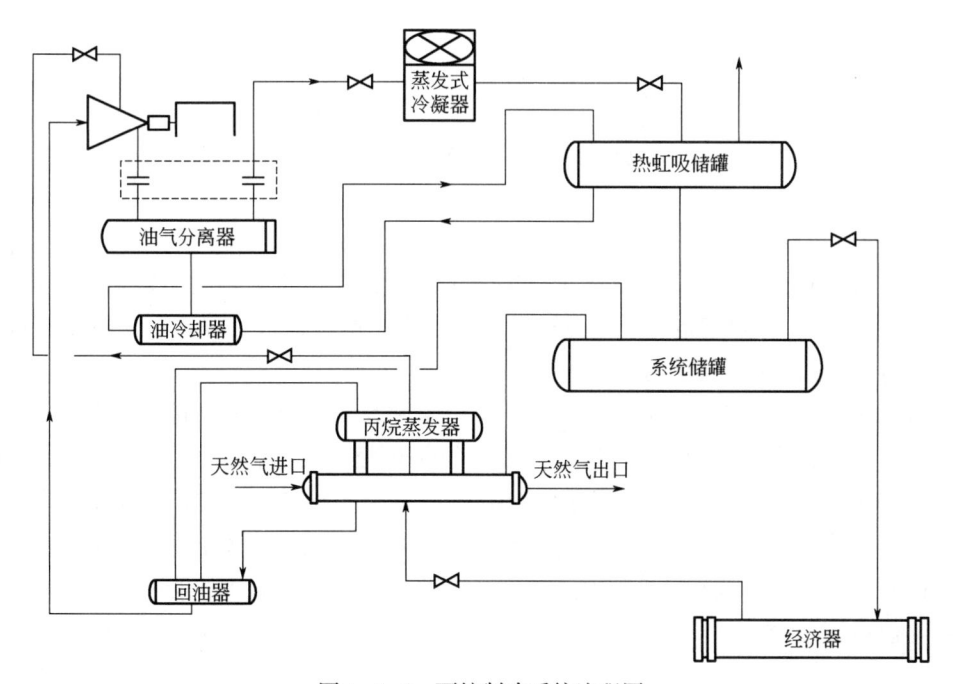

图 1-2-6 丙烷制冷系统流程图

（三）膨胀制冷系统

膨胀制冷也称自冷法，是利用天然气本身的压力经膨胀降压而使得温度降低，以实现烃类冷凝而分离，此法不另外设置独立制冷系统，制冷能力直接取决于原料气的组成、压力、膨胀比、制冷设备结构及热力学效率等。常用的膨胀制冷设备主要有透平膨胀机、节流阀和热分离机。透平膨胀机效率高，可输出相当量的机械功，在此类方法中居于主导地位。节流阀设备简单，但效率比较低。

在膨胀制冷分离法回收轻烃工艺中，主要有透平膨胀制冷工艺和 J-T 阀制冷工艺两种方法。

1. 透平膨胀制冷

透平膨胀机是利用高压天然气通过喷嘴和工作轮时膨胀，推动工作轮高速旋转，转速一般在 $(1～5)×10^4$ r/min，同时使工作输出口气体压力和焓值降低，使天然气本身得到冷却。在 NGL 回收装置中普遍采用透平膨胀机带动单级离心压缩机回收产生的机械功。该过程在理想情况下为等熵过程，在实际情况下得到的功要少于理论功。在做功过程中，气体经膨胀机膨胀，温度降低，部分气体凝析出来。透平膨胀机工作原理参见图 1-2-7。

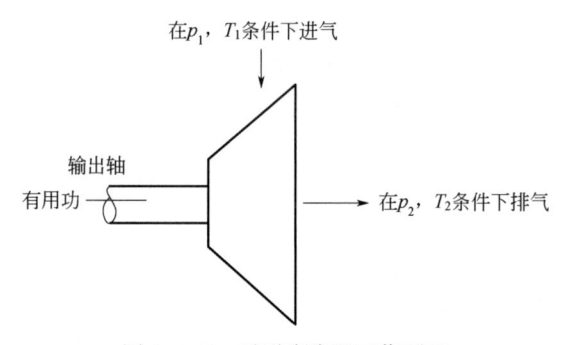

图 1-2-7　透平膨胀机工作原理

2. 节流阀制冷

在节流膨胀时，随压力的变化，为维持焓值不变其温度也要变化，这就是焦耳-汤姆逊（J-T）效应。J-T 效应是一个不可逆的等焓过程，制冷量远远低于等熵膨胀获得的冷量，故制冷效果比膨胀机低得多。

节流阀是利用 J-T 效应进行工作的，所以也常称为 J-T 阀。节流阀是一个十分简单的制冷元件，即使有液烃也能正常运行。作为一个将压能转换为冷能的元件，较大的压降可使节流阀产生较大的温降，在较高温度下降压时的降温效果较差，在较低温度下降压则可取得更好的降温效果。此外，天然气组分越富，温降也越大，大体上每降低 0.1MPa 可使气温下降 0.5～1℃。节流阀制冷可在不适于采用膨胀机的工况条件下采用，虽然降温效果差一些，但投资很少。

四、常用计算

例1 乙二醇溶液于20℃下在$\phi 57mm \times 2.5mm$的管中做定态、等温流动，已测知该条件下$Re=1300$，试求每小时有多少千克乙二醇在该管中流动？（已知20℃时乙二醇溶液的密度和黏度分别为$\rho=1113kg/m^3$，$\mu=23\times 10^{-3} Pa \cdot s$）

解：已知$\rho=1113kg/m^3$，$\mu=23\times 10^{-3} Pa \cdot s$，$Re=1300$，$d=57-2.5\times 2=52(mm)=0.052(m)$。

根据雷诺准数定义式知：

$$Re=\frac{du\rho}{\mu}$$

则有：

$$u=\frac{Re\mu}{d\rho}=\frac{1300\times 23\times 10^{-3}}{0.052\times 1113}=0.5166(m/s)$$

$$W=\frac{\pi}{4}d^2 u\rho t=\frac{3.14}{4}\times 0.052^2 \times 0.5166\times 1113\times 3600=4393.680(kg/h)$$

答：每小时有4393.680kg乙二醇流过。

例2 有一浅冷装置，每天需用2768kg浓度为80%的乙二醇进行脱水，脱水后乙二醇浓度为70%。已知该浅冷装置的入口原料气在给定条件下，含水量为0.995g/m³，日产轻烃155t，求该装置的烃收率。

解：设该浅冷装置每天原料气处理量为x，则每天的含水量为$0.995\times 10^{-3} x$，

有：$(0.995\times 10^{-3} x+2768)\times 70\%=2768\times 80\%$

则：

$$x=\frac{2768\times 80\%-2768\times 70\%}{0.995\times 10^{-3}\times 70\%}=40\times 10^4 (m^3)$$

$$轻烃收率=\frac{烃产量}{原料气量}=\frac{155}{40}=3.875(t/10^4 m^3)$$

答：该浅冷装置的轻烃收率为$3.875 t/10^4 m^3$。

例3 两种挥发性液体A和B混合形成理想溶液。某温度时溶液上面的蒸气总压为$5.41\times 10^4 Pa$，气相中的A的摩尔分数为0.45，液相中为0.65。求此温度时纯A和纯B的蒸气压。

解：根据题意可知，$x_A(g)=0.45$，$x_A(l)=0.65$，所以气相和液相中B的摩尔分数分别为$x_B(g)=1-x_A(g)=0.55$，$x_B(l)=1-x_A(l)=0.35$。

若将蒸气相看作是理想气体，则根据道尔顿分压定律，有

$$p_A=p_{总}x_A(g)=5.41\times 10^4\times 0.45=2.43\times 10^4 (Pa)$$

$$p_B=p_{总}x_B(g)=5.41\times 10^4\times 0.55=2.98\times 10^4 (Pa)$$

又根据拉乌尔定律，得到该温度下纯A和纯B的蒸气压分别为

$$p_A^*=\frac{p_A}{x_A(l)}=\frac{2.43\times 10^4}{0.65}=3.74\times 10^4 (Pa)$$

$$p_B^*=\frac{p_B}{x_B(l)}=\frac{2.98\times 10^4}{0.35}=8.51\times 10^4 (Pa)$$

答：此温度时纯A和纯B的蒸气压分别为$3.74\times 10^4 Pa$、$8.51\times 10^4 Pa$。

第五节 硫磺回收

硫磺回收装置主要用于将脱硫装置来的酸性气体中含硫化合物转化为元素硫，减少含硫气体向大气排放，并确保尾气排放符合环保法律法规要求。

一、常规克劳斯硫磺回收工艺

1883年，英国化学家克劳斯提出原始的克劳斯法制硫工艺。1938年德国法本公司在此基础上对原始克劳斯工艺进行改良，其要点是把H_2S的氧化分为2个阶段完成。第1阶段为热反应段，有1/3体积的H_2S在燃烧炉内被氧化为SO_2并释放出大量反应热，2/3体积的H_2S与生成的SO_2吸收部分热量反应生成硫；第2阶段是催化反应阶段，即剩余的2/3体积的H_2S在催化剂作用下与生成的SO_2继续反应生成硫。改良后的克劳斯硫磺回收工艺应用广泛，下面对该工艺进行介绍。

（一）工艺原理

1. 热反应段

在主燃烧室中，酸气与空气发生部分燃烧。主要有以下反应发生：

$$H_2S + 3/2 O_2 \longrightarrow SO_2 + H_2O + 热量$$

酸气中1/3的H_2S按此方式燃烧，其他杂质（烃类）完全燃烧生成二氧化碳和水。剩余2/3的H_2S中大部分与生成的SO_2进行热反应转化为单质硫：

$$2H_2S + SO_2 \longrightarrow 3/2 S_2 + 2H_2O + 热量$$

克劳斯反应的特点是H_2S和SO_2的比率为2:1，通过精确控制主燃烧炉中空气量来实现。事实上，在主燃烧炉内除上述主反应外，还有复杂的其他副反应，如烃类氧化反应、H_2S裂解反应以及生成有机硫的反应等。

2. 催化反应段

在催化反应段中，采用特定的催化剂继续克劳斯平衡反应：

$$2H_2S + SO_2 \longrightarrow 3/x S_x + 2H_2O + 热量$$

催化反应所生成的单质硫通过相应的冷凝器冷凝回收，尾气经灼烧后排放至大气。

（二）工艺流程

以图1-2-8两级常规克劳斯装置为例，从脱硫装置来的酸气经分离处理后进入主燃烧炉，与从主风机供给的空气按照一定配比在主燃烧炉内燃烧并进行高温热反应，主炉温度通常为900~1200℃，大部分的H_2S转化为元素硫。从主燃烧炉出来的高温过程气经废热锅炉冷凝冷却后，分离出大部分硫蒸气，进入一级再热器再热，再进入一级反应器，过程气中的H_2S和SO_2在催化剂床层上继续反应生成元素硫后，进入一级硫磺冷凝冷却器冷却分离过程气中的硫蒸气。自一级硫磺冷凝冷却器出来的过程气进入二级再热器再热，升温后进入二级反应器,过程气中的 H_2S 和 SO_2 在催化剂作用下继续反应生成元素硫,再进入二级硫磺冷凝冷却器冷却分离其中的硫蒸气后,进入尾气焚烧炉或尾气处理单元。硫磺回收装置产生的液硫经脱气处理后,进入硫磺成型装置。

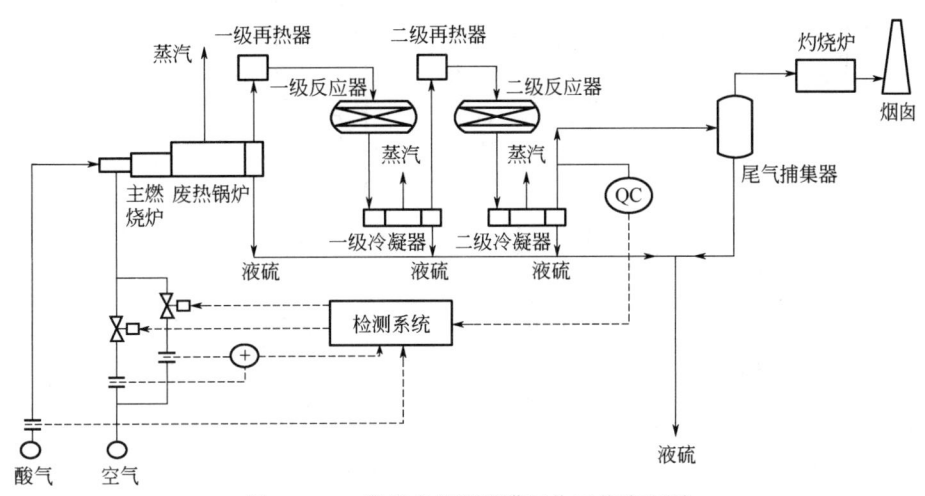

图 1-2-8 常规克劳斯硫磺回收工艺流程图

二、超级克劳斯硫磺回收工艺

(一) 工艺原理

1. 热转化段

常规克劳斯工艺要求调节空气/酸气比使过程气 $H_2S:SO_2$ 的比例为 2:1,超级克劳斯工艺要求通过调节空气/酸气比来控制第 3 级克劳斯反应器出口 H_2S 浓度,即过程气中 $H_2S:SO_2$ 高于 2:1,热转化段以非常规克劳斯比率运行。

超级克劳斯硫磺回收工艺热转化段是通过调节空气流量使进料中的 H_2S 部分燃烧及碳氢化合物完全氧化,同时使第 3 级克劳斯反应器出口 H_2S 体积分数为 0.4%~0.7%。在线分析仪在第 3 级克劳斯反应器出口分析过程气中的 H_2S 含量,并反馈控制进入主燃烧炉的空气流量。

其操作关键是对进入超级克劳斯反应器的 H_2S 浓度的控制,而不是常规克劳斯工艺通常要求的 $H_2S:SO_2$ 固定 2:1 比率的控制。

2. 超级克劳斯段

来自第 3 级克劳斯反应器的过程气与过量空气混合后,进入超级克劳斯反应器。在超级克劳斯反应器中采用选择性氧化催化剂,发生的反应如下:

$$H_2S+1/2O_2 \longrightarrow 1/xS_x+H_2O$$

该热力学反应完全,过量空气的存在使 H_2S 的转化率很高,同时超级克劳斯选择性氧化催化剂不会促进硫蒸气与过程气中的水汽发生克劳斯逆反应,因此可以获得高转化率。

(二) 工艺流程

超级克劳斯工艺流程见图 1-2-9。

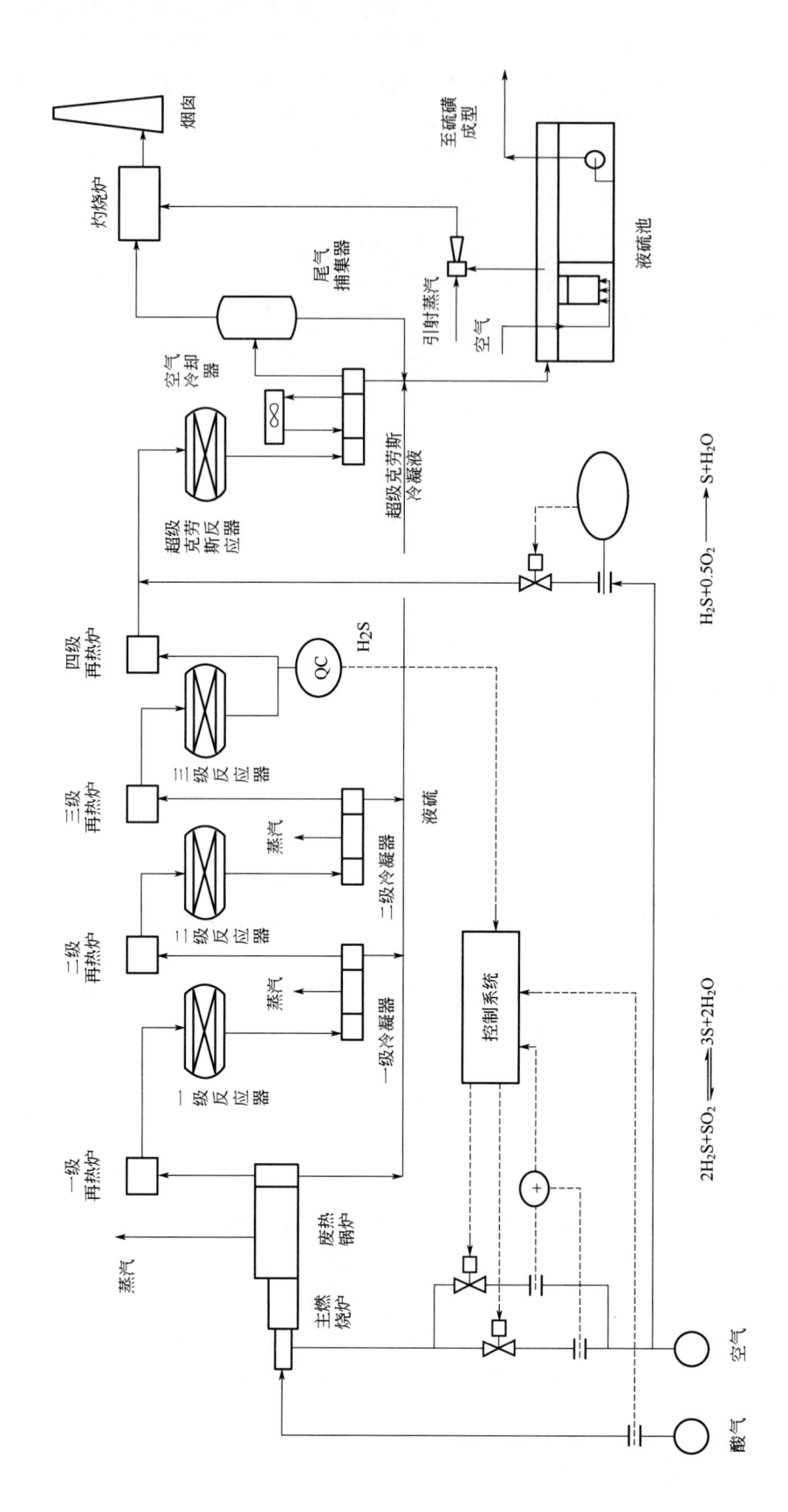

图 1-2-9 超级克劳斯工艺原理流程图

从脱硫装置来的酸气经分离处理后进入装置，部分酸气绕过主燃烧炉，引入燃烧室的后部（或一级再热炉入口过程气管线）。进入主燃烧炉的燃烧空气通过ABC控制系统，部分燃烧H_2S，使第3级克劳斯反应器出口的H_2S体积分数为0.4%~0.7%。在燃烧室H_2S与SO_2发生热转化段的克劳斯反应生成气相硫，过程气通过废热锅炉的管束移走燃烧炉和燃烧室中产生的热量，硫蒸气被冷凝，液态硫从气体中分离出来。

过程气经一级再热炉加热后，进入一级反应器进行催化反应，经一级硫冷凝器冷却，分离出单质硫后进入二级再热炉再热，然后进入二级反应器继续转化，出来的过程气经二级硫冷凝器冷却分离出单质硫。过程气经三级再热炉再热后，进入三级反应器进行第三次转化，由于温度较低和气相硫含量小，出口未设硫冷凝器。

从三级反应器出来的过程气进入超级克劳斯再热炉再热后，经静态混合器进入超级克劳斯反应器，在超级克劳斯催化剂作用下将H_2S选择性氧化生成硫，过程气经过超级克劳斯冷凝器冷却，再经硫磺捕集器，送入尾气焚烧炉灼烧后排入大气。

三、冷床吸附法硫磺回收工艺

（一）工艺原理

冷床吸附法（简称CBA）工艺是一个循环工艺，采用相对于常规克劳斯工艺更低的催化反应温度以获得更高克劳斯反应平衡转化率，生成硫磺吸附至催化剂表面，催化剂在严重失活前通过再生以恢复其活性。再生时，热气流通过克劳斯冷凝器旁通管路，对CBA反应器催化剂吸附的硫磺进行加热、脱附（蒸发）来实现再生，液硫冷凝后从各CBA反应器下游的气体中脱除，以降低过程气中硫蒸气的浓度并促进反应继续进行。通过CBA最终冷凝器后，硫磺回收率大于99.2%。

（二）工艺流程

现以图1-2-10为例介绍冷床吸附法硫磺回收工艺流程。

从脱硫装置来的酸气经分离器处理后，通过酸气预热器预热后，进入主燃烧炉与预热的空气按一定配比在炉内进行克劳斯反应。从主燃烧炉出来的高温过程气流经废热锅炉和一级冷凝冷却器冷却分离出硫蒸气后，进入再热器再热与废热锅炉出来的小部分过程气混合，进入克劳斯反应器进行催化反应生成单质硫，经过常规克劳斯冷凝器冷却，通过三通切换阀依次进入CBA一级、二级、三级反应器和冷凝器后，进入液硫捕集器，最后进入尾气焚烧炉灼烧后排放。当CBA反应器再生时，从克劳斯反应器出来的过程气不经过常规克劳斯冷凝器冷却，直接进入被再生的CBA反应器，催化剂床层上吸附的液硫逐步汽化，CBA反应器实现再生后进行冷却，此时3个CBA反应器都处于吸附状态，当被再生的反应器冷却结束，进入下一个运行周期。CBA反应器和硫磺冷凝冷却器通过7个切换阀程序控制，实现循环操作。

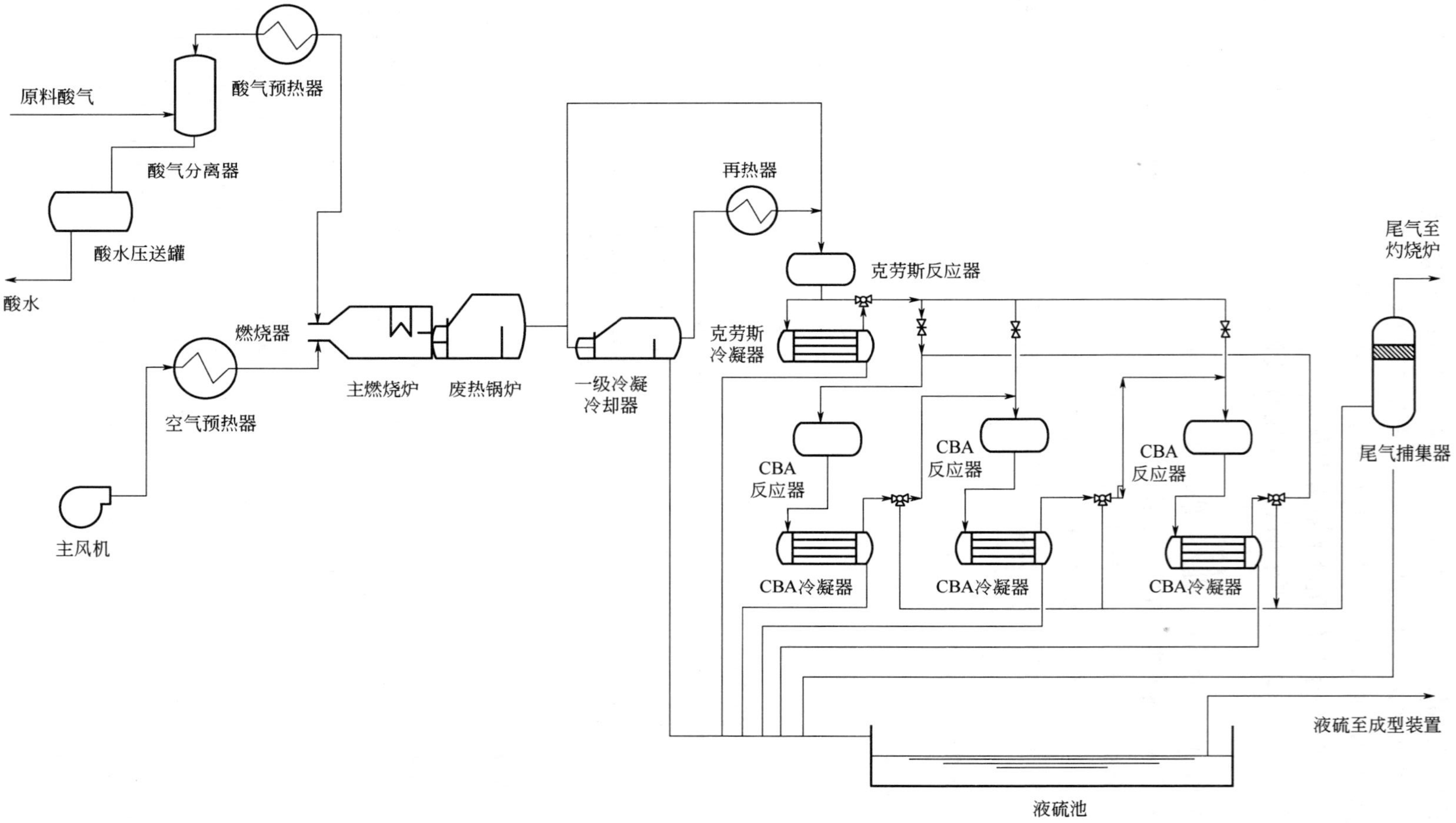

图 1-2-10 冷床吸附法硫磺回收装置工艺流程图

四、中国石油硫磺回收工艺

（一）工艺原理

中国石油硫磺回收工艺（CPS）与CBA硫磺回收工艺类似，它由1个热反应段、1个常规克劳斯反应段和3个后续的低温克劳斯反应段组成。该热反应段流程与CBA工艺相比不同的是过程气自废热锅炉出来后通过管壳式换热器（一级过程气再热器），与经热段硫冷器冷凝后的过程气换热，达到常规克劳斯反应器入口温度以进行催化反应。常规克劳斯反应器出来的过程气经冷凝后进入CPS反应器。再生是通过尾气烟气加热克劳斯冷凝器的出口过程气，热气流流过CPS反应器以加热催化剂、脱附（蒸发）催化剂上的硫磺来实现的。各级CPS反应器出口过程气中的硫蒸气在CPS冷凝器中冷凝。

（二）工艺流程

以图1-2-11为例介绍中国石油CPS硫磺回收工艺流程。

从脱硫装置来的酸气经分离器处理，通过酸气预热器预热后，进入主燃烧炉与预热后的空气按一定配比在炉内进行克劳斯反应。从主燃烧炉出来的高温过程气流经废热锅炉、气气换热器管程和一级冷凝冷却器冷却分离出单质硫后，又进入气气再热器壳程与废热锅炉出来的高温过程气换热，进入克劳斯反应器进行催化反应生成单质硫，经过常规克劳斯冷凝器冷却，通过切换阀依次进入CPS一级、二级、三级反应器和冷凝器后，进入液硫捕集器，进入尾气焚烧炉灼烧后排放。

当CPS反应器再生时，过程气进入尾气焚烧炉二级过程气再热器加热至再生需要的温度后进入再生反应器，催化剂床层上吸附的液硫逐步汽化，CPS反应器实现再生后进行冷却，此时3个CPS反应器都处于吸附状态，当被再生的反应器冷却结束，进入下一个运行周期。CPS反应器和硫磺冷凝冷却器通过8个切换阀程序控制，实现循环操作。

五、常用计算

例1 某天然气净化厂硫磺回收单元，每小时进含50%H_2S的酸气4428m^3/h，每小时出硫磺2560kg，试计算硫磺收率。

解：

$$G_{理} = Q_{酸} Y_{H_2S} M_S / 22.4 = 4428 \times 50\% \times \frac{32}{22.4} = 3163 (kg/h)$$

$$SRE = G/G_{理} \times 100\% = \frac{2560}{3163} \times 100\% = 81\%$$

答：硫磺回收率为81%。

例2 某天然气净化厂硫磺回收单元，一级常规克劳斯反应器进口H_2S体积分数为8.453%，SO_2体积分数为4.134%，COS体积分数为0.252%，CS_2体积分数为0.12%；出口H_2S体积分数为1.342%，SO_2体积分数为0.527%，COS体积分数为0.006%，CS_2体积分数为0.003%。试计算反应器无机硫转化率、有机硫转化率和总硫转化率。

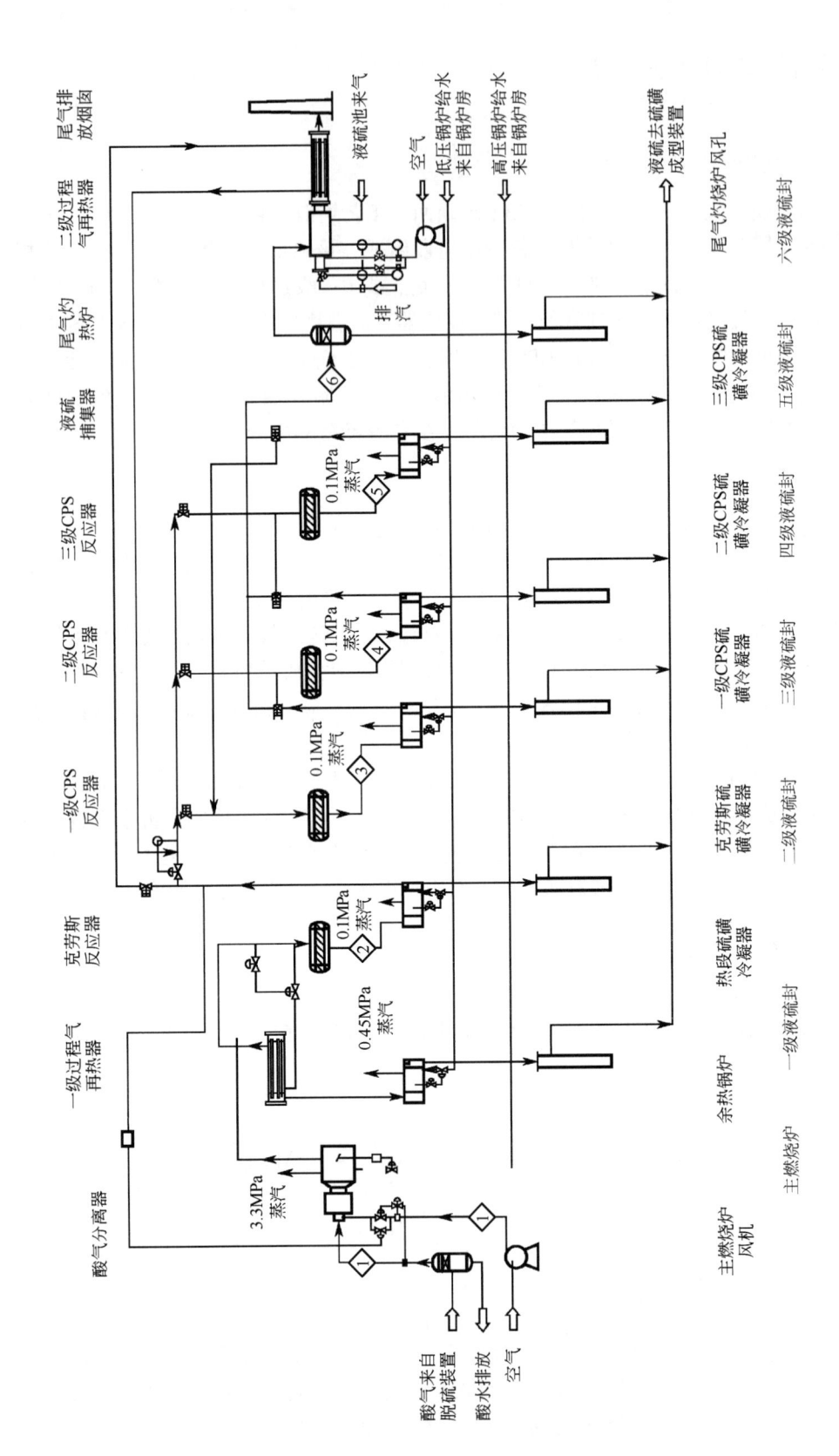

图 1-2-11 中国石油硫磺回收 CPS 工艺流程图

解：反应器无机硫转化率：

由 $\eta_{n \cdot s} = 1 - \dfrac{B_n(1-A_n)}{A_n(1-B_n)}$（$A_n$ 为进入的无机硫浓度，B_n 为出去的无机硫浓度）可知：

$$\eta_{n \cdot s} = 1 - \dfrac{(0.01342+0.00527)[1-(0.08453+0.04134)]}{(0.08453+0.04134)[1-(0.01342+0.00527)]}$$
$$= 86.77\%$$

反应器有机硫转化率：

由 $\eta_{ors} = (A_{ors} - B_{ors})/A_{ors}$（$A_{ors}$ 为进入的有机硫浓度，B_{ors} 为出去的有机硫浓度）可知：

$$\eta_{ors} = 1 - \dfrac{0.00006+0.00003}{0.00252+0.0012}$$
$$= 97.58\%$$

反应器总硫转化率：

$$\eta_v = \dfrac{\left[\dfrac{0.08453+0.04134+0.00252+0.0012}{1-(0.08453+0.04134)}\right] - \left[\dfrac{0.01342+0.00527+0.00006+0.00003}{1-(0.01342+0.00527)}\right]}{\dfrac{0.08453+0.04134+0.00252+0.0012}{1-(0.08453+0.04134)}}$$

$$= 87.09\%$$

答：无机硫转化率、有机硫转化率和总硫转化率分别为 86.77%、97.58%、87.09%。

例3 某超级克劳斯硫磺回收装置主燃烧炉总配风流量为 2443m³/h，进入一级在线炉空气流量为 212m³/h，一级反应器进出口各组分分析数据如下表所示，用氮平衡法计算 COS 和 CS_2 的水解率。

位置	干基含量							
	SO_2, %	COS, %	H_2S, %	N_2, %	CS_2, %	CO_2, %	CH_4, %	H_2, %
一级反应器进口	4.434	0.255	7.536	46.204	0.493	39.379	0.031	0.585
一级反应器出口	0.909	0.019	2.063	52.839	0.002	42.508	0.033	0.523

解：
设反应器进口气体量为 Q_1，组分含量分别为 COS%、CS_2%、N_2%。
设反应器出口气体量为 Q_2，组分含量分别为：COS′%、CS_2'%、N_2'%。
利用氮平衡可以算出反应器进口气体量 Q_1，出口气体量 Q_2：

$$Q_1 = \dfrac{(F_1+F_2) \times 0.79}{N_2\%} = \dfrac{(2443+212) \times 0.79}{46.204\%} = 4539.54(m^3/h)$$

$$Q_2 = \dfrac{(F_1+F_2) \times 0.79}{N_2'\%} = \dfrac{(2443+212) \times 0.79}{52.839\%} = 3969.51(m^3/h)$$

COS 和 CS_2 的水解率：

$$\eta_{COS} = \dfrac{Q_1 \cdot COS\% - Q_2 \cdot COS'\%}{Q_1 \cdot COS\%} \times 100\%$$

$$= \dfrac{4539.54 \times 0.255\% - 3969.51 \times 0.019\%}{4539.54 \times 0.255\%} \times 100\%$$

$$= 93.48\%$$

$$\eta_{CS_2} = \frac{Q_1 \cdot CS_2\% - Q_2 \cdot CS_2'\%}{Q_1 \cdot CS_2\%} \times 100\%$$
$$= \frac{4539.54 \times 0.493\% - 3969.51 \times 0.002\%}{4539.54 \times 0.493\%} \times 100\%$$
$$= 99.64\%$$

答：该反应器中COS的水解率为93.48%，CS_2的水解率为99.64%。

第六节 尾气处理

《陆上石油天然气开采工业大气污染物排放标准》（GB 39728—2020）规定：硫磺产量大于200t/d的天然气净化厂，尾气SO_2排放执行400mg/m³的限值；而硫磺产量小于200t/d的天然气净化厂，尾气SO_2排放执行800mg/m³的限值。为了满足环保要求，严格执行SO_2排放标准，通常需设置尾气处理装置进一步提高硫磺回收率，以满足排放要求。目前主要有还原吸收尾气处理工艺和氧化吸收尾气处理工艺。

一、还原吸收尾气处理工艺

（一）工艺原理

在加氢还原段，克劳斯硫磺回收装置来的尾气，与在线燃烧炉内燃料气次化学当量燃烧生成的含有还原性气体的高温气流混合升温后进入加氢反应器，在钴/钼催化剂的作用下，尾气中的SO_2、S_n几乎全部被H_2还原转化为H_2S，有机硫则水解成H_2S。

$$SO_2 + 3H_2 \longrightarrow H_2S + 2H_2O + 热量$$
$$S_n + nH_2 \longrightarrow nH_2S + 热量$$

气流中的COS、CS_2也几乎全部水解成H_2S：

$$COS + H_2O \longrightarrow H_2S + CO_2 + 热量$$
$$CS_2 + 2H_2O \longrightarrow 2H_2S + CO_2 + 热量$$

当还原气体中含有CO时，还会发生以下一些反应：

$$SO_2 + CO \longrightarrow COS + O_2$$
$$S_8 + 8CO \longrightarrow 8COS$$
$$H_2S + CO \longrightarrow COS + H_2$$

加氢还原后的过程气经冷却，用胺液吸收H_2S组分，吸收酸性气体的胺液经再生后循环使用，解吸出来的酸气返回克劳斯硫磺回收装置处理。

（二）工艺流程

还原吸收尾气处理工艺流程见图1-2-12，主要由加氢还原段和吸收再生段两部分组成。在加氢还原段，通过在线燃烧炉内燃料气次化学当量燃烧，生成含有还原性气体的高温气流，与硫磺回收单元来的尾气混合升温后进入加氢反应器，在钴/钼催化剂的作用下，

尾气中的 SO_2、S_n、有机硫几乎全部被转化为 H_2S。尾气经废热锅炉和急冷塔冷却后,用胺液吸收尾气中的 H_2S 组分,胺液经再生后循环使用,解吸出来的酸气返回克劳斯装置处理。脱除 H_2S 后的尾气经灼烧后达标排放。

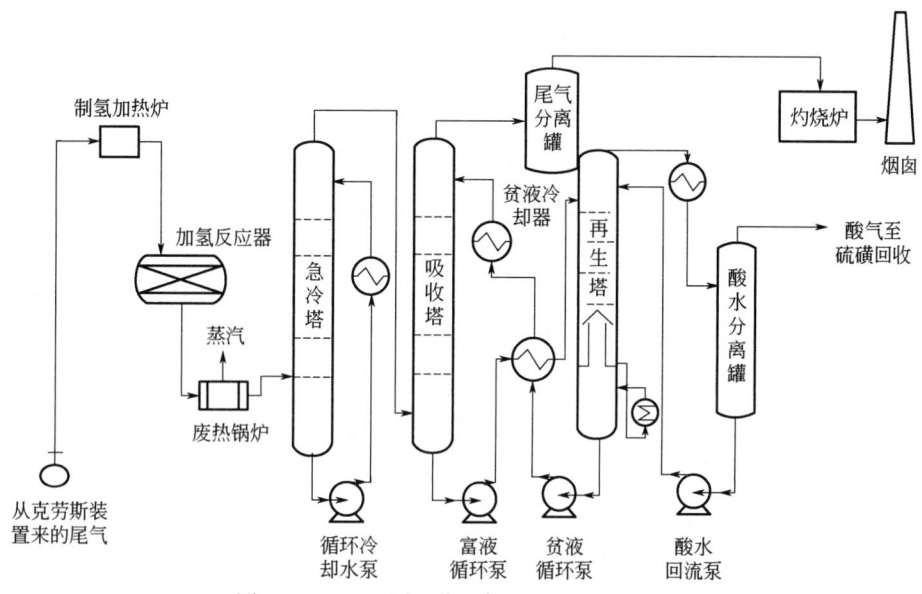

图 1-2-12 还原吸收尾气处理工艺流程简图

二、氧化吸收尾气处理工艺

氧化吸收尾气处理工艺用于处理硫磺回收装置尾气和液硫池废气。装置将尾气灼烧转化成 SO_2,经溶剂吸收后,尾气达标排放,吸收 SO_2 的溶剂再生后循环使用,再生出的 SO_2 返回硫磺回收装置,提高硫收率。

（一）工艺原理

原胺液吸收剂具有双胺结构,第一个胺功能团呈强碱性,原胺液与强酸反应盐化将生成稳定性盐类,原胺液变成贫胺液,反应如（1）所示。第二个功能团（吸收氮）呈弱碱性,吸收二氧化硫,贫胺液变成富胺液,反应如（2）所示。

$$2R_1R_2N{-}R_3{-}NR_4R_5 + H_2SO_4 \rightleftharpoons 2R_1R_2NH^+{-}R_3{-}NR_4R_5 + SO_4^{2-} \quad (1)$$

$$R_1R_2NH^+{-}R_3{-}NR_4R_5 + SO_2 + H_2O \rightleftharpoons R_1R_2NH^+{-}R_3{-}NH^+R_4R_5 + HSO_3^- \quad (2)$$

若热稳定盐累计摩尔当量超过 1.1,其会中和吸收剂的"吸收氮"并且降低吸收剂的 SO_2 去除力,通过吸收剂净化装置将不可再生离子除去,使"热稳定盐（HSS）"的量低于 1.1 摩尔当量。

从原料气中除去 SO_2,首先需要发生 SO_2 从气体到吸收剂中的传质过程。在溶液中,溶解的 SO_2 进行了如下的可逆水合反应及电解反应：

$$SO_2 + H_2O \rightleftharpoons H^+ + HSO_3^- \quad (3)$$

$$HSO_3^- \rightleftharpoons H^+ + SO_3^{2-} \quad (4)$$

在18℃下，当pH值为1.81和6.91时，反应（3）和（4）各完成一半。当有缓冲溶液，例如吸收剂存在的情况下，会增加SO_2的溶解度。缓冲溶液会与H^+形成胺盐从而驱使上述反应向右进行：

$$R_1R_2R_3N+H^+ \rightleftharpoons R_1R_2R_3NH^+ \tag{5}$$

为使此过程可逆，缓冲溶液应在足够低的pH值下运行，这样在再生温度下溶液的SO_2蒸气压可达到所需值。水蒸气在多级塔中将SO_2汽提出来，反应（3）~（5）向反方向进行，吸收剂得到再生。

亚硫酸根离子加水生成盐，如亚硫酸钠，也可以作为缓冲剂：

$$H^+ + SO_3^{2-} \rightleftharpoons HSO_3^- \tag{6}$$

但是由于亚硫酸根离子是强碱性离子（pKa=6.91），作为缓冲溶液会导致pH值偏碱性，使得溶液再生困难，导致了能耗增加和解吸过程不完全并且处理后气体中的SO_2浓度较高。SO_2清洁系统的设计基于一种特殊的吸收剂，它具有平衡SO_2吸收及再生的最佳能力。吸收剂的一个胺功能团呈强碱性，在系统的工艺条件下不能再生，所以一旦与SO_2或任何强酸反应将生成稳定性盐类。如反应式（7）中所示的为原胺第一次与酸HX反应，式中X^-对应强酸根离子，例如HSO_3^-、Cl^-、NO_3^-等。

$$R_1R_2N-R_3-NR_4R_5+HX \rightleftharpoons R_1R_2NH^+-R_3-NR_4R_5+X^- \tag{7}$$

强二元酸例如硫酸与两个胺分子反应会生成SO_4^{2-}。

$$2R_1R_2N-R_3-NR_4R_5+H_2SO_4 \rightleftharpoons (R_1R_2NH^+-R_3-NR_4R_5)_2SO_4^{2-} \tag{8}$$

反应式（7）（8）右侧的吸收剂即处理过程中的贫溶剂，它可用于脱硫。盐化后，本质上不具有挥发性及热再生性，在整个处理过程中均以盐的形式存在。

第二个功能团呈弱碱性，富含SO_2的吸收剂的pH值为4，含微量SO_2的吸收剂的pH值为5.5，该缓冲范围很好地平衡了吸收与再生。反应如式（9）所示：

$$R_1R_2NH^+-R_3-NR_4R_5+SO_2+H_2O \rightleftharpoons R_1R_2NH^+-R_3-NH^+R_4R_5+HSO_3^- \tag{9}$$

在（9）式中，X^-没有显示因为没有参与吸收SO_2的反应。X^-的性质可以影响整个工艺的性能，如果是SO_3^{2-}，按照（6）式，它能够对SO_2的脱除起作用；如果X^-是强酸根离子并且其累计摩尔当量超过1，其会中和吸收剂的"吸收氮"并且降低吸收剂的SO_2去除力。因而，可将部分胺液通过吸收剂净化装置（胺液净化装置）除去不可再生的离子，例如通过亚硫酸盐及亚硫酸氢盐产生的硫酸盐，使"热稳定盐（HSS）"的量低于1.1摩尔当量。

目前采用的SO_2吸收剂具有高选择性，对SO_2的选择性是对CO_2的50000倍。比SO_2酸性强的其他酸（如硫酸及盐酸），也会被吸收生成热稳定盐，不能热再生，只能通过胺液净化装置去除。

（二）工艺流程

氧化吸收工艺流程图如图1-2-13所示。

1. 尾气焚烧段

硫磺回收装置尾气、液硫池废气引入尾气焚烧炉，将尾气中含硫物质全部转化为SO_2后，经余热锅炉冷却后送入预洗涤单元处理，同时回收热量产生中压蒸汽。尾气氧化燃烧

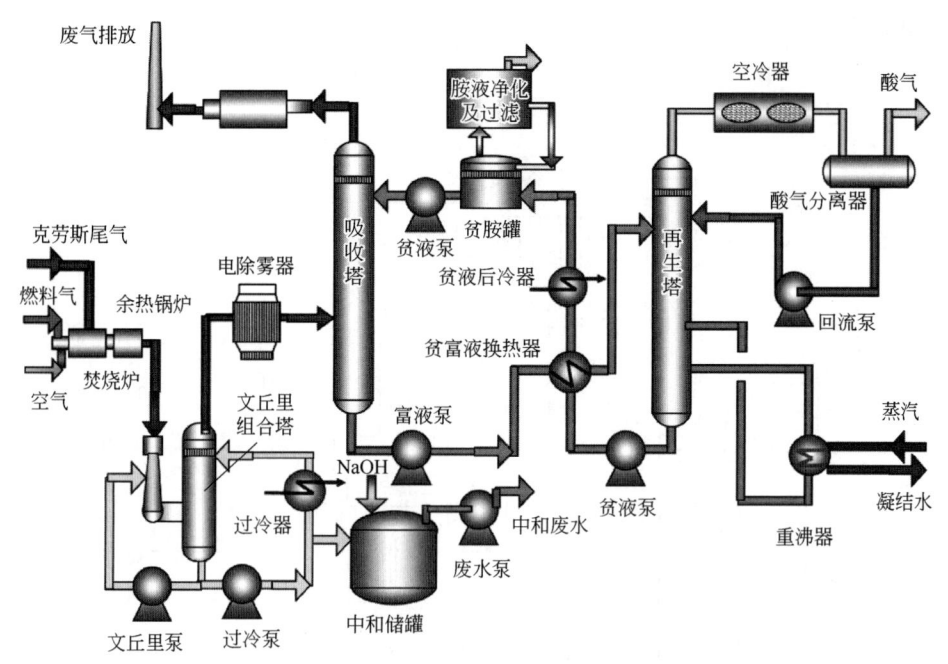

图 1-2-13 氧化吸收工艺流程简图

段流程图见图 1-2-14。

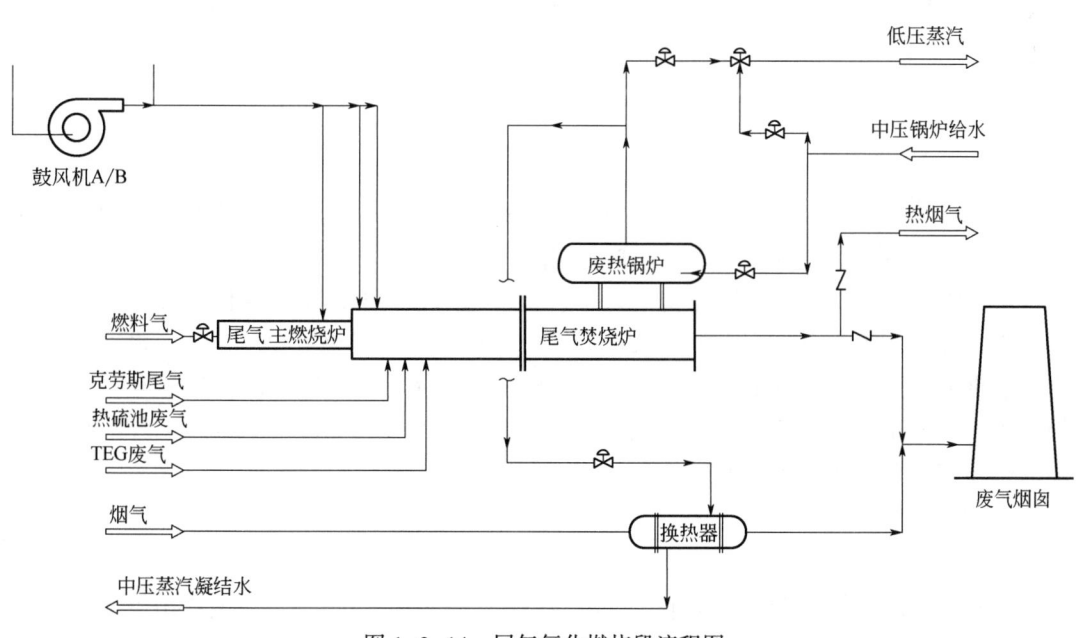

图 1-2-14 尾气氧化燃烧段流程图

2. 洗涤冷却段

自余热锅炉来的高温烟气进入洗涤冷却塔，与喷淋循环液进行充分接触，对烟气进行洗涤降温，再经湿式电除雾器脱除烟气中的硫酸雾，然后进入 SO_2 吸收塔。洗涤冷却段流程图见图 1-2-15。

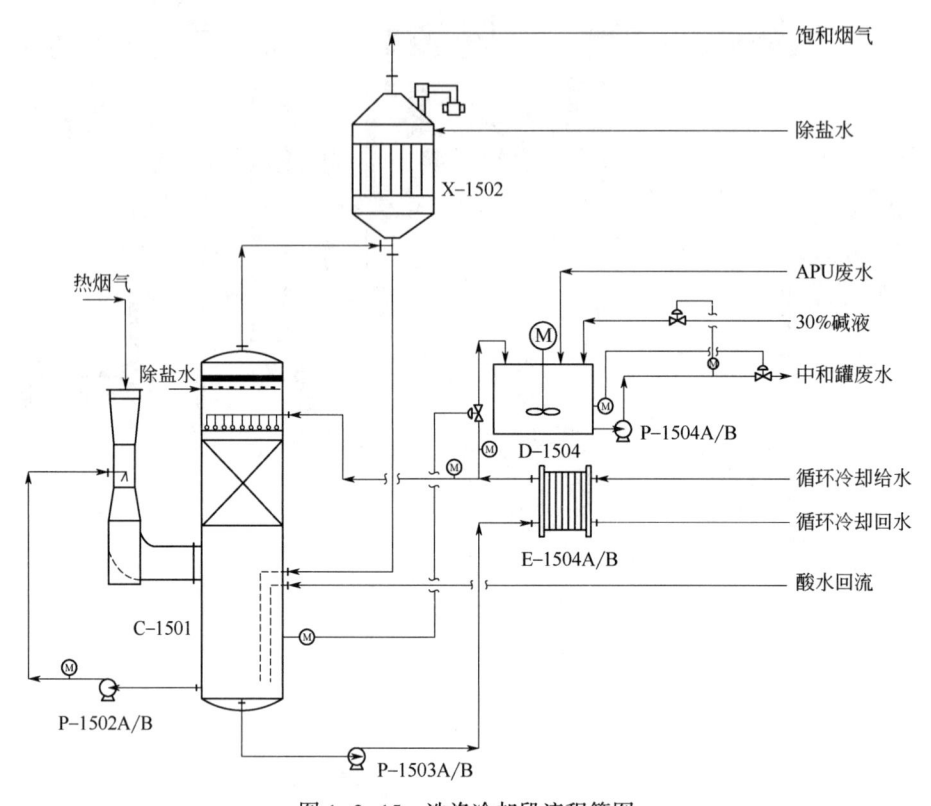

图 1-2-15 洗涤冷却段流程简图

3. SO_2 吸收再生段

含 SO_2 的烟气进入吸收塔，与贫液逆流接触，烟气中的 SO_2 被溶液吸收。吸收塔塔顶的烟气经烟气加热器加热后，通过尾气烟囱排放。

从吸收塔底部出来的富液经富液泵增压后，进入贫/富液换热器和贫液换热后进入再生塔上部，与塔内自下而上的蒸汽逆流接触进行再生，解吸出 SO_2 气体。再生热量由再生塔重沸器提供。热贫液增压，经贫/富液换热器与富液换热后，通过贫液冷却器降温，进入贫液罐。贫液通过贫液泵送至吸收塔，完成整个溶液系统的循环。SO_2 吸收及溶液再生段流程图见图 1-2-16。

4. 溶液净化系统

1）溶液过滤

烟气中夹杂的一些悬浮固体通过洗涤冷却段大部分予以去除，但仍有部分悬浮固体进入溶液中。

溶液过滤可除去贫液中的悬浮固体，防止它们在系统中累积。溶液过滤由前过滤器、活性炭过滤器及后过滤器组成。

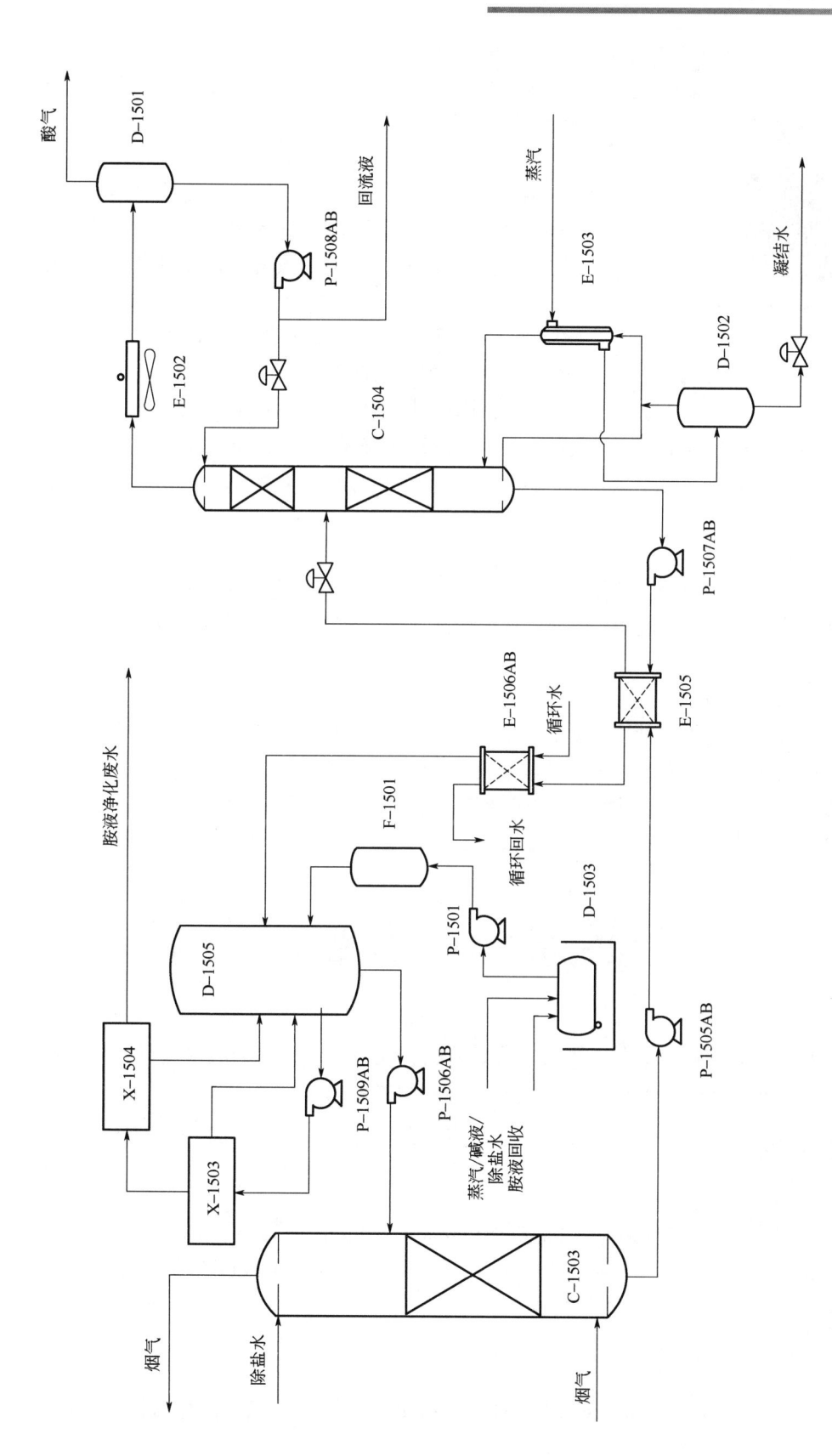

图 1-2-16　SO_2 吸收及溶液再生段流程图

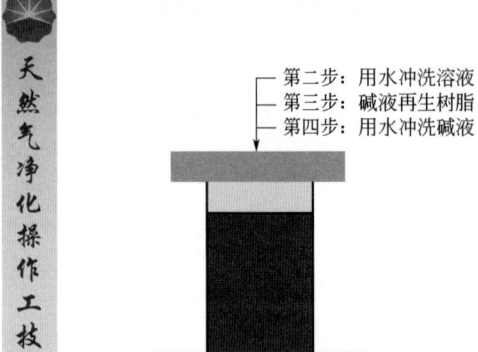

2) 溶液净化

热稳定盐去除过程包含 4 个主要步骤，如图 1-2-17 所示。

（1）盐吸附。

在盐吸附阶段，来自溶剂过滤单元的贫溶剂通过溶剂过滤器，然后自下而上进入离子交换柱。出口的产物是盐浓度较低的溶液，该溶液返回到贫溶剂储罐中。一旦树脂的所有活性位点都被不需要的离子占用，树脂就达到饱和状态，不能再进行盐吸附。

（2）吸收剂回收冲洗。

在盐吸附阶段，离子交换柱的树脂颗粒间隙中充满了吸收剂溶液。进行再生之前，先用除盐水冲洗离子交换柱，以回收残留在柱中的吸收剂。除盐水自上而下流过离子交换柱。从离子交换柱出来的吸收剂稀释液被送往贫溶剂储罐。

第一步：经过滤后的溶液
第二步：用水冲洗溶液
第三步：碱液再生树脂
第四步：用水冲洗碱液

图 1-2-17　热稳定盐去除过程

（3）树脂再生。

完成吸收剂回收冲洗后，稀释到 4%（质量分数）的碱液先通过碱液过滤器，然后从顶部进入离子交换柱并向下流动。这时，HSS 溶解在再生溶液中。该溶液被送往预洗涤的中和罐。

（4）过量碱液冲洗。

碱液冲洗除盐水进入除盐水过滤器。冷却的除盐水从顶部进入离子交换柱并向下流动，以冲洗掉再生步骤结束时柱中的过量碱液和 HSS。该冲洗水被送往预洗涤单元的中和罐。在碱液冲洗步骤结束时，冲洗水可被送回碱罐，用于制备下一个离子交换完整周期中所需的稀释碱液。完成这个步骤后，离子交换柱即可进入下一个离子交换周期。

第七节　酸水汽提

酸水汽提主要是将尾气处理、脱硫、硫磺回收、火炬等装置来的酸水进行初步处理，再排入污水装置进一步进行处理，汽提气送至硫磺回收单元处理。

一、工艺原理

酸水汽提就是利用气体的溶解度随温度的升高和压力的减小而降低的原理，用蒸汽汽提的方法，将酸水中易挥发的 H_2S、CO_2、NH_3 和轻烃等组分离出来，使酸水得到初步净化。

二、工艺流程

如图 1-2-18 所示，酸水进入酸水缓冲罐，由进料泵输送至进料换热器换热后进入汽提塔，与重沸器产生的二次蒸汽在汽提塔内进行逆流接触，酸水中几乎所有的H_2S、CO_2、NH_3和轻烃等被汽提出来，经塔顶回流液水洗、塔顶冷凝冷却器冷却后进入硫磺回收装置。汽提后的水经进料换热器换热，由汽提塔底泵增压，经循环水冷却器进一步冷却后，送至污水装置处理。

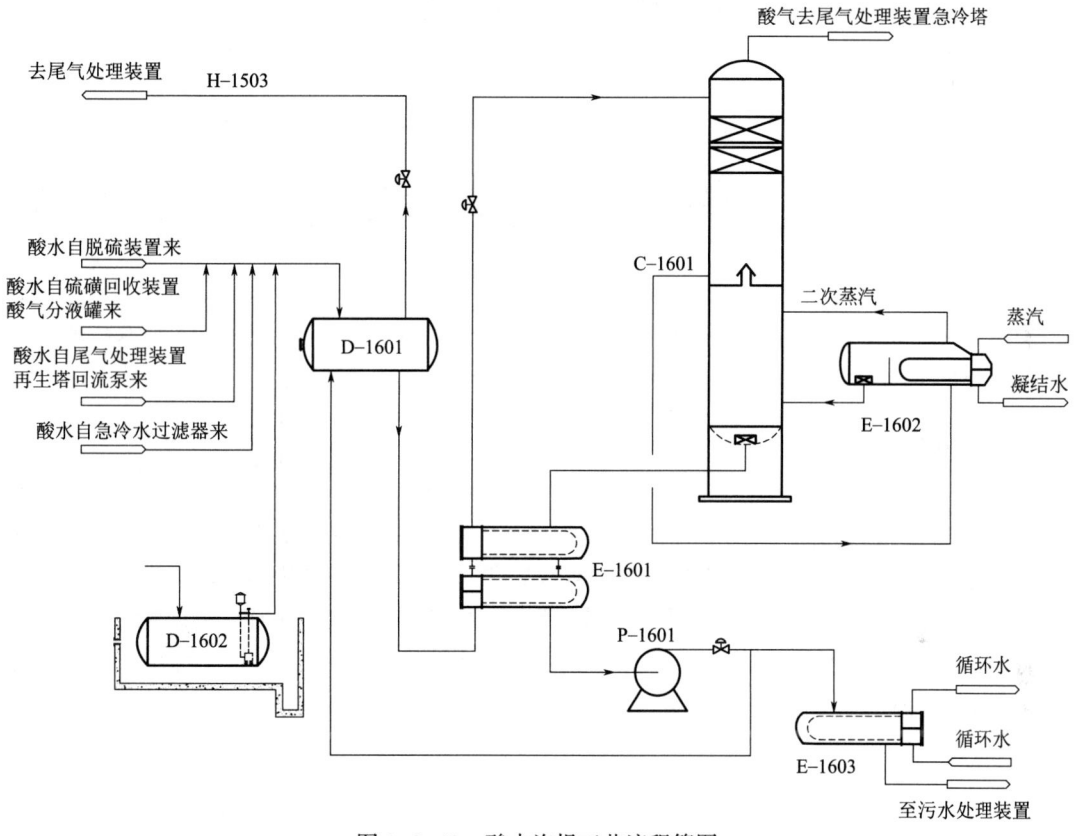

图 1-2-18　酸水汽提工艺流程简图

第三章 天然气净化辅助装置基础知识

第一节 硫磺成型

硫磺成型是将硫磺回收装置生产的液硫通过工艺设备的冷却、固化，达到液硫成型的目的。目前应用较多的是钢带造粒和转鼓结片。

一、钢带造粒

工艺流程简图见图1-3-1。来自硫磺回收装置的液硫进入储罐，通过液硫泵升压，经液硫过滤器过滤后送至钢带造粒机。通过布料器造粒和钢带循环水喷淋冷却、固化，生产半球形固体硫磺，经自动称量、装袋缝包后外销。冷却钢带的循环热水通过接水槽汇管收集进入循环水热水池，通过凉水塔塔顶风机散热降温后的冷水回到冷水池，经冷水泵提升冷却钢带形成循环。

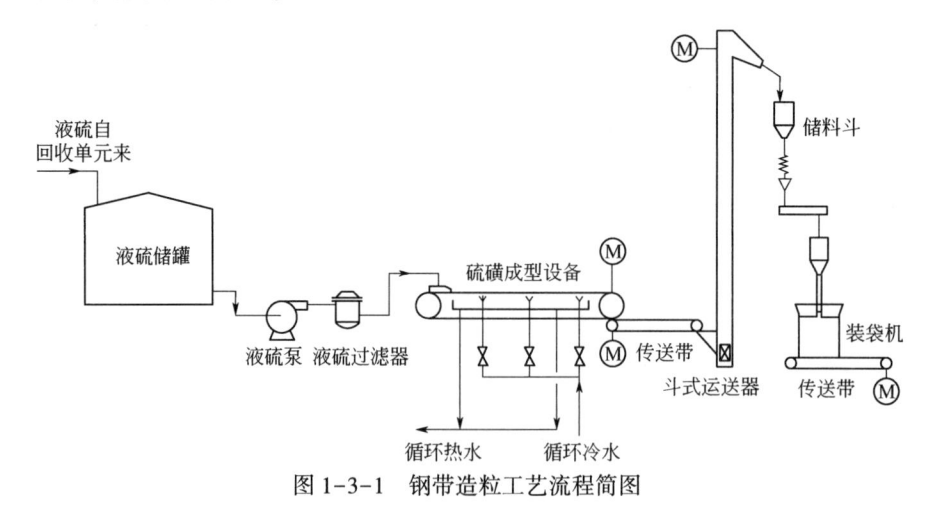

图1-3-1 钢带造粒工艺流程简图

二、转鼓结片

如图1-3-2所示，利用转鼓内表面循环冷却水降低液硫温度，使转鼓外表面硫磺由液态变为固态，再通过刮刀将其剥离成为片状固体硫磺，再经自动称量、装袋缝包后外销。

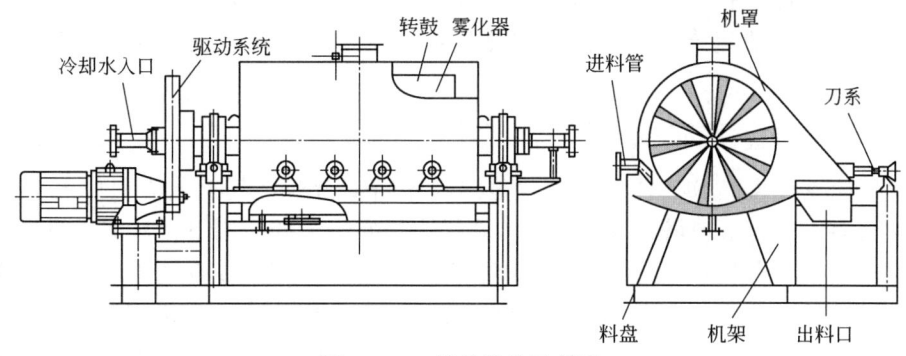

图 1-3-2 转鼓结片示意图

三、水冷造粒

液硫输送至液硫储罐，罐内用蒸汽盘管加热以保持液硫温度在130℃左右。生产时启运液硫泵将液硫从液硫储罐输送到硫磺颗粒成型设备的液硫分布盘，经液硫成型盘滴落到成型罐中的冷却水中冷却固化，硫颗粒离罐后，经振动脱水筛脱水后成为符合标准的产品，由传动带输送到全自动包装码垛系统，经自动称量、装袋、封口、码垛后用叉车将袋装硫磺送至硫磺库房储存，在生产过程中产生的固体硫磺粉末（$\phi<2mm$）输送至再熔器再熔，然后进成型罐成型，以尽量减少产品含尘量，增加硫磺产品在运输、装卸中的安全性。该硫磺颗粒成型设备设有烟雾罩，全自动称重包装码垛生产线设有除尘及通风设施。某天然气净化水冷造粒工艺流程如图 1-3-3 所示。

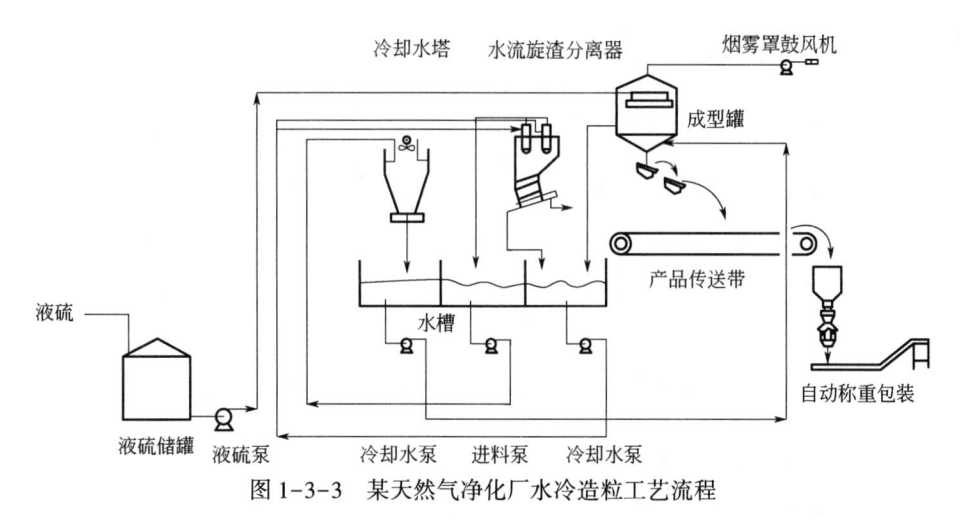

图 1-3-3 某天然气净化厂水冷造粒工艺流程

四、滚筒造粒

滚筒造粒工艺也称回转造粒工艺或造粗粒工艺，其特点为喷入种粒（硫磺微粒）至造粒机内并通过不断运动逐层粘上熔融的液硫，最后冷却凝固直至达到所要求的尺寸。滚筒造粒工艺由于液硫在种粒上一层层涂抹与融合而消除了收缩的影响，从而可产出坚硬且无空洞及无构造缺陷的硫磺产品。液硫的热量依靠喷入水滴的蒸发而除去，废气以空气吹出。

（一）潘罗麦迪克喷浆造粒工艺

潘罗麦迪克喷浆造粒工艺实际上就是沸腾床喷浆造粒，其工艺流程如图 1-3-4 所示。硫由潘多麦迪克造粒塔的底部送入，在塔内强空气流的作用下，从文丘里管的喉部向一个方向喷射，在文丘里管顶端形成小颗粒状。小颗粒硫磺在空气作用下在沸腾造粒床上做"喷泉"运动，并不断地被熔硫包裹、冷却。当硫磺颗粒达到所需的粒径时，便通过溢流送去过筛和储存。造粒塔顶部相当于一个膨胀箱，大部分硫屑在放空前被分离出来，气由顶部放空。控制进入床层的空气温度在 30℃ 左右，以保障床层温度在成粒的最佳温度（约 82℃）。该工艺的动力消耗和尾气量比塔式空气冷却造粒工艺的大。

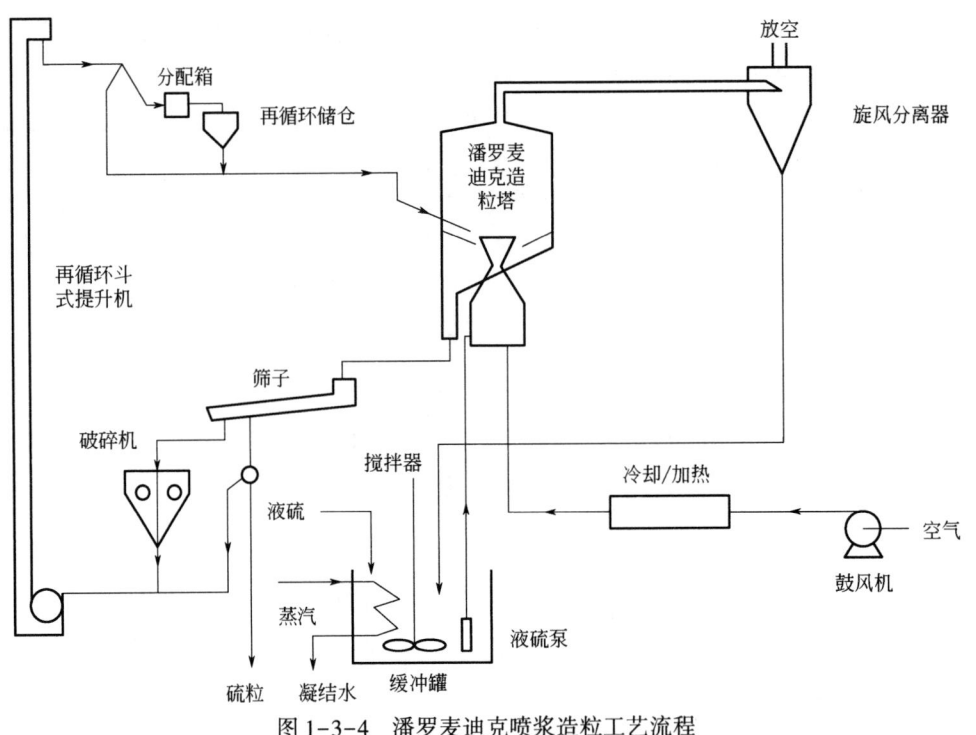

图 1-3-4 潘罗麦迪克喷浆造粒工艺流程

（二）GX 滚筒喷浆造粒工艺

GX 滚筒喷浆造粒工艺设计能力在 8~70t/h，是一个颗粒粒径逐步增加的过程，小颗粒通过层层涂抹并且融合，从而消除了收缩的影响。采用该工艺生产的硫磺产品密度大，颗粒坚硬，没有空洞，没有构造缺陷，具有很强的抗机械损伤性能。目前 GX 滚筒喷浆造粒工艺主要有 GXM1 和 GXM2 两种形式，其中 GXM2 工艺流程图如图 1-3-5 所示。

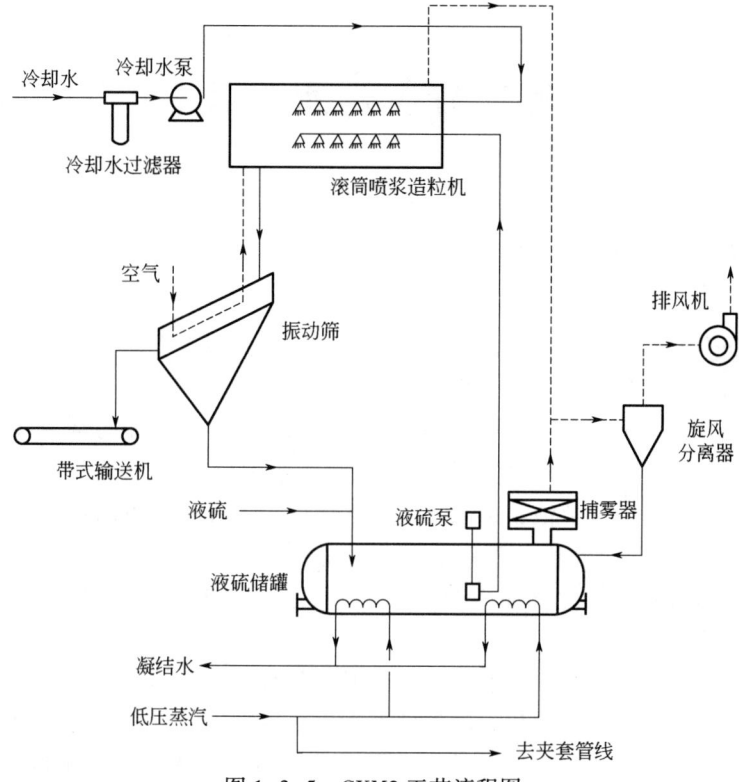

图 1-3-5　GXM2 工艺流程图

五、各种硫磺成型法的特点

各种硫磺成型法的特点如表 1-3-1 所示。

表 1-3-1　各种硫磺成型法的特点

形状	成型方法	特　点
片状	转鼓式成型	1. 冷却可用夹套或内壁喷水的方式，为防止结垢，要注意水质。 2. 结片厚度取决于转股进入硫储槽的深度、转数及冷却水温度。 3. 设备简单，操作方便，由于热胀冷缩转鼓容易变形。 4. 处理量小，硬度较差易破碎，有少量粉尘。
片状	钢带成型机	1. 液硫流至钢带上，钢带背面用喷水冷却，硫磺凝固后用机械破碎。 2. 钢带用不锈钢制造，硫磺厚度为 4~20mm。 3. 设备复杂，操作方便，钢带不易变形，破碎时有少量粉尘。 4. 占地面积大，对钢带材质有严格要求
粒状	水冷式造粒	1. 成品水含量高于其他成型工艺。 2. 冷却水保持一定的温度，降温后循环使用。 3. 表面活性剂用 15% 的硅酮甲苯溶液，用氨调节冷却水的 pH 值，用量少。 4. 每月换一次水，水中约有相当于总处理量 0.1% 的硫
粒状	滚筒造粒	1. 液硫分层涂刷熔化，消除了硫磺的收缩，最大限度地减少易碎性，颗粒在外形上通常为球目且无空隙。 2. 可连续作业，提高生产效率，减少生产现场粉尘的产生。 3. 物料冷却速度加快，固化成型，维护方便，磨损率小。 4. 根据工艺需要，可以实现全过程自动控制

第二节 污水处理

一、生化处理工艺

生化污水处理工艺包括污水清污分流、污水预处理、污水生物处理和污泥处理4个部分。本工艺采用"预曝气—气浮—水解酸化—缺氧—好氧—沉淀"生物处理工艺处理后，再进行过滤、除臭、杀菌消毒，水质达到《城市污水再生利用 城市杂用水水质》(GB/T 18920—2020)标准后回用。正常生产污水、生活污水由厂区相应排水管系汇集后，自流进入污水处理装置的曝气调节池，再加压送入气浮设备，气浮设备出水依次自流进入生物预处理池（进行水解酸化）、生化池（缺氧段、好氧段）、沉淀池，最后进入清水池，经消毒杀菌检验合格后回用。生化池中的好氧段采用推流式接触氧化池的鼓风微孔曝气方式，生物载体采用球型填料。

污水处理工艺过程中产生的少量污泥经浓缩、脱水后，外运进行集中处置。如果工艺装置生产污水水质波动，不能提供足够的营养物供微生物生长，可通过阀门倒换，将部分检修污水、事故废液引入曝气调节池均衡水质，为缺氧、好氧生化处理设施补充有机物，以使污水处理装置能够正常运行。生化处理装置工艺流程图如图1-3-6所示。

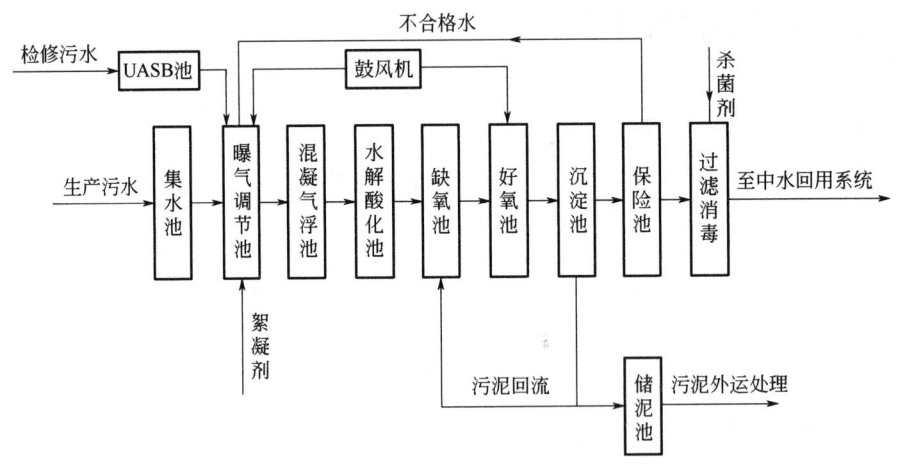

图1-3-6 生化处理装置工艺流程

二、催化氧化工艺

催化氧化工艺采用了臭氧氧化辅以金属催化的方法，利用高压电离分解氧气并聚合生成的臭氧（O_3）与污水充分混合进行氧化，混合臭氧后的污水加压提升至氧化塔中，与塔内装填的多种活性金属氧化物（MnO_2、TiO_2、Al_2O_3）的填料充分接触，加强臭氧氧化

的效果。产生臭氧的反应方程式为

$$3O_2 \xleftrightarrow{\text{高频电压}} 2O_3$$

臭氧是强烈的氧化剂,它能氧化多种还原性有机物(COD)和无机物,如酚类、苯环类、氰化物、硫化物、亚硝酸盐、铁、锰、有机氮化合物等,对各种有机物的作用范围较广。臭氧分子和水中的污染物为直接反应,主要有氧化还原反应、环加成反应、亲电取代反应等,但其反应速率相对较慢。

而氧化塔内填料负载的活性金属氧化物可促使废水中的臭氧在其表面最终分解形成羟基自由基(·OH)。其反应方程式如下:

$$O_3 + H_2O \xleftrightarrow{\text{活性金属}} 2 \cdot OH + O_2$$

羟基自由基(·OH)是一种重要的活性氧,从分子式上看是由氢氧根(OH⁻)失去一个电子形成,因此羟基自由基具有极强的得电子能力(也就是氧化能力),氧化电位2.8V,是自然界中仅次于氟的氧化剂。自由基可以和水中的大部分有机物(以及部分的无机物)发生反应,具有反应速率快、无选择性等特点,从而更进一步降低废水的COD和还原性硫含量。其反应方程式如下:

$$\cdot OH + C_XH_YO_Z \longrightarrow CO_2 + H_2O$$

$$2 \cdot OH + SO_3^{2-} \longrightarrow SO_4^{2-} + H_2O$$

$$3 \cdot OH + 3S_2O_3^{2-} \longrightarrow 6SO_4^{2-} + 2H_3O^+$$

$$8 \cdot OH + S^{2-} \longrightarrow SO_4^{2-} + 4H_2O$$

如图1-3-7所示,空气从空气过滤器吸入,进入压缩机被压缩后进入冷冻干燥机降低气体温度并进一步分离气体中的水分,经降温后的压缩空气分别经前置过滤器、无热再生吸附式干燥器、后置过滤器的各级净化、干燥后得到净化压缩空气,进入变压吸附制氧机,在装填有特殊处理沸石分子筛的吸附塔内,氮气分子(N_2)被碳分子筛所吸附,不小于90%(体积分数)以上纯度的产品氧气由吸附塔上端流出,经一段时间后,沸石分子筛被所吸附的氮饱和。这时,第1个塔自动停止吸附,净化压缩空气被自动切换进入到第2个吸附塔,同时对第1个塔进行再生。吸附塔的再生是通过将吸附塔逆向泄压至常压来实现的。2个吸附塔交替进行吸附和再生,从而确保高纯度氧气的连续输出。氧气在臭氧发生器内经高压高频放电制成高浓度的臭氧,臭氧经管道输送至气液混合器与氧化吸收尾气处理工艺溶液净化系统废水和RO膜处理后产生的浓水充分混合后进入催化氧化塔进

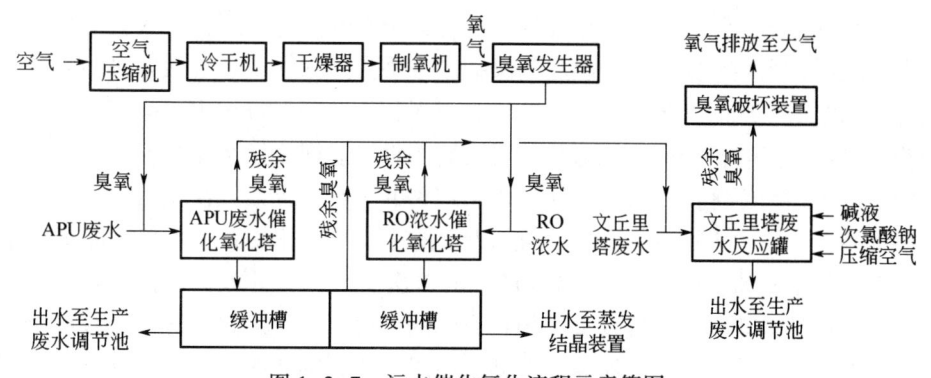

图1-3-7 污水催化氧化流程示意简图

行催化氧化反应，剩余气体中含少量的臭氧和大量的氧气，通过塔顶部的气液分离器收集和分离气体中的大部分夹带液滴，进入气液混合器与文丘里塔废水混合，循环增压泵为气液混合器提供必要的工作压力，利用催化氧化塔剩余气体对文丘里塔废水进行氧化，做到尾气再利用。其中还有极少量的残余臭氧，该部分气体通过收集并分离其中大部分夹带液体，将这些残余的臭氧送入臭氧破坏装置进行高温消解，最终以氧气形式排入空气中。

臭氧具有非常活泼不稳定的性质，遇热极易分解，而臭氧反应室在放电过程中会有大量热产生，所以全过程需要大量的冷却水对设备、气体进行降温，保证对臭氧制备所需的介质温度。

三、蒸发结晶工艺

蒸发结晶工艺有多效蒸发工艺、MVR蒸发工艺、强制循环蒸发工艺和蒸发结晶组合工艺等。该工艺通过对上游生产废水处理装置来的盐水（浓水）进行处理，脱盐后，再回用于循环水系统，以达到减少工厂新鲜水消耗并且减少工厂污水排放的双赢目的。

蒸发是使含有不挥发溶质的溶液沸腾汽化，并移出蒸汽，从而使溶液中溶质浓度提高的单元操作。蒸发操作广泛应用于化工、石油化工等行业，蒸发结晶、蒸发浓缩是常见的工艺类型。

蒸发结晶指通过蒸发，随着溶剂的挥发，原来的不饱和溶液逐渐变为饱和溶液，饱和溶液再逐渐变为过饱和溶液，这时溶质就开始从过饱和的溶液中析出。很多溶质可以以晶体的形式析出（也有以非晶体形式析出的），这就是结晶过程。

蒸发以消耗蒸汽为主，适应物料变化能力强，适合处理高浓度复杂组分废水。在多效蒸发系统中，加热蒸汽通至蒸发器，则溶液受热而沸腾，而产生的二次蒸汽的压力与温度较原加热蒸汽（即生蒸汽）低，在多效蒸发中，可将其当作加热蒸汽，引入另一个蒸发器，只要后者蒸发室压力和溶液沸点均较原来蒸发器中的低，则引入的二次蒸汽即能起加热热源的作用。同理，第二个蒸发器新产生的二次蒸汽又可作为第三蒸发器的加热蒸汽。这样，多次重复利用了热能，显著降低了热能耗用量，大大降低了成本，也增加了效率。

以中石油遂宁天然气净化有限公司装置为例，该装置采用物理方法除盐，将高含盐废水通过蒸发浓缩，析出废盐，凝结蒸汽回收产品水，生产工艺采用先进成熟可靠的四效混合冷凝水预热真空蒸发除盐工艺。预处理后的含盐废水经过进料泵，进入板式换热器与蒸发结晶出来的混合冷凝水换热，升温后的含盐废水平流进入Ⅰ效、Ⅱ效、Ⅲ效、Ⅳ效，各效经蒸发结晶浓缩生成的盐浆顺转Ⅰ→Ⅱ→Ⅲ→Ⅳ，集中于Ⅳ效排出的盐浆经过盐浆泵进入增稠器，再进入离心机分离，固体盐外运。离心母液返回蒸发结晶系统。

Ⅰ效凝结水，为生蒸汽冷凝液，回凝水系统。Ⅱ、Ⅲ、Ⅳ效二次蒸汽冷凝液，顺流转排，Ⅱ→Ⅲ→Ⅳ，集中于Ⅳ效的混合冷凝水及真空系统冷凝水集中于冷凝水储桶回用。

生蒸汽加热Ⅰ效物料（卤水/盐水）产生的二次蒸汽作为Ⅱ效热源，Ⅱ效蒸发物料产生的二次蒸汽作为Ⅲ效热源，Ⅲ效蒸发物料产生的二次蒸汽作为Ⅳ效热源，Ⅳ效蒸发产生的低品位二次蒸汽进入表面冷凝器通过循环水冷凝。流程图如图1-3-8所示。

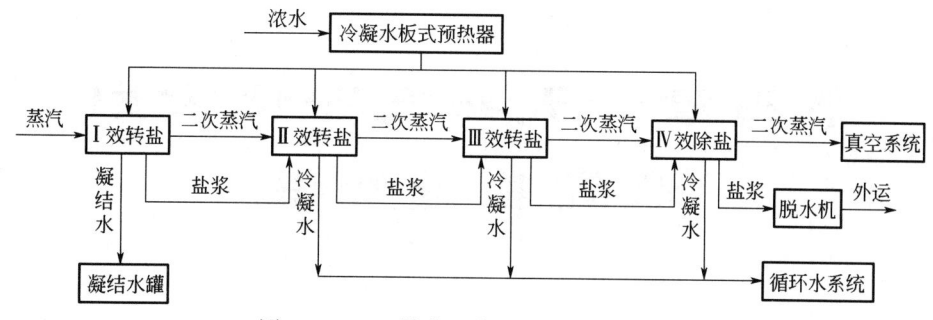

图 1-3-8　四效真空蒸发除盐工艺流程图

第三节　火炬及放空系统

一、工艺原理

天然气净化厂火炬及放空系统是在装置开车、停车以及紧急情况下，将装置放空的原料气、净化气、酸气等气体通过火炬进行燃烧，将 H_2S、有机硫和烃类等转化成 SO_2 和 CO_2 排放，减小大气污染。火炬系统一般设有高压放空系统和低压放空系统。

二、工艺流程

如图 1-3-9 所示，装置排出的原料气、净化气、闪蒸气、燃料气经放空分液罐，分离出其中的油、水等杂质后送至高压放空火炬燃烧后排放。排出的酸气通过酸气分液罐，分离出液态物质后，送至低压火炬燃烧后排放。火炬分子封下方设有水封管，火炬投运前，应将分子封水封管中注满水。燃料气在进入火炬前分两路，一路用于点火用气，另一路用于长明灯。

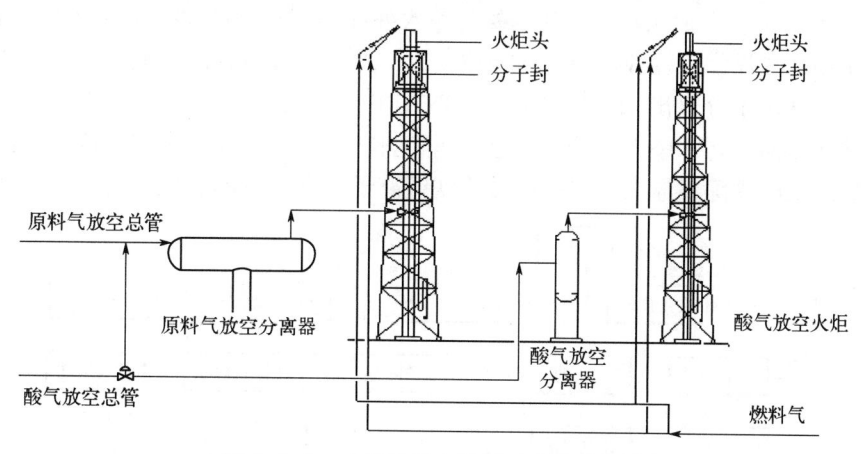

图 1-3-9　火炬及放空装置工艺流程简图

第四章 天然气净化公用装置基础知识

第一节 新鲜水及循环水处理

水是优良的热交换介质，在所有的液体和固体中，水的比热容最大。由于水的这种特性，适用于冷却各种热介质，因此天然气净化厂一般采用水来作为冷源。

一、新鲜水处理工艺

（一）工艺原理

原水通常需要进行净化处理才能达到天然气净化厂生产用水的要求。对原水的净化处理包括混凝、沉淀与澄清、过滤、除铁除锰、杀菌消毒等步骤。

通过向原水中添加混凝剂，破坏溶胶的稳定性，原水中细小的胶体微粒凝聚再絮凝成较大的颗粒，依靠本身重力作用，从水中分离出来，形成的沉淀泥渣由于具有较大的表面积和吸附活性，对水中微小悬浮物和尚未脱稳的胶体仍有良好的吸附作用，可进一步产生接触混凝作用。经过混凝沉淀处理后，再用多孔介质将水中的悬浮固形物过滤，从而获得清水。清水经除铁除锰、消毒后进入工业水系统。

（二）工艺流程

如图1-4-1所示，原水经泵加压后输送至水处理装置，经投加碱式氯化铝后进入隔板反应池，水中的悬浮物在隔板反应池内完成絮凝，然后进入斜管沉淀池，大量悬浮颗粒在斜管沉淀池内从水中分离出来，浊度降至10NTU以下的出水进入方形配水井，经泵提升后进入普通快滤器，将水中大部分的悬浮杂质除去，过滤后水在气水混合器内与压缩空气充分混合后进入除铁除锰器内，水中的低价铁锰离子被空气中的氧氧化为高价态被锰砂滤

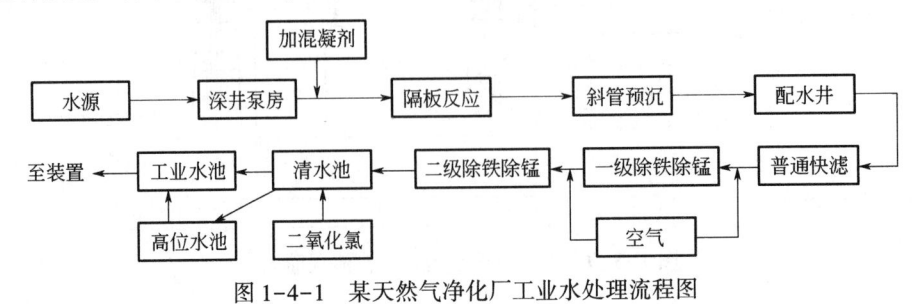

图1-4-1 某天然气净化厂工业水处理流程图

去，从而使处理水中的铁、锰及浊度指标达到生活饮用水标准。经除铁除锰器处理后的水在清水池的入口处投加二氧化氯消毒剂进行杀菌消毒处理后直接进入清水池。清水池的水经加压泵提升送至高位水池及工业水池后供装置使用。

二、循环水处理工艺

（一）工艺原理

循环热水在冷却塔内通过布水器均匀喷洒，在上升或下落过程中与空气进行热交换，被冷却。传热方式主要有热传导和热对流，换热原理一方面利用空气流动带走热量，另一方面利用水蒸发汽化吸热带走热量。

（二）工艺流程

如图1-4-2所示，来自脱硫单元、脱水单元、硫磺成型单元和空气氮气单元的循环热水大部分经过冷却塔冷却后进入循环水池，小部分的热水经过旁过滤器过滤进入循环水池，冷却后的循环水又通过循环水泵重新回到用户单元。

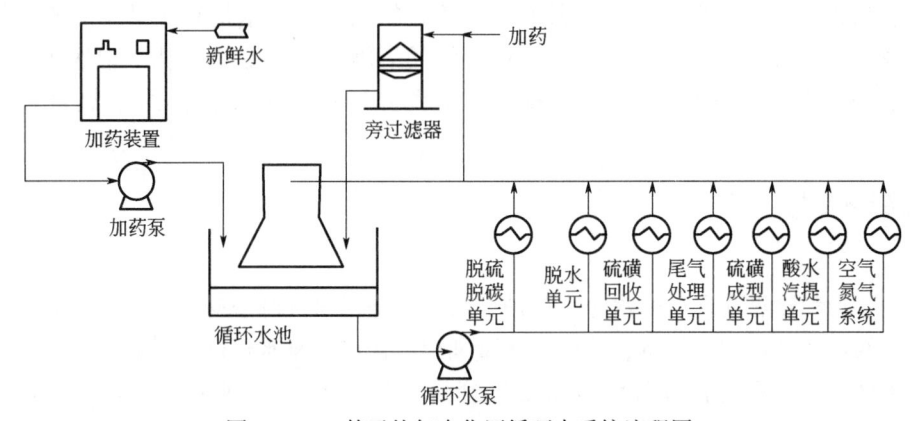

图1-4-2 某天然气净化厂循环水系统流程图

第二节 蒸汽及凝结水系统

天然气净化厂的蒸汽及凝结水系统是给酸性气体脱除、硫磺回收、尾气处理、硫磺成型等装置提供热源以满足工艺需求的。天然水中含有溶解盐类、悬浮物、胶体以及溶解气体等各种杂质，需要采取各种措施对锅炉用水加以处理。

一、除盐水工艺

以反渗透工艺为例，反渗透系统承担了主要的除盐任务，包括反渗透清洗单元、保安过滤器、一级高压泵、一级RO组件、深度脱盐RO组件等设备及其相关的管道和仪表。

为了防止细菌微生物等在反渗透膜表面繁殖造成膜通量下降，在反洗水中加次氯酸钠杀菌剂，因此为了防止余氯进入反渗透装置中，特加设还原剂加药装置，根据还原电位控制加药量。设置阻垢剂加药装置一套，在原水反渗透工艺单元进水中加入阻垢剂，防止反渗透浓水中碳酸钙、碳酸镁、硫酸钙等难溶盐浓缩后析出结垢，堵塞反渗透膜，从而损坏膜元件的应用特性。原水反渗透装置去除水中溶解盐类，同时去除一些有机大分子、前阶段未去除的小颗粒等。

二、除氧水工艺

为防止或减轻锅炉运行中的溶解氧腐蚀，必须对锅炉的给水进行除氧处理。除氧方法主要有热力除氧、化学除氧，此外还有膜除氧、真空除氧和解析除氧。以下以热力除氧工艺为例。

热力除氧原理是基于气体溶解定律，即亨利定律——气体在水中的溶解度与该气体在水、气界面上的分压力成正比，而与大气压力无关。在大气中把水加热到沸腾时，水的饱和蒸气压力等于气-水界面上的大气压力，氧的分压为零。此时氧气在水中的溶解量为零，热力除氧就是向水中引入具有一定压力的蒸汽，将水加热至沸腾状态，因水中氧的溶解度随温度升高而降低，所以水中溶解的氧因溶解度变小而从水中逸出，随后将逸出的氧与少量未冷凝的蒸汽一起排除，达到除氧的目的，保证给水氧含量不大于0.05mg/L。

三、锅炉工艺

经过除盐和除氧处理后的水进入锅炉，通过燃烧燃料气释放热能，使水变成蒸汽，通过蒸汽管网输送到各用热设备，蒸汽经热量利用后变成冷凝水返回系统循环使用。

某天然气净化厂蒸汽及凝结水系统原理流程如图1-4-3所示。锅炉和硫磺回收装

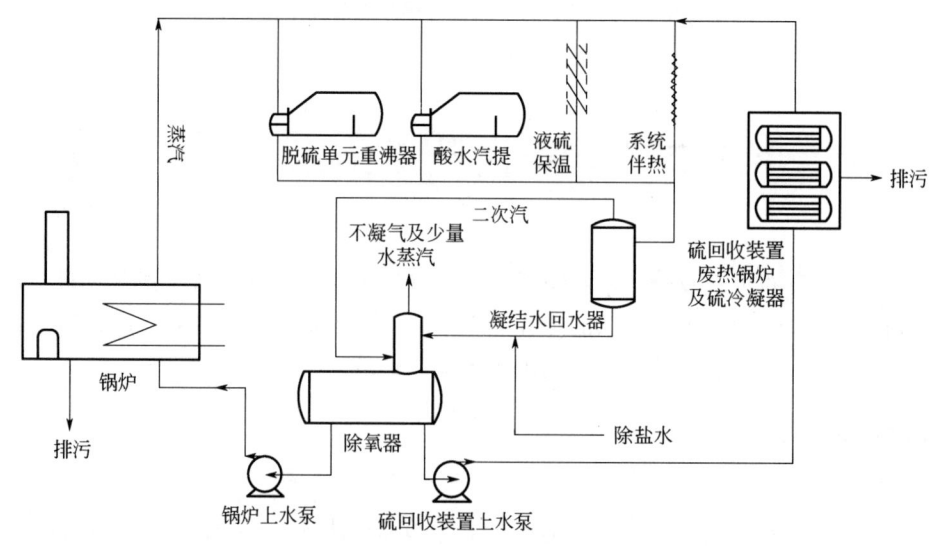

图1-4-3　某厂蒸汽供给系统流程图

置废热锅炉及硫冷凝器产生的蒸汽汇合后进入蒸汽管网，经脱硫再生重沸器、酸水汽提塔重沸器、液硫保温及其他系统伴热等进行热量利用后变成凝结水，通过凝结水管网进入凝结水回水器，凝结水回水器产生的二次蒸汽进入除氧器加热从水处理装置来的除盐水，经除氧器除氧后的除氧水与凝结水回水器凝结水混合，通过上水泵供至锅炉或硫磺回收等装置循环使用。

第三节　空气及氮气系统

一、工厂风系统

如图1-4-4所示，空气从空气过滤器吸入，然后进入压缩机后被压缩，压缩后的油气混合物进入油气分离器，油气分离后的压缩空气经气冷却器和疏水器冷却分离后，进入稳压罐。从油气分离器分离出的润滑油，经油冷却器、油过滤器后返回压缩机。通过压缩机PLC自动加载和卸载，使压缩空气压力保持在设定范围内。

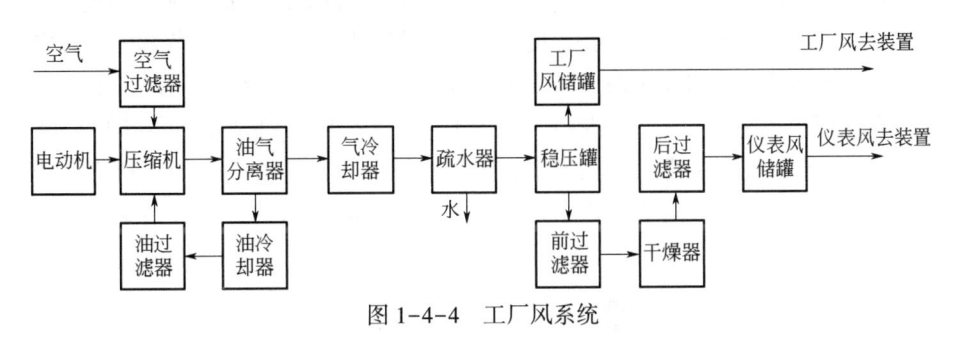

图1-4-4　工厂风系统

二、仪表风系统

如图1-4-5所示，压缩后的空气，一部分进入工厂风储罐直接供至装置工厂风使用点。另一部分压缩空气经前过滤器过滤后进入干燥器干燥。干燥器通常有两罐，罐内均装填吸附剂，其中一罐干燥，另一罐再生，两罐切换使用，由程序自动控制。干燥空气经后

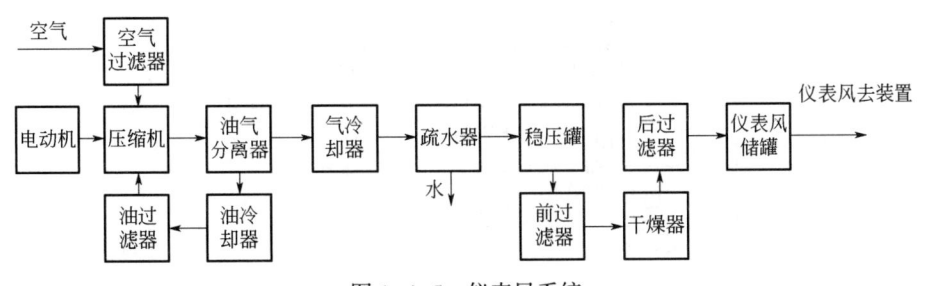

图1-4-5　仪表风系统

过滤除去干燥剂粉末后，进入仪表风罐直接供至装置仪表风使用点。

三、氮气系统

（一）工艺原理

制氮工艺有PSA变压吸附工艺、膜分离工艺、深冷空分工艺等。天然气净化厂常采用PSA变压吸附工艺，是以碳分子筛为吸附剂，利用加压吸附，降压解吸，从空气中吸附和释放氧气，从而分离出氮气。

（二）工艺流程（PSA）

如图1-4-6所示，经压缩、除尘、除油、干燥后的空气通过空气进气阀（KV106）、左吸进气阀（KV101A）进入左吸附塔（T101），塔压力升高，压缩空气中的氧分子被碳分子筛吸附，未吸附的氮气穿过吸附床，经过左吸出气阀（KV102A）、氮气产气阀（KV107）进入氮气储罐，这个过程持续时间为几十秒。同时右吸附塔中碳分子筛吸附的氧气通过右排气阀（KV103B）降压释放回大气当中。左吸过程结束后，左吸附塔与右吸附塔通过上、下均压阀（KV105、KV104）连通，使两塔压力达到均衡，这个均压过程持续时间为2~3s。均压结束后，压缩空气经过空气进气阀（KV106）、右吸进气阀（KV101B）进入右吸附塔（T102），压缩空气中的氧分子被碳分子筛吸附，富集的氮气经过右吸出气阀（KV102B）、氮气产气阀（KV107）进入氮气储罐，这个过程持续时间为几十秒。同时左吸附塔中碳分子筛吸附的氧气通过左排气阀（KV103A）降压释放回大气当中。为使分子筛中降压释放出的氧气完全排放到大气中，氮气通过一个常开的反吹阀吹扫正在解吸的吸附塔，把塔内的氧气吹出吸附塔。这个过程与解吸是同时进行的。右吸结束后，进入均压

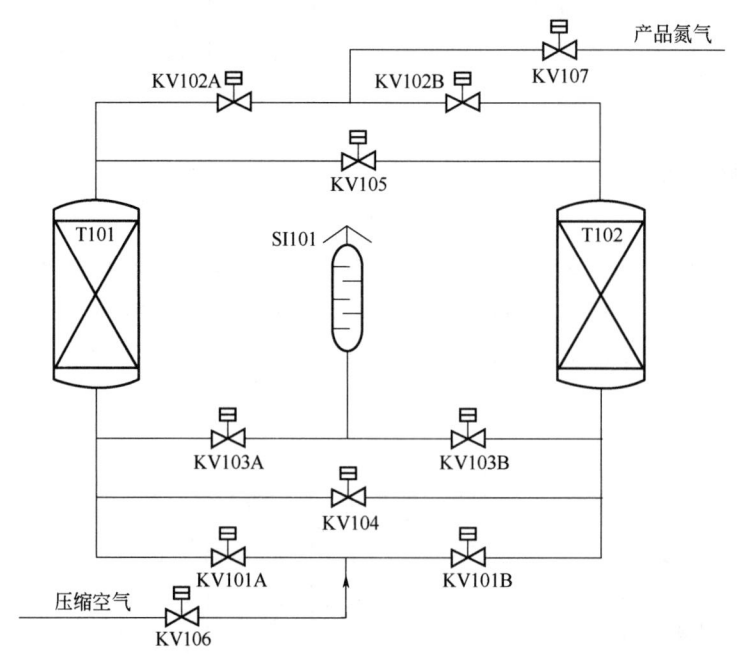

图1-4-6 变压吸附工艺过程（PSA）

过程，完成循环过程。表1-4-1为变压吸附制氮工艺切换程序。

表1-4-1　变压吸附制氮工艺切换程序

状　态	打开的阀门	说　明
吸附塔T101吸附，T102解吸	KV101A、KV102A、KV103B	T101内分离空气，T102内碳分子筛再生
T101和T102进行压力平衡	KV104、KV105	T102加压以减少空气需求
T101解吸，T102吸附	KV101B、KV102B、KV103A	T101内碳分子筛再生，T102内分离空气
T101和T102进行压力平衡	KV104、KV105	T101加压以减少空气需求

第四节　燃料气系统

燃料气系统主要分为生产用燃料气和生活用燃料气。生产用燃料气主要用于脱水单元溶液再生釜和汽提气、硫磺回收单元主燃烧炉和尾气焚烧炉、火炬放空装置长明火和分子封密封气、蒸汽及凝结水系统锅炉等。天然气净化厂自用燃料气通过燃料气系统提供，燃料气系统的气源主要来自净化气，少量来自脱硫脱碳单元和脱水单元的闪蒸气。燃料气系统主要由燃料气罐、压力调节阀和若干输送管线组成。装置正常生产时，来自脱水单元或脱烃单元出口的净化气，经降压后补充入燃料气罐。来自脱硫脱碳单元和脱水单元闪蒸罐的闪蒸气经降压后补充入燃料气罐，经燃料气罐分配至各用气点。装置停工检修期间，来自外输站的返输气经调压后分配至各用气点。燃料气工艺流程如图1-4-7所示。

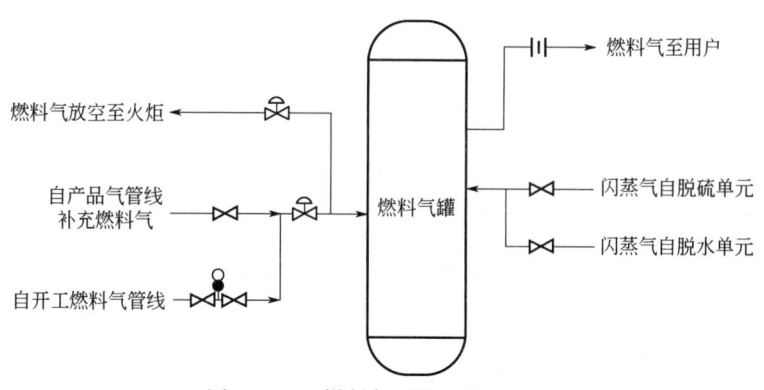

图1-4-7　燃料气系统工艺流程图

第五节　导热油系统

导热油炉是一种有机热载体加热炉，具有节能、高效、工作压力低、安全可靠等优点，在石油天然气行业，尤其是油气处理厂中得到了广泛应用。

一、原理

在工业生产中，常见的加热形式有直接加热和间接加热两种。直接加热，热量分布不均匀，易造成局部过热高温，且温度不易控制；间接加热是以一种热载体作为传热介质，传热更为均匀，在生产中应用更为广泛。

常见的热载体分为无机热载体和有机热载体。无机热载体有水、气体等，有机热载体包括导热油、制冷剂等。水是最常用的热载体，具有传热效率高、黏度小、蒸发潜热大等优点。但水的凝固点为0℃，当温度超过100℃后，随着温度升高压力急剧增大，200℃以上加热不宜再用水作为介质。与水相比，导热油具有沸点高、蒸气压力低和凝点低的特点，可以在常压条件下加热至300℃以上而不汽化，所以更适用于200~400℃的高温加热系统。

二、导热油系统流程简介

如图1-4-8所示，该工艺采用双温位供热系统，整个系统主要由导热油炉、燃烧器、主循环泵、次循环泵、膨胀罐、储油罐、控制柜、供热管网和热用户组成，其加热原理是：燃料气经充分燃烧后，产生的高温火焰和烟气，通过辐射和对流方式将加热炉管中的高温位回油加热到320℃后，在主循环泵的驱动下一部分直接输至再生气加热器进行换热，另一部分则通过温度控制调节阀与低温位回油混合，温度达到245℃后由二次循环泵提供循环动力，进入脱乙烷塔和脱丁烷塔等塔底重沸器以及其他换热器进行换热。膨胀罐主要用来补偿导热油因温度变化而产生的体积变化，并辅助进行排气以及脱

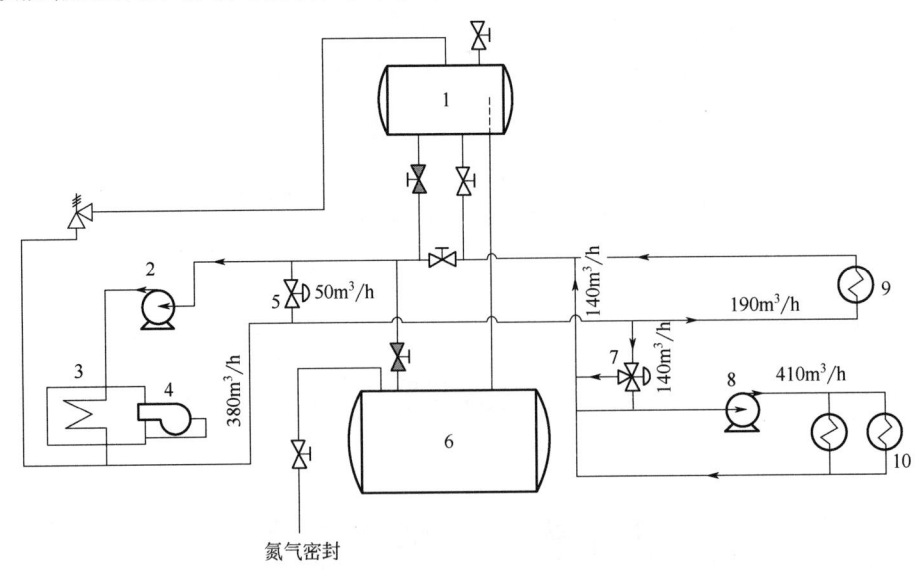

图1-4-8 导热油系统流程简图

1—膨胀罐；2—主循环泵；3—导热油炉；4—燃烧器；5—差压控制流量调节阀；6—储罐；
7—温度控制流量三通调节阀；8—二次循环泵；9—高温位导热油用户（再生气加热器）；
10—低温位导热油用户（脱乙烷塔、脱丁烷塔等塔底重沸器）

水。储油罐主要是用来存储系统导热油和接收膨胀罐溢流出的导热油。

三、导热油系统构成

（一）加热炉

加热炉结构如图1-4-9所示。炉体采用卧式内燃三回程结构，由2层3根平行缠绕的耐热钢管构成锅炉炉体。其内层盘管空间为燃烧室，以辐射传热为主；一、二层盘管间隔为第二回程；第二层盘管与炉壳耐火材料为第三回程。系统高温位回油先进入炉子第三回程、第二回程，与烟气进行对流换热，以提高热量利用效率；最后进入第一回程进行辐射高温加热，达到工艺温度。

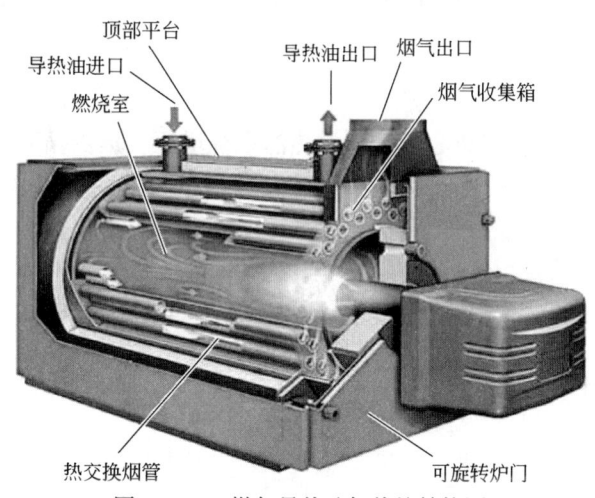

图1-4-9 燃气导热油加热炉结构图

（二）燃烧器

加热炉的核心部件和核心技术是燃烧器，加热炉的燃烧效率、环保排放等很大程度上取决于燃烧器的运行质量。

通常燃气燃烧器采用比例调节方式，即燃烧器的输出根据热用户的负荷跟踪调节；燃烧空气跟随燃气量自动调节。

理论上，标准状态下1m³天然气完全燃烧时需要的空气量通常为9.52m³，实际情况下需要的空气量比理论值要高，通常为1.1~1.25倍，称之为空气过量系数。空气过量系数的大小决定了燃烧效率的高低，空气过量系数越小时，燃烧效率越高。燃料气和空气量分别通过燃气蝶阀和风门来控制。

（三）储罐和膨胀罐

储罐用于储存供热系统的全部导热油。

膨胀罐的特点及作用如下：

(1) 对导热油温度变化而产生的体积变化起补偿作用，即起膨胀作用。

(2) 槽置于高位，起着补充压头的作用，即起高位槽作用。

(3) 在突然停电的情况下用此槽内的冷导热油对加热炉内炉管中的热导热油进行置换，保护炉管及导热油，即起置换槽作用。

(4) 新油装入系统后，整个系统的导热油在升温过程中会分离出气和汽，可通过膨胀槽排气，即起排气槽作用。

(5) 在系统中出现导热油不足时，能自动及时补充，即起补充槽作用。

(6) 在向系统注导热油时，可把导热油先注入槽内，导热油能从槽内自主流入加热炉和整个系统，即起中间槽作用。

(7) 系统中由于操作情况需要以及选用的导热油品质不同，要求采用氮封措施，此槽可起氮封槽作用。

储罐和膨胀罐工作在同一压力系统下，两个罐体通过连通管连通，这样通入储油罐的氮气通过连通管进入膨胀罐，两个罐体的上部全部由氮气覆盖密封，防止导热油高温氧化。

(四) 导热油循环泵

导热油循环泵多采用螺旋离心泵，为导热油系统增压，提供循环动力。

第五章 天然气净化机电仪基础知识

第一节 天然气净化动设备基础知识

天然气净化厂常用的转动设备主要包括泵、风机、压缩机、硫磺造粒机及结片机等。

一、泵

天然气净化厂常用的泵有离心泵、容积泵（往复泵、计量泵）、磁力泵、屏蔽泵、齿轮泵、螺杆泵、旋涡泵、自吸泵、旋喷泵等。

（一）离心泵

离心泵在天然气净化厂广泛使用在溶液循环、酸水回流、溶液补充、锅炉给水、液硫输送、水处理、循环水等单元。

由于化工生产中被输送液体的性质、压强和流量等差异很大，为适应各种不同的要求，离心泵的类型也是多种多样的。按泵送液体的性质可分为水泵、耐腐蚀泵、油泵和杂质泵等；按叶轮吸入方式可分为单吸泵和双吸泵；按叶轮数目可分为单级泵和多级泵；按泵轴方向分为卧式泵和立式泵。在天然气净化厂常用以下几种离心泵。

1. 单级悬臂式离心泵

单级悬臂式离心泵如图 1-5-1 所示，泵主要由泵体、泵盖、叶轮、泵轴和托架等组

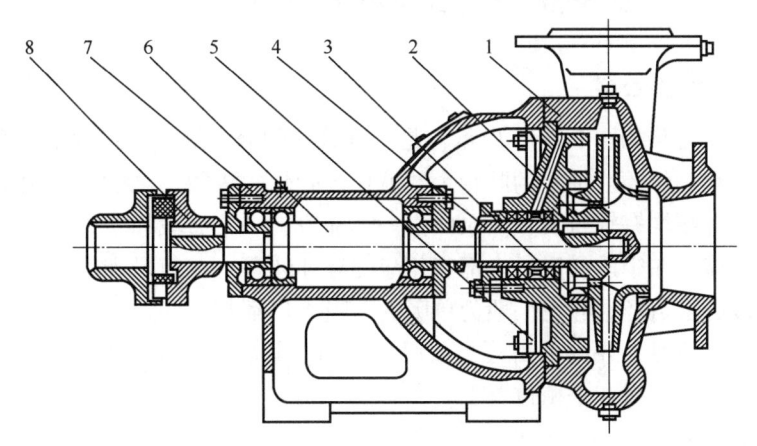

图 1-5-1 单级悬臂式离心泵
1—泵体；2—叶轮；3—密封环；4—轴套；5—泵盖；6—泵轴；7—托架；8—联轴器

成。托架内装有支撑泵转子的轴承，轴承通常由托架内机油润滑，也可以用润滑脂润滑。轴封装置大都采用填料密封，也有采用机械密封的。在叶轮上一般开有平衡孔，用以平衡轴向力。

2. 水平剖分式离心泵

常用的水平剖分式离心泵如图 1-5-2 所示，一般采用双吸式叶轮，每只叶轮相当于两只单吸叶轮背靠背地装在同一根轴上并联工作的，所以这种泵的流量比较大。由于泵体水平剖分，所以检修很方便，不用拆卸吸入和排出管线，只要把泵体上盖取下，整个转子即可取出。

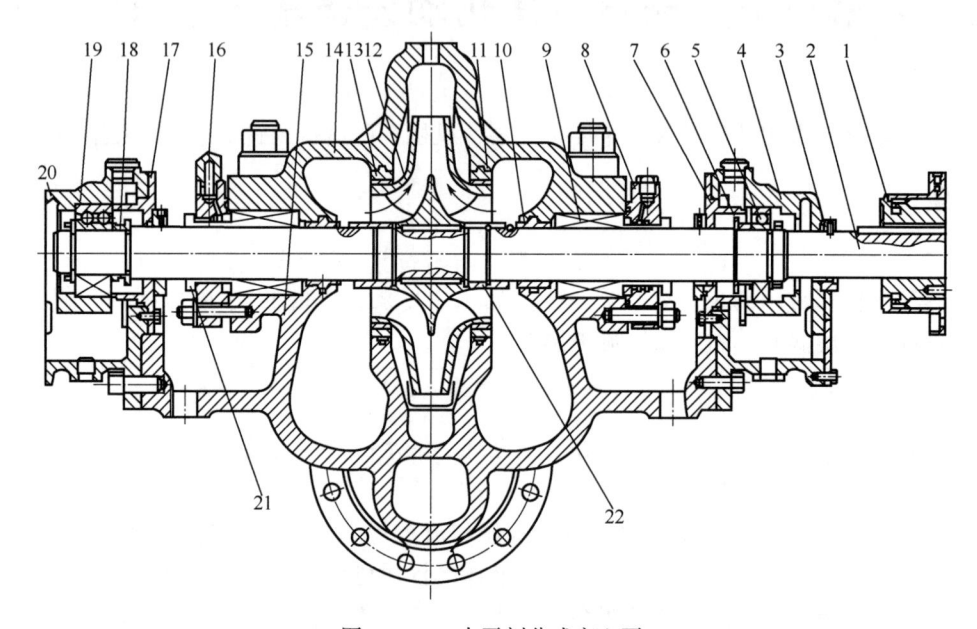

图 1-5-2 水平剖分式离心泵

1—联轴器；2—泵轴；3—偏导器盘；4—轴承箱；5—单列轴承；6—油环套筒；7—轴承箱端盖；8—机械密封压盖；9—机械密封；10—减压套；11—壳体口环；12—叶轮；13—叶轮口环；14—上壳体；15—下壳体；16—机械密封接管；17—轴承箱端盖；18—带油环；19—止推轴承；20—轴承锁紧螺母；21—机械密封轴套；22—轴套螺母

3. 分段式多级离心泵

分段式多级离心泵如图 1-5-3 所示，是一种垂直剖分多级泵。这种泵是将若干个叶轮装在一根轴上串联工作的，轴上的叶轮个数就代表叶轮的级数。轴的两端用轴承支撑，并置于轴承体上，两端均有轴封装置。泵体由一个前段、一个后段和若干个中段组成，并用螺栓连接为一整体。在中段和后段内部有相应的导叶装置；在前段和中段的内壁与叶轮易碰的地方，都装有密封环。叶轮一般为单吸的，吸入口都朝向一边。为了平衡轴向力，在末端后面都装有平衡盘，并用平衡管与前段相连通。其转子在工作过程中可以左右窜动，靠平衡盘自动将转子维持在平衡位置上。

4. 立式液下泵

常用的立式液下泵如图 1-5-4 所示，液下泵的泵体浸没在液面下，一般是从储槽内抽

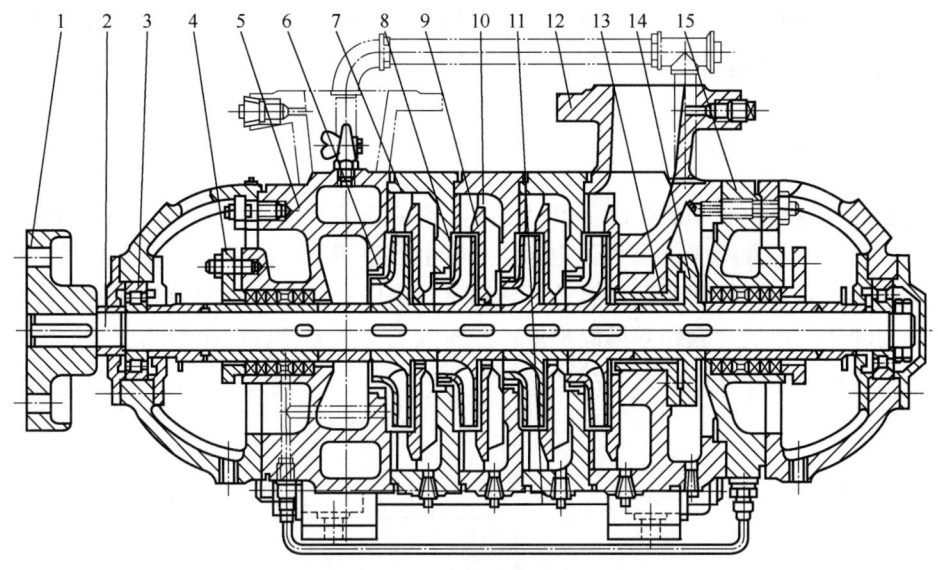

图 1-5-3 分段式多级离心泵

1—联轴器；2—泵轴；3—滚动轴承；4—填料压盖；5—吸入段（前段）；6—密封环；
7—中段；8—叶轮；9—导叶；10—密封环；11—拉紧螺栓；12—压出段（后段）；
13—衬环（平衡环）；14—平衡盘；15—泵盖

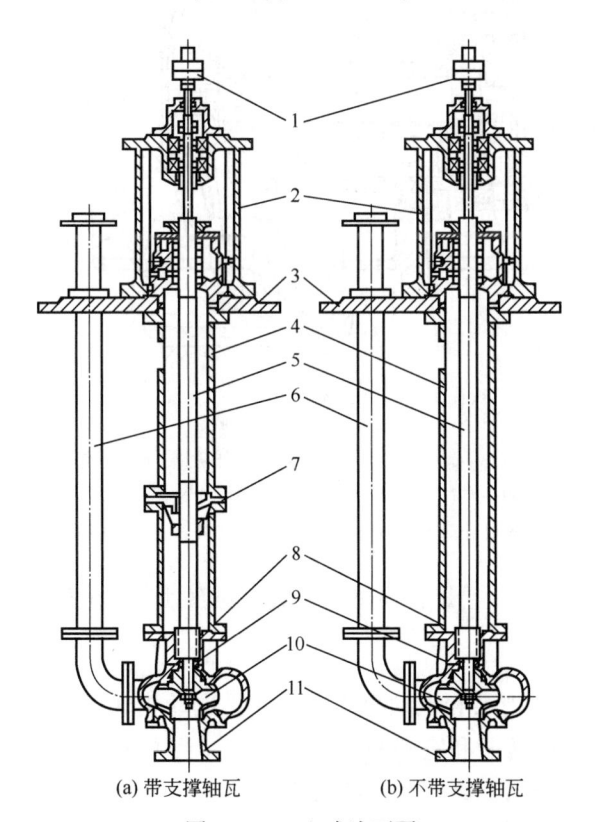

(a) 带支撑轴瓦　　　(b) 不带支撑轴瓦

图 1-5-4 立式液下泵

1—联轴器；2—轴承架；3—泵座；4—中间接管；5—泵轴；6—出液管部件；
7—支撑轴承体；8—轴套；9—泵体；10—叶轮；11—泵盖

吸液体的。如果储槽内的液面高度变化大，则泵在液体中的埋入深度就要相应增大，因而，中间接管以及泵轴要长。为了防止运转中轴的挠度太大，在较长泵轴的中部要设置中间支承。

（二）磁力泵

磁力泵也称为磁力驱动泵如图1-5-5所示，主要由泵头、磁力传动器（磁缸）、电动机、底座等几部分零件组成。磁力泵磁力传动器由外磁转子、内磁转子及不导磁的隔离套组成。当电动机通过联轴器带动外磁转子旋转时，磁场能穿透空气间隙和非磁性物质隔离套，带动与叶轮相连的内磁转子做同步旋转，实现动力的无接触同步传递，将容易泄漏的动密封结构转化为零泄漏的静密封结构。

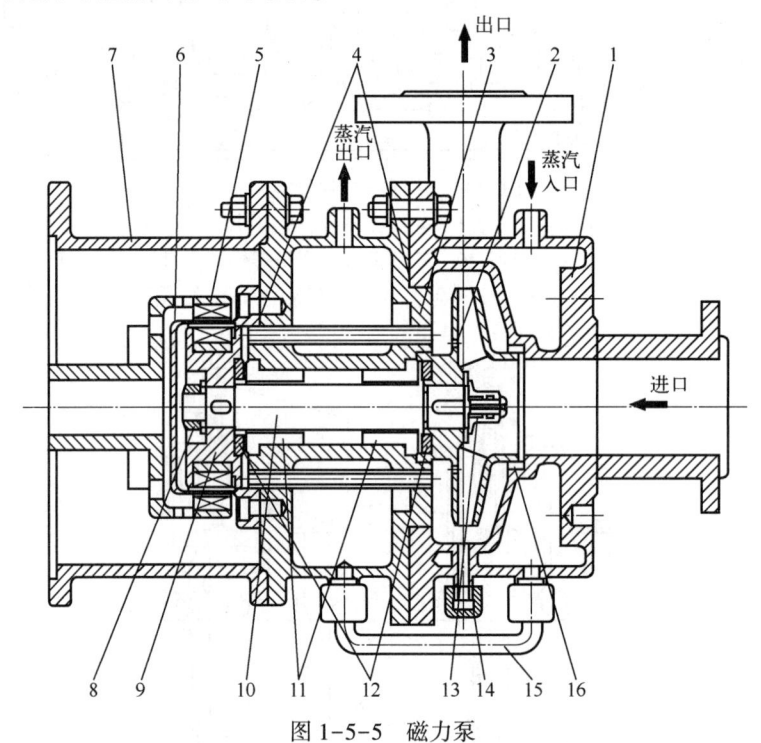

图1-5-5 磁力泵

1—泵体；2—叶轮；3—轴承体；4—密封圈；5—外磁钢；6—隔离套；7—连接架；
8—螺母；9—内磁钢；10—泵轴；11—轴承（轴套）；12—止推环；
13—叶轮螺母；14—放料孔；15—循环管；16—口环

磁力泵可用于输送贵重、易燃、易爆、强酸、强腐蚀性气液体。

（三）屏蔽泵

屏蔽泵（图1-5-6）把泵和电动机连在一起，电动机转子和泵叶轮固定在同一根轴上，利用屏蔽套将电动机转子和定子磁场传给转子。当腔内充满液体时，由于叶轮的高速旋转，液体在叶轮的作用下旋转产生离心力，在离心力驱使下液体沿叶片流道甩向出口；在液体被甩向出口的同时，叶轮入口中心处就形成了负压区，泵内与进口管线中液体之间产生了压差，液体便在这个压差的作用下不断地补充到泵内，从而使泵连续工作。

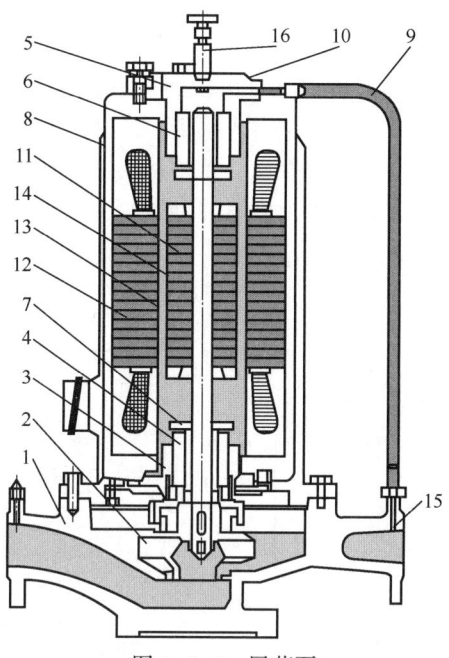

第五章　天然气净化机电仪基础知识

图 1-5-6　屏蔽泵
1—泵体；2—叶轮；3—平衡端盖；4—下轴承座；5—石墨轴承；6—轴承；7—推力盘；
8—机座；9—循环管；10—上轴承座；11—转子组件；12—定子组件；
13—定子屏蔽套；14—转子屏蔽套；15—过滤网；16—排除水阀

屏蔽泵可用于输送有毒或易燃、易爆介质，在天然气净化厂使用在再生塔底泵。

（四）往复泵

往复泵应用比较广泛，它是依靠柱塞的往复运动并依次开启吸入阀和排出阀，从而吸入和排出液体。三甘醇循环泵、部分废热锅炉给水泵一般采用往复泵。往复泵主要由直接输送液体的泵缸部分和使柱塞做往复运动的传动部分所组成，如图 1-5-7 所示，其中，泵缸部分主要由缸体、柱塞、密封装置、吸入阀和排出阀等组成，传动部分主要由电动机、减速装置、曲轴、连杆和十字头等组成。

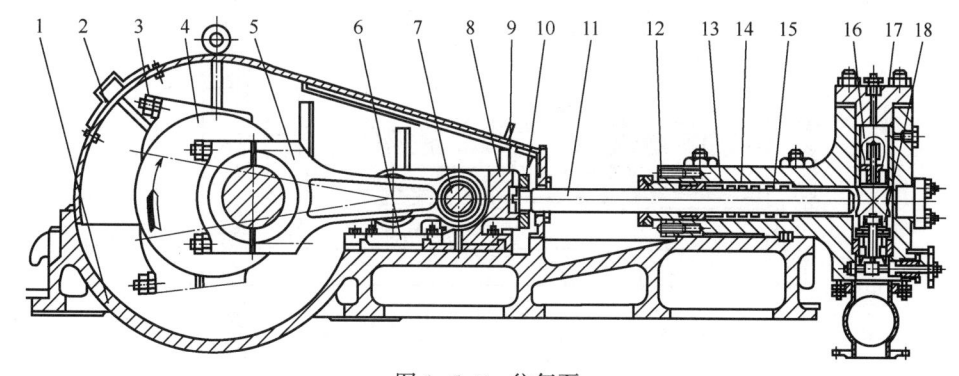

图 1-5-7　往复泵
1—机座；2—罩壳；3—连接螺栓；4—曲轴；5—连杆；6—十字头压板；7—十字头销；
8—十字头；9—球面垫；10—十字头法兰；11—柱塞；12—调节螺母；13—填料；
14—填料套；15—导向套；16—出口单向阀；17—缸盖；18—进口单向阀

（五）齿轮泵

齿轮泵（图1-5-8）是依靠泵缸与啮合齿轮间所形成的工作容积变化和移动来输送液体或使之增压的回转泵，由两个齿轮、泵体与前后盖组成两个封闭空间，当齿轮转动时，齿轮脱开侧的空间体积由小变大，形成真空，将液体吸入，齿轮啮合侧的空间体积由大变小，将液体挤入管路中去。吸入腔与排出腔是靠两个齿轮的啮合线来隔开的。齿轮泵排出口的压力完全取决于泵出口处阻力的大小。

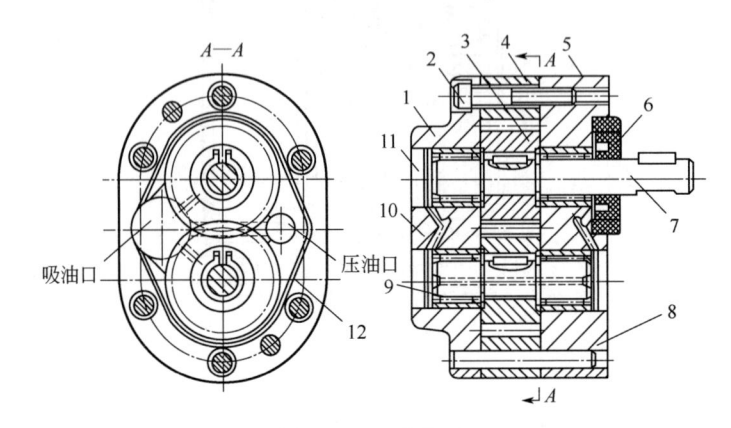

图1-5-8 齿轮泵
1—后盖；2—螺钉；3—齿轮泵；4—泵体；5—前盖；6—油封；7—长轴；
8—销；9—短轴；10—滚针轴承；11—压盖；12—泄油通槽

齿轮油泵适用于输送无固体颗粒和纤维、无腐蚀性、温度不高于150℃、黏度5～1500cSt（5～1500mm^2/s）或其他类似润滑油的液体的润滑油。

（六）螺杆泵

螺杆泵（图1-5-9）是依靠泵体与螺杆所形成的啮合空间容积变化和移动来输送液体或使之增压的回转泵。当主动螺杆转动时，带动与其啮合的从动螺杆一起转动，吸入腔一端的螺杆啮合空间容积逐渐增大，压力降低。液体在压差作用下进入啮合空间容积。当容

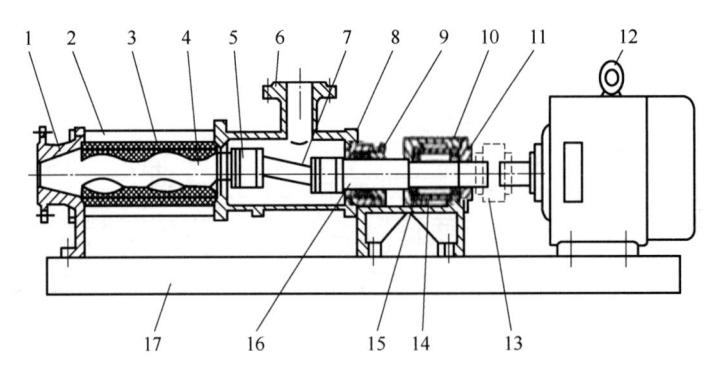

图1-5-9 螺杆泵
1—出料口；2—拉杆；3—定子；4—螺杆轴；5—万向节总成；6—吸入口；7—连接轴；
8—填料座；9—填料压盖；10—轴承座；11—轴承盖；12—电动机；13—联轴器；
14—轴套；15—轴承；16—传动轴；17—底座

积增至最大而形成一个密封腔时,液体就在一个个密封腔内连续地沿轴向移动,直至排出腔一端。这时排出腔一端的螺杆啮合空间容积逐渐缩小,而将液体排出。

除了输送纯液体外,螺杆泵还可输送气体和液体的混合物,实现气液混输。

(七)计量泵

计量泵又称比例泵,从操作原理来看也是往复泵,启动前必须将排出管路中的阀门打开。计量泵是专门用于计量输送液体的泵,根据传动形式的不同,主要分为柱塞式计量泵和隔膜式计量泵两种。柱塞计量泵性能比较稳定,计量精确度比较高,可以输送一些黏度相对高一些的介质;隔膜计量泵除了前面的优点外,还有一些特别的优点,如运行时完全无泄漏,可以输送特殊液体(如有毒、有害、腐蚀性较强的液体)等。

1. 柱塞计量泵

柱塞计量泵如图1-5-10所示,它是通过偏心轮把电动机的旋转运动变成柱塞的往复运动。由于偏心轮的偏心距离可以调整,使柱塞的冲程随之改变。若单位时间内柱塞的往复次数不变时,则泵的流量与柱塞的冲程成正比,所以可通过调节冲程而达到比较严格地控制和调节流量的目的。

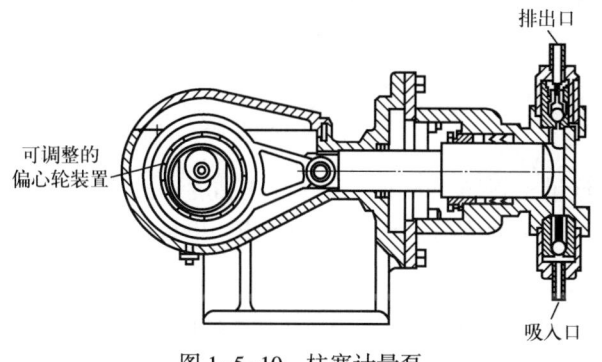

图1-5-10 柱塞计量泵

2. 隔膜计量泵

隔膜计量泵是靠一隔膜片来回鼓动而吸入和排出液体的,其结构如图1-5-11所示。它是通过一套曲轴连杆机构带动一活塞做往复运动,活塞的运动通过工作液体(一般为油)传到隔膜,使隔膜做来回鼓动。隔膜缸头部分主要由一隔膜片将被输送的液体和工作液体分开,当隔膜片向传动机构一边运动,泵缸内工作室为负压而吸入液体;当隔膜片向另一边运动,则排出液体。由于被输送的液体在泵缸内被隔开,这种液体只与泵缸、吸入阀、排出阀及隔膜片的泵向一侧接触,而和活塞以及密封装置不接触,这就使活塞等重要零件完全在油介质中工作,处于良好的工作状况。隔膜片通

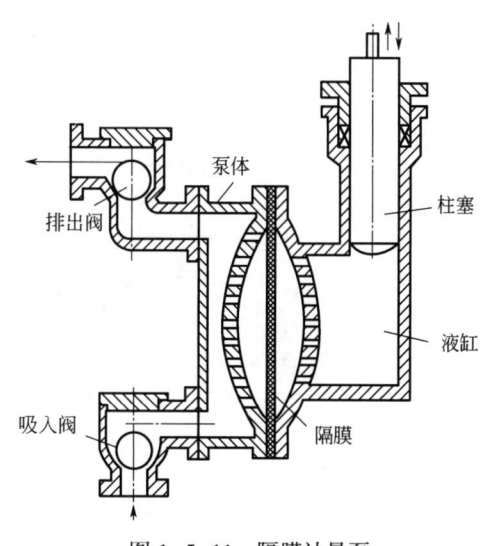

图1-5-11 隔膜计量泵

常是用聚四氟乙烯、橡胶等材料制成的弹性体。

隔膜计量泵可用于输送并计量酸、碱、盐类等腐蚀性液体及高黏度液体。

（八）旋涡泵

旋涡泵主要由叶轮、泵体和泵盖组成，如图 1-5-12 所示。叶轮是一个圆盘，圆周上的叶片呈放射状均匀排列。泵体和叶轮间形成环形流道，吸入口和排出口均在叶轮的外圆周处。吸入口与排出口之间有隔板，由此将吸入口和排出口隔离开。泵内的液体分为两部分：叶片间的液体和流道内的液体。当叶轮旋转时，在离心力的作用下，叶轮内液体的圆周速度大于流道内液体的圆周速度，又由于自吸入口至排出口液体跟着叶轮前进，这两种运动的合成结果，就使液体产生与叶轮转向相同的"纵向旋涡"。

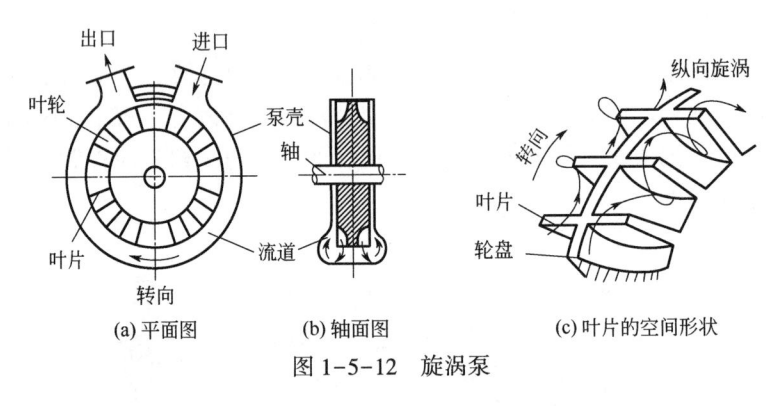

图 1-5-12　旋涡泵

旋涡泵是一种小流量、高扬程的泵，适宜输送黏度不大于 5°E、无固体颗粒、无杂质的液体或气液混合物。其流量范围为 $0.18 \sim 45 m^3/h$，单级扬程可达 250m 左右。

（九）自吸泵

自吸泵属于自吸式离心泵（图 1-5-13），它具有结构紧凑、操作方便、运行平稳、维护容易、效率高、寿命长，并有较强的自吸能力等优点。管路不需安装底阀，工作前只需保证

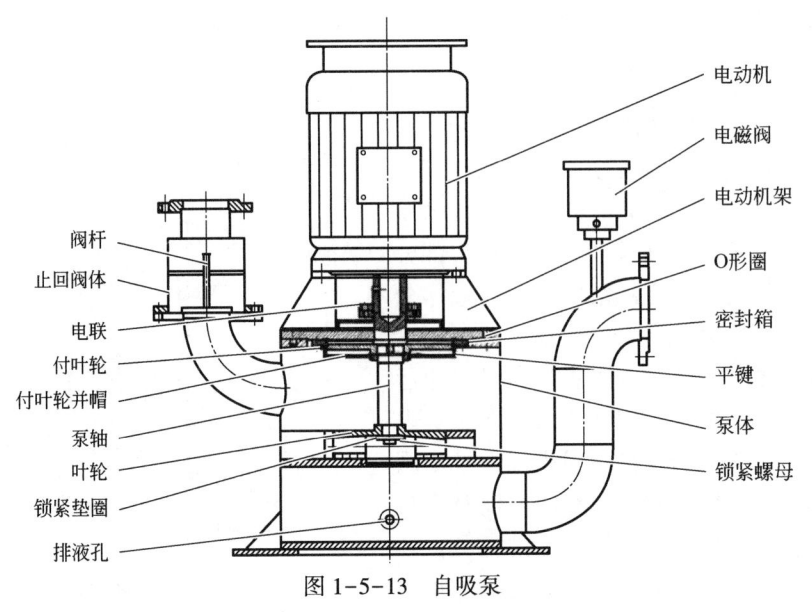

图 1-5-13　自吸泵

泵体内储有定量引液即可。不同液体可采用不同材质自吸泵。自吸泵的工作原理是水泵启动前先在泵壳内灌满水（或泵壳内自身存有水）。启动后叶轮高速旋转使叶轮槽道中的水流向蜗壳，入口形成真空，使进水逆止门打开，吸入管内的空气进入泵内，并经叶轮槽道到达外缘。

自吸泵在天然气净化厂广泛使用在水处理、循环水等单元。

（十）旋喷泵

旋转喷射泵（简称旋喷泵）采用冲压滞止增压原理，颠覆原有流体高压输送设备的设计思路，通过滞止增压，液体从入口进入转子腔内，在离心力作用下进入接收管，通过接收管将速度能转化为平稳、无脉动的压力能从出口管排出。

旋喷泵适合小流量、高扬程输送的场合，在净化总厂凝结水单元使用。旋喷泵如图 1-5-14 所示。

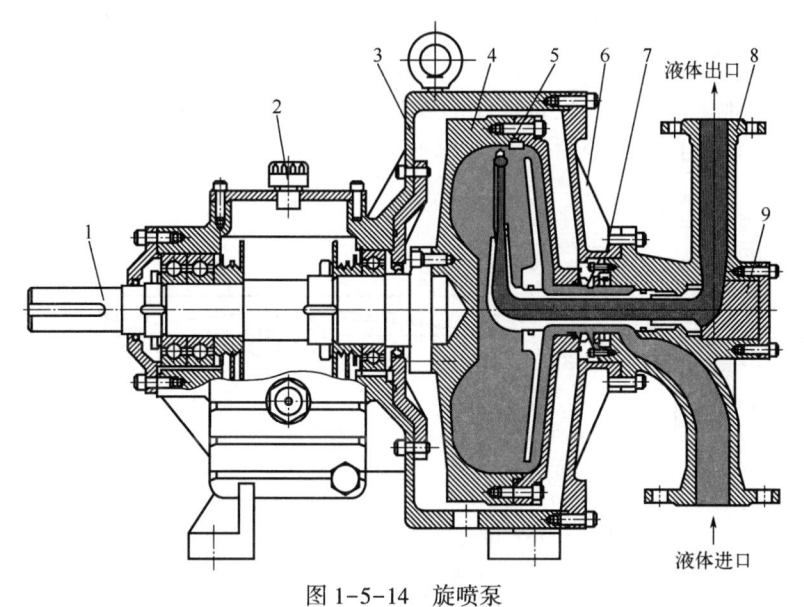

图 1-5-14 旋喷泵
1—主轴；2—空气滤清器；3—泵体；4—转子；5—接收管；6—泵盖；
7—机械密封；8—进出口段；9—堵盖

二、风机

（一）通风机

通风机根据气体在机内流动方向的不同分为离心式通风机和轴流式通风机；离心式通风机气流是轴向进入叶轮的，进入叶轮后转入径向，沿叶轮径向离开叶轮；轴流式通风机气流是沿轴向进气，又沿轴向出气，流经叶轮后基本不改变气流方向。在天然气净化厂离心式通风机主要用于室内的换气和除尘，轴流式通风机主要用于溶液的空冷、酸气的空冷和凉水塔中等。

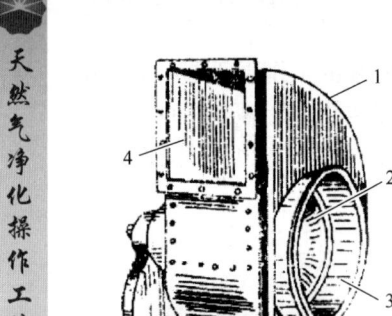

图 1-5-15 低压离心式通风机
1—机壳；2—叶轮；
3—吸入口；4—排出口

1. 离心式通风机

离心式通风机的结构和单级离心泵相似，它的机壳也是蜗牛形的，但气体流道的断面有方形和圆形两种，一般低压、中压通风机多是方形的（图1-5-15），高压的多为圆形。叶片的数目比较多但长度较短。低压通风机的叶片多是平直的，与轴心呈辐射状安装。中压、高压通风机的叶片则是弯曲的，所以高压通风机的外形、结构与单级离心泵更为相似。

2. 轴流式通风机

在天然气净化厂用于溶液的空冷、酸气的空冷和凉水塔的轴流式通风机，其特点是风量大、风压低，可通过调整叶片的角度在一定范围内改变风量和风压，以适应生产的需要。

轴流式通风机按风机与电动机的传动方式分为两种：传动轴传动和皮带传动。传动轴传动的轴流式风机结构如图1-5-16所示，由风筒、叶片、轮毂、减速机、传动轴、联轴器、电动机和其他附件组成。皮带传动的轴流风机结构如图1-5-17所示，由转子部分、皮带传动部分、电动机和其他附件组成。

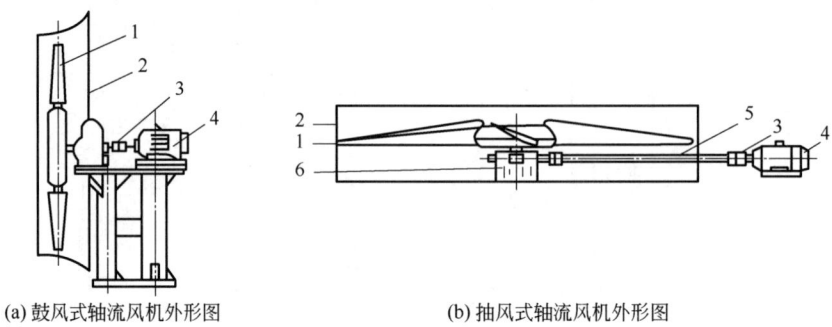

(a) 鼓风式轴流风机外形图　　(b) 抽风式轴流风机外形图

图 1-5-16　轴流风机（传动轴传动）外形图
1—叶轮；2—风筒；3—联轴器；4—电动机；5—传动轴；6—减速机

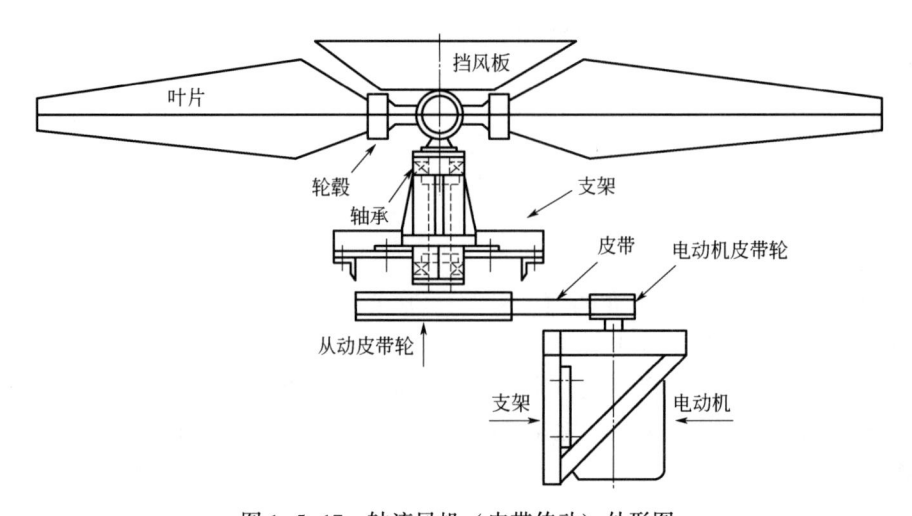

图 1-5-17　轴流风机（皮带传动）外形图

(二) 鼓风机

在天然气净化厂鼓风机主要使用的类型为离心式鼓风机和罗茨式鼓风机。

1. 离心式鼓风机

离心鼓风机主要靠离心力的作用,将外部气体吸入旋转叶轮的中心处,在离开叶轮叶片时,气体流速增大,使气体在流动中把动能转换为静压能,然后随着流体的增压,使静压能又转换为速度能,从而把输送的气体送入管道或容器内。离心式鼓风机由机壳、转子组件、密封组件、轴承、润滑装置以及其他辅助零部件等部分组成。典型的低压离心鼓风机如图1-5-18所示。

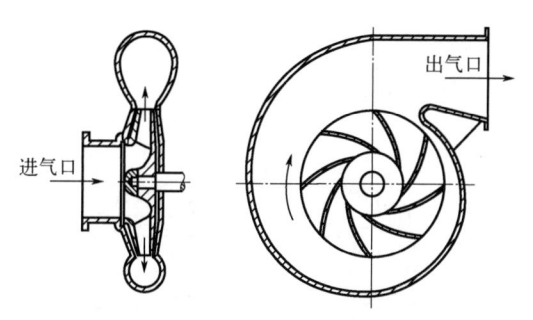

图1-5-18 离心鼓风机

2. 罗茨式鼓风机

罗茨鼓风机壳体内装有一对腰形渐开线的叶轮转子,通过主、从动轴上一对同步齿轮的作用,以同步等速向相反方向旋转,将气体从吸入口吸入,气流经过旋转的转子压入腔体,腰形容积随着腔体内转子旋转变小,气体受压排出出口,被送入管道或容器内。其工作原理如图1-5-19所示。

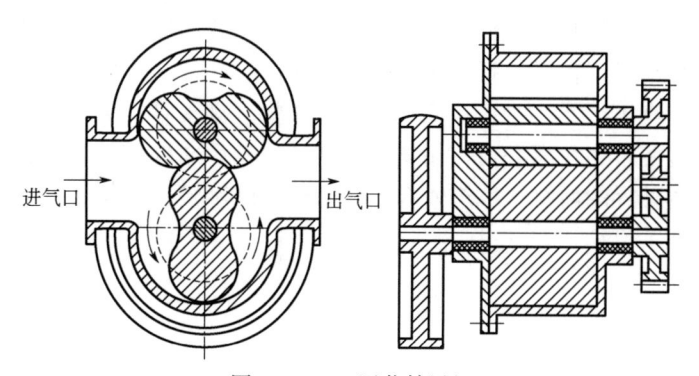

图1-5-19 罗茨鼓风机

三、压缩机

在天然气净化厂,现用压缩机多为螺杆式压缩机,也有部分离心式压缩机,主要为生产装置提供工厂风、仪表风以及制氮系统所用的压缩空气。

（一）螺杆式压缩机

螺杆式压缩机是一种双轴容积式回转型压缩机，进气口开于机壳的上端，排气口开于下部，两支高精密度主、副转子则平行安装在机壳内，如图1-5-20所示。主、副转子都有几个凹形齿，齿形成螺旋状，环绕于转子外缘，两者互相反向旋转。当转子转动时，主副转子的齿沟空间在转至进气端壁开口时，其空间最大，外界空气被吸入齿沟内。当空气充满了整个齿沟时，转子的进气侧端面转离了机壳的进气口，空气在齿沟内封闭不再外流；两转子继续转动，封闭的空气在输送过程中，啮合面逐渐向排气端移动，即啮合面与排气口间的齿沟空间渐渐减小，齿沟内的气体逐渐被压缩，压力提高；当转子的啮合端面转到与机壳排气口相通时（此时压缩气体的压力最高），被压缩的气体开始排出，直至齿峰与齿沟的啮合面移至排气端面，此时齿沟空间为零，即完成排气过程。转子继续旋转，又开始吸气过程，如此反复进行。

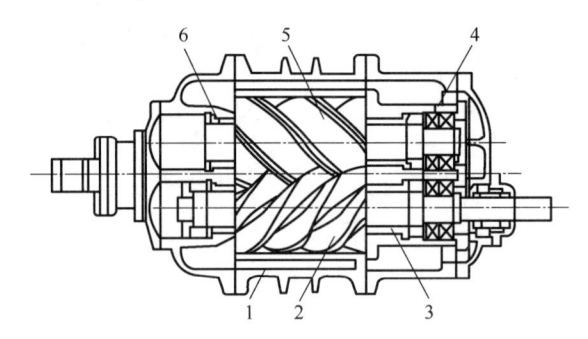

图1-5-20 螺杆压缩机结构简图
1—机壳；2—主转子；3、6—滚动轴承；4—止推轴承；5—副转子

（二）离心式压缩机

离心式压缩机是一种叶片旋转式压缩机，又称透平式压缩机。主要用来压缩气体，由转子和定子两部分组成。转子包括叶轮和轴，叶轮上有叶片、平衡盘和一部分轴封；定子的主体是气缸，还有扩压器、弯道、回流器、进气管、排气管等装置。当压缩机叶轮高速旋转时，气体随着旋转，在离心力作用下，气体被甩到后面的扩压器中去，而在叶轮处形成真空地带，这时外界的新鲜气体进入叶轮。叶轮不断旋转，气体不断地吸入并甩出，从而保持了气体的连续流动。

四、膨胀机

膨胀机的工作原理是将液体（如水、汽油、柴油等）通过压缩机压缩到一定的压力，然后通过膨胀器放出压缩的液体，使其膨胀成气体。

膨胀机的工作过程在压缩机、膨胀器和冷凝器3个部位中完成。首先，压缩机将液体压缩到一定的压力，然后将它们送入膨胀器；其次，在膨胀器内，液体将受到高温和低压的双重作用，使其膨胀成气体；最后，气体通过冷凝器冷却，使其中的液体回到液态，然后重新进入压缩机，以完成一个循环。

膨胀机的优点是可以节省能源，减少环境污染，改善机械设备的效率和寿命（因为它可以降低液体的温度和压力，避免机械设备过热）。

第二节　天然气净化静设备基础知识

天然气净化厂常用的静设备主要包括塔、罐、分离器、反应器、换热器、过滤器、燃烧炉和废热锅炉等。其中，操作条件及规格型号符合《特种设备安全监察条例》中压力容器相关规定的静设备属于压力容器。

一、压力容器

（一）定义

根据《特种设备安全监察条例》规定：压力容器是指盛装气体或者液体，承载一定压力的密闭设备，其范围规定为最高工作压力大于或者等于0.1MPa（表压，不含液体静压力）的气体、液化气体和最高工作温度高于或者等于标准沸点（指在1个大气压下的沸点）的液体，其容积大于或者等于30L且内直径（非圆形截面指界面内边界最大几何尺寸）大于或等于150mm的固定式容器和移动式容器；盛装公称工作压力大于或者等于0.2MPa（表压），且压力与容积的乘积大于或者等于1.0MPa·L的气体、液化气体和标准沸点等于或者低于60℃液体的气瓶；氧舱等。

天然气净化厂常用的压力容器包括原料气过滤分离器、富液闪蒸罐、TEG吸收塔、余热锅炉等。

（二）分类

压力容器分类方法较多，常用的有以下几种分类。

1. 按设计压力 p 分类

（1）低压容器：$0.1\text{MPa} \leqslant p < 1.6\text{MPa}$，用代号 L 表示。

（2）中压容器：$1.6\text{MPa} \leqslant p < 10\text{MPa}$，用代号 M 表示。

（3）高压容器：$10\text{MPa} \leqslant p < 100\text{MPa}$，用代号 H 表示。

（4）超高压容器：$p > 100\text{MPa}$，用代号 U 表示。

2. 按等级分类

根据压力容器操作压力、介质危害程度、容器功能、结构特性、材料和对容器安全性能的综合影响程度等，将压力容器分为一、二、三类。

（1）第一类压力容器。

低压容器[第（2）(3) 规定的除外]。

（2）第二类压力容器[下列情况之一，第（3）规定的除外]。

① 中压容器。

② 低压容器（仅限毒性程度为极度和高度危害介质）。

③ 低压反应容器和低压储存容器（仅限易燃介质或毒性程度为中度危害介质）。

④ 低压管壳式余热锅炉。
⑤ 低压搪玻璃压力容器。
（3）第三类压力容器（下列情况之一）。
① 高压容器。
② 中压容器（仅限毒性程度为极度和高度危害介质）。
③ 中压储存容器（仅限易燃或毒性程度为中度危害介质，且$pV \geq 50MPa \cdot m^3$）。

3. 按用途分类

（1）储存类压力容器：用于储存、盛装气体、液体、液化气体等介质的压力容器。
（2）换热类压力容器：用于完成介质热交换的压力容器。
（3）分离类压力容器：用于完成介质的流体压力平衡缓冲和气体净化分离的压力容器。
（4）反应类压力容器：用于完成介质的物理、化学反应的容器。

（三）检验

压力容器投用后首次检验周期一般为3年，以后的检验周期由检验机构根据检验情况确定，使用单位必须按压力容器检验报告中规定的检验周期及时安排定期检验，未经定期检验或者检验不合格的压力容器不得继续使用。

二、塔罐类设备

（一）塔

塔设备是实现气相和液相或液相和液相间传质的设备，在天然气净化生产中在塔设备内完成的工艺过程主要有吸收、解吸、精馏、萃取等。塔设备按气液接触的基本构件分为填料塔和板式塔，其中板式塔又分为浮阀塔、泡罩塔、筛板塔等。

在天然气净化厂，脱硫塔常采用浮阀塔，脱水塔常采用泡罩塔，脱硫溶液再生塔一般采用浮阀塔，但有时也采用填料塔。

1. 填料塔

填料塔是天然气净化工业中最常用的气液传质设备之一，其结构如图1-5-21所示。在塔内设置填料使气液两相能够达到良好传质所需的接触面积。填料塔结构简单，便于用耐腐蚀材料制造，适应性较好，广泛地应用在蒸馏、吸收和解吸操作中。其工作原理是：在圆筒形的塔体内放置专用的填料作为接触元件，使从塔顶下流的液体沿着填料表面散布成大面积的液膜，并使从塔底上升的气流增强湍动，从而提供良好的接触条件；在塔底设有液体的出口、气体的入口和填料的支承结构；在塔顶则有气体的出口、液体的入口以及液体的分布装置，通常还设有除

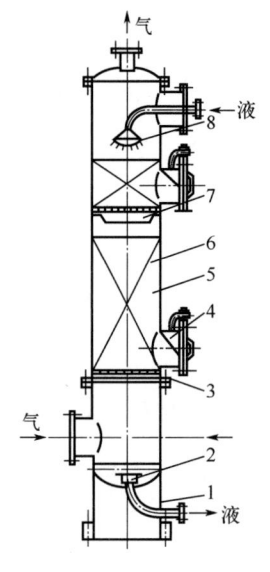

图1-5-21 填料塔
1—支座；2—液体出口；3—填料支承；4—卸料孔；5—塔体；6—填料；7—液体再分布器；8—喷淋装置

沫装置以除去气流中所夹带的雾沫；在塔内气液两相沿着塔高连续地接触、传质，故两相的浓度也沿塔高连续变化。

2. 板式塔

板式塔为逐级接触式的气液传质设备，结构如图1-5-22所示，其空塔速度较高，因而生产能力较大，塔板效率稳定，操作弹性大，且造价低，检修、清洗方便，故工业上应用较为广泛。板式塔（降液管式）主要由圆柱形壳体、塔板、溢流堰、降液管及受液盘等部件构成。工作时，塔内液体依靠重力作用，由上层塔板的降液管流到下层塔板的受液盘，然后横向流过塔板，从另一侧的降液管流至下一层塔板；溢流堰的作用是使塔板上保持一定厚度的液层；气体则在压力差的推动下，自下而上穿过各层塔板的气体通道（泡罩、筛孔或浮阀等），分散成小股气流，鼓泡通过各层塔板的液层；在塔板上，气液两相密切接触，进行热量和质量的交换。在板式塔中，气液两相逐级接触，两相的组成沿塔高呈阶梯式变化，在正常操作下，液相为连续相，气相为分散相。

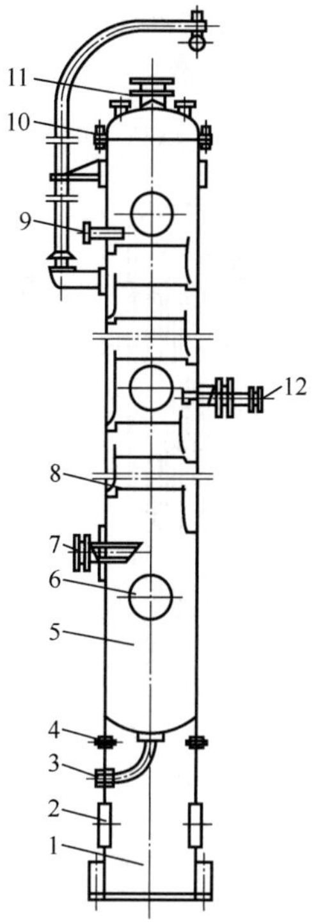

图1-5-22 板式塔
1—裙座；2—裙座人孔；3—塔底液体出口；
4—裙座排气孔；5—塔体；6—人孔；
7—气体入口；8—塔板；9—回流入口；
10—吊柱；11—塔顶气体出口；12—降液管

（二）罐

罐设备是用于储存、盛装气体、液体、液化气体等介质的设备，在天然气净化生产中在罐设备内完成的工艺过程主要有分离、闪蒸（解吸）等。罐设备一般分为卧式储罐和立式储罐，两种类型储罐在天然气净化厂应用均较多。

三、换热设备

换热器是石油、化工生产中应用很广泛的单元设备之一。近年来，随着石油、化工装置的大型化，换热器朝着强化传热、高效紧凑、降低阻力以及防止流体诱导振动等方面发展。换热器的种类繁多，新结构不断出现，例如管壳式换热器、套管式换热器、翅片管式换热器、板片式换热器、板翅式换热器、螺旋板式换热器等。在天然气净化厂常用的换热器设备有管壳式换热器和板式换热器。

（一）管壳式换热器

管壳式换热器是目前化工生产中应用最广泛的一种换热器，它的结构简单、坚固，制造容易，材料范围广，处理能力可以很大，适应性强，尤其是在高温高压下较其他的换热器更为适用，是目前化工厂中主要的换热设备。

管壳式换热器种类很多，根据结构特点的不同可以分为刚性结构的和具有温差补偿的两大类，其结构形式如图1-5-23所示。刚性结构的固定管板管壳式换热器的结构如图1-5-23(a)所示。其换热管束连接在管板上，管板分别焊在外壳的两端，因此管子、管板和外壳的连接都是刚性的。当管壁与壳壁温度相差较大时，必须设有温差补偿装置。采用具有温度补偿的管壳式换热器，如具有膨胀节的固定管板式、浮头式、填料函式以及U形管式等，如图1-5-23(b)(c)(d)(e)所示。

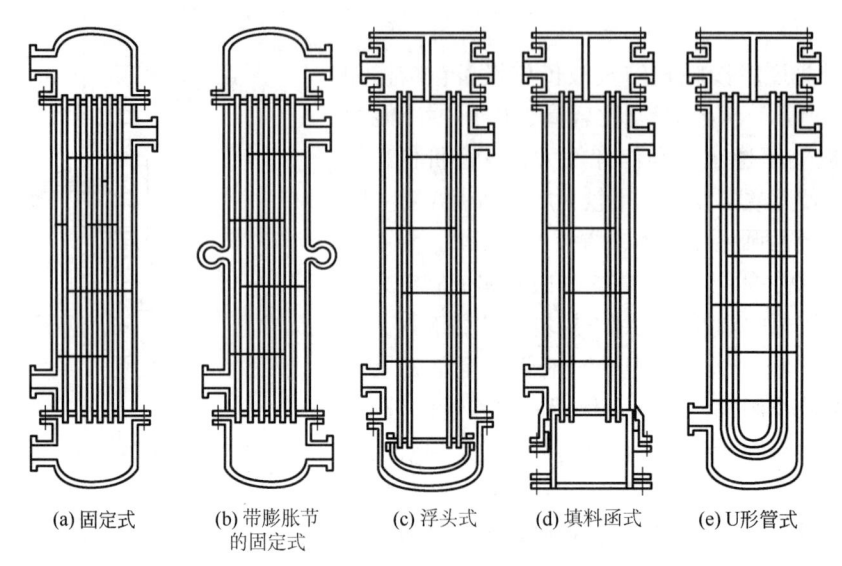

(a) 固定式　(b) 带膨胀节的固定式　(c) 浮头式　(d) 填料函式　(e) U形管式

图1-5-23　管壳式换热器典型结构

管壳式换热器的主要部件包括前管箱、壳体和管束以及后端结构（简称后管箱）4部分。

（二）板式换热器

板式换热器属于高效换热设备。在天然气净化厂中常用的有平板式换热器、板翅式换热器、螺旋板式换热器。

1. 平板式换热器

平板式换热器结构如图1-5-24所示。一束独立的金属板片（各种波纹形）悬挂在容易滑动的挂架上，用螺栓紧固封头和活动封头（头盖）。换热板片的外边缘和进出口的周围均装设有密封垫片，使被热交换的两种介质均在两板片的间隙之间，形成一层薄的流束。换热板片压成各种波纹形，以增加换热板片面积和刚度，并能使流体在低流速下形成湍流，以达到强化传热的效果。冷热介质互相间隔流动，完成热交换过程。

2. 板翅式换热器

板翅式换热器通常由隔板、翅片、封条、导流片组成。在相邻两隔板间放置翅片、导流片以及封条组成一夹层，称为通道，将这样的夹层根据流体的不同方式叠置起来，钎焊成一整体便组成板束，板束是板翅式换热器的核心。

板翅式换热器已广泛应用于石油、化工、天然气加工等行业。

3. 螺旋板换热器

螺旋板换热器是由两张平行的金属板卷制成两个螺旋形通道，冷热流体之间通过螺旋板壁进行换热的换热器。螺旋板换热器有可拆的和不可拆的两种。不可拆式螺旋板换

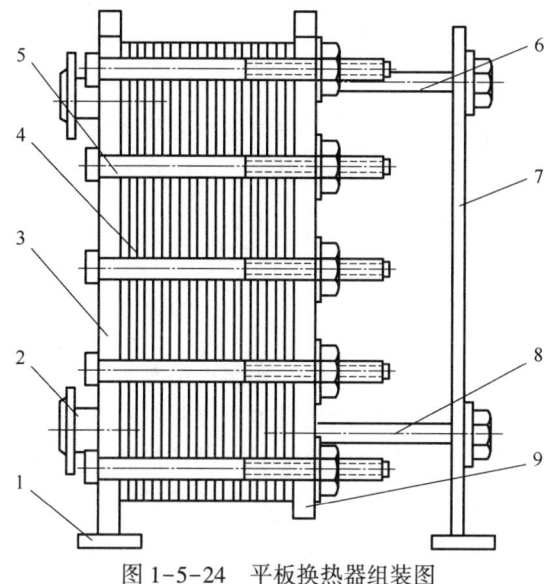

图 1-5-24 平板换热器组装图

1—底板；2—连接短管；3—固定封头（头盖）；4—换热板片与密封垫片；5—夹紧螺栓、螺母及垫片；6—挂架上导轨；7—支柱；8—挂架下导轨；9—活动封头（头盖）

热器的结构比较简单，螺旋通道的两端全部焊死；可拆式螺旋板换热器除螺旋通道两端的密封结构外，其他与不可拆式完全相同。

螺旋板式换热器具有体积小、设备紧凑、传热效率高、金属耗量少的优点，适用于液-液、气-液、气-气对流传热，蒸汽冷凝和液体蒸发传热，化工、石油、医药、机械、电力、环保、节能及需要热量转换等工业。

（三）废热锅炉

废热锅炉又称余热锅炉，是指利用工业过程中的余热来生产蒸汽的锅炉。废热锅炉主要应用于化工生产过程中，用来冷却高温工艺气体，控制工艺气体温度，并生产动力蒸汽。

废热锅炉由锅炉本体、汽包、循环系统及辅助设备等组成，其中锅炉本体是一个具有一定传热表面的换热设备。以水平列管式废热锅炉为例，其本体实际上是一种固定管板的列管式换热器，包括管板、封头、壳体、换热管或管束等部件，结构如图 1-5-25 所示，

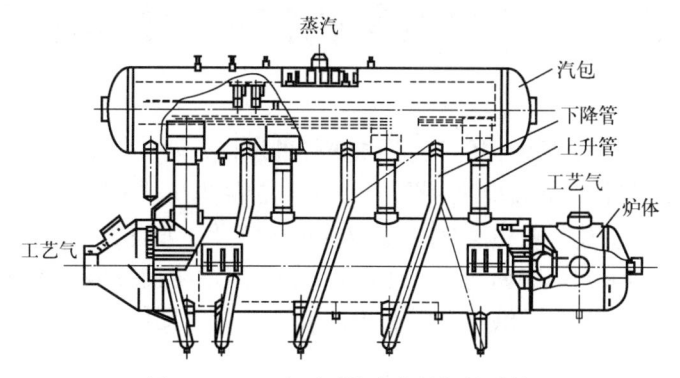

图 1-5-25 水平列管式废热锅炉系统

属火管式锅炉，即管内为高温工艺气流，壳程为气水混合物。

（四）真空相变锅炉

真空相变锅炉简称真空锅炉，是在封闭的炉体内部形成一个负压的真空环境，在机体内填充热媒水，通过燃烧或其他方式加热热媒水，再由热媒水蒸发、冷凝将热量传递至换热器上，从而加热换热器中的水。

四、加热炉

加热炉是利用燃料在炉膛内燃烧时产生的高温火焰与烟气作为热源，来加热炉管中流动的介质，使其达到规定的工艺温度的加热设备。燃料从燃烧器喷出燃烧，产生高温火焰和高温烟气，高温火焰通过辐射将热量传给辐射室内的炉管，进而传给炉管内的介质。高温烟气由于烟囱的抽力或引风机的作用向上进入加热炉的对流室，通过对流的方式将热量传给对流室内的炉管，进而传给炉管内的介质。

按热源划分有燃料加热炉、电阻加热炉、感应加热炉、微波加热炉等。天然气净化常用的加热炉为燃料加热炉。加热炉一般由辐射室、对流室、余热回收系统、燃烧器和通风系统5部分组成（图1-5-26），其结构通常包括钢结构、炉管、炉墙（炉衬）、燃烧器、孔类配件等。

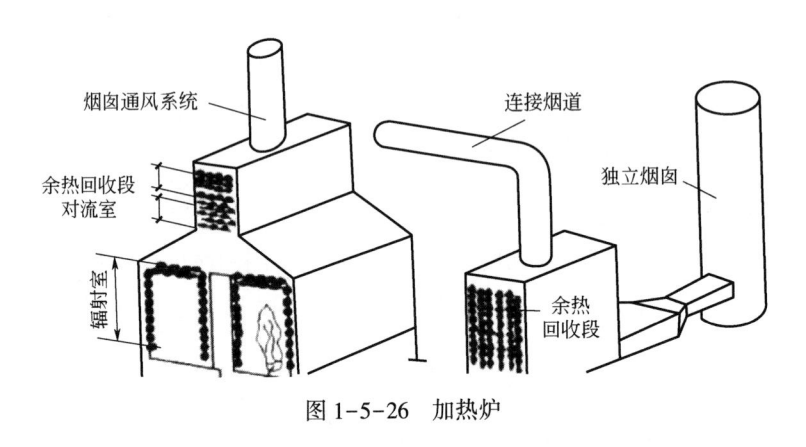

图1-5-26 加热炉

第三节 天然气净化厂的腐蚀与防护

腐蚀是指金属在外界介质的作用下逐渐被破坏的过程。油气田腐蚀往往造成重大的经济损失、人员伤亡和环境污染等灾难性后果，我国对腐蚀损失统计表明，腐蚀造成的损失占国民经济的3%，对石油石化行业约为6%。据权威机构统计，如腐蚀技术能够得到充分应用，腐蚀损失的30%~40%是可以挽回的。由此可见，提高腐蚀防护技术，加强腐蚀防护的研究与应用，不仅会为安全生产提供一个强有力的支撑，而且能给石油工业带来巨大的经济效益。

一、腐蚀的分类及影响因素

（一）腐蚀的分类

腐蚀的分类方法较多，常用的有以下3种。

1. 按腐蚀机理分类

（1）化学腐蚀：金属表面与环境介质发生化学反应而引起的腐蚀，不产生腐蚀电流，在反应表面形成一层化学反应物。

（2）电化学腐蚀：金属材料与电解质溶液接触，形成微电池，通过电极反应产生的腐蚀。电化学腐蚀反应是一种氧化还原反应。在反应中，金属失去电子而被氧化，介质中的物质从金属表面获得电子而被还原。

金属发生的腐蚀多为电化学腐蚀。

2. 按腐蚀破坏形式分类

（1）均匀腐蚀：金属表面的大部分或全部普遍发生的化学反应或电化学反应称为均匀腐蚀，也称全面腐蚀。其结果是导致金属表面均匀减薄。

（2）局部腐蚀：又称不均匀腐蚀，是指发生在金属表面某些部位的腐蚀，虽然重量损失比均匀腐蚀小，但因其可导致金属结构的不紧密或穿漏现象，故其危险性较大。包括点蚀、缝隙腐蚀、电偶腐蚀、晶间腐蚀、应力腐蚀、氢致开裂、氢腐蚀、腐蚀疲劳、磨损腐蚀、成分选择性腐蚀等。

3. 按腐蚀环境分类

按腐蚀环境分类，有高温腐蚀、湿腐蚀、土壤腐蚀、沉淀腐蚀、碱腐蚀、酸腐蚀、钒腐蚀、氧腐蚀、盐腐蚀、环烷酸腐蚀、氢腐蚀、硫化氢腐蚀、连多硫酸腐蚀、海水腐蚀、硫化氢-氯化氢-水型腐蚀、硫化氢-氢型腐蚀、硫化氢-氧化物-水型腐蚀等。

（二）腐蚀的影响因素

金属腐蚀是由各种内在和外界的因素引起的，影响金属腐蚀的主要因素有以下几点。

1. 金属材料

1）电位与金相组织

不同的金属具有不同的电极电位和不同的金相组织，其稳定性（即耐腐蚀性）各不相同。

2）金属热处理

同样化学成分的钢材由于热处理过程不同，其耐腐蚀性也不相同。

3）力学因素

随着机械设备结构上存在或外加不同性质的应力，如拉应力、交变应力、剪应力，在与腐蚀介质共同作用下，分别产生应力腐蚀、疲劳腐蚀、磨损腐蚀，它们的腐蚀特征和机理各不相同。

4）表面状态与几何因素

不适当的表面状态与几何构型会引起孔蚀、缝隙腐蚀以及浓差电池腐蚀等。

5）异种金属组合因素

异种金属彼此接触或通过其他导体连通，并处于同一介质中，造成接触部位局部腐蚀。其中电位较低的为阳极，腐蚀加剧；电位高的为阴极，腐蚀减轻。

2. 介质及环境

1）介质特性

不同介质对金属腐蚀的影响各不相同，如：高温高压的氢气可导致钢材变脆甚至破裂，发生氢腐蚀；金属与含硫气体（硫蒸气、SO_2 或 H_2S 等）接触，腐蚀生成硫化物；高 H_2S 含量或高 H_2S/CO_2（湿环境）比值下易发生氢鼓泡、氢致开裂现象，随着 H_2S 含量增加，部分设备甚至出现较为严重的均匀腐蚀；氯离子对铬镍奥氏体不锈钢 304、321 等有点蚀及晶间腐蚀倾向，可发生氯化物应力腐蚀开裂等。

2）浓度

多数金属在非氧化性腐蚀介质中，随着介质浓度的增加，腐蚀速度加快。而在氧化性酸中（如硝酸、浓硫酸），则随着溶液浓度的增加，腐蚀速度有一个最大值。当浓度增加到一定数值以后，如再增加溶液的浓度，在金属表面则会形成保护膜，从而降低腐蚀速度。

3）温度

一般情况下，温度升高，金属在电解质溶液中的腐蚀速度加快，例如温度超过 60℃，酸性气体腐蚀以及氯离子腐蚀程度将会加剧。这是因为温度的升高使水中物质的扩散系数增大，更多的溶解氧扩散到金属表面的阴极区，加速腐蚀。

另一方面，温度升高使氧在水中的溶解度降低。因此，在敞开式循环冷却水中，温度较低的区间内，氧扩散速度的增加对腐蚀起主导作用，金属腐蚀速度随温度的升高而加快；当水温达到 77℃ 之后，氧的溶解度降低起主导作用，金属的腐蚀速度随温度的升高而降低。

3. 其他因素

外部环境的其他因素，如介质的运动速度较大或介质与金属构件相对运动速度较大（>9m/s），在腐蚀介质的共同作用下，会造成金属产生磨损腐蚀；固定拉应力和特定介质的共同作用下造成应力腐蚀等。

二、腐蚀概况及测试方法

（一）腐蚀概况

目前天然气净化厂工艺装置主要包括脱硫、脱水、硫磺回收、尾气处理和酸性水汽提装置。硫磺回收装置主要采用常规克劳斯二级转化，再配以还原吸收或者氧化吸收尾气处理工艺技术路线。高酸性介质在管道中流动和滞留，容易引起钢材的均匀腐蚀、局部腐蚀和冲刷腐蚀，并面临硫化物应力腐蚀开裂和氢致开裂、氯离子应力腐蚀开裂等风险。根据净化厂主要的腐蚀介质，可将天然气净化厂腐蚀情况概括如下。

1. 原料气腐蚀

原料气涉及的区域包括原料气重力分离器、过滤分离器、脱硫吸收塔下部区域及其管线，通常具有较高的 H_2S 分压，可引起的应力腐蚀及氢鼓包。原料气腐蚀性与其 H_2S 含量相关，在原料气过滤分离设备中未有明显差异，在进入脱硫吸收塔后其腐蚀性随 H_2S 含量降低而降低。

2. 脱硫酸气腐蚀

脱硫酸气涉及的区域包括再生塔上部、酸气空冷器、酸气后冷器、酸气分离器及其管线，通常有液态水存在，可引起湿 H_2S 腐蚀。脱硫酸气在再生塔顶部引出后，随温度下降、冷凝水逐步析出而增多。

3. 脱硫富液腐蚀

MDEA 富液涉及的区域包括脱硫吸收塔下部、闪蒸罐、溶液过滤器、贫富液换热器富液部分等，会对碳钢材质造成电化学腐蚀，且其腐蚀性随着酸气负荷、温度的升高而升高。通常受贫富液换热器出口温度较高、气体解吸、流速快等影响而表现较强的腐蚀性。

4. 脱硫贫液腐蚀

MDEA 贫液涉及脱硫吸收塔上部、贫液后冷器、贫富液换热器贫液部分、再生塔下部等，一般而言对碳钢金属材质腐蚀轻微，但若降解产物或外来杂质增加，腐蚀性能会增加，尤其是温度较高的部位。

5. 流体冲刷腐蚀

流体冲刷通常发生在再生塔二次蒸汽入口周边，在采用热虹吸式重沸器中较为常见，其流体冲刷腐蚀性能随重沸器负荷增加而增加。

6. 循环冷却水腐蚀

循环冷却水涉及冷换设备壳程或管程等，循环冷却水的水质不合格会导致冷却水系统发生严重的结垢和腐蚀。

（二）天然气净化厂腐蚀控制措施

金属材料腐蚀与金属材料、介质及环境等因素相关，腐蚀形态及类型各不相同。为有效控制天然气净化厂设备腐蚀，可采取综合性的防腐措施，如合理的设计及选材、严格的操作控制、必要的防腐工艺等。

（1）根据设备服役环境的腐蚀特性、操作温度、压力、设备结构特点等，合理设计及选材。

① 设备主体材质在介质中必须有较好的耐均匀腐蚀能力，年腐蚀速率不超过规定的指标。在多种腐蚀介质同时存在的情况下，应综合考虑选材。

② 操作温度超过 90℃ 的设备管线，如再生塔、重沸器等应进行焊后热处理以消除应力，控制焊缝的热影响区的硬度小于 HB200。

③ 温度升高，超过 60℃，酸性气体腐蚀以及氯离子腐蚀程度将会加剧。如贫富液换热器管束，管材表面温度超过 120℃ 时，应选用耐蚀不锈钢替代普通碳钢。

④ 承压类设备选材，除了考虑钢种的耐腐蚀性能外，选材时还应考虑材质的力学性能、热加工性能等机械性能。如吸收塔等压力容器选用碳素钢 Q245R 以及低合金钢 Q345R 等压力容器专用钢材，并做 HIC 氢致开裂实验和 SSCC 抗硫化氢实验，确保钢材同时具备良好的耐蚀性能，以及适宜的强度、塑性及可焊性。

⑤ 使用保护涂层，包括外部涂层和内部涂层。

⑥ 腐蚀状况不易监测、检修难度大的设备部件，如换热器管束，应选用耐腐蚀性能较高的钢种，尽可能降低腐蚀穿孔频率及检维修频率。

⑦ 设备内部关键部位，如受冲刷严重部位等，应选用耐冲刷腐蚀性能良好的合金材料，降低局部腐蚀程度。

⑧ 循环冷却水系统添加缓蚀阻垢剂。

（2）严格工艺操作。

① 严格控制压力、温度、pH 值等参数。

② 与上游单位保持良好的沟通，减少因通球等操作带入气田水等含氯离子外来物。

③ 在流程上设置各种类型的过滤器，除去溶液中夹带的腐蚀产物（FeS），减少对设备的磨损。

④ 设备内部容易沉积锈皮及其他沉积物的部位，应定期维护、清除沉积物。

（3）在腐蚀状况较为恶劣的情况下，可选用不锈钢复合板或防腐内涂层。在确保设备机械性能的同时，阻断内部介质与设备机体直接接触，大大降低腐蚀速率。但应充分考虑覆层的使用寿命、是否会出现分层剥离或者破损、维修难易程度以及维修成本等。

第四节　天然气净化仪表基础知识

一、仪表的分类

仪表是检测与过程控制仪表的简称，也称自动化仪表，可分为现场测量仪表、现场控制仪表、现场仪表执行器、显示记录仪表、调节控制仪表、特殊测量仪表六大类，同时还可根据不同原则进行不同的分类。如按仪表用途不同，可分为检测仪表、显示仪表、转换和传输仪表、调节控制仪表、执行器；按仪表的组成形式不同，可分为基地式仪表、单元组合式仪表、组装式电子综合控制装置、集中分散型控制系统；按使用能源不同，可分为气动仪表、电动仪表和液动仪表；按所测量参数不同，可分为压力仪表、温度仪表、液位仪表、流量仪表、分析仪表；按所使用系统不同，可分为生产系统检测仪表和安全系统检测仪表。

天然气净化厂使用的自动化仪表类型繁多，通常根据仪表安装位置及功能分为现场检测仪表、执行器、控制系统（控制器）三大类。

二、现场检测仪表

（一）现场检测仪表分类

天然气净化厂现场检测仪表通常按工艺装置的压力、温度、液位、流量、成分五大类工艺参数分为压力仪表、温度仪表、液位仪表、流量仪表、分析仪表。另外，还有除这五大类工艺参数以外的仪表,如振动仪表、火焰检测仪表、位置检测仪表等。同时按其是否具有信号远传功能又可将检测仪表分为现场指示型仪表和远传型仪表。

(二) 压力仪表

天然气净化厂常见的压力仪表有压力表、压力变送器(压力传感器)、压力开关等,其中每种压力仪表又分为差压压力仪表、绝压压力仪表、表压压力仪表。

压力表全称为弹性式压力计,其工作原理为采用弹性元件作为压力检测元件,在力平衡原理的基础上,弹性元件以弹性变形的形式将压力转换为弹性元件的机械位移信号,然后测量其位移量确定被测压力的大小。优点是刻度清晰、结构简单、安装使用方便、测量范围较宽、牢固耐用等;缺点是测量准确度不高。

压力变送器(传感器)是利用压力敏感元件感受物理压力产生电信号,将电信号进行转换、放大等处理后转变成标准的电信号。有电动式和气动式两大类,电动式的统一输出信号为 0~10mA、4~20mA 或 1~5V 等直流电信号;气动式的统一输出信号为 20~100kPa 的气体压力。压力变送器(传感器)按不同的转换原理可分为力(力矩)平衡式、电容式、电感式、应变式和频率式等。从外观和结构来看,压力变送器设置有显示表头,除输出标准信号外还能现场显示测量值,并设有调零位和量程的螺钉;而压力传感器则无,且其外观体积远小于压力变送器。天然气净化厂常用的压力变送器(传感器)为电容式和扩散硅压阻式变送器两类,其输出信号均为 4~20mA DC 标准信号。

压力开关有机械式和电子式两大类,其工作原理分别与压力表和压力变送器(传感器)类似,在其基础上增加压力比较装置,并提供常开或常闭触点用于输出开关量信号。

(三) 温度仪表

天然气净化厂常见的温度仪表按工作原理分类有双金属温度计、热电阻、热电偶、温度变送器、高温辐射计,按测温方式又可分为接触式测温仪表和非接触式测温仪表,其中双金属温度计、热电阻、热电偶属接触式测温仪表,高温辐射计属非接触式测温仪表。

(1) 双金属温度计是利用两种膨胀系数不同的金属元件受热时产生不同的几何位移,并将位移差作为测温信号的一种固体膨胀式温度计。

(2) 热电阻是基于金属导体或半导体的电阻值随温度的增加而增加这一特性来进行温度测量的。当测出金属导体或半导体的电阻值时,就可以获得与之对应的温度值。热电阻有金属热电阻和半导体热敏电阻两类,其中金属热电阻应用普遍,其大都由纯金属材料制成,具有结构简单、精度高、使用方便等优点,目前应用最多的是铂热电阻和铜热电阻,天然净化厂常用的热电阻有 Pt100 和 Cu50 两种。

(3) 热电偶是利用热电效应来进行温度测量的,将两种不同材料的导体或半导体焊接起来,构成一个闭合回路,当导体的两端之间存在温差时,两者之间便产生电动势,因而在回路中形成一定大小的电流,这种现象称为热电效应。常用的热电偶分为标准化热电偶和非标准化热电偶两大类。所谓标准化热电偶是指国家标准规定了其热电势与温度的关系、允许误差,并有统一的标准分度表的热电偶,它有与其配套的显示仪表供选用。非标准化热电偶在使用范围或数量上均不及标准化热电偶,一般也没有统一的分度表,主要用于某些特殊场合的测量。我国从 1988 年 1 月 1 日起,热电偶和热电阻全部按 IEC 标准进行标准化生产,并指定 S、B、E、K、R、J、T 七种标准化热电偶为我国统一设计型热电偶。目前天然气净化厂使用的热电偶有 S、B、E、K、T 五种。

（4）温度变送器有热电阻温度变送器和热电偶温度变送器两类，其作用是将采集的阻值信号或 mV 信号转换为 4~20mA DC 标准信号输出。温度变送器可以单独安装使用，也可布置在热电偶、热电阻的尾端做成一体化热电阻或热电偶。

热电阻输出信号为阻值信号，可直接接入控制系统使用，为了消除信号线路产生的电阻误差，其信号回路采用三线制。热电偶输出信号为 mV 信号，可直接接入控制系统使用，为了消除热电偶冷端所处环境温度产生的误差，信号回路电缆需采用补偿导线，且补偿导线的型号与 7 种标准化热电偶的型号相对应，如 E 型热电偶需采用 E 型补偿导线。为了便于施工和维护管理，目前，天然气净化厂大部分采用一体化热电偶/热电阻。

（5）辐射高温计有辐射式、光学式、比色式 3 类，天然气净化厂大多数采用辐射式高温计。辐射式高温计是利用物体的热辐射效应来测量物体表面温度的一种非接触式测温仪表。它由辐射感温器和显示仪表两部分组成，可用于测量 400~2000℃ 的高温，多为现场安装式结构。在天然气净化厂主要用于硫磺回收装置主燃烧炉炉膛温度的测量。

（四）流量仪表

1. 流量仪表的分类

流量仪表种类很多，可按测量对象、测量目的、测量原理等进行分类。

1）按测量对象分类

流量仪表按测量对象可分为封闭管道流量计和敞开流道（明渠）流量计两大类。天然气净化厂使用的流量计均为封闭管道流量计。

2）按测量目的分类

按流量测量的目的可分为总量测量和流量测量（通常称为累计流量测量和瞬时流量测量），其仪表分别称为总量表和流量计。总量表用于测量一段时间内流过管道（流道）的流体总量，在能源计量中一般需采用总量表。流量计用于测量流过管道的流量，多用于生产装置中需要检测与控制管道中的流体流量。天然气净化厂使用流量计进行流量测量，通常利用流量计或控制系统具有的累计功能实现累计流量的测量，如部分水、电、天然气的能源计量表具有流量累计功能，由现场流量计实现累计流量测量，进出装置的原料和产品天然气累计流量由计量系统或 DCS 系统实现累计流量的计算。

实际上流量计通常具有累计流量的装置，可作为总量表使用；而总量表也带有流量测量装置，也可作为流量计使用。

3）按测量原理分类

各种物理原理是流量测量的理论基础，流量测量原理可按物理学科分类。

（1）力学原理：应用伯努利定律的差压式、浮子式流量计；应用动量定理的可动管式、冲量式流量计；应用牛顿第二定律的直接质量式流量计；应用流体阻力原理的靶式流量计；应用动量守恒原理的叶轮式流量计；应用流体振动原理的涡街式、旋进式流量计；应用动压原理的皮托管式、匀速管式流量计；应用分割流体体积原理的容积式流量计等。天然气净化厂常见的有差压式流量计、浮子流量计、靶式流量计、涡街流量计、旋进漩涡流量计、涡轮流量计、质量流量计等。

（2）电学原理：利用此类原理的仪表有电磁式、差动电容式、电感式、应变电阻式等。天然气净化厂常见的有电磁流量计。

（3）声学原理：利用此类原理的仪表有超声波式．声学式（冲击波式）等。天然气净化厂常见的有超声波流量计。

（4）热学原理：利用此类原理的仪表有热量式、直接量热式、间接量热式等。天然气净化厂常见的有热质量流量计。

（5）光学原理：激光式、光电式等是属于此类原理的流量计。

（6）原子物理原理：核磁共振式、核辐射式等是属于此类原理的流量计。

（7）其他原理：有标记原理（示踪原理、核磁共振原理）等流量计。

2. 几种常见流量仪表介绍

1）差压式流量计

差压式流量计是流量检测仪表中应用十分广泛、历史悠久的一种系列化产品，是利用流体流经节流装置时产生的压力差而实现流量测量的。流量计由节流装置和差压测量装置组成，它们之间用测量管和其他辅助器件连通。差压测量装置通常采用差压变送器。

差压式流量计按节流装置又可分为标准节流装置和非标准节流装置。标准节流装置有标准孔板、标准喷嘴、文丘里管和文丘里喷嘴；非标准节流装置有圆缺孔板、双重孔板、1/4圆喷嘴、楔形孔板等，这几种节流装置因缺乏足够的实验数据，还未标准化，使用前须先进行标定。

天然气净化厂常用的差压式流量计有孔板流量计、文丘里流量计、楔形流量计、均速管流量计、皮托管流量计等。其中，孔板流量计是天然气净化厂使用最多、最广的流量计，其又可分为简易孔板阀流量计、高级孔板流量计、一体化孔板流量计。

2）转子流量计

转子流量计又称浮子流量计，是根据节流原理测量流体流量的，通过改变流体的流通面积来保持转子上下的差压恒定（压差产生的作用力与转子的重量平衡），故又称为变流通面积恒差压流量计。它主要适用于中、小口径流量测量，适应的介质广泛（液体、气体和蒸汽等），产品系列规格齐全，是应用量大、面广的流量仪表。转子流量计一般按锥形管材料的不同，可分为玻璃管转子流量计和金属管转子流量计。前者一般为就地指示型，后者可带远传功能。转子流量计在天然气净化厂得到广泛应用，其中，金属管转子流量计主要用于各种炉类吹扫保护气的流量计量；玻璃管转子流量计主要用于在线分析仪介质、吹气式液位计用仪表风的流量计量。

3）质量流量计

质量流量计可分为两大类：直接式质量流量计和间接式（也称推导式）质量流量计。

（1）直接式质量流量计，其检测件的输出信号直接反映流体的质量流量，又可分为差压式质量流量计、热式质量流量计、双涡轮式质量流量计、科里奥利质量流量计。天然气净化厂常用的有科里奥利质量流量计和热式质量流量计，主要用于风机入口流量和 TEG 溶液泵出口流量检测。

① 差压式质量流量计，利用孔板（或文丘里管）和定量泵组合起来的直接测量质量流量的仪表。

② 热式质量流量计，利用流体与热源（流体中的外加热体或仪表测量管管壁外加热体）之间热量交换的关系测量流量的仪表。

③ 双涡轮式质量流量计，在传感器内安装两个叶片角不同的叶轮，用弹簧把它们连接为一个整体，它与平均流速成比例转动，两个叶轮间旋转一个偏移角所需要的时间与管道中流体的质量流量成正比，因此测出此时间即可得到质量流量。

④ 科里奥利质量流量计，利用流体在振动管道中流动时，产生与质量流量成正比的科里奥利力原理制成的一种直接式质量流量计。

（2）间接式（推导式）质量流量计，其检测件输出信号并不直接反映质量流量的变化，而是通过检测件与密度计组合或者两种检测件的组合而求得质量流量。

4）电磁流量计

电磁流量计是基于法拉第电磁感应定律制成的流量测量仪表，可用来测量导电液体的体积流量。测量时没有压力损失，内部无活动部件，用涂层或衬里易解决腐蚀性介质流量的测量。检测过程中不受被测介质的温度、压力、密度、黏度及流动状态等变化的影响，没有测量滞后现象。在天然气净化厂电磁流量计主要用于新鲜水、循环水、酸、碱及腐蚀介质的流量测量。

5）超声波流量计

超声波流量计是通过检测流体流动对超声束（或超声脉冲）的作用来测量流量的仪表。特点是检测件内无阻碍物，无可动易损部件，适用于测量脏污流、混相流等介质。其属于非接触式流量计，应用不受被测流体的物理性质和化学性质的限制，只要能导声就可选用超声波流量计，对于用其他仪表不可测量的特殊介质，如强腐蚀、高黏度、非导电、易燃易爆等特性的流体，都可以选用超声波流量计。在大管径、低流速的工艺条件下也可采用。其他流量计随着管径增大，制造成本会大幅度提高，而超声波流量计的造价基本上与管径大小无关。

超声波流量计按工作方式分为接触式和非接触式两种。测量原理多种多样，主要有时差法、相位差法、频差法、多普勒效应法等，目前，应用较广的有时差法、多普勒效应法。天然气净化厂常用的有时差法超声波流量计。

6）漩涡流量计

漩涡流量计是利用流体振荡原理来进行测量的。可分为流体强迫振荡的漩涡进动型和自然振荡的卡门漩涡分离型。前者称为旋进漩涡流量计，后者称为涡列流量计或涡街流量计。漩涡流量计的特点是：测量精度高，可达±1%；量程比宽，可达100∶1；仪表内无活动部件，使用寿命长；仪表示值几乎不受温度、压力、密度、黏度及成分等影响，故用水或空气标定的流量计可用于其他液体或气体的流量测量而不用校正。但当检测元件被污物黏附后，将会影响仪表的灵敏度。

（五）液位仪表

物位测量仪表的种类很多，按功能可分为液位测量仪表、料位测量仪表、界面测量仪表。天然气净化厂常用的是液位测量仪表。

液位测量仪表按测量方法可大致分为五类：直读式、静压式、浮力式、电气式以及其他非接触式液位测量仪表。

1. 直读式液位测量仪表

这类液位计是利用连通器原理进行液位测量的。天然气净化厂常用的有玻璃管液位计、玻璃板液位计,其直接和容器相连接,观察液位直接准确。但由于它和介质直接接触,在选用时要考虑其材质能承受的介质温度、压力或腐蚀性等特性。

2. 静压式液位测量仪表

静压式液位仪表可分为压力式液位计、吹气法液位计和差压式液位计,是利用容器内的液位改变时,由液柱产生的静压也相应变化的原理而工作的。

天然气净化厂常用的有深度液位计、吹气式液位计、差压液位变送器等。

3. 浮力式液位测量仪表

浮力式液位仪表是利用当容器内液位升降时,浸于液体中的浮球(浮筒、浮子)随液位变化而引起浮力变化的原理来工作的。按浮力的变化分为两种:一种是维持浮力不变的液位计,称为恒浮式液位计,它是利用浮子本身的重量和所受的浮力均为定值,浮子始终漂浮在液面上,跟随液面变化而变化的原理来测量的,常用有浮球液位计、磁性翻板液位计和浮子钢带液位计;另一种是变浮力式液位计,当浮筒沉浸在液体中,它随液位变化而产生浮力变化,从而推动气动或电动元件,发出信号显示液位,常见的有浮筒液位计。

天然气净化厂常用的有浮筒液位计、浮球液位计、磁性翻板液位计。

4. 电气式液位测量仪表

电气式液位测量仪表是利用敏感元件直接将液位变化转化为电参数的变化的原理进行工作的。根据电参数的不同,可分为电阻式、电容式和电感式等。电阻式液位计是基于液位变化引起电极间电阻变化的工作原理进行测量的;电感式液位计是利用电磁感应现象进行测量的,液位变化引起线圈电感变化,电感应电流也随之发生变化;电容式液位计是利用液位高低变化导致电容器电容大小随之发生变化的原理进行测量的。

天然气净化厂常见的有电容式水位计,主要用于锅炉液位监测。

5. 其他非接触式液位测量仪表

工作时传感器向液面表面发射一束波,被液面反射后,传感器再接收此反射波。设定其发射波速一定,根据发射波往返的时间就可以计算出传感器到液面的距离,即测量出液面位置。常用有超声波液位计、雷达液位计和射频导纳液位计。

(六)在线分析仪

在线分析仪又称为过程分析仪,是指直接安装在工业生产流程现场,对被测介质的部分成分或物性参数进行自动连续或周期性测量的仪器。

分析仪的种类繁多,用途各异,分类方法有很多。可以按照被测介质的相态来分类,将在线分析仪分为气体、液体、固体分析仪三大类;还可按照测量成分划分,分为氧分析仪、硫分析仪、pH值测定仪、电导测定仪等。通常按照测量原理和分析方法可以将在线分析仪分为以下几类。

1. 光学分析仪

光学分析仪包括采用吸收光谱法的红外线气体分析仪、近红外光谱仪、紫外-可见光分光光度计、激光气体分析仪等,采用发射光谱法的化学发光法、紫外荧光法分析仪等。目前天然气净化厂在用的有总硫在线分析仪、硫化氢在线分析仪、激光法水含量在线分析仪、硫化氢/二氧化硫比值在线分析仪、氢分析仪、二氧化硫在线分析仪、外排废气在线分析仪、锅炉烟气在线分析仪等。光学在线分析仪是天然气净化厂使用最多，结构相对复杂的大型在线分析仪。

2. 电化学分析仪

电化学分析仪包括采用电位、电导、电流分析法的各种电化学分析仪。如 pH 计、电导仪、氧化锆氧分析仪、燃料电池式氧分析仪、电化学式有毒气体检测仪等。目前天然气净化厂常用的有 pH 计、电导仪、氧化锆氧含量在线分析仪、电池式氧含量在线分析仪、五氧化二磷吸收法水含量在线分析仪、硫化氢固定式气体检测仪、二氧化硫固定式气体检测仪等。

3. 色谱分析仪

采用色谱柱和检测器对混合流体先分离、后检测定性、定量分析的方法称为色谱分析仪法。天然气净化厂的化验分析室配置有测气体、液体的色谱分析仪。随着《天然气》（GB 17820—2018）的实施，其对天然气的总硫含量提出了更高的质量要求。近年来，色谱在线分析仪开始在天然气净化厂大量配置使用，用于测量产品天然气中的硫化合物组分及总硫含量。

4. 物性分析仪

在分析仪中，把定量检测物质物理性质的一类仪器称为物性分析仪。物性分析仪器按照其检测的对象分类和命名，如水分仪、湿度计、密度计、黏度计、浊度计以及石油产品物性分析仪。天然气净化厂目前在用的有石英晶体振荡法、光纤法水含量在线分析仪。

5. 其他分析仪

（1）顺磁式氧分析仪，是利用氧的高顺磁特性制成，包括热顺磁对流式、磁力机械式、磁压力式氧分析仪。

（2）热学分析仪，如热导式气体分析仪、催化燃烧式可燃气体检测仪、热值仪等。

（3）射线分析仪，如 X 射线荧光光谱仪（也可以划入光学分析仪）、γ 射线密度计、中子及微波水分分析仪、感烟火灾检测仪等。

（4）质谱分析仪，如工业质谱仪。

三、执行器

（一）执行器的组成

执行器常称为控制阀，是自动控制系统中用动力操作去改变流体流量或通断状态的装置。它在自动控制系统中接受调节器发出的控制信号，改变调节参数，把被调参数控制在所要求的范围内，从而达到生产过程的自动化。因此，执行器是自动控制系统中极为重要的组成部分。

执行器由执行机构和调节机构两部分组成，执行机构是执行器的推动部分，它按控制信号的大小产生相应的推力，通过阀杆使执行器的阀芯产生相应的位移或转角。调节机构是执行器的调节部分，它与调节介质直接接触，在执行机构的推动下，改变阀芯与阀座间的流通面积，从而达到调节流量的目的。

1. 执行机构

执行机构按其能源形式可分为气动执行机构、电动执行机构及液动执行机构,目前在天然气净化厂中普遍采用的是气动执行机构。气动执行机构主要有气动薄膜式执行机构、气动活塞式执行机构和长行程式执行机构三类。气动薄膜式执行机构、长行程式执行机构常用于调节阀。气动活塞式执行机构常用于切断阀,也可用于调节阀。

(1) 气动薄膜式执行机构按其动作方向可分为正作用执行机构和反作用执行机构,与执行器配合实现调节阀的气开、气关。

(2) 气动活塞式执行机构按动作方式分为两位式和比例式两种。两位式气动活塞执行机构与电磁阀配合使用,实现流体的开关切断功能;比例式活塞执行机构与阀门定位器配合使用,实现流体流量的调节功能。

(3) 长行程式执行机构基于力平衡原理进行工作,与阀门定位器配合工作,将控制信号转变成相应的位移和转角,从而实现调节功能。该执行机构具有行程长、转矩大的特点,适用于输出转角(0°~90°)和力矩大的调节场合。

2. 调节机构

调节机构通常称为阀,其常见结构有单座阀、双座阀、套筒阀、碟阀、球阀、三通阀、隔膜阀、角阀、偏心旋转阀等。参数主要有公称通径、公称压力、流量特性、流量系数、阀门的结构长度、连接法兰标准等。

(二) 执行器的分类

执行器按其能源形式可分为气动执行器、电动执行器及液动执行器,目前在天然气净化厂中普遍采用的是气动执行器,其具有结构简单、动作可靠、输出推力大、本质防爆、价格便宜、维修方便等优点,大大优于液动和电动执行器。

执行器按其功能可分为调节阀和切断阀,是天然气净化厂普遍使用的分类方法。

1. 调节阀

1) 调节阀的流量特性

调节阀的流量特性是指调节阀相对开度和通过阀的相对流量之间的关系,即

$$Q/Q_{max} = f(l/L) \tag{1-5-1}$$

式中 Q/Q_{max}——相对流量,即调节阀某一开度下流量与阀全开时的流量之比;

l/L——阀相对开度,即调节阀某一开度下的行程与阀的全行程之比。

调节阀阀前后压差一定时的流量特性称为理想流量特性或固有流量特性。调节阀铭牌上标注的特性是理想流量特性。调节阀的理想流量特性有快开、线性、抛物线和等百分比(对数)4种,见图1-5-27。天然气净化厂调节阀常见的流量特性有线性、等百分比(对数)两种,其中等百分比(对数)占多数。

2) 调节阀的流量系数

调节阀的流量系数是指特定流体在特定温度下,当阀两端为单位压差时,单位时间内流经调节阀的流体体积数。采用不同的单位制时流量系数有不同的表达方式及转换关系,见表1-5-1。天然气净化厂进口品牌调节阀流量系数为 C_V 值,国产品牌调节阀流量系数为 K_V 值。

图 1-5-27 理想流量特性

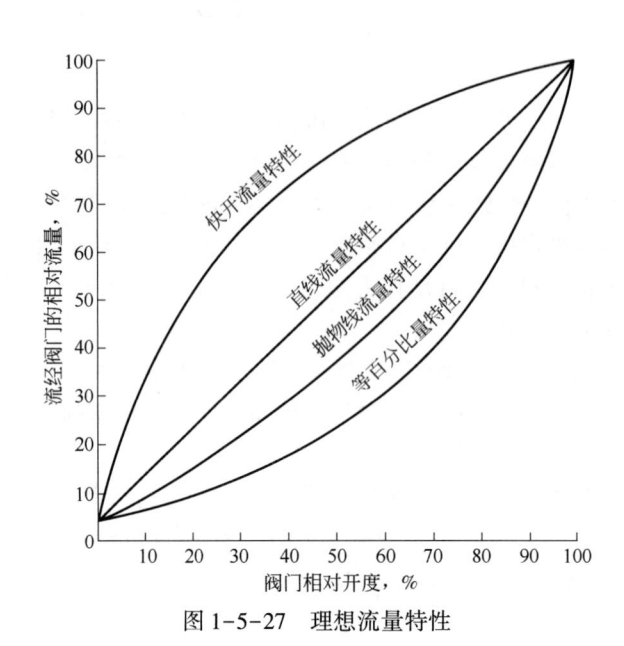

表 1-5-1 流量系数的表达方式及转换关系

符号	定 义	相互关系
C	给定行程下，温度为 5~40℃ 的水，阀两端压差为 1kgf/cm² 时每小时流经调节阀的体积（以 m³ 表示）	C 是流量系数的通用符
K_V	给定行程下，温度为 5~40℃ 的水，阀两端压差为 10²kPa 时每小时流经调节阀的体积（以 m³ 表示）	$K_V = 1.01C$
C_V	给定行程下，温度为 60℉ 的水，阀两端压差为 1lbf/in² 时每小时流经调节阀的体积（美国加仑表示）	$C_V = 1.167C$

2. 切断阀

切断阀也是由执行机构与调节机构组成，通过两位式的开关动作实现工艺管道内流体的切断、接通或切换，具有结构简单，反应灵敏，动作可靠等特点。在天然气净化厂中，切断阀的执行机构多选用气动活塞式执行机构，调节机构多选用蝶阀或球阀，主要用于联锁阀实现装置联锁动作，少量用于液位或流量的间断控制。

（三）执行器附件

1. 阀门定位器

阀门定位器是执行器的主要附件，它接受调节器输出的控制信号，去驱动调节阀动作，并利用阀杆的位移进行反馈，将位移信号直接与阀位比较，改善阀杆行程的线性度，克服阀杆的各种附加摩擦力，消除被调介质在阀上产生的不平衡力影响，从而使阀位对应于调节器的控制信号，实现正确定位，提高调节的品质。

阀门定位器分为气动阀门定位器、电-气阀门定位器和数字式（智能）阀门定位器。目前天然气净化厂在用的有电-气阀门定位器和数字式（智能）阀门定位器两种，其中电-气阀门定位器将逐渐被淘汰使用。数字式阀门定位器是把调节器来的模拟信号

4~20mA DC 转换成气动信号，再来推动气动执行器，由于定位器中装有微处理器，可以把控制阀的位移信号（数字）通过 HART 协议传到 DCS 系统或个人计算机中进行双向通信。这种定位器耗气量极小，安装简单、调试方便，调节品质佳，应用越来越广泛。

2. 电磁阀

电磁阀在自动控制系统中的用途相当广泛，其具有双重功能：其一，在工艺管路系统中可直接作为执行器应用，在生产过程中作为两位式阀门；其二，它可作为气（液）动执行机构的辅助器件，将气（液）压信号切断或导通，作用于气（液）动执行机构，实现两位式动作。

天然气净化厂中 ESD 系统的联锁阀大多都配有电磁阀，用于切断（打开）仪表风管线，实现联锁阀的紧急切断或打开目的，保证装置的安全。

就电磁阀的结构形式而言，电磁阀有单电控式和双电控式之分。单电控式多用作执行器，属单稳态工作方式，其工作原理分为直接动作式和差压动作式（或称先导式）。双电控式多用作电/气信号转换，阀位工作方式属双稳态工作方式。

电磁阀的型号较多，有普通型、高温型，结构形式有一体式、分体式，阀体材质也因被控介质的要求而异。二通电磁阀常用类型为常闭式，即电磁阀在失电状态下，阀芯与阀座处于关闭位置；也有常开式，即电磁阀在失电状态下，电磁阀处在开启位置。电磁阀还有二位三通式电磁阀和二位四（五）通式电磁阀，其作用是对于执行机构的进气口或排气口进行切换，以实现对生产过程的自动控制。

电磁阀供电有交流、直流之分，常用的供电电压为 24V DC 和 220V AC。电磁阀属电控器件，为适应在爆炸性环境中使用，采用隔爆型结构，将电磁线圈和接线端子置于同一隔离室内，隔离室与外部环境采用隔爆结合面和隔爆螺纹结构，电缆引入口采用橡胶密封圈和压紧螺母式的进线密封。

3. 手轮机构

手轮机构与执行器配套使用，主要用途如下：一是当气源信号或电信号出现故障时，或者当执行机构损坏无法动作时，要把自动操作改为手动操作，采用手轮机构继续维持调节阀的调节功能；二是执行器在使用过程中，要求开度限制在某个范围之内，可选用手轮机构来限制阀的开度；三是未增设旁路管线但故障时对安全生产有一定影响的调节阀，一般应选配手轮机构。

手轮机构有上装式和侧装式两种。一般手轮机构都装有安全机构，防止手轮受到碰撞或误操作而转动。在天然气净化厂，现有手轮机构主要安装在调节阀上以及老装置用于 ESD 功能的切断阀上，新标准已不允许用于 ESD 功能的切断阀安装手轮机构。

4. 行程开关

为了显示执行器的开关状态（通常为全开或全关），通常在阀门的适当位置安装一个或两个行程开关。行程开关有机械式和电磁式两种。电磁式（接近开关）在天然气净化装置中使用较多，如 ESD 中的联锁阀大多都配有这种行程开关，用于指示联锁阀的开关状态，并把信号传回控制室显示。

5. 空气过滤减压器

空气过滤减压器是执行器最典型的附件，它用于净化仪表风，并将气压调整到所需的压力值，其具有稳压、过滤的功能。在安装空气过滤减压器时，必须按规定与管线连接，不能接反。

四、自动控制系统

（一）控制系统基础知识

控制系统由调节对象（被控对象）、检测元件（包括变送器）、控制器（调节器）、执行器、输入输出接口等部分组成。控制系统组成方块图如图1-5-28所示。

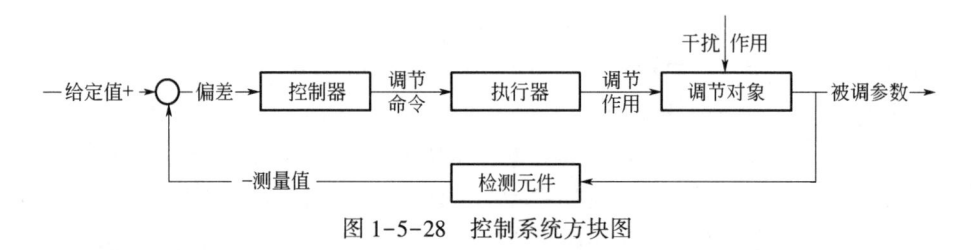

图1-5-28 控制系统方块图

工作原理：在控制系统中，调节对象的输出即为被调参数（也称被控变量），被调参数作为检测元件（如测量变送器）的输入，检测元件的输出即为被调参数的测量值，通过输入接口，测量值与给定值在比较机构中进行比较，得出偏差作为控制器的输入。控制器对偏差进行一定的运算，其输出值经过输出接口（即调节命令）作为执行器的输入信号，改变执行器的开度，即起调节作用，这个调节作用控制调节对象，来影响被调参数。干扰作用也是通过调节对象来影响被调参数，因此也是调节对象的输入。不同的控制系统，其检测元件、执行器是不一样的。

（二）控制系统的分类

控制系统有多种分类方法，可以按被控变量分类，如温度、压力、流量、液位、成分等控制系统；也可以按控制器具有的控制规律分类，如比例、比例积分、比例微分、比例积分微分等控制系统；还可以按控制系统的复杂程度分类，如简单控制系统和复杂控制系统；此外，还可以按照控制系统的结构分类，如开环控制系统和闭环控制系统。

尽管控制系统的分类方法较多，但天然气净化厂通常以控制系统的结构分为两大类：开环控制系统和闭环控制系统。

在闭环控制系统中，按照设定值的情况不同，可分为3种类型：定值控制系统、随动控制系统、程序控制系统。

（1）定值控制系统：这类控制系统的给定值是恒定不变的。如蒸汽加热器在工艺上要求出口温度按给定值保持不变，因而它是一个定值控制系统。定值控制系统的基本任务是克服扰动对被控变量的影响，即在扰动作用下仍能使被控变量保持在设定值（给定值）或在允许范围内。在天然气净化装置中，简单闭环控制系统均属于定值控制系统，如进脱硫、脱水吸收塔溶液流量控制系统，MDEA 富液、TEG 富液闪蒸气压力控制系统，脱硫、脱水吸收塔液位控制系统等。

（2）随动控制系统：也称为自动跟踪系统，这类系统的设定值是一个未知的变化量。这类控制系统的主要任务是使被控变量能够尽快地、准确无误地跟踪设定值的变化，而不考虑扰动对被控变量的影响。在天然气净化装置中，比值控制系统、串级控制系统及前馈控制系统均属于此类，如超级克劳斯硫磺回收装置主燃烧炉的酸气、燃料气和空气量的比值控制，在线炉进炉燃料气流量与空气流量的比值控制等均为随动控制系统。

（3）程序控制系统：也称为顺序控制系统。这类控制系统的设定值也是变化的，但它是时间的已知函数，即设定值按一定的时间程序变化。在天然气净化厂中，硫磺回收装置应用程序控制系统较多，如等温亚露点硫磺回收装置、冷床吸附硫磺回收装置中反应器的切换控制均属于程序控制系统。

（三）控制规律

控制规律，又称为调节规律，即控制器（调节器）的特性，是指控制器的输出信号与输入信号之间随时间变化的规律。对于自动控制系统来说，决定过渡过程的形式及品质指标的因素很多，除了与被控对象的特性有关外，还与控制器的特性有很大关系。

尽管各种控制器类型不同，结构、原理也各不相同，但基本控制规律却只有 4 种，即双位控制规律、比例（P）控制规律、积分（I）控制规律和微分（D）控制规律。这几种基本控制规律有的可以单独使用，有的需要组合使用，构成常用的控制规律，如双位控制、比例控制、比例-积分（PI）控制、比例-微分（PD）控制、比例-积分-微分（PID）控制。

在天然气净化厂常用的控制规律有双位控制、比例-积分（PI）控制、比例-积分-微分（PID）控制 3 种。双位控制主要用于泵、设备根据某一工艺参数的自动启停控制，如液硫泵的启停控制；比例-积分（PI）控制主要用于压力、液位、流量等工艺参数的控制；比例-积分-微分（PID）控制主要用于温度、成分等工艺参数的控制。

（四）天然气净化厂控制系统的组成

天然净化厂控制系统通常采用 DCS、ESD、F&GS 以及 PLC 进行监视、控制和管理。全厂设中央控制室，DCS 采用开放式网络结构，中央控制室对工艺装置区、辅助生产区等进行集中监视控制；ESD 实现对生产过程自动监视和事故状态下安全联锁保护，分设备级、装置级、全厂级三级联锁；F&GS 实现全厂火灾、可燃气体和有毒气体的泄漏检测、报警及安全保护；PLC 实现橇装装置或成套设备的监视、控制和联锁管理。

五、集散控制系统（DCS）

集散控制系统简称 DCS 系统（Distributed Control System），是以微处理器为基础的集中分散型综合控制系统的简称。由于它在发展初期是以分散控制为主要特征的，因此国外一般称其为分散控制系统，在国内习惯称之为集散控制系统，也有人称其为分布式控制系统。

（一）DCS 基本构成

DCS 系统主要由工程师站、操作员站、现场控制站、系统网络这 4 部分构成，同时还配置有服务器、打印机、第三方通信服务器等辅助设备。

1. 工程师站

工程师站是对 DCS 进行离线的配置、组态工作和在线的系统监督、控制、维护的网络接点。

主要功能是提供对 DCS 进行组态、配置工作的工具软件，并在 DCS 在线运行时实时地监视 DCS 网络上各个节点的运行情况，使系统工程师可以通过工程师站及时调整系统配置及一些系统参数的设定，使 DCS 随时处在最佳的工作状态之下。

2. 操作员站

操作员站是处理一切与运行操作有关的人机界面（HIS，Human Interface Station；或 OI，Operator Interface；或 MMI，Man Machine Interface）功能的网络节点。

主要功能是为系统的运行操作人员提供人机界面，使操作员可以通过操作员站及时了解现场运行状态、各种运行参数的当前值、是否有异常情况发生等，并可通过输入设备对工艺过程进行控制和调节，以保证生产过程的安全、可靠、高效、高质。

3. 现场控制站

现场控制站是 DCS 的核心，是对现场 I/O 处理并实现直接数字控制（DDC）功能的网络节点。系统主要的控制功能由它来完成，系统的性能、可靠性等重要指标也都要依靠现场控制保证。其设计、生产及安装都有很高的要求，是分散控制系统中的主要任务执行者。

4. 系统网络

系统网络是连接系统各个站的桥梁。由于 DCS 是由各种不同功能的站组成的，这些站之间必须实现有效的数据传输，以实现系统总体的功能。系统网络的实时性、可靠性和数据通信能力关系到整个系统的性能，特别是网络的通信规约关系到网络通信的效率和系统功能的实现，是 DCS 得以实现的技术关键。

（二）DCS 网络结构

通常 DCS 系统是一种纵向分层的网络结构，自上而下依次为过程监控层、现场控制层和现场设备层。各层之间由通信网络连接，层内各装置之间由本级的通信网络进行联系，其典型网络结构如图 1-5-29 所示。

1. 过程监控层

过程监控层主要包括控制用服务器、操作员站、工程师站、历史数据站，功能以操作监视为主要任务，兼有部分管理功能。

2. 现场控制层

现场控制层主要包括 DCS 控制器、控制器通信模块、I/O 模块等。主要功能包括：采集过程数据，进行数据转换与处理；对生产过程进行监测和控制，输出控制信号，实现模拟量和开关量的控制；对 I/O 卡件进行诊断；与过程监控层等进行数据通信。

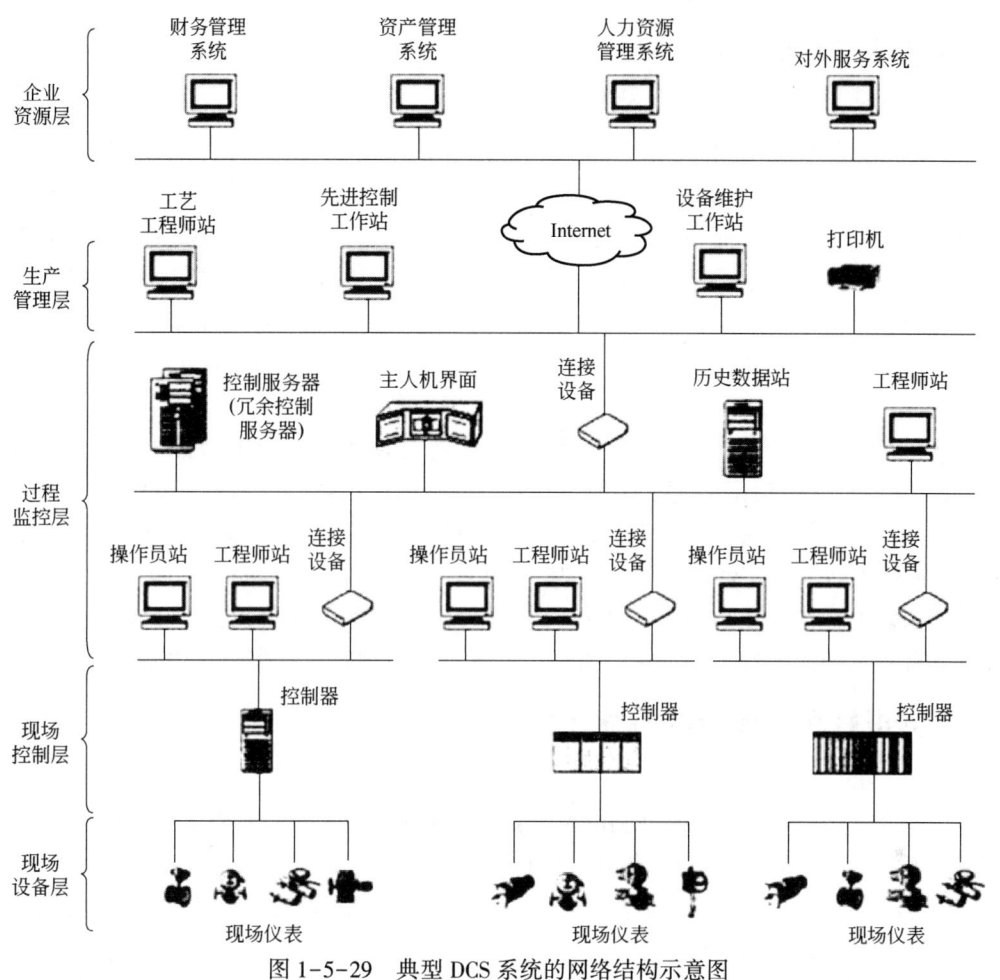

图 1-5-29 典型 DCS 系统的网络结构示意图

3. 现场设备层

现场设备层主要包括现场变送器、执行机构、传感器等现场设备和仪表。主要功能包括：采集控制信号，执行控制命令；依照控制信号进行设备动作。

六、可编程控制系统（PLC）

可编程控制器（Programmable Controller）是由早期的可编程逻辑控制器（PLC, Programmable Logic Controller）发展而来的，现仍沿用 PLC 的简称，但功能已经有了巨大的发展。PLC 实质是一种专用于工业控制的计算机，其硬件结构基本上与微型计算机相同，主要由中央处理单元、存储器、输入/输出模块、电源 4 部分组成。PLC 的主要功能有开关逻辑和顺序控制、模拟控制、信号联锁和通信功能。

目前，PLC 在天然气净化厂中的应用相当广泛，主要用于成橇装置、现场设备以及泵、风机等转动设备的控制、联锁。如脱水装置的 TEG 再生炉的点火控制盘、火炬系统的现场点火盘等都是由 PLC 在控制，某些硫磺回收装置、尾气处理装置的风机也是由 PLC 完成风机启动、运行、联锁保护以及通信的功能。

七、紧急停车系统（ESD）

紧急停车系统简称 ESD（Emergency Shutdown System），它是一种经专门机构认证、具有一定安全等级，用于降低生产过程风险的安全保护系统。它不仅能够响应生产过程因超出安全极限而带来的危险，而且能检测和处理自身的故障，从而按预定的条件或程序，使生产过程处于安全状态，以确保人员、设备及工厂周边环境的安全。其主流系统结构主要有 TMR（三重化）、2004D（四重化）两种。其中 TRICON、ICS、HollySys 等的 ESD 均是采用 TMR 结构的系统，HONEYWELL、HIMA 等的 ESD 均是采用 2004D 结构的系统。

ESD 系统在天然气净化厂主要完成净化装置的联锁保护，均采用安全完整性等级为 SIL3 的硬件产品，现使用的品牌有 TRICON、HollySys、HONEYWELL、HIMA。联锁保护等级分为设备级、装置级、全厂级三级。对于有硫磺回收装置的天然气净化厂，ESD 系统还要完成硫磺回收装置主燃烧炉和灼烧炉、再热炉（部分回收装置配置）的点火程序的控制。ESD 系统的操作、显示与 DCS 系统共用操作员站，但控制单元独立于 DCS 系统，同时配置具有安全功能的现场联锁执行机构，但其不承担过程控制和检查功能。

八、火灾报警和气体检测系统（F&GS）

火灾报警和气体检测系统（Fire & Gas System）简称火气系统（F&GS），是通过专用的传感器和监测仪器，提前预测出即将要发生的火灾、爆炸、中毒事故，由音响、蜂鸣器、声光报警器等声光报警设备发出警告提醒有关操作人员进行相关的操作，组织疏散和逃生；或者通过预先编制的联锁逻辑自动地启动相应的保护、救护装置；通过远程报警能得到及时增援，从而使得可能发生的事故能在萌芽状态被发现并消除，已经发生的事故能得到及时有效的控制，使得相关人员、设备和周围环境得到有效的保护。在天然气净化厂中，通常在要害部位设置火焰检测仪（如硫磺成型单元、硫磺库等区域）、固定式可燃气体检测报警仪和固定式有毒气体（H_2S、SO_2）报警仪，这 3 类仪表单独组成一个系统，即火气系统，实现对净化装置内火灾及气体泄漏情况的监视、报警，预防火灾、爆炸和人身事故的发生，保障天然气净化厂人身安全和生产装置平稳运行。

火气系统（F&GS）的组成和结构与小型 DCS 系统相似，由各种接口卡件、控制器、报警器、监视管理站等构成。系统的大小与装置安装各种检测仪的数量有关。

目前，根据《石油化工可燃气体和有毒气体检测报警设计标准》（GB/T 50493—2019）3.0.7 条款"可燃气体和有毒气体检测报警系统应独立设置"的要求，新建天然气净化厂已将火气系统拆分为可燃气体和有毒气体检测报警系统（Gas and Detection System，简称 GDS 系统）和火灾自动报警系统（Fire Alarm System，简称 FAS 系统）。GDS 系统负责装置区可燃气体探测器信号、有毒气体探测器信号检测，并进行现场气体声光报警；FAS 系统负责装置区火灾检测及报警，以及远程启动消防泵、接收消防泵反馈信号等。

第五节　天然气净化电气基础知识

一、净化厂供电系统

（一）概述

电力系统是由发电、输电、变电、配电和用电等环节组成的电能生产、传输、分配和消费的系统。它的功能是将自然界的一次能源通过发电动力装置转换成电能，再经输电、变电和配电将电能供应到户。

发电部分：现代发电厂主要包含火力发电、水力发电、核能发电、风能发电、太阳能发电等，目前，我国的发电厂主要是火力和水力发电厂。

变电部分：变电部分即变电所（站），功能是接受电能、变换电压和分配电能。变电所（站）按照性质和任务不同，可分为升压变电所（站）和降压变电所（站）。一般将仅用来接受电能和分配电能的场所称为配电所。

输电部分：输电部分是输电和配电的总称。通常将电压在220kV及以上的电力线路称为输电线路，110kV及以下的电力线路称为配电线路。

用电部分：用电部分即消耗电能的用电设备或用电单位，其中工业用电是最大的电能用户，占总容量的70%以上，电动机用电又占工业用电总量的80%。

（二）净化厂电力系统

1. 电力系统的额定电压

我国规定的三相交流电网和电力设备常用的额定电压如表1-5-2所示。

表1-5-2　我国规定的三相交流电压

分　类	额定电压，kV	分　类	额定电压，kV
低压	0.22	高压	35
	0.38		110
高压	3		220
	6		330
	10		

2. 净化厂电力需求的基本要求

净化厂电力供应由国家电网或地方电网公司提供，为满足企业供电需要，必须达到以下基本要求。

（1）可靠性。供电可靠性可以用如下一系列指标加以衡量：供电可靠率、用户平均停电时间、用户平均停电次数、系统停电等效小时数。

(2) 安全性。安全性是指在电力供应、分配和使用中，不应发生人身和设备事故。

(3) 优质性。优质性是指应满足用户对电能质量的要求，主要包含对电压（表1-5-3）、频率（表1-5-4）及波形的要求等。

表1-5-3 电压允许偏差

线路额定电压	允许电压偏差	线路额定电压	允许电压偏差
35kV 及以上	±5%	220V	−0.7%、−10%
10kV 及以上	±7%		

表1-5-4 频率允许偏差

运行情况		允许频率偏差，Hz
正常运行	$30×10^4$kW 及以上电网	±0.2
	$30×10^4$kW 及以下电网	±0.5
非正常运行		±1.0

(4) 经济性。经济性是指供电系统投资、运行费用要低。

3. 净化厂供电系统的组成

净化厂的供电系统由降压变电所（站）（110kV、35kV、10kV、6kV）高压配电线路、低压配电间（0.4kV）、低压配电线路及用电设备组成。

石油、天然气净化行业内，根据《油气田变配电设计规范》（SY/T 0033—2020）要求，处理能力不小于 $400×10^4 m^3/d$ 的天然气净化厂、增压站即属于一级负荷。所以净化厂一般采用双电源供电方式，供电电压等级一般为35kV。净化厂主要用电设备包含高低压电动机、照明用电设备等。

二、变电站内电气设备

（一）变压器

变压器是利用电磁感应原理把某一等级的电压转换成为频率相同的另一种或几种等级电压的静止电器。

1. 电力变压器的分类

(1) 按电压的升降可分为升压变压器和降压变压器。
(2) 按变压器的相数可分为单相变压器和三相变压器。
(3) 按变压器的绕组可分为双绕组变压器、三绕组变压器、自耦变压器。
(4) 按变压器冷却介质分为油浸式变压器和干式变压器。

2. 电力变压器的构成

电力变压器一般为油浸式（图1-5-30），由铁芯、绕组、油箱、油枕、引出线、绝缘套管、分接开关、冷却系统、防爆装置和保护装置等部分组成。

（二）互感器

互感器属于特种变压器，包括电流互感器和电压互感器，是一次系统和二次系统的联络元件，分别向测量仪表、继电器的电压线圈和电流线圈供电，以便正确反映电气设备的正常运行和故障情况。

电压互感器（图1-5-31）精度分为六级，即0.01级、0.02级、0.2级、0.5级、1级和3级。一般情况下0.01~0.02级用于试验室的精密测量或电表校验使用；0.2级、0.5级用于计量；0.5~1级用于测量和继电保护；3级的用于非精密测量。

电流互感器（图1-5-32）精度分为五级，即0.2级、0.5级、1级、3级和10级。一般情况下，0.2级用于精密测量；0.5~1级的用于变电所的盘式电气测量仪表上；3级和10级的用于测量和继电保护。

图1-5-30　油浸式电力变压器

图1-5-31　电压互感器　　　　图1-5-32　电流互感器

（三）断路器

断路器用于正常情况下用以切断或闭合电路中的空载电流和负荷电流，当系统发生故障时在尽可能短的时间里切断过负荷电流和短路电流。按照电压等级的不同分为高压断路器和低压断路器。

1. 高压断路器

净化厂常用的高压断路器（图1-5-33）有六氟化硫断路器（SF_6断路器）、真空断路器等。

2. 低压断路器

低压断路器（图1-5-34）又称为空气开关，是净化厂内最常用的开关设备，一般和接触器、热继电器（或电动机保护器）配合使用，作为电动机等电气设备的开关保护设备。

图 1-5-33　高压断路器

(a) 塑壳断路器　　　　(b) 自动空气开关

图 1-5-34　低压断路器

（四）熔断器

熔断器（图 1-5-35）串联在电路中，当电路发生故障，故障电流显著超过熔断器额定电流时，熔体迅速熔断，从而切断电流，防止故障扩大。

(a) 跌落式熔断器　　　　(b) 圆筒帽形熔断器

图 1-5-35　熔断器

（五）负荷开关

负荷开关是一种功能介于断路器和隔离开关之间的电器，常与熔断器串联配合使用，借助熔断器来进行短路保护。图 1-5-36 为高压负荷开关。

（六）隔离开关

隔离开关用于检修期间在电路上形成有效的断开点，确保检修安全。图 1-5-37 为高压隔离开关。

图 1-5-36　高压负荷开关　　　　图 1-5-37　高压隔离开关

（七）接触器

接触器常用于电动机等电气设备一次回路中，和断路器配合使用，实现就地/远程操作、通断电流的目的，如图 1-5-38 所示。

（八）继电器

继电器主要用于二次回路中，起特殊控制保护作用，分为时间继电器、热继电器、中间继电器等。目前各厂常用继电器主要有时间继电器和中间继电器。时间继电器用于控制过程中延时动作，如图 1-5-39 所示；中间继电器用于电气信号与仪表信号联络，如图 1-5-40 所示；热继电器用于电气回路过载保护等，如图 1-5-41 所示。

图 1-5-38　接触器　　　　图 1-5-39　时间继电器

图 1-5-40　中间继电器　　　　图 1-5-41　热继电器

(九) 其他配电站内常用电气设备

1. 直流屏

直流屏是一种全新的数字化控制、保护、管理、测量的新型直流系统，工作原理就是把交流电变成直流电，为电气二次设备保护和操作机构以及指示灯提供电源。直流屏如图 1-5-42 所示。

2. EPS

正常状态下，直接由市电 220V AC 提供电能，在电源异常时，由蓄电池提供电能输出，主要为事故应急电源（EPS）等提供应急电力供应。事故应急电源如图 1-5-43 所示。

图 1-5-42　直流屏　　　　图 1-5-43　事故应急电源（EPS）

3. UPS

不间断电源（UPS）分为后备式和在线式。净化厂使用的 UPS 为在线式，在线式 UPS 正常状态下也是由市电经过整流逆变提供电能供应，电源异常时由蓄电池提供电能，可以做到无间断输出。不间断电源如图 1-5-44 所示。

4. 变频器

变频器（Variable-frequency Drive，VFD）是应用变频技术与微电子技术，通过改变电动机工作电源频率来控制交流电动机的电力控制设备。

变频器主要由整流（交流变直流）、滤波、逆变（直流变交流）、制动单元、驱动单元、检测单元微处理单元等组成。变频器靠内部 IGBT 的开断来调整输出电源的电压和频率，根据电动机的实际需要来提供其所需要的电源电压及频率，进而达到节能、调速的目的。另外，变频器还有很多的保护功能，如过流、过压、过载保护等。变频器如图 1-5-45 所示。

图 1-5-44　不间断电源（UPS）　　　图 1-5-45　变频器

5. 软启动器

软启动器是一种集电动机软启动、软停车、轻载节能和多种保护功能于一体的电动机控制装置，不仅可实现整个启动过程中无冲击而平滑地启动电动机，而且可根据电动机负载的特性来调节启动过程中的参数，如限流值、启动时间等。启动方式有：斜坡升压软启动、斜坡恒流软启动、阶跃启动、脉冲冲击启动。天然气净化厂使用的多为低压软启动器。软启动器如图 1-5-46 所示。

6. 电动机保护器

电动机保护器的作用是给电动机全面的保护控制，在电动机出现过流、欠流、断相、堵转、短路、过压、欠压、漏电、三相不平衡、过热、接地、轴承磨损、定（转）子偏心、绕组老化时予以报警或保护控制。电动机保护器如图 1-5-47 所示。

图 1-5-46　软启动器　　　图 1-5-47　电动机保护器

除以上介绍的几种之外，还有一些常用电气设备，如避雷器、微机消弧消谐装置、电能质量监控仪、电能计量仪表、电抗器、电容器、PLC 等。因篇幅有限，不在此一一介绍。

三、现场电气设备

（一）防爆、防护等级

根据《爆炸危险环境电力装置设计规范》（GB 50058—2014）的要求，天然气净化厂属于爆炸性气体环境，在净化厂装置中使用的电气设备须符合相关技术要求。下面重点介绍通行的设备防爆、防护等级。

1. 防爆等级

完整的防爆等级标记包括 4 部分，如图 1-5-48 所示。

图例中第一部分"Ex"为防爆标记。

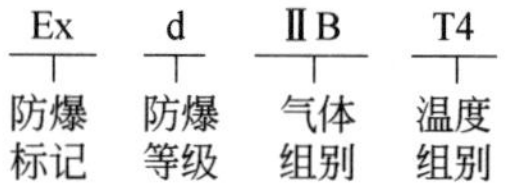

第二部分"d"为防爆等级，分别有：隔爆型"d"；增安型"e"、本质安全型 a 类"ia"；本质安全型 b 类"ib"；正压型"p"；充油型"o"；充砂型"q"；浇封型"m"。

Ex	d	ⅡB	T4
防爆标记	防爆等级	气体组别	温度组别

图 1-5-48　防爆等级标记

第三部分"ⅡB"为气体组别，分别有"Ⅰ"（煤矿用电气设备）、"ⅡA""ⅡB"和"ⅡC"（除煤矿外其他爆炸性气体环境用电气设备）。标志ⅡB 的设备可适用于ⅡA 设备的使用条件；ⅡC 可适用于ⅡA、ⅡB 的使用条件。

第四部分"T4"为温度组别，分别有"T1"至"T6"，代表电气设备表面最高温度为 450℃至 85℃，具体数值范围如下：

T1 表示：450℃<t。

T2 表示：300℃<t≤450℃。

T3 表示：200℃<t≤300℃。

T4 表示：135℃<t≤200℃。

T5 表示：100℃<t≤135℃。

T6 表示：85℃<t≤100℃。

2. 防护等级

防护等级多以 IP 后跟随两个数字来表述，数字用来明确防护的等级（如 IP55）。第一个数字表明设备抗微尘的范围，或者是人们在密封环境中免受危害的程度。Ⅰ代表防止固体异物进入的等级，最高级别是 6。具体数字代码含义参照表 1-5-5。

表 1-5-5　设备防尘等级

数字	防护范围	说　明
0	无防护	对外界的人或物无特殊的防护
1	防止大于 50mm 的固体外物侵入	防止人体（如手掌）因意外而接触到电器内部的零件，防止较大尺寸（直径大于 50mm）的外物侵入
2	防止大于 12.5mm 的固体外物侵入	防止人的手指接触到电器内部的零件，防止中等尺寸（直径大于 12.5mm）的外物侵入

续表

数字	防护范围	说明
3	防止大于 2.5mm 的固体外物侵入	防止直径或厚度大于 2.5mm 的工具、电线及类似的小型外物侵入而接触到电器内部的零件
4	防止大于 1.0mm 的固体外物侵入	防止直径或厚度大于 1.0mm 的工具、电线及类似的小型外物侵入而接触到电器内部的零件
5	防止外物及灰尘	完全防止外物侵入,虽不能完全防止灰尘侵入,但灰尘的侵入量不会影响电器的正常运作
6	防止外物及灰尘	完全防止外物及灰尘侵入

第二个数字表明设备防水的程度。P 代表防止进水的等级,最高级别是 8。具体数字代码含义参照表 1-5-6。

表 1-5-6 设备防水等级

数字	防护范围	说明
0	无防护	对水或湿气无特殊的防护
1	防止水滴侵入	垂直落下的水滴(如凝结水)不会对电器造成损坏
2	倾斜 15°时,仍可防止水滴侵入	当电器由垂直倾斜至 15°时,滴水不会对电器造成损坏
3	防止喷洒的水侵入	防雨或防止与垂直的夹角小于 60°的方向所喷洒的水侵入电器而造成损坏
4	防止飞溅的水侵入	防止各个方向飞溅而来的水侵入电器而造成损坏
5	防止喷射的水侵入	防止来自各个方向由喷嘴射出的水侵入电器而造成损坏
6	防止大浪侵入	装设于甲板上的电器,可防止因大浪的侵袭而造成的损坏
7	防止浸水时水的侵入	电器浸在水中一定时间或水压在一定的标准以下,可确保不因浸水而造成损坏
8	防止沉没时水的侵入	电器无限期沉没在指定的水压下,可确保不因浸水而造成损坏

(二)电动机

电动机是电气设备与净化、设备专业联系最为紧密的设备,电动机的运行状态直接关系到生产装置的正常生产。

1. 电动机的工作原理

电动机是指应用电磁感应原理运行的旋转电磁机械,用于实现电能向机械能的转换。运行时从电系统吸收电功率,向机械系统输出机械功率。

电动机运用的物理原理:载流导体在磁场中受到的力(安培定律)。

$$f = Bil \tag{1-5-2}$$

式中 B——磁场的磁感应强度,Wb/m^2;

i——导体中的电流,A;

l——导体的有效长度,m。

电动机按电源不同分为直流电动机和交流电动机,净化厂应用最广泛的是三相异步电动机(交流电动机)。

2. 三相异步电动机

1）三相异步电动机的主要结构

三相异步电动机示意图如图 1-5-49 所示。

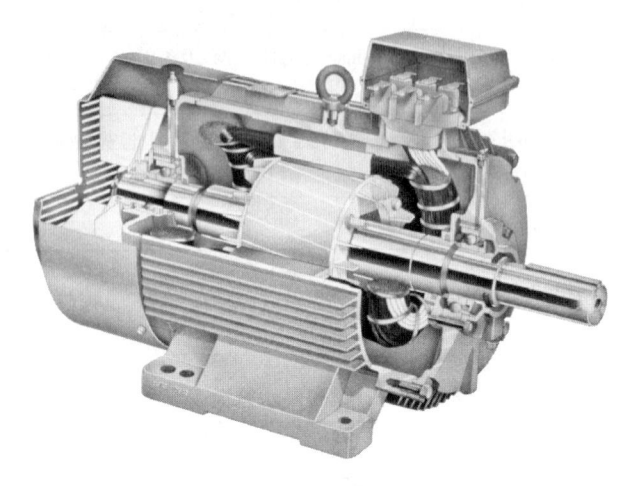

(a) 剖视图

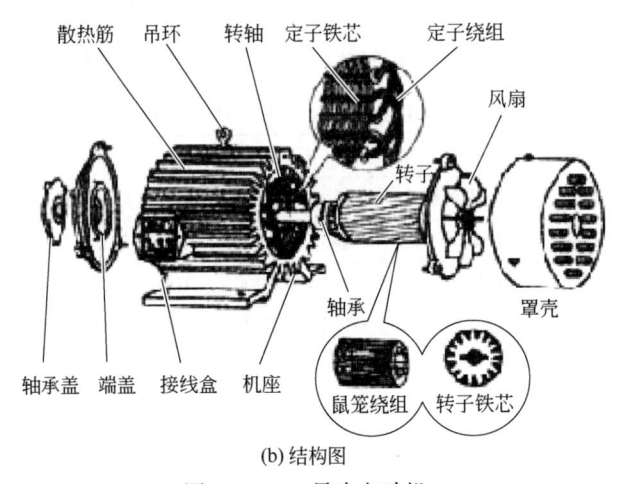

(b) 结构图

图 1-5-49 异步电动机

异步电动机由定子、转子组成，它们之间由气隙分开。定子由机座、定子铁芯和定子绕组 3 个部分组成；转子由转子铁芯、转子绕组和转轴组成。

2）三相异步电动机的主要参数

（1）额定功率 PN 指电动机在额定运行时轴上输出的机械功率，单位是 kW。

（2）额定电压 UN 指额定运行状态下加在定子绕组上的线电压，单位为 V。

（3）额定电流 IN 指电动机在定子绕组上加额定电压、轴上输出额定功率时，定子绕组中的线电流，单位为 A。

（4）额定转速 n 指电动机定子加额定频率的额定电压，且轴端输出额定功率时电动机的转速，单位为 r/min。

（5）额定功率因数 $\cos\phi$ 指电动机定子加额定负载时，定子边的功率因数。

3) 三相异步电动机常用启动方式

三相异步电动机常用启动方式主要有直接启动、自耦减压启动、Y-△启动、软启动、变频启动等。

（三）防雷接地装置

1. 雷击危害

一般常说的防雷主要是指防范雷击及其衍生灾害，主要包含以下方面：

（1）直击雷是雷云直接通过人体、建筑物或设备等对地放电。此时主要是雷电流转变成热能将物体损坏。

（2）感应雷包括静电感应和电磁感应。

（3）闪电时产生的电磁脉冲辐射。

（4）雷电过电压的（直接雷击或感应雷都可以使导线或金属管道产生过电压）。

（5）反击雷电流（雷电流在下泄过程中对其他导体放电）。

2. 雷电防护的基本方法

直击雷和雷电感应高电压及雷电电磁脉冲等的侵害渠道不同，防护措施也就不同。防直击雷主要采用接闪器、引下线、接地线、接地网和接地极等传统避雷装置，只要设计规范，安装合理，这些避雷设施是能够对构、建筑物直击雷进行有效防御的。

防直击雷装置对雷电感应高电压及雷电电磁脉冲无防护效果。为了确保电子信息设备正常工作，近年来雷电防护发展到综合防雷工程的新阶段，其基本方法是：接闪、均压、屏蔽、分流、接地、综合布线6项基本措施。

3. 防雷接地

接地分为重复接地、保护接地、工作接地、防雷接地、屏蔽接地、防静电接地等。

防雷接地是组成防雷措施的一部分，其作用是把雷电流引入大地。建筑物和电气设备主要采用避雷器（包括避雷针、避雷带、避雷网和消雷装置等）防雷。避雷器的一端与被保护设备相接，另一端连接地装置。当发生直击雷时，避雷器将雷电引向自身，雷电流经其引下线和接地装置进入大地。

净化厂的装置区防雷接地系统一般是联合接地，主装置区的接地网均与中控室地网连接。主装置区的接地网接地电阻要求 $R \leqslant 4\Omega$。

4. 防雷测试

根据规定，易燃易爆场所防雷装置每半年检测一次，检测工作要由具有相关检测资质的单位进行，检测时间一般在上半年雷雨季节前和下半年雷雨季节结束后。

四、继电保护及综合自动化系统

（一）继电保护

1. 继电保护装置的任务

供电系统中，由于各种原因难免发生各种故障和不正常运行状态，其中最常见的就是短路。供电系统发生短路时，必须迅速切除故障部分，恢复其他无故障部分的正常运行。熔断器保护和低压断路器保护就是实现短路故障保护的两种保护装置。但以上两种保护一般只适用于低压系统，在高压系统中，一般需要继电保护装置才能确保保护的灵敏度，大大提高供电可靠性。

继电保护装置的任务，一是在供电系统出现故障时，作用于前方最近的断路器或其他控制保护装置，使其迅速跳闸，切除故障部分，恢复系统其他部分的正常运行，同时发出信号，提醒运行值班人员及时处理事故；二是在供电系统出现不正常工作状态，如过负荷或故障苗头时，发出报警信号，提醒运行值班人员注意并及时处理，以免发展为故障。

2. 继电保护装置的基本要求

供电系统对继电保护装置有以下基本要求：

（1）选择性：当供电系统发生故障时，仅由离故障点最近的继电保护装置动作，切除故障，而供电系统的其他非故障部分仍能正常运行。满足这一要求的动作，称为选择性动作。

（2）速动性：为防止事故扩大，减轻短路电流对设备的危害程度，提高电力系统运行的稳定性，当供电系统发生故障时，继电保护装置应迅速切除故障。

（3）可靠性：保护装置该动作时就动作（不拒动），不该动作时不动作（不误动）。

（4）灵敏性：保护装置在其保护范围内对故障或不正常运行状态的反应能力。灵敏性通常用灵敏度系数 S_p 来衡量，S_p 越大，灵敏度系数越高，越能反应轻微故障。灵敏度系数为：

$$S_p = I_{k.\min} / I_{op.1} \tag{1-5-3}$$

式中 $I_{k.\min}$——继电保护装置保护区内在电力系统最小运行方式下的最小短路电流，A；

$I_{op.1}$——继电保护装置动作电流换算到一次电路的值，称为一次动作电流，A；

S_p——灵敏度系数。

3. 天然气净化厂常见的继电保护

（1）进线保护：设置定时限过电流保护、速断保护。

（2）母联保护：设置定时限过电流保护、速断保护。

（3）主变保护：瓦斯保护、过负荷保护、速断保护、温度保护、过电流保护、变压器油箱压力保护、零序过流保护。

（4）PT保护：PT失压报警、过压（欠压）告警、母线绝缘监测以及谐波诊断装置。

（5）低压配电回路及电动机回路：设置有速断、过载、过热、外部故障、堵转过流、相序、缺相不平衡、欠压、过压、接地或漏电等保护功能。

（二）综合自动化保护系统

利用变电站的二次设备（包括测量仪表、信号系统、继电保护、自动装置和远动装置等）中运用的计算机技术、现代电子技术、通信技术和信号处理技术，实现对全变电站的主要设备和输、配电线路的自动监视、测量、自动控制和微机保护，以及与调度通信等综合性的自动化功能的系统。基本配置如图1-5-50所示。

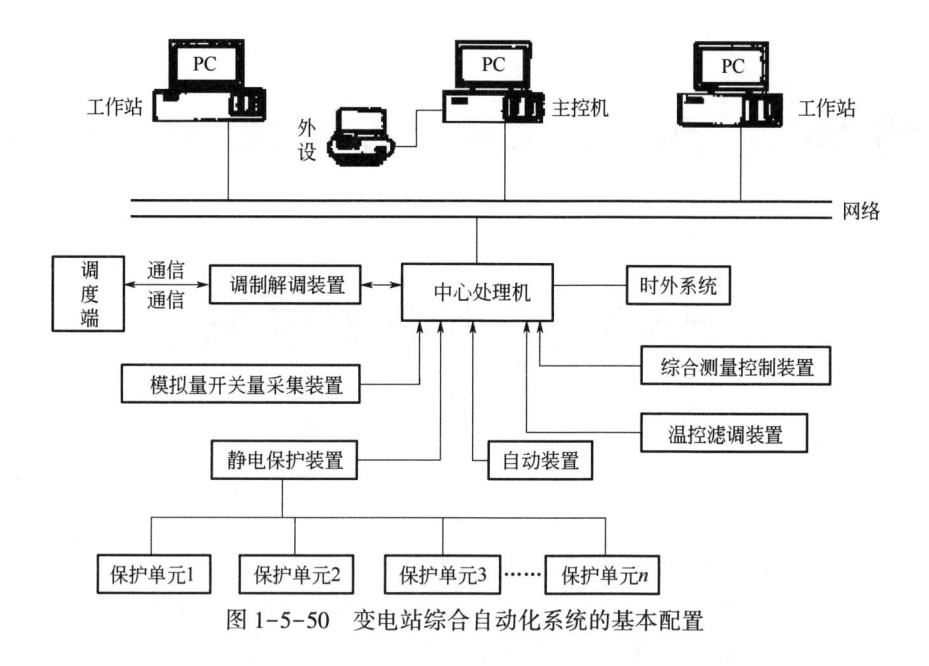

图 1-5-50 变电站综合自动化系统的基本配置

五、电气安全

（1）电气安全是以安全为目标，以电气为研究领域的应用学科，是安全领域中直接与电气相关联的科学技术与管理工程。

（2）电气安全防范措施。

① 设备安全：电气设备要有必要的保护措施（如漏电保护开关）并上锁。

② 人员安全：施工现场各类工作人员必须做到掌握安全用电基本知识和所有设备的性能。

③ 施工监督：使用设备前必须按规定穿戴和配备好相应的劳动防护用品，并检查电气装置和保护设施是否完好，严禁带病运转。

④ 管理责任：领导要对安全工作重视，对职工进行必要的安全教育，不能无证作业、冒险蛮干。

第六章 天然气净化节能基础知识

第一节 综合能耗及单耗

一、水电气单耗

天然气净化厂常以水、电、气单耗来评价能耗利用水平。
(1) 水单耗是指处理 $1\times10^4\text{m}^3$ 原料天然气所需消耗的水量，单位为 $\text{t}/10^4\text{m}^3$。
(2) 电单耗是指处理 $1\times10^4\text{m}^3$ 原料天然气所需消耗的电量，单位为 $\text{kW}\cdot\text{h}/10^4\text{m}^3$。
(3) 气单耗是指处理 $1\times10^4\text{m}^3$ 原料天然气所需消耗的燃料气量，单位为 $\text{m}^3/10^4\text{m}^3$。

表 1-6-1 为天然气净化厂水电气单耗计算方法。

表 1-6-1 天然气净化厂水电气单耗计算方法

项目名称	定义	计算方法	序号	数据名称	统计口径	单位
单位天然气净化生产损耗	天然气净化单位处理气损耗	A/B	A	天然气损耗	天然气净化厂生产天然气损耗	m^3
			B	处理气量	天然气净化厂处理气总量	10^4m^3
天然气净化生产新鲜水单耗	天然气净化单位处理气新鲜水用量	A/B	A	新鲜水用量	天然气净化厂生产及办公新鲜水消耗总量	m^3
			B	处理气量	天然气净化厂处理气总量	10^4m^3
天然气净化生产电单耗	天然气净化单位处理气电耗量	A/B	A	耗电量	天然气净化厂生产及办公电能消耗总量	$\text{kW}\cdot\text{h}$
			B	处理气量	天然气净化厂处理气总量	10^4m^3
天然气净化生产燃料气单耗	天然气净化单位处理气燃料气耗量	A/B	A	燃料气耗量	天然气净化厂生产及办公燃料气消耗总量	m^3
			B	处理气量	天然气净化厂处理气总量	10^4m^3
燃料气耗量	消耗燃料气总量	—	—		天然气净化厂生产及办公消耗燃料气总量	10^4m^3
电耗量	耗电总量	—	—		天然气净化厂生产及办公耗电总量	$10^4\text{kW}\cdot\text{h}$
新鲜水用量	报告期内，耗新鲜水总量	—	—		天然气净化厂生产及办公耗新鲜水总量	10^4m^3

二、综合能耗

（一）综合能耗的计算

装置综合能耗计算可以切实有效地指导装置节能降耗操作，确保净化装置经济运行。

综合能耗计算的能源指用能单位实际消耗的各种能源，各种能源不得重计、漏计。

综合能耗计算范围：用能单位生产活动过程中实际消耗的各种能源。

综合能耗按下式计算：

$$E = \sum (e_i p_i) \qquad (1\text{-}6\text{-}1)$$

式中　E——综合能耗；

　　　e_i——生产和服务活动中消耗的第 i 种能源实物量；

　　　p_i——第 i 种能源的折算系数，按能量的当量值或能源等价值折算。

（二）各种能源折算标准煤的原则

（1）计算综合能耗时，各种能源折算为一次能源的单位为标准煤当量。

（2）用能单位实际消耗的燃料能源应以其低（位）发热量为计算基础折算为标准煤量。低（位）发热量等于29307kJ的燃料，称为1千克标准煤（1kgce）。

（3）用能单位外购的能源和耗能工质，其能源折算系数可参照国家统计局公布的数据；用能单位自产的能源和耗能工质所消耗的能源，其能源折算系数可根据实际投入产出自行计算。

（4）当无法获得各种燃料能源的低（位）发热量实测值和单位耗能工质的耗能量时，可参照《综合能耗计算通则》的数据。

表1-6-2为天然气净化厂综合能耗计算方法。

表1-6-2　天然气净化厂综合能耗计算方法

项目名称	定义	计算方法	采集数据			
			序号	数据名称	统计口径	单位
单位天然气净化生产综合能耗	天然气净化单位处理气综合能耗	A/B	A	综合能源消耗量	天然气净化厂生产及办公能源消耗总量	kgce
			B	处理气量	天然气净化厂处理气总量	$10^4 m^3$

例：计算装置月能耗。

某硫磺回收装置×月能耗结报如下：

项目名称	原料酸气 t	硫磺 t	电 kW·h	冷却水 t	蒸汽外输 t	瓦斯 kg
累计量	1411	1101	196072	39369	2050	69000
能耗系数			0.26	0.1	66	0.95

试求此装置当月能耗（计算时候保留两位小数）。

解：

(1) 冷却水单耗=$\frac{39369}{1101}$=35.76；能耗贡献 35.76×0.1=3.58（10^4kcal/t）硫磺。

(2) 电单耗=$\frac{196072}{1101}$=178.09；能耗贡献 178.09×0.26=46.30（10^4kcal/t）硫磺。

(3) 蒸汽单耗=$\frac{-2050}{1101}$=-1.86；能耗贡献-1.86×66=-122.76（10^4kcal/t）硫磺。

(4) 瓦斯单耗=$\frac{69000}{1101}$=62.67；能耗贡献 62.67×0.95=59.54（10^4kcal/t）硫磺。

(5) 装置能耗=3.58+46.30+(-122.76)+59.54=-13.34（10^4kcal/t）硫磺。

答：此装置当月能耗为-13.34 10^4kcal/t 原料。

第二节　节能管理

一、主要用能设备

天然气净化装置能耗主要为与生产相关的天然气、电、汽油等能源，以及蒸汽、新鲜水、循环水、除盐水、蒸汽凝结水、压缩空气、氮气等载能工质的消耗。

天然气净化装置主要用能设备有机泵、风机、明火加热炉、焚烧炉、锅炉和空压机等，主要消耗能源包括电、天然气、水（蒸汽）等。天然气净化装置主要能耗情况如下：

(1) 脱硫脱碳单元重沸器，在高温低压下将 MDEA 富液中的酸性气体再生出来，需要消耗大量的蒸汽。

(2) 脱硫脱碳单元溶液循环泵，在脱硫溶剂循环时，需要通过离心泵对其加压，此过程需要消耗大量的电能。

(3) 脱水单元再生系统主要能耗为三甘醇再生提浓时，消耗大量的燃料气。

(4) 硫磺回收装置主要耗能：一是为酸气燃烧提供所需空气的风机所耗电能；二是液流保温、过程气管线伴热所需的蒸汽；三是余热锅炉上水泵和硫冷器上水泵所耗电能。

(5) 蒸汽及凝结水系统主要耗能：一是燃料气的消耗；二是锅炉正常运行时，锅炉上水泵及风机所耗的电能。

(6) 循环水系统主要为脱硫单元贫液冷却器、酸气水冷器、凝结水冷却器和脱水单元套管换热器、空压机等提供循环冷却水，主要耗能为电能及新鲜水。

(7) 空气系统、氮气系统、污水处理单元等辅助单元的能耗主要是电能，在一般情况下都较为稳定。

(8) 放空系统的能耗主要是燃料气，保持长明火。

(9) 新鲜水处理单元及消防水系统主要能耗是新鲜水。

（10）轻烃回收装置主要耗能：制冷系统通过消耗电能为天然气提供足够的冷量。

（11）尾气处理装置主要耗能：一是为酸气燃烧、尾气灼烧提供所需空气的风机所耗电能；二是溶液系统循环用泵所耗电能；三是燃烧炉所需燃料气。

二、装置运行参数优化调整

天然气净化装置在运行中要根据运行状况的变化对操作参数进行优化调整，达到节能降耗的目的，主要从水、电、气、汽等方面进行优化调整。

（一）水

（1）进入生化污水处理装置的污水 COD 浓度应控制在设计范围内，采用中水进行水质调配，利用中水进行绿化，实现中水分置利用。

（2）根据循环冷却水化验分析指标，合理排污，控制浓缩倍数为 3~5。

（3）锅炉和蒸汽冷凝器的排污按照工艺要求严格执行，控制好其连续排污和定期排污量，可以有效降低生产过程中的水消耗。

（4）蒸汽凝液密闭式回收利用，减少水消耗。

（5）检修时应对换热设备进行清洗，同时加强检修用水管理，如用清洗枪代替新鲜水清洗塔罐，推行薄膜包裹法，增设污水收集器等避免设备污染，减少设备清洗用水。

（二）电

（1）在保证硫磺回收主风机正常运行的前提下，应根据硫磺回收单元负荷变化，调整主风机进口阀开度，从而达到降低电耗的目的。

（2）每月应在用泵前对粗滤器进行一次检查、清洗，或者到了规定压差时进行清洗。

（3）每年开展溶液循环泵、风机、锅炉等重点用能设备效能监测，及时调整或更换不合格的设备，提高设备运转效率。

（4）根据季节、温度变化，及时调整酸气后冷器、贫液冷凝冷却器循环冷却水用量和启停酸气空冷风机、循环冷却水空冷风机，同时根据装置循环冷却水用量，减少循环冷却水泵的使用台数，可以有效降低生产过程中的电力消耗。

（5）间歇运行的用电设备宜根据电网的峰、谷、平电价，错峰运行。

（三）气

（1）当原料气气质、气量变化时，及时调整脱硫（碳）溶液循环量、溶液进入吸收塔的入塔层数，同时合理调整硫磺回收单元各级燃烧炉、尾气处理装置燃烧炉配风等工艺参数，满足工艺条件，加热到规定温度，减少过剩氧的出现，所用燃料气最小，使操作处于最佳状态，降低过程能量消耗。

（2）加强停工检修管理，减少原料气和酸气放空，从而节约燃料气用量。

（3）做好原料气和净化气的计量，降低输差，控制好自用气量。

（4）加强脱硫、脱水单元闪蒸操作，对脱水单元汽提废气进行回收利用。

（5）根据气象变化调整放空火炬长明火的燃料气量。

（6）根据装置蒸汽用量变化，及时调整锅炉负荷，避免蒸汽浪费，节约燃料气。

(四) 汽

(1) 在保证脱硫（碳）再生贫液合格的前提下，降低进入重沸器的蒸汽量。

(2) 定期检查蒸汽阀和蒸汽疏水器，及时更换工作不正常的阀门和疏水器，减少跑、冒、滴、漏造成的损失，提高蒸汽凝结水回收利用。

(3) 设备管线绝热工程竣工验收交付生产使用后，应对其热（冷）损失及表面温度进行测定并提出报告，同时制定绝热工程维护保养制度。操作人员应对其操作范围内设备、管道及其附件的绝热结构做经常性检查和维护保养工作。发现绝热结构有凝露、破裂、剥落，保护层有脱开及松散等现象时应及时报告有关部门进行检修，以确保绝热效果良好。

(4) 生产单位必须对绝热工作进行定期的全面检修，以确保绝热工程完整，绝热效果良好，保证装置生产稳定，节能效果显著。

三、装置节能节水关键控制点

天然气净化装置节能节水的关键控制点如下：

(1) 应建立能源消耗、化工原材料统计和能源利用的状况分析制度。

(2) 装置及主要能源设备应实施能耗定额管理，化工原材料实施处理量单耗额定管理，根据每年计划处理量对装置工艺参数进行优化，制定主要能耗、化工原材料消耗控制指标。

(3) 装置性能考核应达到设计的能耗和化工原材料消耗指标。

(4) 技术改造后或每5年应对装置进行一次性能标定和考核，根据标定结果制定新的工艺参数。

(5) 每5年对重要能耗设备进行一次节能监测，发现能耗超定额指标或能耗异常时，应及时结合生产实际，认真进行技术分析，找出原因，提出方案并及时处理。

(6) 节能节水技术改造完成后，应对装置进行重新标定和考核，制定新的工艺参数。

(7) 应建立与上下游单位的联系与协调机制。

四、装置重要能耗设备节能监测

节能监测是指依据国家有关节约能源的法律法规和能源标准，对用能单位的能源利用状况所进行的监督检查、测试和评价工作，主要包括综合节能监测和单项节能监测。综合节能监测是指对用能单位整体的能源利用状况所进行的节能监测；单项节能监测是指对用能单位能源利用状况中的部分项目所进行的监测。

天然气净化厂每5年至少进行一次装置重要能耗设备节能监测。

模块二
装置操作与维护

第一章 天然气净化主体装置操作

第一节 天然气预处理

一、装置日常操作

（一）重力分离器排油水操作

在生产过程中，要监视设备油水液位的变化情况，防止油水带入脱硫装置，污染脱硫溶液。当对其进行排油水操作时，由于夹带有高压含硫化氢天然气，危险性较大，应特别小心。下面以原料气重力分离器为例，介绍排油水操作，预处理单元的其他设备排油水操作与之类似。

（1）检查确认排油水设备完好、阀门开关状态正确。

（2）先打开重力分离器排污球阀，再缓慢打开排污截止阀，并监视重力分离器液位和油水压送罐压力、液位变化情况。

（3）当重力分离器液位降至规定值时，关闭排污截止阀和排污球阀。

（4）将油水压送罐的油水压送至储罐，并泄至常压。

（5）排油水过程中，若油水压送罐液位或压力达到规定值，应停止排油水操作，将油水压送至储罐后，根据重力分离器液位情况，继续进行排油水操作。

操作中应注意：

（1）排污阀门应缓慢打开，严禁快开或全开。

（2）密切监视重力分离器和油水压送罐液位和压力的变化情况，严防串气或严重气液夹带，避免设备发生爆炸事故。

（3）在装置正常生产排油水过程中，由于原料气分离器为高压设备，油水储罐为低压设备，因此一定要连续监视油水储罐的液位和压力变化，排油水过程中操作人员不得离开现场。

（4）操作人员应两人以上，一人操作，一人监视液位和压力变化，互相监护。

（二）过滤分离器切换操作

当过滤器的压差达到规定值时，需进行切换操作。假定原料气过滤分离器由生产运行的 A 台切换至备用的 B 台，其切换、清洗操作步骤如下：

（1）确认 B 台具备运行条件，设备正常、仪表完好等。

（2）缓慢打开 B 台进、出口阀，AB 两台并列运行。确认 B 台运行正常，缓慢关闭 A

台进口阀，A台停用。

（3）关闭A台出口阀，打开放空阀，缓慢泄压至较低压力时，关闭放空阀，打开排油阀，排净其储液筒内油水后，关闭排油阀，再打开放空阀泄压至0。

（4）导通氮气置换管线盲板，打开A台氮气阀置换，置换气排至火炬灼烧放空。

（5）取样分析合格后（H_2S含量小于15mg/m^3，CH_4体积分数小于2%），关闭放空阀和氮气阀。

（6）拆开A台检查、清洗或更换过滤元件。

（7）A台复位后，进行氮气置换，合格后关闭氮气阀，导断氮气管线盲板。

（8）建压检漏合格后，打开A台出口阀备用。

二、装置开停工操作

（一）装置正常开产

当天然气净化装置检修完成后，原料天然气预处理装置正常开产与脱硫脱水装置同步进行，其开产步骤如下：

（1）检查：检查确认检修项目完工，公用设施具备供电、供水、供气（汽）条件，所有阀门（包括与本装置有关的其他装置的阀门）处于正常开或关状态。

（2）空气吹扫：对检修之后的系统用空气进行吹扫，以便清除氧化铁、焊渣及其他杂物，吹扫气排至大气中。

（3）氮气置换：装置经检修之后，设备及管线中充满空气，在原料天然气进入系统之前，先要进行氮气置换，置换气排至大气中，各点取样分析，O_2体积分数小于2%为合格。

（4）升压检漏：按照压力等级，对所有检修过的设备及管线进行检漏。检漏前，所有阀门应处于正确的开关状态。按流程分段进行，查出漏点及时处理。

（5）进气生产：当进行完上述步骤，且脱硫脱水装置达到进气条件之后，原料天然气预处理装置进气生产。

（二）装置正常停产

当天然气净化装置需要停产检修时，原料天然气预处理装置正常停产与脱硫脱水装置同步进行，其停产步骤如下：

（1）氮气置换：对系统进行氮气置换，取样分析CH_4体积分数小于2%，H_2S含量小于15mg/m^3为合格，以避免发生爆炸和引起操作人员中毒。

（2）空气吹扫：对系统进行空气吹扫，取样分析O_2体积分数大于19.5%为合格，以保证设备内有足够的氧气，避免发生窒息死亡。

三、影响操作的主要因素

（一）分离器压力

工业实践表明，原料气气量过大，过滤分离器压差过大以及过滤器分离器内捕雾网脏堵，都可能造成分离器压力过高。

（二）原料气带液

原料气中的游离水或者饱和水、岩屑等物质会腐蚀设备、仪表、管道，甚至堵塞阀门、管线，进入净化装置后会造成塔器化学溶液的污染和泛液。为此，要进行预处理排液操作。

第二节 天然气脱硫脱碳

一、装置日常操作

（一）吸收塔操作

由于砜胺体系与H_2S是瞬时反应，而与CO_2是慢反应。在达到所需的H_2S净化度后增加塔板数实际上几乎成正比地多吸收CO_2，其结果是无论在何种气液比条件下运行，选择性总是随塔板数增加而变差，同时增加吸收塔板数不仅对选择性不利，而且在高气液比条件下还因多吸收CO_2造成对H_2S的不利影响，从而导致H_2S的净化度变差。

随着循环量的减少，净化气H_2S含量随之上升，但选择性则是相应提高。因此，在保证净化气质量的前提下，应该选择合适的循环量，以保证酸性气体质量并实现装置节能降耗。

在砜胺体系法中，选择性随着塔板层数的减少而增强，随着气液比的增加而增强。为了便于调节，吸收塔设有多个贫液进口。由于塔是在较高压力下操作，而与富液出口相连设备在低压下操作，因此必须防止出现串压事故。虽然砜胺体系水溶液与H_2S、CO_2的反应均受温度的影响，但CO_2的反应速率受温度的影响较大，提高贫液温度将加快溶液吸收CO_2的速率，但对H_2S吸收速率影响不明显，因此从选择性而言宜选用较低的吸收温度。一般贫液入塔温度控制在40℃以下。

吸收实际操作中并不是贫液温度越低越好，还要综合考虑溶液黏度、轻质烃组分的冷凝等。为防止进口气中的轻质烃组分进入溶液，导致溶液系统发泡，应保持贫液温度比进口气高5~10℃。

吸收塔日常操作中应注意以下几点：

（1）控制适宜的气液比，根据原料气气质、气量和产品气质量及时调整循环量和贫液入塔层数（吸收塔贫液进口一般设计有多个，以提高吸收塔对不同气质、气量的选择性吸收适应范围）。

（2）控制好吸收塔压力、液位。

（3）控制好溶液浓度、入塔贫液温度。

（4）注意观察吸收塔的压差，及时分析塔压差发生变化的原因，判断塔的工作情况，防止因溶液发泡或拦液而造成净化气质量超标。

(5) 调整系统压力时应缓慢进行，避免骤升骤降。

（二）再生塔操作

富液从再生塔上部进入，与塔内自下而上的蒸汽在塔内逆流接触，在富液逐渐加热过程中大部分酸性组分被汽提出来。在塔的下部变成半贫液进入重沸器加热后，返回再生塔进行气液两相分离，溶液成为贫液流入再生塔底，产生的二次蒸汽与最后解吸出的酸性组分从塔底向塔顶流动。塔顶酸气经冷却分离出其中的酸水，进入硫磺回收单元处理，酸水则回流至再生塔顶部，用于降低酸气分压和维持系统溶液组成稳定。

再生塔的操作在低压下进行，影响其再生效果的主要因素为温度。影响再生温度的因素有：富液进再生塔流量、溶液的酸气负荷、重沸器蒸汽量、酸水回流量、再生压力、富液入塔温度等，且它们之间是相互影响的。

再生塔在正常运行时，应注意以下几点：

(1) 控制好进再生塔富液流量、酸水回流量、重沸器蒸汽量，确保再生塔工况稳定，保证进入硫磺回收装置的酸气流量平稳。

(2) 平稳控制再生塔液位和压力，以免溶液循环泵发生抽空、汽蚀等故障。

(3) 控制好再生塔顶的再生温度，补充溶液和补充水时应缓慢进行，以稳定酸气量和再生贫液质量。

(4) 胺法装置再生回流比一般为3∶1~1∶1。回流比过低将影响贫液再生质量，过高将导致能耗增大，在日常操作中应保持适宜的回流比。

（三）加消泡剂

胺法脱除天然气中的酸性气体是一个气液界面间传质并发生反应的过程。当采用板式塔时，气泡从塔板上的胺液中穿过，在正常情况下气泡穿过胺液后应迅速破裂；当塔内产生致密的气泡且相当稳定而不迅速破裂时，泡沫会被气流夹带到上一层塔板。塔内的持液量增加会影响液面变化，最直观现象是塔的压降增加、液位降低，应密切监控塔的压降和液位变化。溶液发泡的原因很复杂，工业经验表明，下列物质与溶液发泡密切相关，应从溶液中清除出去：

(1) 醇胺溶液的降解产物。

(2) 溶液中悬浮的固体，如腐蚀产物硫化铁。

(3) 原料气带入溶液的烃类凝液或气田水等。

(4) 其他进入溶液的外来物，如原料气夹带的表面活性剂、阀门用的润滑脂等。

在发泡情况下，会导致脱硫效率下降、溶剂大量损失、装置处理能力下降，甚至还会引起装置停产。

向系统加入消泡剂是解决溶液严重发泡的有效措施。常用的消泡剂为聚醚、硅油、高沸点醇类和硅酮类化合物等，其表面活性大，可顶出原来的发泡剂分子，使其不能在液膜上整齐排列，从而使泡沫破裂和发泡消失。消泡剂的加入量一般为 $5\sim25\mu g/g$，不可过多，以免消泡剂在系统中积累而产生副作用。仅依赖于消泡剂并不能有效解决醇胺溶液的发泡问题，根本措施是找到胺液发泡的原因，保持溶液清洁。

消泡剂投加装置如图2-1-1所示。

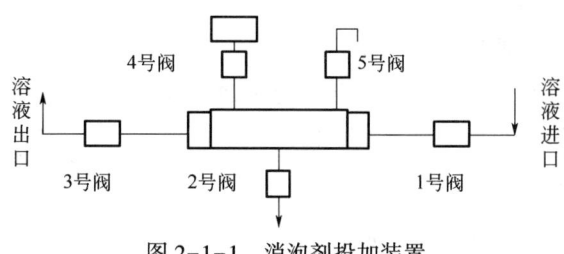

图 2-1-1　消泡剂投加装置

消泡剂投加步骤如下：
(1) 根据系统溶液量准备适量消泡剂。
(2) 将闪蒸罐液位调节阀置于手动控制，并密切监控系统各点参数变化。
(3) 打开 2 号阀，然后打开 5 号阀，将罐内溶液排放回收。
(4) 关闭 2 号阀，打开 4 号阀，将消泡剂加入罐内。
(5) 补充部分贫液至消泡剂加注罐，直至罐内气体排净为止。
(6) 关闭 4 号阀和 5 号阀。
(7) 打开 3 号出口阀后，缓慢打开 1 号进口阀，将消泡剂加入系统。
(8) 消泡剂加注时间应根据装置实际情况确定，加注完毕后关闭 1 号阀和 3 号阀。

消泡剂加入系统后，系统可能会出现吸收塔差压下降、液位上升、液位调节阀开大等现象，此时应注意如下事项：
(1) 及时调节吸收塔液位，防止串气和满液。
(2) 调整溶液循环量，防止再生塔抽空、溶液循环泵损坏。
(3) 控制好闪蒸罐的液位和压力、再生塔压力、重沸器蒸汽流量，保证再生质量，防止酸气流量波动过大。
(4) 密切监控酸水分离罐液位以及酸水回流泵的运行状况。
(5) 当塔差压恢复正常后，尽快将系统调节平稳，恢复正常生产。

(四) 补充溶液

醇胺消耗量是胺法装置的重要经济指标之一，溶液损失是由气流夹带、溶液蒸发和醇胺降解以及机械损失而引起的。通过采取平稳操作、溶液氮气保护、再生温度控制、设备维护保养，杜绝跑、冒、滴、漏等措施，可以降低溶液损失。当系统存液量减少，溶液中醇胺浓度下降，此时应向系统进行溶液补充。目前常见的溶液补充方式有以下几种：
(1) 再生塔顶部。
(2) 再生塔中部。
(3) 再生塔至重沸器半贫液管线。
(4) 再生塔底部。
(5) 再生塔底贫液出口管线。

采用上述几种方法均能实现系统溶液的补充。无论采取哪种方法，若补充溶液质量不高或补充速度过快都有可能造成贫液质量下降，导致净化度下降，甚至出现产品气不合格。在实际操作中，为降低补充溶液对系统带来的影响，应注意以下几方面：
(1) 补充溶液前，应适当增加重沸器蒸汽量。

(2) 适当调整溶液循环量。
(3) 控制好溶液补充速度。
(4) 密切监控溶液补充泵的运行情况，防止酸气或溶液倒流。
(5) 密切监控再生塔、溶液补充罐液位。

（五）补充水

溶液水含量根据溶剂类型的不同而不同。若溶液水含量过低，则溶液黏度大，换热效果变差，再生困难，被吸收的烃类含量增加；若水含量过高容易引起发泡和影响吸收效果。因此，需要合理控制溶液水含量。由于离开溶液系统的湿净化气、酸气夹带部分水，会导致溶液水含量逐渐下降，因此需要向溶液系统补充水，以维持溶液正常的水含量。

可作为溶液系统补充水的介质一般有低压蒸汽、蒸汽冷凝水、除氧水3种。无论采取哪种方式，都要防止系统补充水量过多，溶液浓度下降，影响产品气质量，并会增加系统能耗。如果系统补充水量过快，可能会使贫液质量下降，从而影响净化效果，应严格控制补充速率。

（六）操作优化

为减少物料和能量消耗，实现节能减排的目的，在装置的日常操作中应注意以下几点：

(1) 根据气质气量变化情况，及时调整溶液循环量和贫液入塔层数。
(2) 控制合理的再生温度和回流比：在保证贫液质量的前提下，尽可能控制再生温度和塔顶回流比不要太高。
(3) 加强闪蒸，保证酸气质量。
(4) 根据环境温度及原料气温度，适时调节贫液和酸气温度，可以采用部分空冷或减小冷却水用量等方法实现节能。
(5) 加强原料气和溶液过滤操作，减小系统发泡的概率。
(6) 加强装置平稳操作，杜绝装置跑、冒、滴、漏，减少溶液损失。

二、装置开停工操作

（一）装置正常开产

(1) 检查：检查确认检修项目检修完工，公用设施具备供电、供水、供气（汽）条件，所有阀门包括与本装置有关的其他装置的阀门处于正常开（关）状态。
(2) 空气吹扫：凡是经动火、动焊、更新的设备和管线，都要使用工厂风吹扫，以便清除氧化铁、焊渣及其他杂物，吹扫气排至大气中。
(3) 氮气置换：装置经检修之后，设备及管线中充满空气，在天然气进入系统之前，先要进行氮气置换，置换气排至大气中。各点取样分析，O_2含量小于2%为合格。
(4) 系统检漏：气相高压系统采用原料气或产品气按照压力等级进行试压检漏，气相中低压系统采用氮气进行试压检漏，溶液系统试压检漏在水洗过程中进行。
(5) 水洗：首先应进行工业水洗，以除去设备及管线内壁上附着的脏物，最后还应进行一次锅炉水洗，以除去清洗水中的 Ca^{2+}、Mg^{2+}、Cl^- 等有害离子，保护溶液。

（6）进溶液及冷循环：将停产时回收的溶液通过溶液补充泵打至脱硫系统，并启运溶液循环泵建立溶液循环，逐渐升温，达到正常生产运行条件。

（7）进气生产：当装置开产完成上述步骤之后，打开装置界区进出口阀，输入原料气，装置检修之后恢复生产运行。

（二）装置正常停产

胺法脱硫装置有相似的工艺流程，装置运行一段时间之后需要停产进行维护性检修，要保证检修工作的安全进行。装置的开停产有一定的共性，主要包括以下几个方面。

（1）热冷循环：将富液中的 H_2S 充分解吸出来；取样分析贫、富液样中残存的 H_2S 含量，当两者含量基本相等时，热循环结束。如果溶液温度过高，则在回收溶液时容易造成烫伤事故，因此要进行冷循环（注：当贫、富液中 H_2S 含量相近时，即 H_2S 为 0.2g/L 左右，停止热循环，将系统转入冷循环，当重沸器出口溶液温度小于 60℃时，停止冷循环）。

（2）回收溶液：将设备及管线中的溶液通过低位管线回收至溶液储罐进行储存。

（3）凝结水洗：将已制备好的冷凝水打入脱硫系统，并使之循环一段时间，将系统内残留的溶液充分回收。

（4）工业水洗：加入工业水至脱硫系统，并启动溶液循环泵进行循环，以清洗设备及管线内壁上附着的脏物，并通过排放清洗水将脏物部分带出。

（5）氮气置换：将脱硫系统设备及管线中残存的天然气加以置换，置换气排放至火炬放空系统，经燃烧后排至大气中。各点取样分析，CH_4 含量小于 2%、H_2S 含量小于 $10mg/m^3$ 为合格。

（6）空气吹扫：由于检修人员要进入设备进行检修，因此要进行空气吹扫，各点取样分析，O_2 含量不小于 19.5% 为合格。

三、影响操作的主要因素

（一）气液比

气液比是单位体积溶液处理的气体体积数，它是影响净化结果和过程经济性的首要因素，也是在操作过程中最容易调节的工艺参数。图 2-1-2 为某天然气净化厂气液比对选择性的影响（图中 S_1 表示对 H_2S 及 CO_2 脱除程度的比值；S_2 反映可获得的酸气质量，以下同）。

提高气液比可改善选择性，但受一些因素的限制，首先需要保证 H_2S 净化度。图 2-1-3 为某天然气净化厂气液比与净化气 H_2S 含量的关系。气液比上升，净化气中 H_2S 含量随之上升，因此，H_2S 的净化度决定了可操作的气液比上限。

（二）溶液浓度

图 2-1-4 给出了某天然气净化厂不同砜胺体系浓度对选择性的影响。在相同的气液比条件

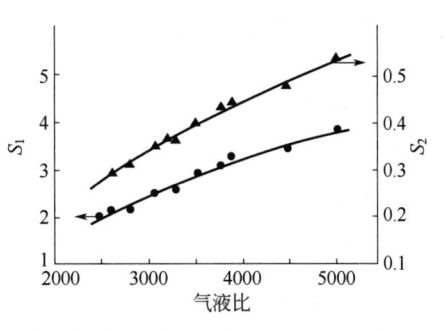

图 2-1-2　气液比对选择性的影响

下，选择性随溶液浓度上升而改善，而如果随溶液浓度升高而相应提高气液比运行时，则选择性的改善更为显著。

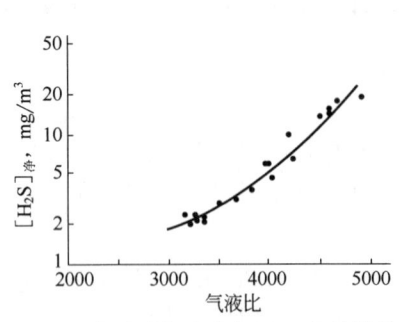

图 2-1-3　气液比与净化气 H_2S 含量的关系

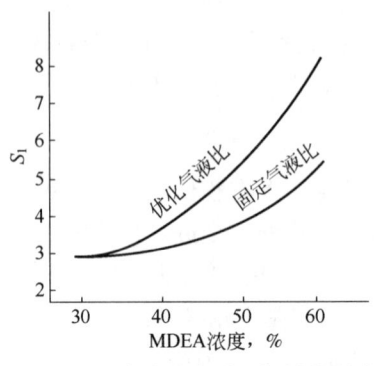

图 2-1-4　溶液浓度对选择性的影响

（三）吸收塔贫液入塔层数

砜胺体系与 H_2S 为瞬时反应，与 CO_2 为慢速反应，在吸收塔内 H_2S 浓度变化呈指数曲线，而 CO_2 浓度的变化则几乎为直线。图 2-1-5 给出了某天然气净化厂吸收塔内 H_2S 及 CO_2 浓度变化的情况。

在达到所需的 H_2S 净化度后，增加吸收塔板可几乎正比例地多吸收 CO_2，这样无论在何种气液比条件下运行，选择性随塔板数增加而变差。图 2-1-6 给出了某天然气净化厂吸收塔板数对选择性的影响。

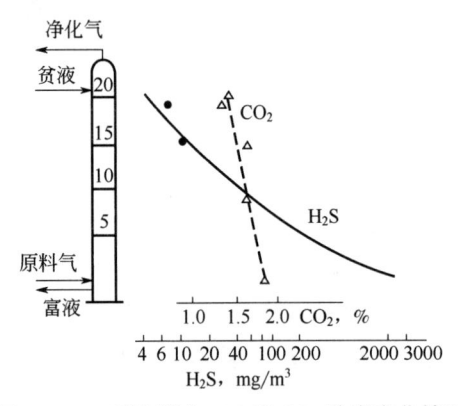

图 2-1-5　吸收塔内 H_2S 及 CO_2 浓度变化情况

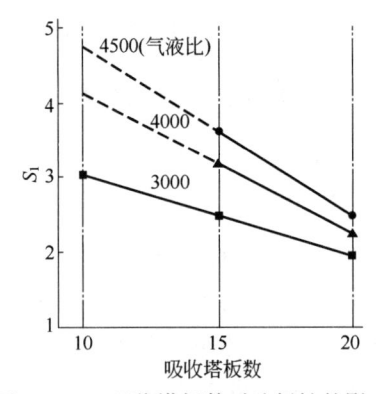

图 2-1-6　吸收塔板数对选择性的影响

增加吸收塔板数不仅对选择性不利，而且在高气液比条件下还因多吸收了 CO_2 造成对 H_2S 的不利影响，导致 H_2S 净化度变差。图 2-1-7 给出了某天然气净化厂吸收塔板数对 H_2S 净化度的影响。

（四）吸收温度

原料气温度均较贫液温度低，塔内溶液温度曲线与原料气中酸气浓度有关，如图 2-1-8 所示，当原料气酸气浓度较低时，溶液温度变化见曲线 1，酸气浓度高时见曲线 2。

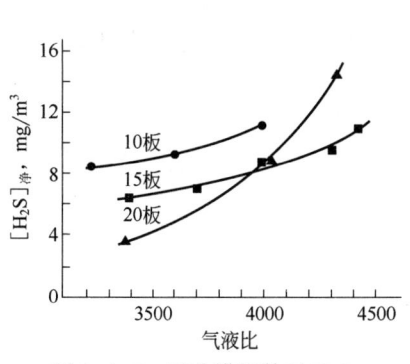

图 2-1-7 吸收塔板数对 H_2S 净化度的影响

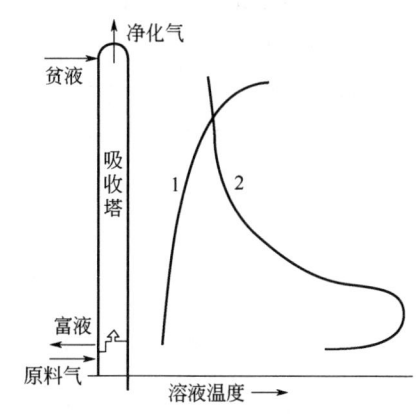

图 2-1-8 吸收塔内溶液温度曲线
1—低酸气浓度；2—高酸气浓度

不同温度下选择性情况见表 2-1-1。对选择性而言，采用较低的吸收温度为好，较低的温度还可以获得较高的负荷而采用较高的气液比。

表 2-1-1　吸收温度对选择性的影响

原料气温度，℃	贫液温度，℃	S_1	S_2
23	32	3.92	0.49
11	37	4.61	0.576

（五）吸收压力

对选择性而言，降低吸收压力有助于改善选择性。表 2-1-2 给出压力对选择性的影响。

表 2-1-2　压力对选择性的影响

吸收压力，MPa	S_1	富液 H_2S 负荷，mol/mol
4.0	3.92	0.18
1.0	4.61	0.08

随着总压或相应 CO_2 分压的降低，而对 CO_2 的传质与反应产生不利影响，从而改善选择性。不过，压力降低的同时也使溶液负荷降低，即需要在较低的气液比下运行，装置的处理能力也下降。

（六）原料气碳硫比

图 2-1-9 所示为某天然气净化厂 CO_2 浓度基本稳定，原料气碳硫比随 H_2S 浓度而变化时对选择性的影响。虽然 S_1 值不变，但 S_2 值却随碳硫比上升而下降，反映出酸气质量变差。

（七）酸气负荷

脱硫溶液的酸气负荷是影响选择性吸收效

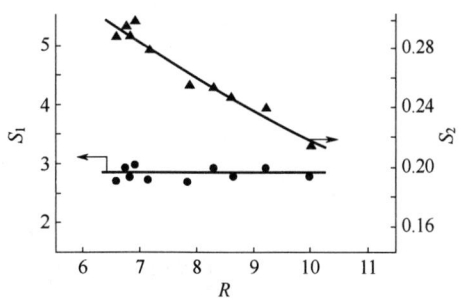

图 2-1-9 原料气碳硫比对选择性的影响

率的重要参数。在循环量固定时，酸气负荷高，气液比也高，气液接触时间减少，有利于提高选择性吸收效率。工业装置上在溶液循环量等操作条件不变时，提高砜胺体系浓度即意味着降低酸气负荷，此时 CO_2 的共吸收率也降低。图2-1-10所示为某天然气净化厂砜胺体系浓度对 CO_2 共吸收率的影响。

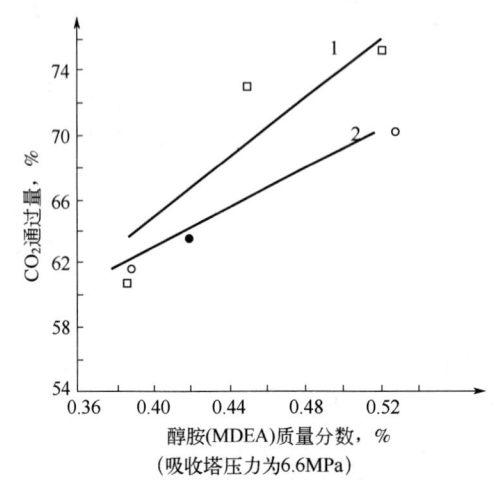

图2-1-10　溶液酸气负荷对 CO_2 共吸收率的影响

1—第10块塔板处进料，中等溶液循环量，MDEA浓度为47.4%~49.8%；
2—第10块塔板处进料，高溶液循环量，MDEA浓度为44.3%~45.2%

（八）贫液温度

砜胺体系溶液的选择性吸收性能主要受动力学因素控制，提高贫液入塔温度则加快溶液吸收 CO_2 的速率，但对 H_2S 吸收速率的影响不甚明显。因此，总的结果是贫液温度升高， CO_2 共吸收率增加（图2-1-11）。工业装置上贫液入塔温度一般应控制在45℃以下。

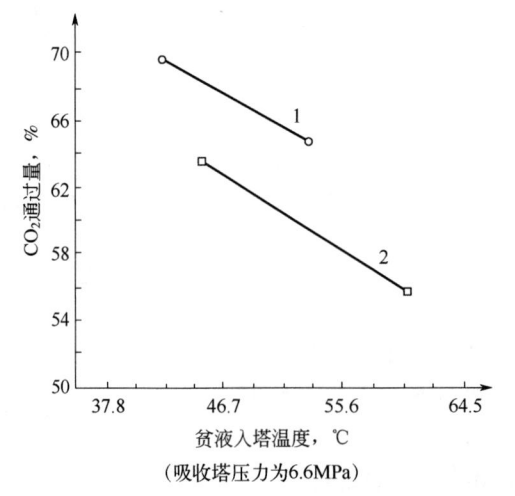

图2-1-11　贫液入塔温度对 CO_2 共吸收率的影响

1—第10块塔板处进料，低溶液循环量；2—第10块塔板处进料，中等溶液循环量

（九）再生条件

常规的 MEA 法和 DEA 法的再生塔在富液进料口以下设置 12~20 块塔板，在进料口之上设置 2~6 块水洗塔块，以减少醇胺的蒸发损失。砜胺体系比 MEA 和 DEA 容易再生，且蒸气压也较低，故再生和水洗的塔板数可适当减少。

图 2-1-12 所示为某天然气净化厂再生塔的贫液质量与净化气中 H_2S 含量的关系。操作压力和塔底温度的确定主要取决于要求的净化度。在原料气中 CO_2 体积分数不超过 3% 的情况下，仅需考虑 H_2S 的净化要求；但对于 CO_2 含量很高的原料气，则应结合考虑两者的净化要求。同时，由于砜胺体系比 MEA 和 DEA 容易再生，一般再生塔底温度控制在 117℃ 以下，与之相对应的塔顶压力为 0.17~0.18MPa（绝对压力）。

（十）回流比

贫液质量与再生塔顶回流比有关。在再生塔底温度不变的情况下，提高蒸汽流率就提高了再生塔顶的回流比，贫液中 H_2S 含量也随之下降。表 2-1-3 列出了工业装置上各种醇胺回流比控制的大致范围。

表 2-1-3　回流比与 H_2S 净化度的关系

脱硫溶剂	回流比（较高净化度）	回流比（中等净化度）
MEA	3.0	2.5
DEA	2.5	2.0
DIPA	1.8	0.9
砜胺体系	1.0	0.5~0.8

图 2-1-13 所示为砜胺体系法工业装置上测定的回流比与贫液质量的关系。

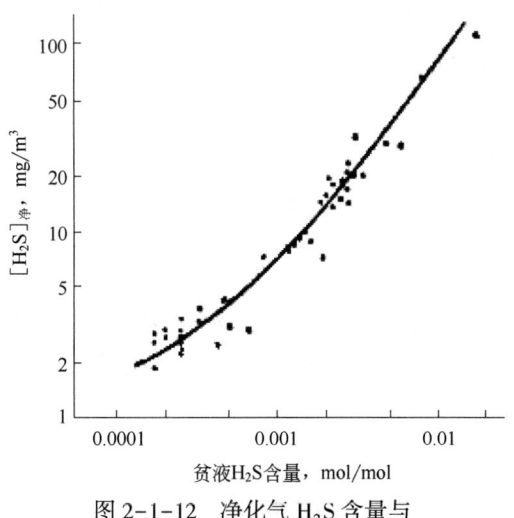

图 2-1-12　净化气 H_2S 含量与贫液 H_2S 含量的关系

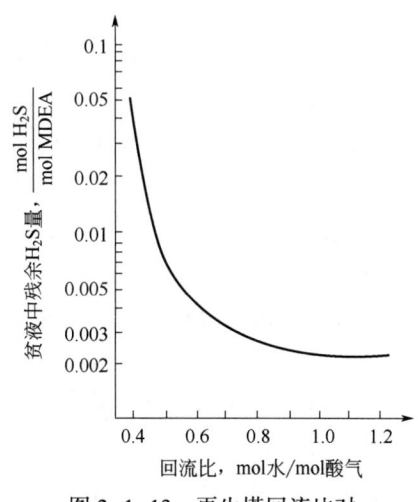

图 2-1-13　再生塔回流比对贫液质量的影响

第三节 天然气脱水

一、装置日常操作

(一) 脱水塔操作

湿净化天然气在脱水塔中的脱水效果(即露点降)随贫甘醇浓度、循环比和脱水塔塔板数(或填料高度)的增加而增加。三甘醇循环比一般为 12.5~33.3L/kg。

脱水塔脱水深度受到水在天然气-贫甘醇体系中气液平衡的限制。已知吸收温度、所要求的干气实际露点(其值一般比相应的平衡露点高 3~6℃),通过吸收塔的平衡露点、吸收温度和贫三甘醇浓度,可以确定达到所要求露点降时贫甘醇的最低浓度。不论吸收塔塔板数(或填料高度)和贫三甘醇循环比如何,低于此浓度时出塔干气就不能达到露点要求。在三甘醇循环比和贫液浓度恒定的情况下,塔板数越多,露点降越大。

脱水塔日常操作中应注意以下几点:
(1) 控制适宜的循环比。
(2) 控制脱水塔温度、压力、液位。
(3) 控制贫液浓度和贫液入塔温度。
(4) 控制产品气水含量、甘醇溶液夹带量。
(5) 调整系统压力时应缓慢进行,防止产品气夹带大量三甘醇溶液。
(6) 定期检查和回收脱水塔底部分离的液体。

(二) 再生釜操作

再生釜一般由精馏柱(包括回流冷凝器)、重沸器及缓冲罐组合而成。在重沸器与缓冲罐之间还设有贫液汽提柱,再生釜通常在常压下操作。

1. 精馏柱

由脱水塔出来并经过预热、闪蒸后的富甘醇在再生釜精馏柱和重沸器内进行再生。精馏柱顶部设有冷却盘管(回流冷却器),通过控制柱顶温度,使上升的部分水蒸气冷凝,成为柱顶冷回流。较高的精馏柱顶温度会增加甘醇的损失。较低的精馏柱温度导致更多的水冷凝,将增加再生釜的热负荷。

通过控制进入冷却盘管的富液量来实现精馏柱顶部温度的精确控制。在日常操作中,当温度低于设定值时,应及时减小进入冷却盘管的富液量,开大旁通量;当温度高于设定值时,应及时增加进入冷却盘管的富液量,减小旁通量。

2. 重沸器

重沸器的作用是提供热量将富甘醇加热到一定温度,使甘醇溶液吸收的水分汽化,甘醇溶液得到再生。重沸器一般为卧式容器,当没有其他合适热源时,天然气净化装置常采用火管加热。甘醇在高温下易分解变质,应严格控制重沸器再生温度。

重沸器日常操作应注意以下几点：
（1）三甘醇再生温度不能超过204℃。
（2）检查重沸器液位，液位下降应立即停炉检查。
（3）检查加热炉火焰燃烧状况，调整配风。
（4）清扫加热炉进风滤网，防止滤网堵塞。

3. 缓冲罐与汽提柱

再生后的热贫甘醇进入缓冲容器；部分缓冲罐内部设有换热盘管，兼作贫/富甘醇换热器。有的缓冲罐中不设换热盘管，换热器在外部单独设置。

在重沸器和缓冲罐之间的溢流管内还填充有填料，汽提气采用经过预热的产品气，从贫液汽提柱下方通入。再生汽提气经冷却分离后，灼烧排空。加入汽提气主要是为了降低重沸器气相中的水汽分压，提高三甘醇贫液浓度，使其质量分数能达到99.2%以上。

汽提气量应控制合理，过大对贫液浓度的提高无明显效果，同时还会增加天然气消耗和三甘醇损耗；过小则可能导致贫液再生质量下降，造成产品气水含量超标。

4. 明火加热炉点火

三甘醇脱水装置普遍采用明火加热方式，也有采用中压蒸汽加热或电加热方式的。采用明火加热方式时，点火操作要严格按照吹扫、点火、开气三部曲进行。点火操作常采用自动程序点火和现场手动点火。无论哪种点火操作，点火前都应对加热炉进行氮气吹扫，且吹扫时间不能太短，以保证炉内可燃气体浓度符合安全要求。

（三）往复泵操作

往复泵具有低流量、高扬程的特点，故脱水装置甘醇循环普遍采用往复泵，并可采用变频调速的方法进行三甘醇流量调节来达到节能的目的。

往复泵属于正位移泵，它的出口压力随出口管路压力的增加而增加，因此启动往复泵时，应先全开回流阀，然后启泵，通过缓慢关小回流阀将出口压力调节到系统压力时，再全开出口阀，最后全关回流阀。

（四）补充溶液

三甘醇溶液损失主要由热降解、氧化降解、溶液夹带、汽提气夹带、蒸发损失、跑冒滴漏等原因造成。对正常运行的装置，每处理$100×10^4 m^3$的天然气，三甘醇损失量通常为8~16kg，超过此范围应检查原因。通过采取平稳操作、溶液氮气保护、合理的汽提气量、再生温度控制、设备维护保养、杜绝跑、冒、滴、漏等措施，可以降低溶液损失。当系统存液量减少，应及时向系统进行溶液补充。

目前常见的溶液补充方式有：
（1）补充至重沸器。
（2）补充至缓冲罐。

上述方法均能实现系统溶液的补充。无论采取哪种方法，当补充速度过快、补充量过大时，都存在以下风险：

（1）若补充的溶液含水较高、温度较低时，溶液受热急剧汽化形成炸沸现象，三甘醇溶液随水汽带出系统，造成三甘醇损失。

（2）降低再生温度和贫液浓度，影响产品气质量。

综上所述，在进行三甘醇溶液补充时应严格控制补充速度。

（五）操作优化

（1）选择合理的操作参数。各种操作参数中，温度对三甘醇损失量的影响最大。脱水塔温度应保持在20~50℃，超过50℃后三甘醇蒸发损失量过大。严格控制再生釜的再生温度，不应超过204℃。平稳控制闪蒸压力和液位，提高闪蒸效果。合理控制汽提气量，减少溶液损失和废气排放。

（2）保持溶液清洁。

（3）加强湿净化气分离、溶液过滤、溶液保护的操作，确保溶液清洁，避免系统发泡拦液。

（4）保持系统平稳，防止大幅度波动。

二、装置开停工操作

（一）装置正常开产

（1）所有的设备、管线、仪表都检查完毕，并经过检修质量验收，具备开车运转条件；公用设施具备供水、供电、供气（汽）条件；相关的阀门处于适当的位置；TEG 以及人员、工具准备到位。

（2）对所有天然气管道进行了吹扫和氮气置换，并达到了检修和安全要求，置换气排至大气中。各点取样分析，O_2 含量小于 2% 为合格。

（3）加盲板或截止阀进行隔离，与脱硫单元一起或单独进行试压，按 1.0MPa、2.5MPa、4.0MPa 分段完成试压检漏工作。

（4）用锅炉水代替三甘醇进行冷循环，并调校仪表和控制系统。

（5）按规定补充配置合适的溶液，调整流量加压将溶液导入系统，并在脱水塔和相关容器中保持适当液位。

（6）脱水塔和闪蒸罐已经用天然气建压，脱硫单元已准备开车。

（7）开始溶液冷循环 2~4h，调整补充溶液的液位，将溶液过滤器投入使用。

（8）重沸器点火进行热循环，根据工艺温度要求调整火焰，TEG 再生温度达到 198~202℃，浓度为 99.6%。

（9）配合脱硫单元进湿净化气，调整系统压力正常后输到产品气管线。

（二）装置正常停产

（1）降低进料气量，提高三甘醇溶液循环量，并维持短时间稳定操作。

（2）产品气无流量后关闭产品气界区阀，保持热循环 2~3h 后，关燃料气，熄火进行冷循环，待重沸器温度降至65℃以下后，停止冷循环并关闭相关阀门。

（3）泄压放空气体至火炬，将系统三甘醇退入低位罐后转入储罐。

（4）与脱硫单元同步进行凝结水洗、工业水洗。

（5）与脱硫单元同步进行氮气吹扫和空气吹扫。

(6) 注意氮气置换气排放至火炬放空系统，经燃烧后排至大气中。各点取样分析，CH₄ 含量小于 2%、H₂S 含量小于 15mg/m³ 为合格。由于检修人员要进入设备进行检修，因此要进行空气吹扫，各点取样分析，O₂ 含量应不小于 19.5%。

三、影响操作的主要因素

（一）吸收压力

工业实践表明，吸收塔操作压力低于 1.7MPa 时，出塔干气露点降与操作压力关系不大，操作压力每提高 0.7MPa，露点降仅增加 0.5℃。

（二）吸收温度

吸收塔操作温度对出塔干气的露点有较大影响，但入塔气体的质量流量远大于塔内 TEG 溶液的质量流量，故可以认为吸收塔内的有效吸收温度大致与原料气的温度相当，且通常吸收塔内各部位的温度差不超过 2℃。入塔贫液温度应略高于出塔干气温度（约高 5℃），从而避免贫液在顶部塔板上升温而增加出塔干气的水含量。因此，降低出塔干气露点的主要途径是提高贫 TEG 溶液浓度和降低原料气温度，但后者在工业装置上很难采取措施，而且 TEG 溶液较黏稠，不宜在过低的温度下操作（不低于 10℃），故提高 TEG 浓度是关键因素。

（三）溶液浓度

TEG 溶液浓度是天然气脱水装置首先要确定的关键参数。图 2-1-14 所示曲线是吸收塔在不同操作温度下天然气与各种浓度 TEG 贫液接触时的水露点平衡曲线，可用以估计能达到的露点降。

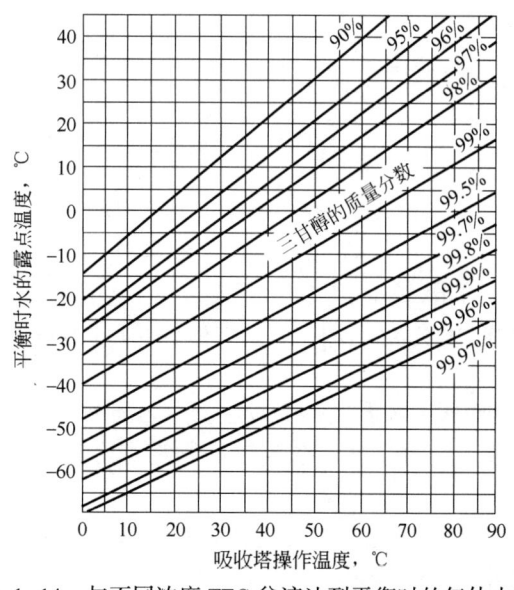

图 2-1-14 与不同浓度 TEG 贫液达到平衡时的气体水露点
（操作压力范围为 100~10000kPa）

（四）贫液循环量

确定循环量时要同时考虑贫 TEG 浓度及吸收塔（实际）塔板数，三者之间的关系如图 2-1-15 至图 2-1-17 所示。

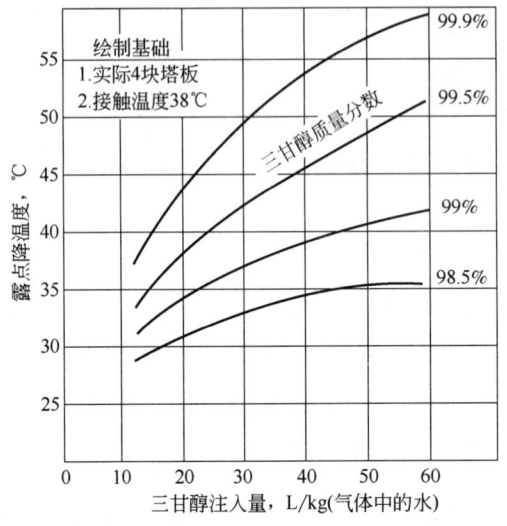

图 2-1-15　露点降与循环量的关系（$N=4$）

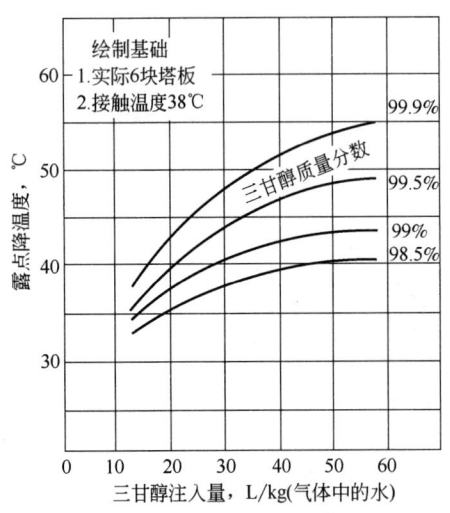

图 2-1-16　露点降与循环量的关系（$N=6$） 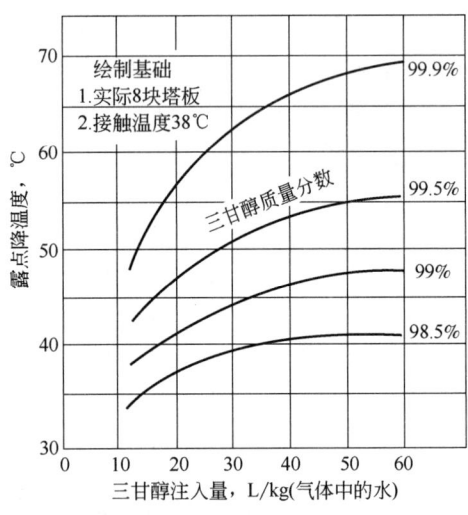　　图 2-1-17　露点降与循环量关系（$N=8$）

根据图示数据，在操作压力和温度不变时这三者之间的关系可归纳如下：

（1）循环量和塔板数固定时，TEG 浓度越高则露点降越大，通常这是提高露点降最有效的途径。

（2）循环量和 TEG 浓度固定时，塔板数越多则露点降越大，但一般情况下实际塔板数不超过 10 块。塔板效率为 25%~40%。

（3）塔板数和 TEG 浓度固定时，循环量越大则露点降越大，但循环量升高至一定值后，露点降的增加值明显减少；且循环量过大会导致重沸超负荷，动力消耗过大，故通常最高不超过 33.3L/kg（水）。

（五）溶液的洁净度

保持溶液洁净可以有效防止或减缓甘醇损失过大和设备腐蚀。可以通过控制合适的甘醇再生重沸器温度、对甘醇储罐采用微正压或氮气保护、合理控制操作参数、脱除杂质等方法保持溶液的洁净度。

四、分子筛装置日常操作

（一）分子筛吸附塔操作

（1）控制系统压力在规定范围内。

（2）平稳操作，防止气量波动较大，导致床层跳动，分子筛粉化。

（3）加强进料天然气排液操作，严禁液体进入吸附塔污染分子筛。

（4）调节燃料气流量，确保再生气温度在控制范围内。

（5）调节冷吹气流量在规定范围内，确保冷吹效果。

（6）调节再生气流量在规定范围内，确保再生效果。

（7）密切关注再生温度变化。再生过程中，进口温度是恒定的，出口温度是先缓慢上升，后上升较快的曲线。

（8）控制合适的再生温度，避免较高再生温度缩短分子筛的寿命。

（二）再生气加热炉操作

（1）控制再生气出炉温度在工艺要求范围内。

（2）调整烟道挡板开度，保持炉膛微带负压。

（3）调节燃料气和空气比例，确保天然气完全燃烧。

（4）缓慢调节燃料气和空气量，减少炉膛出口温度波动。

（5）控制好加热炉顶部温度，及时调整烟道挡板开度。

五、分子筛装置开停工操作

（一）装置正常开产

（1）检查所有阀门、安全阀、法兰、接头、温度计、液位计、压力表、人孔等是否处于良好的开工状态。

（2）开车前应用氮气置换设备、管线中的氧，要求设备内残氧含量小于2%。

（3）气密性检漏，检漏可与脱硫脱碳装置同步进行，也可单独实施。气密性检漏等级可按 1.0MPa、2.0MPa、4.0MPa、6.0MPa（或最高操作压力的 1.05 倍）逐级进行，各级检漏合格后再进行下一步检漏。

（4）系统内循环及分子筛再生，系统建压（升压速度控制在 0.1MPa/min 左右，待压力不再升高后关闭 DN50 旁通阀，系统保压至正常生产压力）；对分子筛塔再生时，也可单独对其中一个塔进行再生、另一个塔冷吹，逐个切换实施，而将另外两个可进入吸附状态的塔处于封闭状态。

（5）系统进气试运，确认系统内循环和分子筛全部再生合格后，待上游脱硫脱碳和下游装置投运正常后，可进气试运投产。

（6）系统吸附、再生和冷吹切换，按自动程序，陆续切换分子筛塔再生、冷吹和吸附程序，将整个系统自动切换运行。

（二）装置正常停产

（1）停气，关闭湿净化气进装置、产品天然气出装置界区总切断阀，关闭正在吸附的分子筛吸附塔湿净化气进、出口阀，停止吸附操作；对正在冷吹和再生的分子筛吸附塔继续冷吹和再生。

（2）正在冷吹和再生的分子筛吸附塔完成冷吹和再生后，停止冷吹和再生；开始对再生的分子筛吸附塔进行冷吹；分别对未再生的分子筛吸附塔再生，完成所有的分子筛吸附塔再生后，关闭加热炉燃料气进气阀，停止再生；完成所有的分子筛吸附塔冷吹后，停止冷吹。

（3）关闭燃料气进装置界区总切断阀；打开各设备放空阀所有设备卸压至常压。

（4）检查确认流程贯通后，缓慢打开氮气进装置阀门吹扫和置换系统，排放气排放至火炬，采用常温下用氮气在容器内建压然后降压方式置换，气体排放至火炬，重复循环直到吹扫出口氮气混合物含烃量低于2%。

（5）装置氮气吹扫和置换完毕后，接低压蒸汽临时管线，打开低压蒸汽进装置总阀，对系统设备进行吹扫，并且开启底部排污阀，让低压蒸汽凝结水排入污水系统（分子筛塔不进行蒸汽吹扫，吹扫时严禁蒸汽进入）。注意：不能一次加大吹扫蒸汽流量，而应随设备逐渐升温后再逐渐加大。

（6）连续蒸汽吹扫48h，确认所有低点排放的蒸汽凝结水均无杂质并不含油、塔顶排放口不含烃类（以分析数据为准），停止吹扫置换。注意：停止吹扫后，设备内温度降低，应防止设备呈负压而损坏设备，应及时打开设备上、下放空阀通大气。

（7）检修前应检查所有进出装置的阀门和盲板，确保阀门、盲板处于关闭状态；检修时需要对设备、管线进行特殊作业的（用火、人进入有限空间等），还应对其作业段进行专门处理。

六、影响操作的主要因素

（一）操作周期

操作周期可分为长周期和短周期两类。需达到管输天然气的露点要求时，一般采用长周期操作，即达到转效点时才进行切换；操作周期通常为8h，也有采用16h或24h。当干气的露点要求十分严格时，应采用短周期操作，即在吸附传质段前边线达到床层长度的50%~60%就进行切换，此时可能达到的干气露点如表2-1-4所示。

表 2-1-4　出吸附塔的干气露点

吸附剂	干气露点，℃
活性氧化铝	-73
硅胶	-60
分子筛	-90

（二）湿容量

吸附剂的动态平衡湿容量 X_s 除取决于吸附剂的种类、状态外，也与原料气的相对湿度和吸附操作温度有关，对于新吸附剂，其值可由图 2-1-18 查得。此图是专门用于天然气（分子筛法）脱水的，已经考虑了烃类组分在吸附剂表面的吸附竞争。对于硅胶及活性氧化铝，还必须用图 2-1-19 给出的温度系数加以校正。

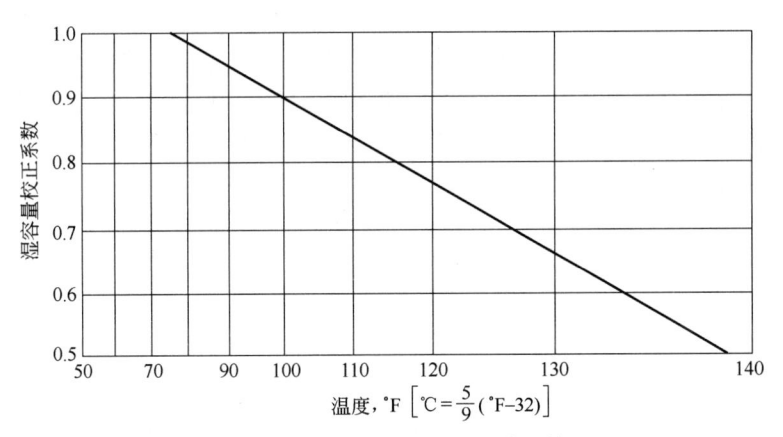

图 2-1-18　新吸附剂的 X_s 建议值

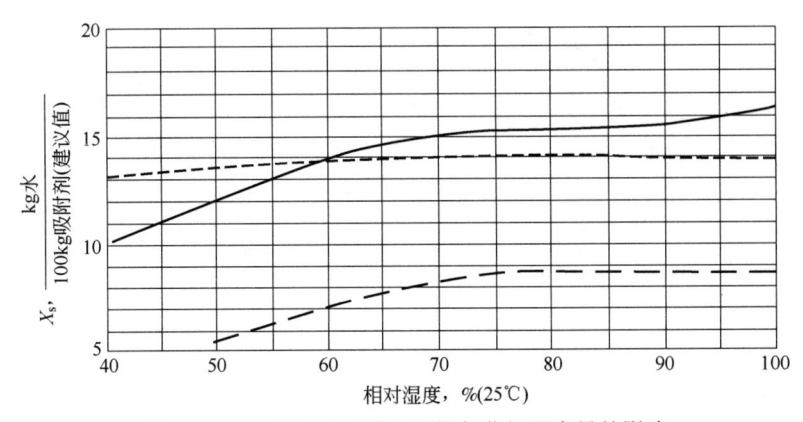

图 2-1-19　湿度对硅胶和活性氧化铝湿容量的影响

吸附剂在再生过程中因受热老化和水热老化的影响，会损失部分有效比表面积，湿容量也要下降。通常开始时下降较明显，以后逐渐趋于平缓（表 2-1-5）。

表 2-1-5　湿容量与再生次数的关系

吸附剂运转时间月	有效湿容量, %		再生次数	
	硅胶	活性氧化铝	硅胶	活性氧化铝
0	7.0	7.0	1	1
8	5.0	3.9	145	145
18	2.7	2.5	272	283
27	2.0	2.2	425	436
35	1.2	2.1	587	598

（三）再生温度

一般吸附剂的再生温度为 175~260℃。分子筛深度脱水时，再生温度可能高达 370℃，脱水干气的露点可降到 -100℃。图 2-1-20 所示为吸附器在再生过程中的温度变化曲线。曲线 1 表示进吸附器的再生气体的温度变化，曲线 2 表示再生过程中流出床层的气体温度，曲线 1 和曲线 2 之间的面积决定了传给吸附剂床层的热量。曲线 3 表示原料湿气温度，即环境温度。图 2-1-20 所示的温度与时间的关系是对操作周期为 8h 的过程而言，图示的温度—时间关系对任何操作周期在 4h 以上的再生过程皆适用。

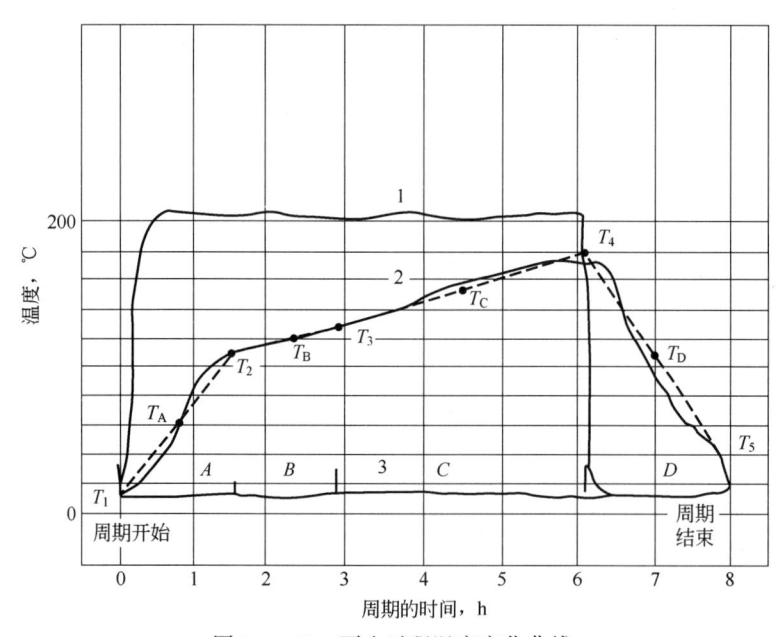

图 2-1-20　再生过程温度变化曲线

对于高压天然气脱水装置，图 2-1-20 上所示温度的一些典型数据为：T_2 约 110℃；T_3 约 127℃；T_B 约 116℃；T_4 为最高再生温度，为 175~260℃；T_H（再生热源温度，图中最大值）至少比 T_4 高 19℃，经常采用高 38℃，但很少超过 55℃。

操作周期超过 4h 时，床层出口气体温度达到 175~260℃，吸附剂一般能得到较好的再生。为脱除重烃等残余吸附物，必须加热到较高温度，但在不影响再生质量的前提下，应尽可能采用较低的温度，这样既可降低能耗，又可延长吸附剂的使用寿命。

（四）原料气的压力和温度

原料气的压力和温度应综合考虑脱水系统上下游工艺要求。温度越低，吸附效果越好，但温度不能低于水合物形成温度。压力越高，吸附效果越好，但吸附压力由下游工艺决定。在操作中应避免原料气压力波动而扰动吸附床层，特别是在塔进行切换时增压减压要缓慢。

（五）吸附剂的使用寿命

系统内出现游离水、液烃、腐蚀产物、化学剂、蜡、泥沙等杂质，将影响吸收剂湿容量和使用寿命。可通过正确操作入口分离器、尽量提高再生温度、降低再生分离器温度、使用干气再生等方法保持长效吸附。

第四节　天然气脱烃

一、装置日常操作

（一）丙烷压缩机日常操作

（1）巡检压缩机各容器液位，及时调整。

（2）装置处理量波动，需要检查压缩机各容器液位，以免液位过高联锁停机。

（3）压缩机停机保护时间 20min。

（二）丙烷压缩机启运

（1）检查压缩机各容器丙烷液位、压缩机润滑油位是否正常。

（2）根据面板上的蒸发器实际压力设定吸气压力，设定值低于实际压力 100kPa，如实际压力低于 400kPa，设定吸气压力为 300kPa。

（3）启动压缩机，不断降低吸气压力，提高压缩机负荷。每次降低吸气压力设定值为 20kPa。

（4）每次降低吸气压力后，观察蒸发器液位，待液位平稳且处于正常液位后再调整吸气压力。如蒸发器液位过高或过低，通过液位调节阀手动调节。

（5）检查压缩机声音、振动是否异常。

（三）丙烷压缩机停运

按下丙烷压缩机停机按钮即可立即停机。注意：夏季长时间停机可能会导致压缩机进气气液分离器积液而无法启动压缩机。

二、装置开停工操作

（一）装置正常开产

开车准备，本装置首次开车前应仔细检查以下项目，确认各项目合格后方可开车：

（1）氮气吹扫（置换），开车前应用氮气置换设备、管线中的氧气，要求残氧含量小于2%。

（2）气密性检漏，装置氮气置换完毕后，引入产品气，对检修时拆卸过的法兰等进行气密性检漏（无产品气时，可用高压氮气或脱硫后的湿净化气）。检漏可与脱硫脱碳装置同步进行，也可单独实施。气密性检漏等级可按1.0MPa、2.0MPa、4.0MPa、6.0MPa（或最高操作压力的1.05倍）逐级进行，各级检漏合格后再进行下一步检漏。装置用天然气检漏完毕后，压力降至正常操作压力值待命，待进天然气建压投运。

注意事项：

① 在充压、泄压的时候速度均不应过快，升降压速率小于0.3MPa/min。

② 在气密性检漏前，需根据压力容器管理要求，完成对检修过的设备或第一次投用的设备进行水压强度试压。

③ 气密性检漏通常可与上游脱水装置同步进行。

（二）装置正常停产

（1）与脱水装置、脱硫脱碳装置和调度室取得联系确认后方可停车，派一人控制湿净化气进装置旁通阀，关闭湿净化气进装置总阀，关闭产品气出装置总阀，防止产品气倒窜。

（2）停运丙烷制冷系统。液体丙烷退至丙烷罐区，泄压吹扫。丙烷制冷系统吹扫采用氮气和系统抽真空方法进行。

（3）将分离器液烃全部压入脱硫与凝析油稳定装置。

（4）对各设备和管线逐台逐条泄压放空到火炬，泄压完毕后关闭所有放空阀。

（5）逐渐开启低压蒸汽对设备进行吹扫。严格注意：不能一次加大，而应随设备逐渐升温后再逐渐加大。

（6）开启低部排污阀，让低压蒸汽凝结水排入污水系统。

（7）连续蒸汽吹扫48h，确认所有低点排放的蒸汽凝结水均无杂质并不含油，停止吹扫置换。注意：停止吹扫后，设备内温度降低，应防止设备呈负压而损坏设备，及时打开设备上、下放空阀通大气。

（8）对预冷器以及所属天然气管线应用氮气对其吹扫，吹扫气体先排至火炬，后期排至大气，使排出气体中不含烃类（以分析数据为准）为吹扫合格。

三、影响操作的主要因素

（1）取样、样品处理、组分分析和工艺计算误差。

（2）组成变化造成偏差。

(3) 运行波动造成偏差。
(4) 低温分离器分离效果较差。
(5) 脱除部分重烃有反凝析现象，其烃露点在某一范围内随压力降低反而增加。

第五节　硫磺回收

一、常规克劳斯硫磺回收

（一）装置日常操作

1. 主燃烧炉配风操作

风气比是指进入主燃烧炉的空气与酸气的体积比。假定酸气中只有 H_2S、CH_4 及 CO_2，根据酸气分析数据可计算出风气比，并用于指导硫磺回收装置的配风操作。

风气比（R）可通过下式进行计算：

$$R = \frac{0.5 y_{H_2S} + 2 y_{CH_4}}{y_{O_2}} \quad (2\text{-}1\text{-}1)$$

式中　y_{H_2S}——酸性气体中 H_2S 的摩尔分数，%；
　　　y_{CH_4}——酸性气体中 CH_4 的摩尔分数，%；
　　　y_{O_2}——空气中 O_2 的摩尔分数，%。

如果配风过多，导致主燃烧炉产生过量的 SO_2，过程气中 H_2S/SO_2 比值低于 2∶1，硫磺回收率降低。如果过剩空气进入催化反应段，将引起催化剂硫酸盐化，导致催化剂活性下降，反应器着火、超温等异常情况，此时应降低风气比。

如果配风不足，将导致主燃烧炉生成的 SO_2 不足，过程气中 H_2S/SO_2 比值高于 2∶1，也将导致硫回收率降低，过量的 H_2S 进入焚烧炉将导致尾气焚烧炉超温，此时应增加风气比。

如图 2-1-21 所示，风气比的微小偏差即空气不足或过剩，都会导致 H_2S/SO_2 比值不当，从而导致硫回收率降低，空气不足时对硫平衡转化率损失的影响更大。

为了得到较高的硫回收率，需要严格控制风气比，克劳斯装置通常设有酸气流量前馈和过程气组分反馈控制的复杂配风控制系统。

2. 酸水压送

(1) 酸气分离器酸水达到一定液位后，应及时将酸水排出，防止带入主燃烧炉。
(2) 检查酸气分离器液位和酸水压送罐液位。
(3) 检查工艺流程，确保各处阀门处于正确的开关位置，各阀门无泄漏。
(4) 打开酸水压送罐放空阀，泄压后关闭，打开气相平衡阀。

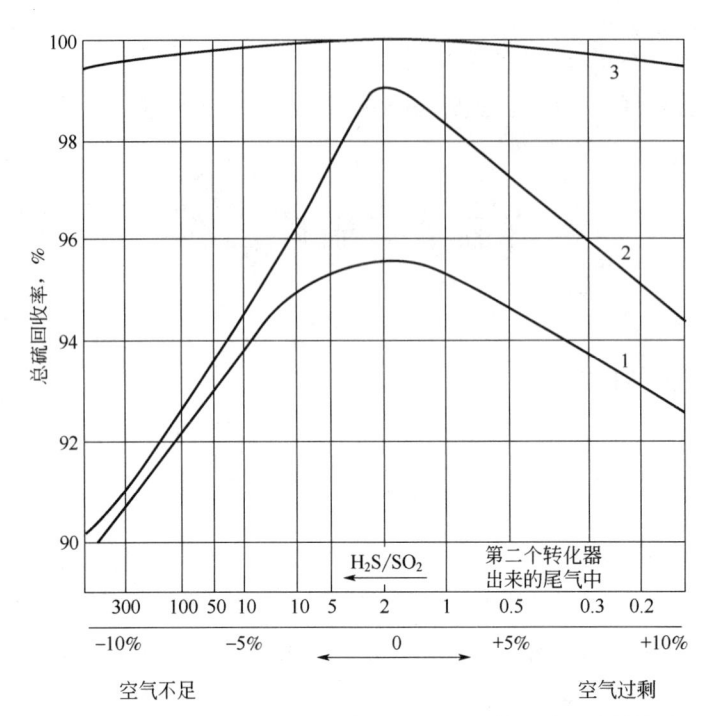

图 2-1-21　风气比不当对过程气 H_2S/SO_2 比值和硫回收的影响
1—两级转化克劳斯法；2—两级转化克劳斯法+低温克劳斯法；
3—两级克劳斯法+还原吸收法

（5）缓慢打开酸气分离器至酸水压送罐排液阀，控制好酸气分离器和酸水压送罐液位。

（6）当酸水压送罐达到高液位时，关闭酸气分液罐酸水排液阀和气相平衡阀。

（7）打开酸水压送罐氮气阀加压至工作压力，打开酸水压送阀排酸水。

（8）压送至低液位时应关闭酸水压送阀，打开放空阀将压送罐泄压后关闭。

（9）压送酸水时阀门的开关要缓慢，操作人员和监护人员应站在上风口。

（二）装置开停工操作

硫磺回收装置具有开停车程序较复杂、控制要求比较严格等特点，是天然气净化操作中的重点和难点之一，应加强硫磺回收装置开停车的管理和操作培训，确保硫磺回收装置开停车的顺利进行，保障操作人员和装置设备的安全。

1. 装置正常开产

1）硫磺回收装置开车方案

本装置在进行开产前准备工作时，应确认以下几点：

（1）检修项目全部完工，经拆卸的设备全部正确复位。

（2）本装置的仪表、电气复位合格，确认 DCS 控制系统能投入正常运行。

（3）本装置的调节阀、联锁阀"手动""自动"动作均能正确无误。

（4）公用装置已投入正常运行。

（5）现场检修设施拆除，场地清除合格。

2）检查确认硫磺回收装置情况

（1）检查酸水分离罐到尾气焚烧炉酸气、过程气流程。注意检修拆卸或更换过的部位，确认流程畅通，拆卸的保温是否恢复。

（2）检查燃料气系统。在燃料气罐引入燃料气之前，必须将所有燃料气通入各炉子和管线上的阀门（包括调节、联锁以及前后截止阀）关闭。

（3）检查确认主燃烧炉主火嘴降温蒸汽阀、各级反应器灭火蒸汽控制阀是否全部关闭。

（4）检查确认炉子点火孔、观察孔畅通，看窗清晰。

（5）检查现场所有截止阀是否处于正确位置。

3）吹扫、试压

（1）启动风机，将空气引入主燃烧炉，按工艺流程对各设备、管线进行吹扫，直至吹扫气无固体杂物为止，为了保证吹扫质量，最好采取逐级吹扫的方式。

（2）废热锅炉试水压。

① 打开废热锅炉顶部排放口阀，关闭安全阀前截止阀、蒸汽出口大阀及与外界相连的各阀。

② 将锅炉水引入废热锅炉直至排出口溢出水为止，然后关闭顶部排出口阀，控制上水，使压力升至设计压力的 1.25 倍时，关闭上水阀，确认压力是否保持稳定。

③ 对各级液硫冷凝器试水压，方法与废热锅炉相同。

④ 压缩气建压，对检修中所有拆卸或更换过的部位进行检漏。

4）保温、暖锅

（1）用蒸汽加热夹套管线、阀门以及蒸汽伴热管线，排净本单元所有保温管线内积水，直至达到正常保温为止，检查所有的疏水器功能，可用固体硫磺在液硫管线上接触看是否熔化来判断保温蒸汽是否正常。

（2）废热锅炉重新加锅炉水至40%液位，从底部引入暖锅蒸汽进行暖锅，使温度逐渐达到100℃以上，在暖锅前应打开顶部排放口阀和安全阀的截止阀。在暖锅过程中，废热锅炉的液位会不断上升，必要时可开锅炉排污阀调节锅炉液位。

5）点火、升温

（1）检查主燃烧炉和在线燃烧炉点火孔、炉头各观察孔是否畅通，玻璃看窗是否清晰可见，打开冷却用风，并进行点火枪试验。

（2）装填液硫封，确认硫封装填完成。

（3）排净主燃烧炉降温蒸汽、各级反应器灭火蒸汽管线内的积水以备用。

（4）点火前，用空气按规定吹扫时间吹扫炉膛，以保证安全点火。

（5）点火成功后，按规定升温速度要求升温；为了防止炉膛温度过高，应根据实际需要加入降温蒸汽。

（6）对大修中拆卸过的部位进行热紧固。

（7）将各级反应器升温至进气要求。

6）进气生产及参数调整

（1）当装置各点工艺参数达到进气要求后引入酸气和空气，同时慢慢关闭燃料气和降温蒸汽截止阀,及时调整配风量和各控制参数,达到正常生产。

(2) 确保液硫管线畅通,液硫封有液硫流出。若液硫管线有局部堵塞现象,应及时采取正确的处理措施。

(3) 检查酸水分液罐的液位,酸水应及时排出,严防将酸水带入主燃烧炉。

2. 装置正常停产

1) 准备工作

做好全面准备工作,联系确定好准确的停产时间。

2) 除硫

(1) 升温除硫。

在本单元停止酸气前24~48h,将各级反应器入口温度提高30~50℃,维持至酸气切断为止。

(2) 惰性气体置换除硫。

此处的惰性气体指当主燃烧器停止酸气供给时,改烧燃料气并按化学当量配比燃烧产生的气体。

① 当主燃烧器停止酸气供给时,应改烧燃料气,并按化学当量配比燃烧。在惰性气体置换操作中,为避免计量仪器误差造成空气配入过剩引燃反应器内残余可燃物,可根据实际情况调整空气和燃料气比值,并根据工艺要求按比例供给蒸汽降低炉内温度。

② 维持反应器入口温度比正常操作温度高30~50℃继续除硫。

a. 惰性气体置换保证各级液硫封出口无液硫流出为止。

b. 当液硫封无液硫流出时,蒸汽系统未停前,分别在各级液硫封取样口处接皮管,用低压蒸汽将液硫封中的残留液硫及渣滓吹扫干净。注意:在吹扫时人应远离吹扫点,以防烫伤。同时将三通阀置于关的位置。

c. 排净各级反应器灭火蒸汽凝结水备用。

(3) 过剩氧气除硫。

① 当惰性气体置换完毕后,将在线燃烧炉(若有)熄火停炉,并关闭燃料气、空气调节阀的前后截止阀及旁通阀,不得使上述气体漏入系统内。

② 继续维持主燃烧炉的燃料气燃烧,当各级反应器床层各点温度均降到200℃时,缓慢地增加主燃烧炉的空气量,使系统内过剩的O_2含量控制在0.5%~1%。此时应严密注视反应器床层各点温度不得超过230℃,若超过230℃时,应减少主燃烧炉的过剩空气供给量,以稳定或降低反应床层温度。若反应器床层温度超过350℃并仍有上升趋势时,应使用灭火氮气(或蒸汽)。床层各点温度绝不允许大于400℃。

(4) 在第二项能够正常的情况下,反应器床层温度均稳定,并呈下降趋势时,可逐步增加主燃烧炉的空气量,以使烟气中过剩O_2含量逐渐增加,此过程应缓慢进行。

(5) 在上述过程进行时,应加强对主燃烧炉燃烧情况的巡检,防止主火嘴熄火。

(6) 当上述过程进行到反应器床层各点温度降至150℃以下时,主燃烧熄火停炉,并关闭主火嘴降温蒸汽和燃料气。

3) 装置冷却

用空气继续冷吹系统,此时应严密注视床层温度,直至反应器床层各点温度降至正常值。取样分析吹扫气中 H_2S 及 SO_2 含量小于 $10mL/m^3$、O_2 体积分数大于 19.5%，分析合格后停尾气焚烧炉。

4）硫磺池液硫输送

当惰性气体置换到液硫封无液硫流出时，将液硫池中的液硫全部转入硫磺成型单元。液硫泵应投入手动运行，并安排人员现场监护，直到池子见底为止。

3. 硫磺回收装置开停车的注意事项

（1）首先硫磺回收装置应确保酸气、空气、燃料气等计量准确。

（2）在装置开车升温期间应随时注意各点参数变化，及时进行调整，禁止快速升温、严重缺风或大量过剩。若出现床层温度猛升时，说明因配风量过大，床层中的沉积硫磺燃烧所致，此时应及时调整配风量并向反应器中加入灭火氮气，无条件开灭火蒸汽，在开灭火蒸汽前应将蒸汽管中的凝结水排净后才能切入反应器。待床层温度有所下降时应及时关闭灭火氮气或蒸汽。升温过程一直要进行至正常操作所要求的温度为止，特别是反应器温度必须达到进气条件，以防止在酸气进入装置时导致大量液硫沉积在催化剂上。

（3）进酸气时要避免大的波动，要把进酸气、关燃料气、调整空气等工作协调起来，有条不紊地转入正常生产。

（4）装置在停车时，热运转要有足够的时间，应进行彻底除硫。一方面避免容器管线拆开后硫磺、硫化亚铁自燃，另一方面避免硫磺积存在催化剂中，造成催化剂板结导致装置在开车时回压太高而无法开车。

（5）装置除硫时，在反应器温度较高的情况下，不允许用空气强制降温。如果反应器中的硫磺燃烧，不仅破坏催化剂活性，而且产生大量 SO_2，造成严重污染。

（6）开停车期间主燃烧炉燃料气燃烧时，应严格控制主燃烧炉炉膛的温度，温度超高应及时引入适量降温蒸汽来降温。

二、超级克劳斯硫磺回收

（一）装置日常操作

1. 超级克劳斯反应器进口 H_2S 含量调整

克劳斯反应的化学计量比控制在 $2:1$ 时为最佳比率，超级克劳斯是在常规克劳斯段后增设了一级直接氧化段。直接氧化是在选择性催化剂的作用下和过氧环境中，将常规段来的过程气中的 H_2S 直接转化为单质硫。进入超级克劳斯反应器的过程气中 H_2S 直接氧化为硫是放热反应，若 H_2S 浓度过高，超级克劳斯反应器床层温度将会急剧升高而失控，因此必须控制过程气中的 H_2S 浓度，防止超级克劳斯反应器床层超温。进入超级克劳斯反应器的过程气中 H_2S 体积分数控制在 $0.4\% \sim 0.7\%$，规定不宜超过 1%，当超过 2% 时超级克劳斯段联锁旁路运行。由于超级克劳斯硫磺回收装置的配风由 H_2S/SO_2 比值精确控制改为 H_2S 过剩控制，风气比控制调整相对灵活。

2. 超级克劳斯氧化空气比值控制

超级克劳斯反应器内部装有铁基选择性氧化催化剂，氧化环境中缺氧会造成催化剂硫

化。硫化会使催化剂失活,配风过量会使硫收率下降,其反应机理如下:

$$Fe_2O_3 + 3H_2S \longrightarrow Fe_2S_3 + 3H_2O$$

$$Fe_2O_3 + 3H_2S \longrightarrow 2FeS + 3H_2O + S$$

$$2H_2O + 3S \longrightarrow 2H_2S + SO_2$$

氧化空气比值调节器一般设定在0.5%左右,最多不超过1%,以维持超级克劳斯段氧化环境,保证超级克劳斯段转化率最高。

3. 超级克劳斯旁路操作

超级克劳斯装置运行期间,若进入超级克劳斯反应器的过程气中H_2S浓度超过2%,或床层温度超过联锁值,以及超级克劳斯段再热炉故障等因素,超级克劳斯自动转入旁路运行。进行旁路操作时,应按以下程序进行:

(1) 旁路运行程序启动,确认超级克劳斯旁路切断阀打开,再发出正线切断阀关闭指令。

(2) 将硫磺回收装置主燃烧炉配风模式设定到常规克劳斯模式操作。

(3) 打开设置在超级再热炉过程气管线上的预热空气阀通入预热空气,带走热量以维持反应器温度。

(4) 调整超级克劳斯再热炉的燃料气量,防止再热炉烟气因无过程气流动而超温,必要时可以停运再热炉,当温度降低后再重新点火升温。

(5) 超级克劳斯旁路运行期间保证其反应器处于热备状态,旁路条件解除后及时恢复正常运行。

4. 超级冷凝器温度控制

从末级冷凝器出来的尾气温度过高将导致尾气硫雾含量增加,影响装置硫回收率;温度过低可能会导致液硫凝固堵塞系统。超级克劳斯冷凝器的温度设计控制在127℃左右,其产生的蒸汽经过空冷器冷却,冷凝水直接返回超级克劳斯冷凝器,形成密闭循环。冷却温度自动控制,通过调整空冷器风机转速或顶部百叶窗开度来实现。

(二) 装置开停工操作

与常规克劳斯开停工相似。

三、冷床吸附硫磺回收

(一) 装置日常操作

1. CBA 硫磺回收装置循环控制

当CBA反应器均以吸附模式进行操作时,硫磺回收率最高。提高CBA反应器的入口温度可以缩短再生时间,降低冷却器的出口温度可以缩短冷却时间。操作中应对吸附和再生期间CBA反应器中的温度曲线进行监控和分析,确定最佳再生时间和冷却时间,提高硫磺回收率,减少SO_2排放总量。

2. 冷凝器温度控制

当 CBA 反应器再生时，过程气旁路克劳斯冷凝器、克劳斯冷凝器基本不产生低低压蒸汽，造成低低压蒸汽系统压力偏低，克劳斯冷凝器及 CBA 冷凝器温度偏低。严重时，可能造成克劳斯冷凝器及 CBA 冷凝器液硫凝固堵塞，此时，可通过暖锅蒸汽管线向冷凝器通入低压蒸汽提高温度。

（二）装置开停工操作

1. 装置正常开产

1）检查确认

（1）全面细致检查各项检修项目是否完工，设备是否全部复位。

（2）反复检查仪表和所有阀门所处状态，调节阀、联锁阀动作应符合要求，手动阀应开关灵活。

（3）本装置的仪表、电气复位合格，确认 DCS 控制系统能投入正常运行。

（4）检查过程气、蒸汽流程是否畅通。

2）吹扫、试压

（1）系统吹扫。

吹扫前，应关闭所有仪表引压管切断阀和安全阀的切断阀，拆除计量孔板、仪表计量及调节阀等。

启动主风机，空气经流量调节阀控制最大量引入主燃烧炉对整个系统的设备和管线进行吹扫，直到无固体杂物为止。

（2）系统试压。

① 废热锅炉、各级冷凝器试压。

关闭安全阀前截止阀，关闭蒸汽出口大阀及与外界相连的各阀，打开顶部排气阀，将废热锅炉灌满水之后，关闭顶部排气阀；控制上水，使压力升至设计压力的 1.25 倍时，关闭上水阀，稳压时间不小于 10min，再降低至设计压力，稳压 30min 以上；观察所有法兰连接、人孔、仪表接头、阀门密封填料等处有无泄漏，如有泄漏，进行整改，直到不漏为止。

② 酸气、燃烧炉和过程气部分试压。

关闭各硫磺冷凝器至液硫封的球阀，将三通阀都转入角通位置，使整个系统都处于闭合状态。打开酸气管线上的联锁阀和调节阀，将系统升压至 0.1MPa，对整个系统进行试压检漏。

3）保温、暖锅

（1）排净所有伴热保温、夹套蒸汽管线内的积水，打开蒸汽入口总阀，检查确认所有疏水器完好，直至达到正常保温为止。

（2）向废热锅炉、硫冷器上锅炉水至 40% 液位，从底部引入暖锅蒸汽进行暖锅，使温度逐渐达到 100℃ 以上。

4）点火、升温

（1）检查酸气燃烧器、主燃烧炉、焚烧炉炉头观察孔是否畅通，玻璃看窗是否清晰可见，并进行点火枪试验。

（2）焚烧炉点火，控制好焚烧炉炉膛负压和燃料气流量，严格按烘炉曲线进行升温，直到达到进气条件。

（3）启动主风机，按点火程序点燃燃烧器，按照烘炉曲线进行升温，待主燃烧炉火焰稳定后，打开点火孔、观察孔、火焰监测器和炉膛热电偶的保护气。

（4）升温过程中，当烘炉进入高温阶段稳定时，要及时引入降温蒸汽，严禁炉膛超温。废热锅炉和各硫冷凝器液位逐渐投入自动控制，同时将所产生的蒸汽送入蒸汽管网。

5）进气生产和参数调整

待主燃烧炉和所有反应器接近正常工作温度后，且酸气有压力后，主燃烧炉燃烧可由燃料气切换至酸气，装置逐渐恢复生产。密切关注 2:1 在线分析仪情况及尾气分析仪 SO_2 浓度，及时调整配风。进气后，应检查各级液硫封液硫流出情况，判断液硫是否正常。

2. 装置正常停产

1）酸气除硫

停工前 24~48h 将 CBA 程序切换至手动操作，从一级 CBA 反应器开始依次进行升温除硫工作，当一级 CBA 冷凝器出口无液硫流出后，切换至二级 CBA 反应器开始除硫，当二级 CBA 冷凝器出口无液硫流出后，切换至三级 CBA 反应器开始除硫，当三级 CBA 冷凝器出口无液硫流出后，酸气除硫完毕。

2）惰性气体除硫

（1）原料气大阀关闭后，脱硫系统产生的酸气逐渐减少，此时要缓慢加入燃料气，直至酸气停止。空气按化学当量进行配比，主燃烧炉温度不应高于 1315℃。

（2）燃料气燃烧稳定后，打开热旁通阀，提高克劳斯反应器的入口温度。开始依次对克劳斯反应器及各级 CBA 反应器除硫，直至各级液硫封无液硫流出为止。

3）过剩氧气除硫

（1）逐渐降低主燃烧炉燃料气流量、空气流量、降温蒸汽流量，但仍需维持在化学当量燃烧。当各级反应器床层温度降到 200℃ 时（参考值），缓慢地增加配风量，使系统内过剩氧含量控制在 0.5%~1%（体积分数）。此时应严密监控反应器床层温度不得超 230℃，若超过 230℃，应立即减少配风量。若反应器床层温度超过 350℃，并仍有上升趋势，应用氮气灭火。

（2）当反应器床层温度稳定并呈下降趋势时，可逐渐增加主燃烧炉空气量，使烟气中过剩氧含量逐渐增加。

（3）关闭预热器及再热器的高压蒸汽温度调节阀前后截止阀，关闭高压蒸汽凝结水出口阀，逐渐调节高压蒸汽系统压力与低压蒸汽系统压力持平。

（4）当上述过程进行到反应器床层各点温度降至 150℃ 以下时，主燃烧炉熄火停炉，并关闭主火嘴降温蒸汽和燃料气。同时，关闭过程气保温蒸汽，打开低点排污甩头进行泄压。

4）装置冷却

（1）继续引入空气冷吹系统，直至各反应器床层温度降至正常值。并取样分析吹扫气中 H_2S 及 SO_2 含量、O_2 含量，分析合格后停运主风机。

（2）关闭各冷吹气，同时关闭废热锅炉和各级硫冷器蒸汽出口大阀，停运蒸汽空冷器，同时打开高压蒸汽、低低压蒸汽低点排污甩头、排空甩头进行泄压。

(3) 停运尾气焚烧炉 H-1404。

四、中国石油集团硫磺回收工艺

（一）装置日常操作

该工艺日常操作与 CBA 工艺基本类似，不同之处在于：

(1) 气-气换热器：主燃烧炉后余热锅炉出来的高温过程气，经气-气换热器管程后进入热段硫磺冷凝冷却器分离出液硫，过程气进入气-气换热器壳程被加热，进入克劳斯反应器。通过控制气-气换热器冷、热旁通阀，调节克劳斯反应器入口温度。

(2) 再生气加热器：CPS 反应器再生时，出克劳斯硫磺冷凝器的过程气进入再生气加热器，经尾气焚烧炉尾端高温烟气加热，加热后的过程气作为 CPS 反应器再生热源；CPS 反应器吸附时，出克劳斯硫磺冷凝器的过程气不进入再生气加热器。该过程通过 2 个程序控制阀自动控制。

（二）装置开停工操作

该工艺装置开停工操作与 CBA 工艺一致。

五、影响操作的主要因素

燃烧炉和反应器是硫磺回收装置反应的主要场所，它们的操作直接影响硫磺回收率。影响硫磺回收操作的因素是多方面的，主要包括原料酸气量及质量、催化剂的活性、燃烧炉的配风、装置伴热及保温、仪表测量及控制的好坏等。

（一）燃烧炉

1. 燃烧炉内的主要反应

如图 2-1-22 所示，由于 Claus 装置的原料酸气中含有 CO_2、烃类、NH_3 等各种杂质组分，导致其燃烧反应产物的组成相当复杂。

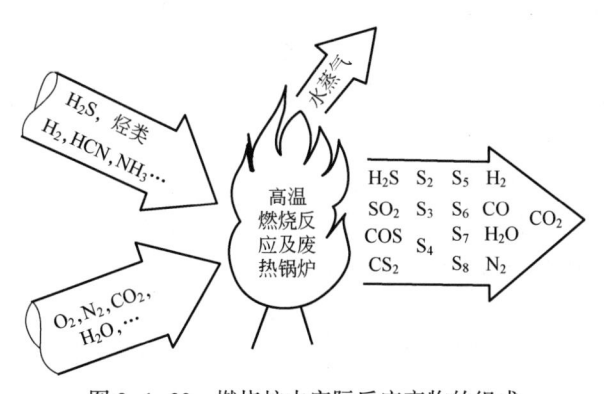

图 2-1-22 燃烧炉内实际反应产物的组成

除了发生克劳斯反应外，实际还有生成 H_2、CO、COS 及 CS_2 等的副反应。就热力学平衡而言，燃烧炉内的COS平衡浓度不过处于10^{-6}级水平，但CS_2的浓度要高一些。但炉内的实际浓度常常远高于平衡值。酸气中CO_2及丙烷浓度对有机硫生成率的影响，大体上丙烷增加1%，有机硫生成率上升0.8%~1.5%；CO_2上升10%，有机硫生成率增加1.0%~1.8%，且二者有协同作用，如图2-1-23所示。燃烧炉内COS及CS_2的生成率见图2-1-24。

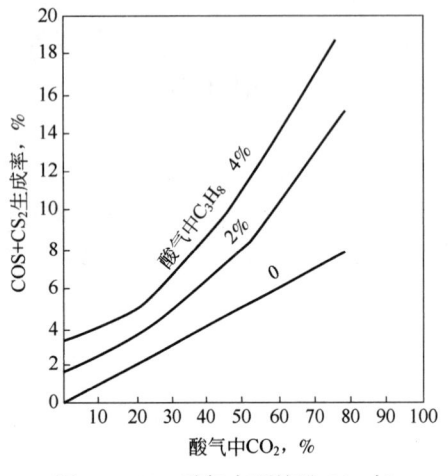

图2-1-23　酸气中丙烷及CO_2与有机硫生成率的关系

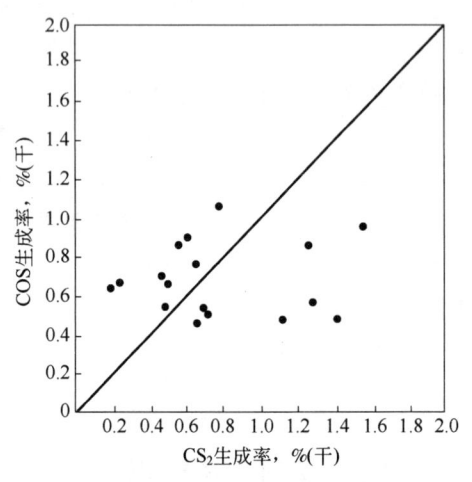

图2-1-24　一些克劳斯燃烧炉的有机硫生成率

当酸气中H_2S摩尔分数为30%~50%，如采用分流工艺，H_2S完全燃烧为SO_2，则由于炉温过高，炉壁的耐火材料将难以承受。此时可将进入燃烧炉的酸气量提高至1/3以上来控制炉温，该非常规分流工艺在燃烧炉内有部分硫生产，从而可减轻催化段的转化负荷，但由于余热锅炉后不经冷凝冷却即与余下的酸气一起进入转化段，过程气中的硫蒸气也将影响转化效率。图2-1-25给出了不同酸气H_2S浓度下可安排的酸气入炉率。

2. 炉温影响因素与解决措施

燃烧炉是克劳斯法工艺中最重要的设备，它的功能有3个：

（1）将原料酸气中占总量1/3的H_2S转化为SO_2。
（2）尽可能地分解掉原料酸气中所含的重烃、芳香烃和NH_3等杂质组分。
（3）作为热反应段回收硫磺。

因此，要充分发挥燃烧炉的上述功能，在实际生产过程中操作要点也有3个：

（1）过程气在炉内应有合适的停留时间，转化率与停留时间的关系见图2-1-26。
（2）酸气与空气在燃烧器内形成湍流而充分混合。
（3）燃烧炉应达到足够高的温度以维持稳定的火焰。

前面两个要点主要取决于燃烧炉及燃烧器的设计与制造，影响燃烧炉温度的因素很多，但主要与原料酸气中H_2S的含量有关。

有研究者对一系列H_2S含量不同的克劳斯装置的燃烧炉温度进行了现场测定，同时利用Sulsim5模拟软件进行了酸气中H_2S含量与炉温关系的计算（图2-1-27）。

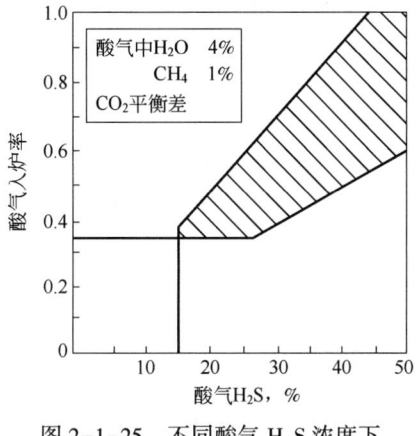

图 2-1-25　不同酸气 H_2S 浓度下可安排的酸气入炉率

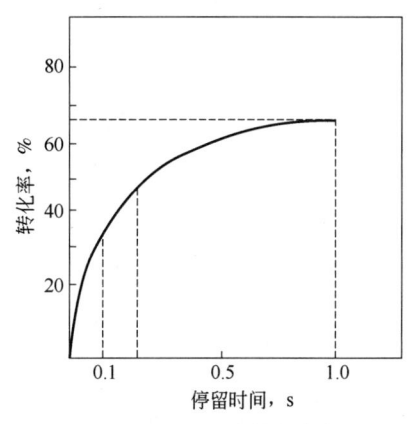

图 2-1-26　炉内转化率与停留时间的关系

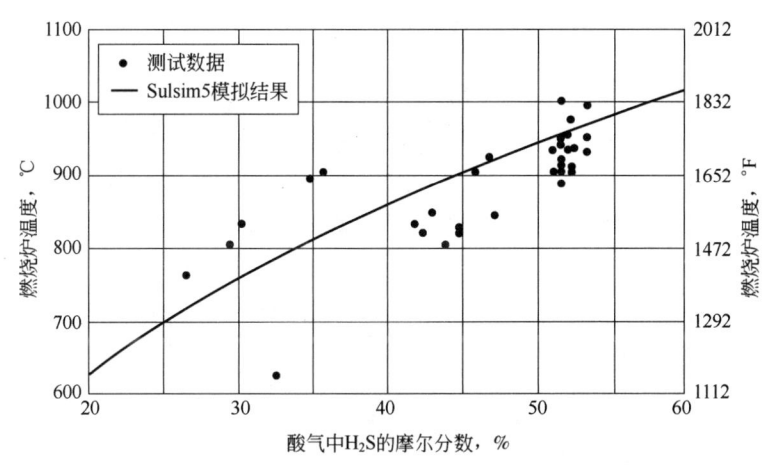

图 2-1-27　原料酸气中 H_2S 含量对燃烧炉温度的影响

图 2-1-28 则给出了直流法和分流法的理论火焰温度。各种烃类在不同炉温下的分解情况，其主要测定结果见图 2-1-29。

上述表明，对于 H_2S 含量在 60%（摩尔分数）以下且含有一定量芳香烃，或 H_2S 含量在 50% 以下含有一定量 $C_1 \sim C_6$ 直链饱和烃的原料酸气皆存在"烃类穿透"的风险。解决途径有 3 个：从原料气中脱除芳香烃；改进上游装置操作；提高燃烧炉温度。

1）掺入燃料气

图 2-1-30 所示为 Sulsim 软件的模拟计算结果（由于热损失致炉温约有 30℃ 的误差）。图中数据表明，根据原料酸气中 H_2S 含量不同，每掺入相当于 1%（摩尔分数）酸气流量的燃料气时，炉温可提高 30~50℃。但是，此方法即使对于 H_2S 含量为 40%（摩尔分数）的酸气也难以使炉温提高至 1050℃ 以上；同时由于大量烃类进入原料气将导致 CS_2 在炉内的生成量急剧增加，也由于大量空气进入燃烧炉而使装置的处理量下降（图 2-1-31）。因此，通常不推荐在原料酸气中掺入燃料气的方法来防止"烃类穿透"。

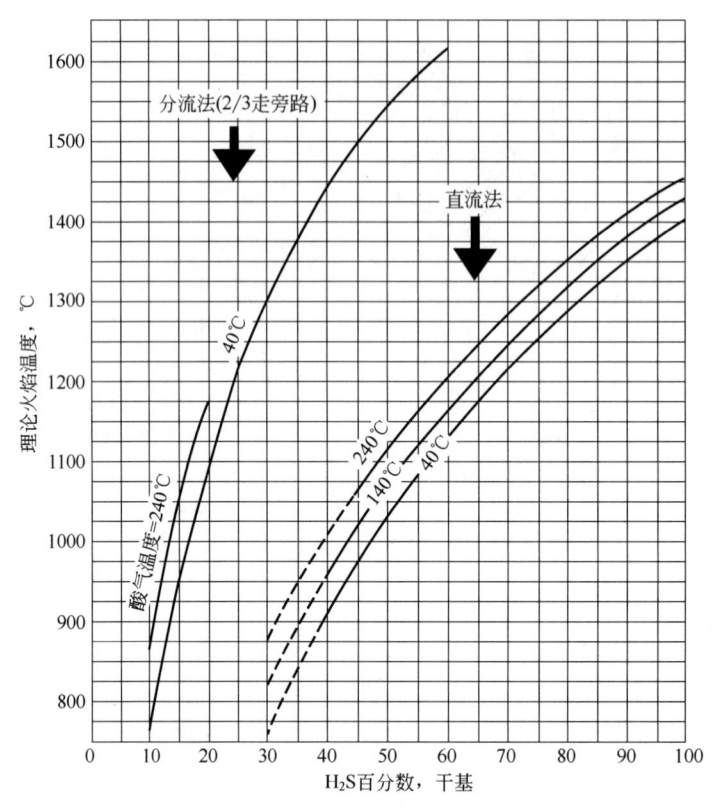

图 2-1-28 直流法和分流法的理论火焰温度

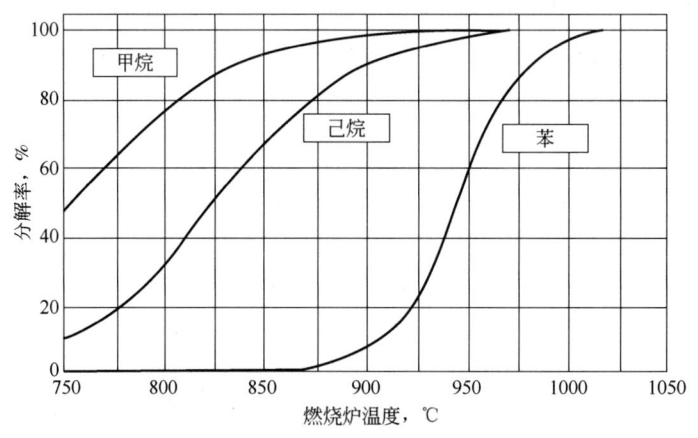

图 2-1-29 燃烧炉温度对烃类分解的影响

2) 酸气和空气预热

(1) 间接预热。

图 2-1-32 所示为不同 H_2S 含量的原料酸气、空气和酸气预热温度对炉温的影响。图示数据表明，除对于 H_2S 含量为 50%（摩尔分数）的原料酸气外，对于其他两种原料酸气，即使空气和酸气的预热温度达到 250℃，其炉温也还远低于 1050℃。天然气净化厂硫磺回收工艺中的冷床吸附（CBA）硫磺回收、中国石油集团硫磺回收（CPS）技术、亚露点（Clinsulf-SDP）硫磺回收技术均是采用此方法来保证炉温。

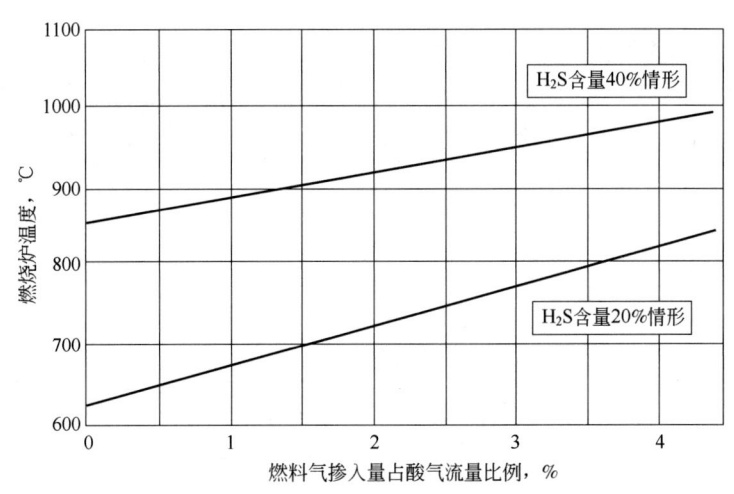

图 2-1-30　燃料气掺入量对炉温的影响（1）

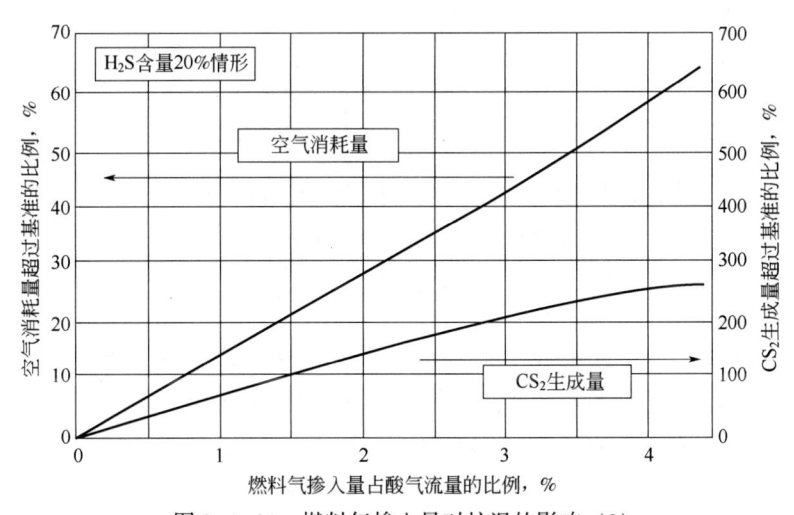

图 2-1-31　燃料气掺入量对炉温的影响（2）

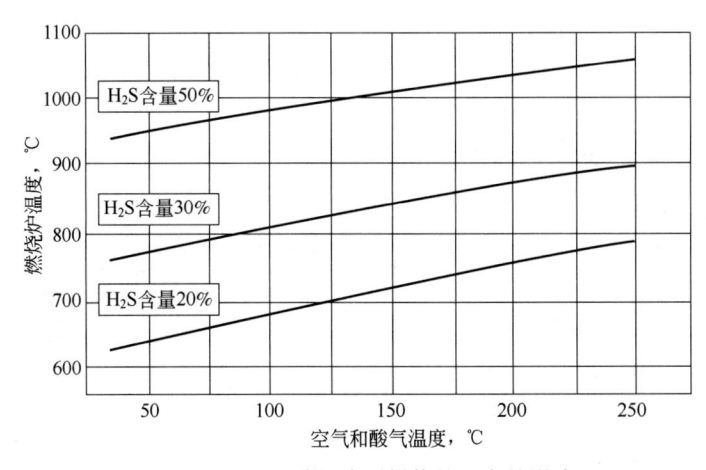

图 2-1-32　预热温度对燃烧炉温度的影响

（2）直接预热。

图 2-1-33 所示为原料气中 H_2S 含量为 40%（摩尔分数）时，直接预热用的燃料气量与空气预热温度及燃烧炉温度的关系。图示数据表明，在此工况条件下燃烧约相当于酸气总量 1% 的燃料气时，即可使工艺空气预热至 300℃，从而使炉温由 890℃ 提高至 930℃。

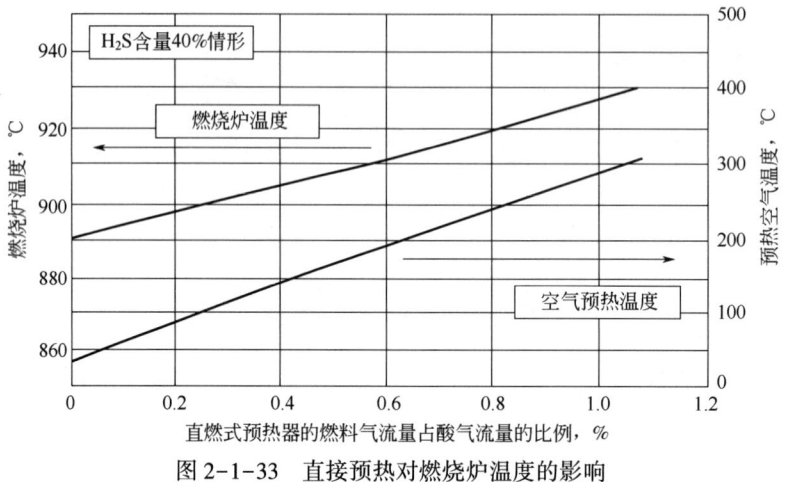

图 2-1-33 直接预热对燃烧炉温度的影响

与图 2-1-33 所示的数据比较可以看出，在燃料气用量相同的条件下，采用直接预热燃烧器的效率远高于燃料气掺入原料气的方法。但由于受空气管线金属材质的限制，空气的预热温度也不宜超过 300℃，因而此方法实际上适合炉温需要升高约 40℃ 的场合。

3）使用富氧空气

图 2-1-34 所示为使用富氧空气对燃烧炉温度影响的 Sulsim 软件模拟结果，数据表明富氧空气中的氧浓度每提高 10%（摩尔分数），炉温即可提高 25~50℃，故对于多数原料酸气而言，均有可能将炉温提高至 1050℃ 以上。利用此方法，国外现已工业化的富氧克劳斯工艺有富氧克劳斯扩能工艺（COPE）、无约束克劳斯扩能工艺（NoTICE）和使用变压吸附取得富氧空气的 PS Claus 工艺。

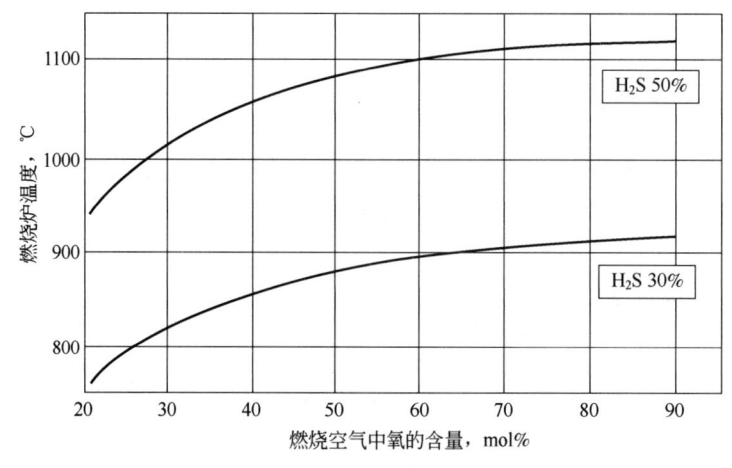

图 2-1-34 使用富氧空气对燃烧炉温度的影响

4）酸汽提浓

将脱硫脱碳单元来的酸气再进行选择性吸收，脱除酸气中部分 CO_2，从而达到提高酸气中 H_2S 浓度的目的。

（二）反应器

1. 反应器温度

过程气进一级反应器的温度通常应达到 230~250℃，若过程气进口温度降到 205~220℃时，有机硫的水解效率将相应地降到 60%~80%。

二级和三级反应器应采用尽可能低的操作温度，但同时又必须防止液硫在催化剂孔隙中冷凝而导致其失活。一般要求离开催化剂床层底部的过程气温度比相应条件下计算的硫露点温度至少高 11~14℃。

根据工业经验，二级反应器过程气的进口温度应为 205~210℃，而三级反应器则为 195~200℃。当过程气进口温度比上述要求温度低 3~60℃时，三级反应器中的催化剂在几周时间内就可能发生失活，然后整个装置的硫回收率降至二级转化的水平。

此外，对于一些小型硫磺回收装置，可以采取外部补热的方式，不仅维持反应炉内的温度在一定的水平上，同时也使其他管线、设备等维持需要的温度，以确保得到较高的硫收率。

2. 酸气浓度

相同条件下，不同级数反应器在不同酸气浓度下的总回收率如图 2-1-35 所示，反应进度、转化率随床层深度的变化趋势如图 2-1-36 和图 2-1-37 所示。

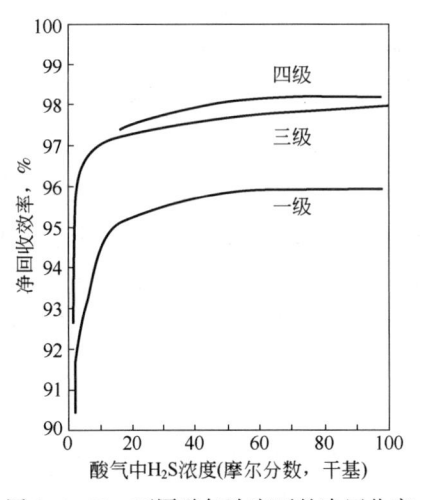

图 2-1-35　不同酸气浓度下的净回收率

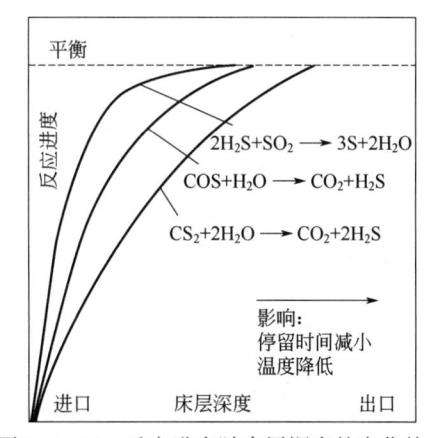

图 2-1-36　反应进度随床层深度的变化趋势

3. 酸气组分

1）二氧化碳

原料气中一般都含有 CO_2，它不仅起稀释作用，也会和 H_2S 在反应炉内反应而生成 COS、CS_2，这两种作用都将导致硫回收率降低。当原料气中 CO_2 含量从 3.6% 升至 43.5% 时，随尾气排放的硫量将增加 52.2%。

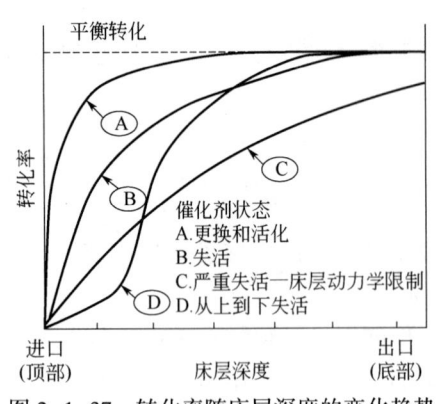

图 2-1-37 转化率随床层深度的变化趋势

催化剂状态
A. 更换和活化
B. 失活
C. 严重失活—床层动力学限制
D. 从上到下失活

2）烃类及其他有机物

烃类及其他有机物的主要影响是提高反应炉温度和废热锅炉热负荷，也增加了空气的需要量。在空气量不足时，相对摩尔质量较高的烃类（尤其是芳香烃）和醇胺类脱硫溶剂将在高温下和硫反应而生成焦油，后者会严重影响催化剂活性。此外，过多的烃类存在也会增加反应炉内 COS 和 CS_2 的生成量，影响总转化率，故一般要求原料气中烃含量（以 CH_4 计）不超过 2%（注：少数工厂规定不超过 4%）。

3）水蒸气

水蒸气是惰性气体，同时又是 Claus 反应的产物，它的存在能抑制反应，降低反应物的分压，从而降低总转化率。温度、含水量和转化率三者之间的关系见表 2-1-6。

表 2-1-6 温度、含水量和转化率的关系

气流温度，℃	转化率，%		
	含水量为 24%（摩尔分数）	含水量为 28%（摩尔分数）	含水量为 32%（摩尔分数）
175	84	83	81
200	75	73	70
225	63	60	56
250	50	45	41

4）NH_3

天然气净化厂上游醇胺法装置操作失常有可能在再生酸气中夹带极少量的 NH_3，此外酸水汽提气中也常含有少量的 NH_3。当反应炉内空气量不足，温度也不够高时，原料气中的 NH_3 不能完全转化为 N_2 和 H_2O，大部分转化为硫氢化铵和多硫化铵，会堵塞冷凝器的管程，增加系统阻力降，严重时导致停产。原料气中的 NH_3 含量通常应控制在 NH_3/H_2S（体积比）≤0.042%。

4. 风气比

风气比指进燃烧炉的空气与原料酸气的体积比。当原料气中 H_2S、烃类及其他可燃组分的含量已确定时，可按化学反应的理论需氧量计算出风气比。通常两级转化装置的风气比要求控制在±2%；三级转化装置则要求控制在±1%，从而尽可能保持出燃烧炉过程气中 H_2S/SO_2 之比为 2。同时，仅按原料气流量来调节风气比是不够的，必须同时分析原料气中的 H_2S 含量，并随时据此对空气的流量做相应调节。

Claus 反应过程中进燃烧炉的空气量不足或过剩均会使转化率（或回收率）降低，故风气比及与此直接有关的过程气中 H_2S/SO_2 之比是重要的工艺控制指标。图 2-1-38、图 2-1-39 所示为转化率、回收损失与过量空气的关系。

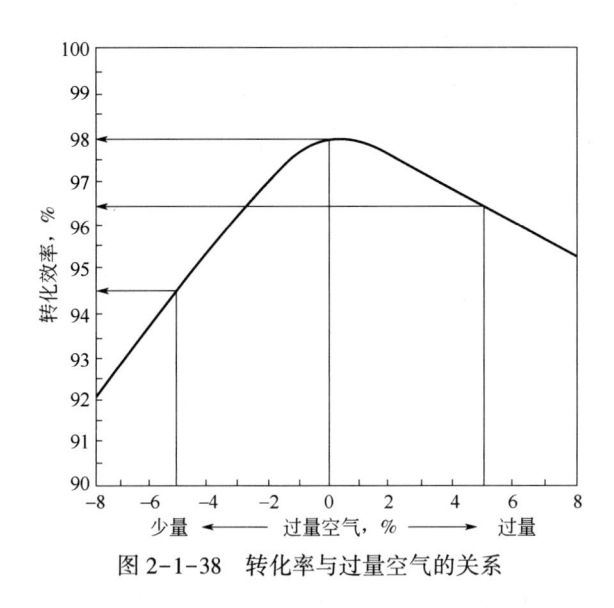

图 2-1-38 转化率与过量空气的关系

此外，过量的空气将导致过程气中 O_2 浓度高，使催化剂硫酸盐化。图 2-1-40 说明了硫酸盐浓度随过程气中 O_2 浓度的变化，图 2-1-41 说明了克劳斯反应器转化率与硫酸盐浓度的关系。

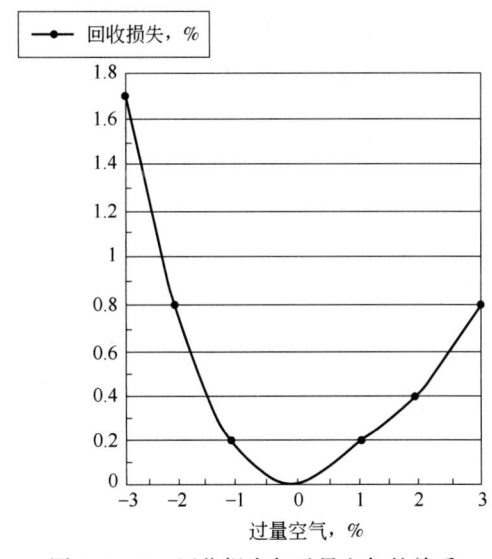

图 2-1-39 回收损失与过量空气的关系 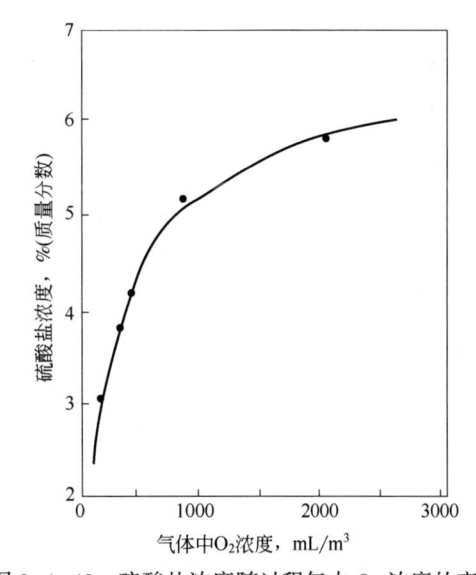　　图 2-1-40 硫酸盐浓度随过程气中 O_2 浓度的变化

风气比的变化将直接导致过程气中 H_2S/SO_2 的比值改变。理想的 Claus 反应要求过程气中 H_2S/SO_2（物质的量之比）= 2，比值大于和小于 2 均会使硫收率降低，图 2-1-42 给出了 H_2S/SO_2 与转化率的关系。从图中可以看出，如果反应前过程气中 H_2S/SO_2 为 2，在任何转化率下反应后过程气中 H_2S/SO_2 也为 2。若反应前过程气中 H_2S/SO_2 与 2 有任何微小的偏差，均将使反应后过程气中 H_2S/SO_2 与 2 产生更大的偏差，而且转化率越高，偏差越大。

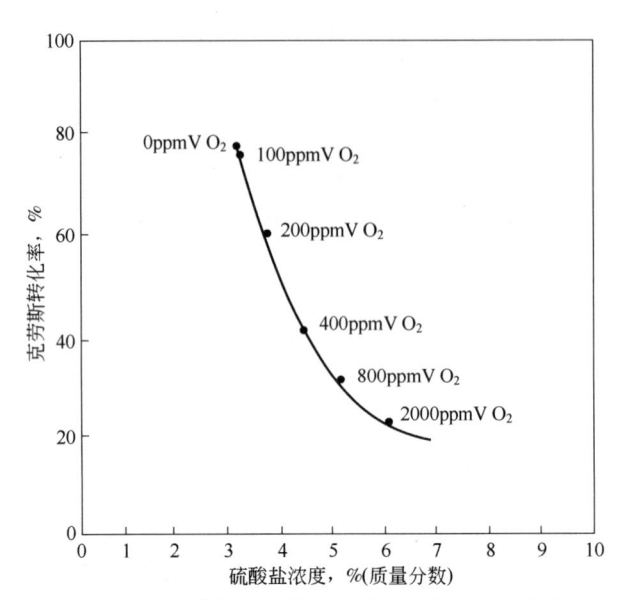

图 2-1-41　克劳斯反应器转化率与硫酸盐浓度的关系

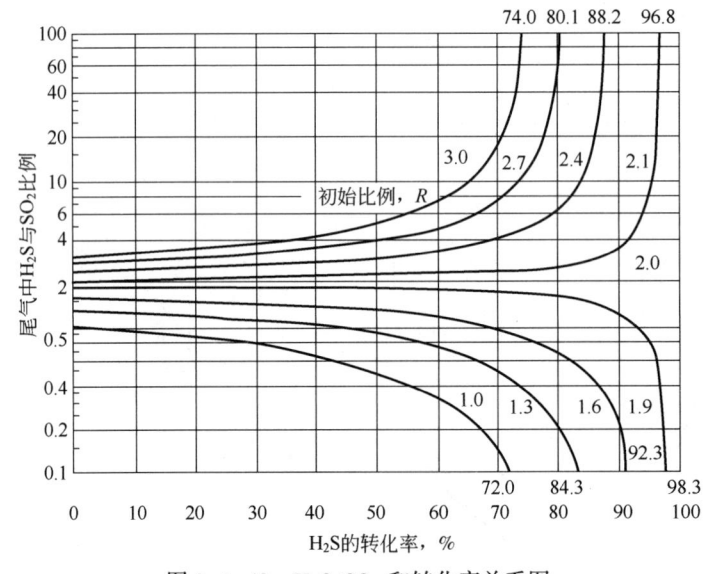

图 2-1-42　H_2S/SO_2 和转化率关系图

新开发的 HCR 工艺采用所谓"超比例"（off ratio）操作模式，即风气比略低于理论量，尾气中 H_2S/SO_2 调节至高于2，可保证硫磺回收及其后续还原吸收法尾气处理装置的平稳操作。在硫磺回收部分牺牲的极少量硫回收率则从还原吸收法尾气处理部分得到补偿，对要求的总回收率并无影响。表 2-1-7 给出了尾气中 H_2S/SO_2 对硫收率的影响。

表 2-1-7　尾气中 H_2S/SO_2 比例对硫回收率的影响

H_2S/SO_2 比例	1.27	1.53	1.85	2.00	2.27	2.65	3.48	4.87
回收率，%	94.82	94.88	94.92	94.92	94.92	94.90	94.81	94.64

5. 反应器空速

空速是控制过程气与催化剂接触时间的重要操作参数，空速过高会导致一部分物料来不及充分接触和反应，使平衡转化率下降，同时也会使床层温升太大，不利于提高转化率。反之，空速过低则使设备效率降低，导致反应器体积过大。某天然气净化厂反应器空速对硫收率的影响见表 2-1-8。

表 2-1-8 空速与转化率的关系

空速，h^{-1}	240	480	960	1920
转化率，%	27.3	26.4	25.8	24.0

注：(1) 过程气组成（物质的量）：H_2S 6.78%；SO_2 2.39%；H_2O 26.9%；N_2 26.3%（mol）。
　　(2) 反应温度为260℃，催化剂床层高度为0.8m。

Claus 装置上的各级反应器一般均采用大致相同的空速。以往采用铝矾土催化剂的装置，空速约为 $500h^{-1}$，目前采用人工合成活性氧化铝的装置，空速可提高到 $800\sim1000h^{-1}$。

第六节　尾气处理

一、还原吸收尾气处理工艺

（一）装置日常操作

1. 急冷塔循环水平衡调整

急冷塔循环水平衡调整操作主要是甩酸水操作。由于在急冷塔内冷却过程中，大部分过程气中的气相水被冷凝下来，并进入冷却水系统，导致冷却水系统水量增加。通过冷却塔的液位调节阀控制，将多余的冷却水经过滤器过滤后，去酸水汽提单元处理。在日常生产过程中，加强对急冷塔液位的监控，通过甩酸水操作，将急冷塔液位控制在合适范围内。

2. 加氢反应器温度调整

在线燃烧炉通过不完全燃烧提供加氢还原所需的还原型气体 H_2 和 CO，并将硫磺回收来的尾气升温到加氢还原所需的温度。为获得较高的转化率，必须控制合适的反应器入口温度，加氢反应器温度调整主要通过控制在线燃烧炉燃料气流量来实现。

3. 在线燃烧炉配风调整

配入的空气过多，还原性气体 CO 和 H_2 减少，还容易引起在线燃烧炉炉膛超温。配入的空气下降，产生的 CO 和 H_2 增加，但减少到一定程度时就会析出碳，沉积于催化剂表面，堵塞催化剂床层，影响生产正常运行。在以天然气为燃料时，建议在线燃烧炉空气配比以 78% 为佳。

为了控制在线燃烧炉燃烧温度，还需通过蒸汽进行降温。燃料气流量变化时，应及时变化蒸汽注入量；调节高压蒸汽量时，开关阀门动作要小，逐渐增加或减少。

4. 溶液水含量调整

由于进出吸收塔气流温度差异，将导致溶液系统水量不平衡。当进入吸收塔的过程气温度高于离开吸收塔气流的温度时，过程气中的水进入溶液系统，系统水含量上升，造成胺液的浓度降低。反之，当进入吸收塔的过程气温度低于离开吸收塔气流的温度时，溶液系统的水进入尾气，系统水含量下降，造成胺液的浓度上升。当系统水含量上升时，可进行甩水操作，适当降低出冷却塔的过程气温度，提高进吸收塔贫液温度。当系统水含量下降时，可进行补水操作，适当提高出冷却塔的过程气温度，降低进吸收塔贫液温度。

（二）装置开停工操作

1. 装置正常开产

1）催化剂的预硫化操作

还原吸收尾气处理装置的首次开车应进行催化剂的预硫化操作。新填充的加氢催化剂属于钴/钼催化剂的氧化态，它对还原反应没有催化作用，有催化作用的是钴/钼催化剂的硫化态；没有预硫化的钴/钼催化剂在高于200℃时与氢气接触，会损伤催化剂的活性。因此在投运前必须对催化剂进行预硫化，才能投入正常生产。

预硫化的操作步骤如下：

（1）还原段内氮气置换合格，分析 O_2 含量小于3%（体积分数），并用氮气对系统建压至一定压力。

（2）余热锅炉暖锅正常。

（3）启运急冷水循环泵、空冷器和后冷器，建立正常循环。

（4）建立气循环，控制循环气量和压力。

（5）调节在线燃烧炉燃料气流量，以燃烧完全所需的空气的95%～100%来启动在线燃烧炉。

（6）以每小时30℃的速度逐渐增加燃料气和空气流量，逐渐升高在线燃烧炉出口温度（反应器入口温度）至200℃，维持这种状态直到催化剂床层温度都升至200℃，并在反应器出口取样确认 O_2 含量小于0.4%（体积分数）。

（7）在维持催化剂床层温度200℃的情况下，缓慢将空气的化学当量值降低至85%～90%。

（8）当循环气内 H_2+CO 有3%（体积分数）左右时，缓慢引入脱硫装置产生的酸气，并调节酸气量，使反应器入口气流内含有约1%（体积分数）的 H_2S。

（9）对反应器出口 H_2S 进行取样分析，若反应器出口气流内含 H_2S 较多或进出口气流没有温升时，将空气配比降至规定值，使循环气内 H_2+CO 含量升至6%（体积分数），然后缓慢将催化剂床层温度升至250℃左右。

（10）当反应器进出口 H_2S 含量相等后，预硫化基本完成，停止引入酸气，将催化剂温度升至300℃并维持4h。由于预硫化反应是放热反应，应防止催化剂超温。

（11）缓慢降低在线燃烧炉的燃料气用量，使还原反应器的入口温度降到280℃，入口和床层温度达到稳定即具备进气条件。

2) 还原吸收尾气处理装置非首次开产

开停产包括还原段和吸收再生段两个部分。

（1）还原段的开产。

① 检查。

a. 全面细致检查检修项目是否完工，拆卸过的设备是否全部复位。

b. 确认 DCS 控制系统能投入正常运行。

c. 确认所有调节阀、联锁阀的开关位置，调节阀动作符合要求。

d. 检查各个阀门的开关位置。

e. 进行动设备启动前的检查，并盘车正常。

② 水洗。

急冷塔两次工业水洗，一次锅炉水洗完毕，并已加入锅炉水至正常液位。

③ 吹扫试压。

a. 引入工厂风从在线燃烧室吹入，至加氢反应器底部人孔处排放，直至吹扫干净为止，切断吹扫气，清除加氢反应器底部及膨胀节法兰处脏物后，恢复底部人孔。

b. 关闭相关气循环阀，用空气建压，对检修中拆卸部位试漏。

c. 关闭急冷塔与外界相连的阀门，从急冷塔底部加入 N_2 对再生系统建压，对大修中拆卸部位试漏。

d. 余热锅炉试水压。

④ N_2 置换。

⑤ 点火、升温。

a. 燃料气管线 N_2 置换合格，蒸汽保温管线已排净积水备用。

b. 余热锅炉加锅炉水至正常液位，蒸汽暖锅至100℃以上。

c. 确认工艺管线畅通、阀门开关位置正确。

d. 在线燃烧炉点火前用空气吹扫合格，确认点火枪工作正常。

e. 在线燃烧炉点火成功后，建立气循环，循环量控制在设计值，燃料气量以不熄火即可，空气等当量配入。加氢反应器以15~20℃/h的速度升温，当炉壁变红后应加入蒸汽降温。

f. 当加氢反应器床层各点升到250℃时，降低在线燃烧室空气与燃料气的比值至0.8~0.9制取还原性气体，继续升温到280℃，使床层各点升到285℃以上，达到进气条件。

（2）吸收再生段的开产。

① 系统水洗。

a. 在水洗过程中采用 N_2 对吸收再生系统建压。

b. 吸收再生系统加工业水水洗。

c. 吸收再生系统加锅炉水清洗。

② 试压吹扫。

a. 吸收再生段进行 N_2 置换、试压、检漏，置换气排入大气中，取样分析 O_2 含量小于2%（体积分数）为止。

b. 试压检漏合格后，吸收再生系统 N_2 保压。

③ 冷热循环。

a. 吸收再生系统进溶液，系统液位达正常值，调整循环量达规定值。

b. 排净再生塔底部重沸器进出口蒸汽管线内的积水,并缓慢引入蒸汽进行热循环,调整溶液浓度。

c. 调整参数至进气条件。

④ 进气生产。

a. 进气前取样分析进料气,符合进气条件。

b. 确认吸收再生段热循环已达进气要求。

c. 手动操作进气联锁阀把尾气引入在线燃烧炉。

d. 进气完毕后,停止气循环,将流程上的各阀门切换至正确的开关位置,并用 N_2 置换相关管线。

2. 装置正常停产

1) 还原段停产

(1) 准备工作。

① 检查确认气循环流程正确。

② 适当提高急冷水 pH 值。

(2) 停气及系统气循环。

① 切断进料气,建立气循环。

② 气循环建立稳定后,逐渐提高在线燃烧室的风气比至 0.9~0.95,以降低循环气中还原性气体含量,并及时调整急冷水的 pH 值。

③ 以当系统 H_2 含量降至 1%(体积分数)时,在线燃烧炉熄火。

④ 发在线燃烧炉熄火停炉后系统仍保持气循环,直到加氢反应器床层各点温度均下降到 100℃ 以下时,开始钝化操作。

(3) 钝化操作。

钝化操作过程中,每 2h 在反应器进出口取样,分析气流中 O_2、SO_2 含量。

① 向在线燃烧室引入部分仪表风,并保持循环气中 O_2 含量约为 0.1%(体积分数),密切注意 O_2 耗量及加氢反应器床层温度变化,及时调整 pH 值。

② 当加氢反应器床层温度有所上升时,稳定仪表风流量,如果上升并超过 150℃ 时,就停止引入仪表风,待温度降至 100℃ 以下时再次引入仪表风,重复上述操作过程。

③ 当引入仪表风后,加氢反应器床层各点温度呈稳定下降趋势时,可逐渐增加仪表风。仪表风不足时可引入压缩空气继续进行钝化操作。

④ 当循环气中 O_2 含量增加到 20%(体积分数)以上,SO_2 含量低于 0.01%,并且温度不再上升时,稳定操作 8h 以上,停止钝化。

⑤ 在整个钝化过程中,应防止加氢反应器床层各点温度超过 150℃,急冷塔循环水 pH 值必须控制在 6~7。

(4) 急冷水系统工业水洗。

(5) 系统空气吹扫,取样分析 O_2 含量大于 19.5%(体积分数)、SO_2 含量小于 0.01%(体积分数) 为合格。

2) 吸收再生段停产

(1) 热冷循环及回收溶液。

① 当还原段停止进气后,吸收再生段溶液热循环,取样分析富液中 H_2S 含量低于

0.2g/L，停止热循环。

② 冷循环到溶液低于60℃时，停止冷循环。

③ 回收系统溶液。

(2) 工业水洗。

(3) N_2 置换。

N_2 置换至 H_2S 含量小于 $10mg/m^3$ 为合格。

(4) 空气吹扫。

空气吹扫至 O_2 含量大于 19.5%（体积分数）为合格。

（三）影响操作的主要因素

还原吸收尾气处理装置的正常平稳运行受上游硫磺回收单元的影响颇大，若进入的 H_2S 和 SO_2 超高，会严重影响装置的运行。影响操作的主要因素有以下几方面。

1. 尾气中的 SO_2 含量

尾气中 SO_2 含量过高，还原气量不足，导致 SO_2 穿透：一是生成亚硫酸（H_2SO_3），造成严重的腐蚀；二是发生低温克劳斯反应，生成硫磺堵塞塔盘、泵等；三是 SO_2 气体进入溶液系统，与胺液反应生成不可再生的热稳定性盐，影响胺液的活性。

2. H_2 的含量

H_2 主要来源有 2 个，一是由上游的硫磺回收装置产生；二是在线燃烧炉内燃料气次化学当量燃烧，产生含有还原性气体的高温焰气。

H_2 含量有两方面影响：H_2 含量不足，会造成 SO_2 穿透；H_2 含量过高，造成能耗增大。

3. 脱硫、硫磺回收装置的影响

(1) 脱硫装置出现较大的波动。此时应注意硫磺回收装置主燃烧炉的风气比，空气量随酸气量的变化立即变化。如配风过少，可能使尾气中 H_2S 含量成倍增加，造成还原吸收尾气总硫不合格；如配风过多，尾气中 SO_2 成倍增加，还原气量跟不上，导致前面所述 SO_2 穿透现象。因此，出现酸气大的波动时，要精心操作，及时调整参数。

(2) 硫磺回收装置催化剂老化。虽然尾气中 H_2S/SO_2 控制在 2:1，但 SO_2 绝对值很高，导致加氢还原反应温升过大，这时应减少硫磺回收装置主燃烧炉的风气比，同时提高吸收再生段的贫液循环量。

(3) 加氢还原反应器进口尾气中含 O_2。反应器入口气流中出来的氧将和氢生成水，会引起还原气的额外消耗。通常每 0.1%（体积分数）的 O_2 还会产生 15℃ 的额外温升，因此克劳斯尾气中的 O_2 含量不得大于 0.1%（体积分数），硫磺回收装置燃料气（酸气）再热炉、尾气处理装置在线燃烧炉的配风要防止出现过剩的 O_2。

4. 吸收塔进料温度对溶液浓度的影响

由于进出尾气处理装置的气流温度上的差异，导致进出水系统的水量不平衡，使胺的浓度发生变化。

当装置常出现溶液浓度下降的情况时，调节方法如下：

(1) 当胺浓度低于设计值时，适当甩水。

(2) 当胺浓度低于设计值时，可以适当降低吸收塔过程气进口温度。

当装置出现溶液浓度升高时，其调节方法如下：
(1) 当胺浓度高于设计值时，可向系统中加入低压蒸汽凝结水。
(2) 当胺浓度高于设计值时，可以适当提高吸收塔过程气进口温度。

5. 贫液再生效果

当溶液再生质量不好时，贫液中酸气含量就高，酸气分压相应就高，使溶液吸收变差，导致废气总硫上升。

贫液的再生质量主要取决于再生塔顶温度。应将再生塔顶温度控制在设计参数范围内，保证再生质量。

二、氧化吸收尾气处理工艺

（一）装置日常操作

1. 湿式静电除雾器的启停操作

湿式静电除雾器机组可在 PLC 控制面板进行"远程/就地"切换，以下操作均是就地模式。

1）启运操作

(1) 确认电除雾器机组具备启动条件、尾气处理部分流程导通，确认烟气已进入电除雾器、各级加热器温度达到 110~130℃。
(2) 就地手动打开喷淋电动阀对电场内部进行喷淋冲洗。
(3) 冲洗 5min 后关闭喷淋电动阀。
(4) 电除雾器静置 5min。
(5) 按下电除雾器启动按钮。
(6) 逐渐提高电压，观察电除雾器电压、电流变化，并逐步将电压控制在 50~60kV。
(7) 确认电除雾器运行正常，各密封点无异常泄漏，绝缘子室温度在指标范围内，各部绝缘电阻符合要求，电除雾器电压、电流正常，机组运行正常。

2）停运操作

(1) 将湿式电除雾器降压至 0。
(2) 按下电除雾器"停止"按钮，确认电除雾器停止运行。
(3) 停止烟气进入电除雾器。
(4) 打开喷淋电动阀冲洗 5min 左右。
(5) 若长期停车，停止电加热器运行。
(6) 操作盘悬挂"检修中"或"禁止送电"标示牌。

3）注意事项

在下列情况下立即按"紧急停车"按钮：
(1) 发生人身或可能发生人身触电等事故。
(2) 发生设备或可能发生重大设备事故。
(3) 发生工艺或可能发生工艺事故。

2. 卸碱液操作

该操作为碱液供应商车载碱液到厂后的卸碱操作。

(1) 确认加注碱液。
(2) 现场关闭碱液储罐氮气建压闸阀。
(3) 现场打开碱液储罐放空管线闸阀,对碱液储罐泄压。
(4) 当碱液储罐压力泄为0后,打开碱液储罐加注口闸阀,通知碱液加注人员开始加注碱液,同时告知中控室。
(5) 碱罐液位到规定值后,停止加碱。
(6) 关闭碱液储罐加注口闸阀。
(7) 关闭碱液储罐放空管线闸阀。
(8) 通知中控室开始对碱液储罐进行氮气建压,打开氮气建压阀,现场人员观察碱液储罐现场压力表,当压力和氮气系统压力持平且稳定后,碱液加注结束。

(二) 装置开停工操作

1. 装置正常开产

1) 检查确认

(1) 检查确认检修项目已全部完工,设备已全部复位。
(2) 检查确认仪表和所有阀门所处状态正确,调节阀、联锁阀动作符合要求,手动阀开关灵活。
(3) 检查确认仪表、电气复位合格,确认DCS控制系统能投入正常运行。
(4) 检查工艺流程畅通。

2) 焚烧部分和预洗涤部分吹扫、试压

(1) 焚烧部分和预洗涤部分吹扫。
① 焚烧炉吹扫与硫磺回收装置同步进行,对尾气开工线进行吹扫。
② 预洗涤部分吹扫前确认烟气至开工线蝶阀关闭,至预洗涤线路蝶阀打开,同时确认进入焚烧炉的气体工艺介质关闭。
③ 按程序启运焚烧炉风机,控制风机出口压力在50kPa。
④ 对预洗涤至SO_2吸收塔部分进行吹扫。

(2) 焚烧部分试压检漏(与硫磺回收装置试压检漏同步进行)。
① 关闭焚烧炉烟气至文丘里组合塔蝶阀、烟气开工线蝶阀。
② 当压力达到50kPa,对焚烧炉所有相连设备、管线、管件、仪表进行检漏。
③ 发现漏点及时整改处理,直至全部合格。

(3) 预洗涤至SO_2吸收塔部分试压检漏。
① 确认烟气至开工线流程畅通,关闭烟气加热器出口烟气蝶阀、焚烧炉烟气至急冷塔蝶阀。
② 确认预洗涤部分和SO_2吸收塔所有公用介质管线阀门关闭。
③ 将工厂风引入文丘里组合塔底部排污管线,冷却段和SO_2吸收塔升压。
④ 当压力至60kPa时,停止升压。

⑤ 对冷却段和 SO_2 吸收塔所有相连设备、管线、管件、仪表进行检漏。

⑥ 发现漏点及时整改处理，直至全部合格。

(4) 余热锅炉、烟气加热器试压检漏。

① 将余热锅炉仪表全部投用，将顶部排气阀打开，导通余热锅炉至烟气加热器段管线流程，拆除烟气加热器顶部压力表。

② 关闭余热锅炉连排阀、定排阀、蒸汽阀。

③ 给余热锅炉上满水，关闭顶部排气阀，使水从蒸汽管线流至烟气加热器，直至甩头流出水清亮后，关闭甩头、烟气加热器压力表一次阀。

④ 余热锅炉和烟气加热器缓慢提升至设计压力，停止上水对余热锅炉和烟气加热器试压，稳压 30min，如果压力不稳定，应查找原因并进行整改，直至试压合格。

⑤ 试验完成后，开启顶部排气阀，将余热锅炉泄压，液位降至正常值。

⑥ 将蒸汽管线和烟气加热器内部水排净，恢复烟气加热器压力表。

3) 余热锅炉保温暖锅

(1) 开启暖锅蒸汽阀，对余热锅炉进行暖锅。

(2) 余热锅炉顶部排空口连续冒汽，内部炉水温度不小于 100℃ 时，暖锅合格。

4) 再生段吹扫、试压

(1) 再生段吹扫。

① SO_2 再生塔引入工厂风，打开各设备底部排污阀，吹扫干净后，关闭吹扫阀和排污阀。

② 通过 SO_2 再生塔的压力将贫、富液管线及酸气管线分别吹扫干净后，关闭吹扫阀和排污阀。

(2) 再生段气密性检漏。

① 吹扫完成后，关闭所有排污阀或吹扫阀，打开酸水回流罐的氮气建压阀，对 SO_2 再生塔升压，当压力升至 0.12MPa（设计压力），关闭建压阀。

② 对 SO_2 再生塔所有相连设备、管线、管件、仪表进行检漏。

③ 发现漏点及时整改处理，直至全部合格，将系统内空气排出。

注意：贫液罐设计压力为常压罐，再生系统试压时应切断贫液至流程，防止超压损坏。

5) 工业水洗

(1) 预洗涤部分工业水洗。

① 检查预洗涤系统流程。

② 向系统引入工业水，按操作规程启运循环水泵对文丘里塔进行工业水清洗。水洗期间应反复多次从各低点短暂排水，排除沉积在甩头和低处的泥沙和杂质，防止堵塞管线。

③ 循环过程中应维持系统液位稳定，并及时补充工业水，以最大循环量进行。

④ 循环水洗 2~4h，将水洗水排净。

(2) 吸收再生段工业水洗。

① 将工业水分别注入 SO_2 吸收塔和再生塔，对系统进行工业水清洗。

② 水洗期间以最大循环量进行。

③ 循环水洗 2~4h 后，将系统水洗水排净。

注意：循环水洗期间，应注意各点压力，防止超压，循环泵不上量时应及时切换至备用泵，清洗泵入口粗滤器。

6）除盐水洗

(1) 将除盐水分别注入 SO_2 吸收塔和再生塔，对系统进行除盐水清洗。

(2) 水洗期间以最大循环量进行。

(3) 除盐水水洗期间，应对系统各点仪表进行联校，并及时整改。

(4) 除盐水水洗 2~4h 后，停循环，将系统水洗水排净。

注意：除盐水水洗期间，应注意各点压力，防止超压，循环泵不上量时应及时切换至备用泵，清洗泵入口粗滤器。

7）氮气置换

(1) 打开再生塔、酸水回流泵、酸水回流罐、贫液泵底部排气管线，对系统进行氮气置换。

(2) 取样地点：再生塔排污口、酸水回流罐底部排污口、酸水回流泵排污口、贫液泵排污口，O_2 含量不大于 2%（体积分数）为合格。

8）预洗涤部分建立循环

(1) 向文丘里组合塔注除盐水，液位大于 40%时，对文丘里组合冷却塔建立循环。

(2) 循环量控制在设计流量的 50%~80%，必须高于泵的最低流量。

9）吸收再生段建立循环

(1) 检查胺液系统流程，确认所有溶液回收和现排阀关闭，且倒闭盲板。

(2) 确认贫液罐液位充足，低位罐液位充足。

(3) 将胺液注入 SO_2 吸收塔，保持系统循环畅通。

(4) 胺液循环正常后，打通胺液净化系统流程，将贫胺液注入胺液过滤器。

(5) 胺液循环期间，应对所有监测仪表进行联校，确保其工作正常。

(6) 当系统循环正常，所有调节仪表和显示仪表正常工作后，对再生塔重沸器进行暖管预热。确认所有冷换设备已投用，工作正常。

(7) 系统升温热循环，控制 SO_2 再生塔塔压力低于 80kPa。

(8) 调整系统参数符合工艺条件，检查系统各点有无泄漏，等待进气生产。

10）焚烧炉点火升温

(1) 检查焚烧炉烟气流程，确保其处于旁路状态，确保余热锅炉液位正常、蒸汽系统流程畅通、余热锅炉暖管正常。

(2) 当冷却段建立循环后，焚烧炉按程序进行点火升温，点火前应与硫磺回收单元进行沟通，确认其具备点火条件。

(3) 焚烧炉点火成功后，过量配风，但须防止熄火，升温严格按升温曲线进行，升温速率控制在 20~30℃/h。

(4) 确认尾气焚烧炉升温正常，当尾气焚烧炉温度升至 750~800℃后，导通 SO_2 吸收塔顶部烟气至烟囱流程，缓慢打开焚烧炉至文丘里冷却塔蝶阀。

（5）关闭焚烧炉至烟囱蝶阀，烟气进入氧化吸收系统。此时应控制烟气中氧含量在3%左右。

（6）当烟气进入尾气处理装置正线后，缓慢打开烟气加热器蒸汽调节阀，对烟气加热器进行预热，缓慢升温，将烟气温度控制在220℃左右。

（7）确认所有安全阀投用正常、在线分析仪工作正常，分析胺液浓度和热稳定盐含量。

（8）调整尾气处理装置所有参数在工艺要求范围内，准备进气生产。

11）进气生产

（1）检查烟气流程畅通，尾气蝶阀处于全开状态。

（2）确认冷却段循环正常，除雾器工作正常。

（3）确认吸收再生系统循环正常，胺液组分及其相关指标符合进气条件。

（4）各点工艺参数符合进气条件。

（5）确认尾气处理的所有在线检测仪投用正常。

（6）适当增加尾气焚烧炉燃料气流量，防止进气后焚烧炉温度急剧下降。

（7）与硫磺回收装置联系，确认其酸气进气时间，做好相关准备。

（8）硫磺回收进气后，及时调整焚烧炉温度，维持冷却段和吸收再生段循环。

（9）尾气处理装置进气前，开始往烟气加热器投蒸汽，前期由于烟气加热器为常温，蒸汽需少量进行预热，待凝结水甩头出蒸汽后，再缓慢增加蒸汽投用量，对烟气加热器进行升温。

（10）当烟气加热器升温结束后，尾气处理装置开始进烟气。打开烟气加热器进口管箱底部排液甩头闸阀，将烟气管线凝液排至中和罐，该阀在生产期间保持常开。同时，打开烟囱底部排液管线一次阀，检查烟囱底部是否有积液。若有积液，全部排净，防止烟囱底部积液，待积液全部排净后，打开仪表风反吹阀，对该排液管线进行反吹，防止堵塞。

（11）联系硫磺回收装置，酸气引入硫磺回收装置。

（12）投用液硫池脱气废气和脱水再生釜废气。

（13）检查所有工艺参数，确认其在生产工作范围内，装置投产完成，转入正常运行。

2. 装置正常停产

1）停工检查

（1）确认硫磺回收装置已完成除硫操作，装置处于自然冷却阶段，工艺设备、管道、仪表达到停工要求。

（2）确认水、电、气、汽达到停工要求。

（3）确认停工时间。

2）尾气焚烧炉停运

（1）停运静电除雾器。

（2）打开尾气焚烧炉开工线阀门，焚烧炉尾气直接进入尾气烟囱，停止进入文丘里组合塔。

（3）关闭尾气焚烧炉至文丘里冷却塔、吸收塔至烟囱的尾气蝶阀。

（4）尾气焚烧炉停运时间根据硫磺回收单元冷却情况确定，当硫磺回收完全停运后（各级反应器温度降至100℃以下，主燃烧炉温度降至200℃以下），尾气焚烧炉关闭燃料气，停运风机。

3）烟气加热器停运

（1）在硫磺回收装置除硫结束后，烟气通过旁路进入烟囱后，缓慢关闭烟气加热器蒸汽，对烟气加热器进行降温（确认烟气加热器入口管箱底部持续排液，烟囱底部无凝液）。

（2）当烟气加热器蒸汽调节阀全部关闭后，关闭烟气加热器凝结水回水闸阀，打开烟气加热器底部排污阀，对烟气加热器进行输水，同时防止烟气加热器因冷却过程中形成负压造成设备损坏。

4）预洗涤停运

（1）打开静电除雾器除盐水，冲洗 15min 后关闭。

（2）打开文丘里冷却塔顶部除盐水阀，冲洗除雾网，同时置换冷却塔内酸水，酸水排至中和碱罐处理。

（3）当胺液再生系统贫液再生合格（贫富液 pH 值相同时），停止进蒸汽后，将酸气分离器酸水全部无酸水排放至，停运酸水回流泵。

（4）当胺液再生系统停止进蒸汽后，将文丘里组合塔内的酸水全部排放至中和碱中和处理。

（5）停运循环冷却泵，打开电除雾器顶部除盐水冲洗阀，当文丘里组合塔液位达到 60% 后，建立循环。循环过程中，检测除盐水 pH 值，并根据 pH 值向文丘里组合塔内补充碱液，当出口酸水 pH 值为 7~8 时，停止补充碱液，并将水洗水排至中和罐，然后启运废水泵，将污水转移至污水处理装置。文丘里组合塔液位排至 20% 后，停运循环冷却泵。

（6）当文丘里组合塔内水洗水排净后，再次打开电除雾器顶部除盐水冲洗阀，当文丘里组合塔液位达到 60% 后，建立循环，再次对预洗涤系统进行水洗。循环 2h 后，将水洗水排至中和罐，然后启运废水泵，将污水转移至污水处理装置。文丘里组合塔液位排至 20% 后，停运循环冷却泵，并继续将文丘里组合塔内的水洗水排净。

（7）打开文丘里组合塔入口蝶阀，对预洗涤系统进行空气吹扫，合格后停止吹扫。

5）胺液系统热、冷循环

（1）胺液系统停止进尾气后，胺液系统继续维持热循环 4h，热循环期间注意控制重沸器温度，防止重沸器温度大于或等于 120℃。

（2）打开酸气分离器除盐水阀，置换 D-1501 内酸水，当酸水 pH 值不小于 6 时，停止注入除盐水。

（3）通知化验取样分析，当酸气中 SO_2 含量小于 1%，贫富胺液 pH 值几乎相同时，热循环结束，进入降温阶段。

（4）缓慢关闭蒸汽流量调节阀，降温速率控制在 30℃/h，当重沸器温度降至 60℃ 时，热循环结束。

（5）系统继续能循环 2h 以上，冷循环期间保持胺液过滤系统继续运行。

（6）冷循环结束时，停运胺液过滤系统，停运过滤泵。

（7）冷循环结束后，停运循环泵。

（8）关闭胺液系统所有的流量调节阀、液位调节阀及其前后截止阀，冷循环结束。

6）胺液系统回收溶液

（1）打开各设备低点溶液回收管线手动阀，回收胺液。

（2）溶液回收应反复多次进行，确保胺液回收彻底。

（3）胺液回收完成后，关闭各点回收阀。

7）胺液系统水洗

（1）当胺溶液回收完成后，关闭胺液中间罐进出口阀，打开胺液中间罐旁通阀，打开吸收塔顶部除盐水阀，冲洗内部构件。

（2）当吸收塔液位大于30%时，启运富液泵，将吸收塔液体泵入再生塔，冲洗富液管路和再生塔内部构件。

（3）当关闭再生塔液位开始大于30%，吸收塔液位大于30%时，关闭吸收塔顶部除盐水阀，系统停止进水。

（4）维持系统液位平衡，循环水洗2~4h。

（5）打开溶液管路低点溶液回收阀，按照溶液回收步骤将稀溶液回收至中间罐储存。

（6）按照上述步骤，对吸收塔和再生塔吸收塔建立液位，并建立循环水洗，水洗2~4h后，通过溶液管路低点排污阀将水洗水排放至污水处理装置。

（7）胺液系统氮气和空气吹扫。

① 当胺溶液回收完成后，打开酸水回流罐顶部氮气闸阀，对系统进行氮气置换。

注意：氮气置换流程沿途有可外排置换气体的甩头，都应间断或连续排出置换气体，直到分析SO_2气体含量小于$1.6mL/m^3$为止。

② 当氮气吹扫完成后，对系统再进行空气吹扫，O_2含量大于19.5%时停止吹扫。

（三）影响操作的主要因素

1. 焚烧炉配风

在保证上游硫磺回收装置的克劳斯尾气，硫磺回收装置的液硫池废气含硫化合物全部氧化为SO_2时，焚烧炉必须严格控制配风，保证出口O_2含量在1.5%~2.5%、炉膛温度在750~800℃。

2. 胺液净化装置运行

随着装置运行，氧化吸收剂中就会出现多余的热稳定性盐HSS（以硫酸盐、氟化物、氯化物为主），降低溶液活性。为保持溶液的活性，启用胺液净化装置清除多余的热稳定盐，通过设置胺液净化装置的启运频次，控制溶液中的热稳定盐当量浓度在1.1~1.3eq/mol。

第七节　酸水汽提

一、装置日常操作

（一）酸水缓冲罐操作

（1）控制进入酸水缓冲罐的酸水流量稳定。

（2）酸水缓冲罐液位过低时，切换内循环操作。
（3）加强汽提塔进料泵粗滤器清洗操作，保持泵出口酸水流量稳定。
（4）保持酸水缓冲罐压力稳定。

（二）酸水汽提塔操作

（1）控制酸水汽提塔进料量稳定。
（2）密切关注压差变化。
（3）控制塔顶温度，保证净化水质量。
（4）根据酸水量及时切换流程，保证系统液位。

二、装置开停工操作

（一）装置正常开产

1. 检查确认

（1）检查确认检修项目已全部完工，设备已全部复位。
（2）检查确认仪表和所有阀门所处状态正确，调节阀、联锁阀动作符合要求，手动阀开关灵活。
（3）检查确认仪表、电气复位合格，确认 DCS 控制系统能投入正常运行。
（4）检查工艺流程畅通。

2. 系统吹扫

引入工厂风吹扫设备和管线的固体杂质。

3. 气密性检漏

（1）将各单元到酸水缓冲罐的酸水管线上的阀门关闭，或将盲板倒为隔断位置。
（2）将本装置与相邻装置或系统隔断后，将本装置内部流程中的设备和管线按照不同的工作压力区域用工厂风或氮气分别建压进行检漏。
① 检漏压力区域。
酸水汽提塔区域试验压力：0.05MPa。
酸水缓冲罐区域试验压力：0.5MPa。
② 试压具体操作。
从汽提塔氮气管线引入氮气或用工厂风对汽提塔建压，当汽提塔中部压力表显示为 50kPa 时，关闭建压阀；从酸水回流罐顶部引入氮气，当中间水罐顶部压力显示为 0.5MPa 时，关闭建压阀，对系统检漏，对泄漏部位进行彻底整改，直至合格。

4. 新鲜水水洗

（1）将新鲜水引入原料酸水缓冲罐中，将新鲜水逐步引入酸水汽提塔，使汽提塔建立起正常液位。
（2）启动酸水泵，将汽提塔中的新鲜水沿循环工艺线路引向酸水缓冲罐中。
（3）当系统建立起正常液位并维持内循环时，暂时停止新鲜水引入，维持系统循环水洗联运 2h 后排净。

（4）第一次新鲜水循环清洗完成后，可视系统清洗的脏污程度决定是否进行第二次或更多次新鲜水循环清洗，操作同第一次，直至清洗水清亮干净为止。

5. 除盐水清洗、仪表校验

（1）打开酸水缓冲罐进料管线上的除盐水管线阀门，向系统加入除盐水，系统建立内循环进行除盐水水洗。

（2）在循环清洗期间，投用各调节回路，进行仪表调校。

（3）循环水洗2h后，停止循环，排净清洗水，将系统的清洗水彻底排出，并将系统压力卸至常压。

（4）拆开并清洗酸水泵的进口过滤器网，清除杂质后安装复位。

6. 氮气置换

（1）打开汽提塔底部排气管线、酸水泵进出口甩头、换热器底部排气管线，对系统进行氮气置换。

（2）取样地点：O_2含量不大于2%（体积分数）为合格。

7. 除盐水冷循环

同前面除盐水水洗步骤，重新给系统引入锅炉给水并建立系统内循环。

8. 系统热循环升温到进料条件

（1）对重沸器蒸汽管线进行疏水和暖管，暖管正常后，缓慢打开蒸汽流量调节阀向重沸器引入蒸汽，按25℃/h的速率对系统进行升温。

（2）当汽提塔顶部温度达到规定值，满足进气条件。

（3）将本单元的保温伴热管线引入伴热蒸汽进行保温。

9. 投料生产

（1）确认本单元系统各控制参数均已达到投产要求，汽提塔塔顶温度达到规定值，并做好各控制点偏差参数的修正和调整。

（2）打开酸水各管线上进入酸水缓冲罐的阀门，使各单元转来的酸水进入本单元。

（3）将内部水循环量提高到最大设计负荷试运行，确认运行正常。

（4）调整参数，联系取样分析净化水指标，确保净化水指标合格。

（二）装置正常停产

1. 热冷循环、排水

（1）为了将酸水中H_2S、CO_2充分汽提出来，必须转为内循环。

（2）对酸水汽提塔底冷却器出口酸水进行取样分析，当酸水中H_2S小于$5mg/m^2$后，停重沸器蒸汽，转入冷循环。

（3）当汽提塔底部酸水温度达到60℃后，停换热器的冷却水，将系统的净化水尽可能送到污水处理单元，当酸水罐、汽提塔液位达到0时，停冷循环。

2. 工业水洗

（1）将新鲜水引入酸水缓冲罐中，将新鲜水逐步引入酸水汽提塔，使汽提塔建立起正常液位。

（2）当系统建立起正常液位并维持内循环时，暂时停止新鲜水引入，维持系统循环水洗联运 2h 后排净。

（3）第一次新鲜水循环清洗完成后，可视系统清洗的脏污程度决定是否进行第二次或更多次新鲜水循环清洗，操作同第一次。

3. 氮气置换

（1）打开酸水汽提塔顶部安全阀排气阀、酸水泵入口排气阀、酸水泵出口排气阀、换热器出口管线底部排气阀，对系统进行氮气置换。

（2）以上各取样分析 H_2S 含量小于 $10mg/m^3$ 为合格。

4. 工厂风吹扫

吹扫路线同氮气置换，吹扫气排入大气，在换热器出口甩头取样，直到 O_2 含量>19.5%（体积分数）为止。

三、影响操作的主要因素

（一）酸水汽提塔压差

汽提塔的压差可以反映出塔内部的运行情况，如酸水中 H_2S、CO_2、NH_3 在汽提塔内被汽提时会生成硫化氢胺和碳酸氢铵晶体堵塞酸气管线，重沸器蒸汽量大，塔顶温度过高造成气流量过大，进料酸水脏都会造成塔压升高，日常操作过程中一定要密切监控塔压差压。

（二）净化水中的 H_2S 含量

净化水中 H_2S 含量影响污水处理单元生产负荷，严重时影响外排水达标排放。应严格控制酸水汽提塔塔顶温度、压力、进料酸水流量等，来确保酸水处理量稳定，确保外排净化水达标排放。

第二章　天然气净化辅助装置操作

第一节　硫磺成型

一、钢带造粒机操作

（1）检查液硫管道保温，防止堵塞。
（2）根据造粒机造粒效果，调整好造粒机和钢带转速，确保造粒效果。
（3）检查钢带运转情况，防止钢带跑偏。
（4）调配好脱膜剂浓度。
（5）检查冷却水喷淋情况，确保液硫冷却效果。
（6）及时调整刮刀位置。

二、转鼓结片机操作

（1）检查液硫系统保温，防止液硫堵塞。
（2）控制好进入结片机的液硫量和循环冷却水量。
（3）控制好转鼓液硫锅液位。液位高，转鼓表面结片厚度增加；液位低转鼓表面结片薄，处理能力下降。
（4）调整转鼓转速。转速快导致冷却时间短，硫磺结片效果差；转速慢，转鼓表面结片厚度增加，处理能力下降。
（5）检查变速箱、齿轮、转鼓轴的润滑情况，防止过热损坏。
（6）调整转鼓与刮刀间歇，间隙小造成电动机负荷高且容易刮伤转鼓表面；间歇大使转鼓表面硫磺厚度增加，传热效率降低，处理能力下降。

三、滚筒造粒机操作

（1）检查液硫系统保温，防止液硫堵塞。
（2）控制好进入造粒机的液硫量和循环冷却水量。
（3）清理风道，保证风道密封效果好。

（4）保证旋风分离器至液硫槽软管保温和畅通。
（5）定期清理水槽布料器中的硫磺。

四、液硫装车操作

（一）与槽车对接

（1）确认液硫装车鹤管控制阀关闭。
（2）将液硫装车鹤管活动短管从挂耳处取下并牵引至槽车顶部罐口。

（二）装车操作

（1）启运液硫泵并打开液硫装车鹤管控制阀。
（2）启动自动称量系统。
（3）液硫装车操作结束后，关闭液硫装车鹤管控制阀。

（三）分离操作

待液硫装车结束，确认管内无液硫滴落后，将活动短管从槽车罐口中拔出，并牵引至液硫装车鹤管挂耳处固定。

（四）注意事项

（1）装车前观察风向，防止 H_2S 中毒。
（2）穿戴好劳保用品，防止高温烫伤、磕碰。
（3）防止设备超压。
（4）做好防护措施，防止高空坠落。

第二节　污水处理

一、生化处理工艺

（一）日常操作

1. UASB 反应器操作

厌氧微生物对温度、pH 值等因素的变化非常敏感，操作中要注意以下几点。

1）反应器温度调整

温度的急剧变化和上下波动不利于厌氧菌的生长，若短时间内温度升降超过 5℃，厌氧微生物的活性将大大降低，甚至无活性。在操作中要严格控制反应器进水温度，最好控制在 35~38℃为宜。调整反应器温度时，要严格控制反应器升温速率在 2~3℃/d，给微生物充分的适应时间。

2）进水pH值调整

产甲烷阶段对pH值较为敏感，适应范围较窄。最适宜的进水pH值为6.5~7.5，pH值偏离这个范围，应采取中和措施后再进水，同时还应注意维持反应器内碱度合适，提高厌氧池的缓冲能力。当pH值降低较多时，应采用应急措施减少或停止进液，在pH值恢复正常后，再投入低负荷运行，同时应查明pH值的下降原因并采取措施。

3）进水方式

在反应器运行初期，由于反应器所承受的有机物负荷较低，因此初期进水采用污水回流与原水混合、间歇脉冲的进水方式，运行正常后再采用连续进水方式。

4）适宜的营养

根据天然气净化厂的污水特性，推荐污水营养比为COD：N：P＝200：5：1为宜，一般不补充NH_3-N，但需补充磷肥。

5）有毒物质

净化厂的主要有毒物质比较少，主要是硫化物（S^{2-}），且含量较低，一般不会超过进水（S^{2-}）指标，但操作中也应时常关注。

6）出水挥发性脂肪酸（VFA）的浓度

出水VFA的去除程度可以直接反映出反应器的运行状况，过高的出水VFA浓度表明反应器内有大量的VFA积累，是反应器pH值下降或导致"酸化"的预兆。

7）产气量及组成

产气量能迅速反映出反应器的运行状态，当运行正常时，实际产气量应与估算值（去除1kg COD产气量为0.3~0.5m^3）接近并维持稳定，另外产气的组成也能反映出反应器的运行状态。厌氧池产生的气体是易燃易爆物质，操作中要特别注意气体的收集和处理。

8）污泥的排出

正常生产排出的污泥量不应大于同期产生的污泥量，否则反应器内污泥大量流失，反应器将不能维持较高负荷。

2. SBR反应池操作

（1）水温：最适宜温度为25~35℃，高于40℃和低于10℃时应采取技术措施。

（2）溶解氧：根据溶解氧值及时调整曝气量，注意曝气要均匀，控制SBR池出口处溶解氧量为2~4mg/L。

（3）污泥沉降比：废水浓度较高时，控制在25%~30%，废水浓度较低时可控制在10%~20%。根据污泥沉降比的多少排放污泥，超过规定值较多时排泥时间应加长。

（4）混合液浓度一般为2500~3500mg/L，若较低可加大回流量。

（5）营养盐投加：按比例BOD_5：N：P＝100：5：1，根据需要及时投加氮肥或磷肥。

（6）有机物负荷：保持平稳，避免过大的冲击负荷。

（7）生物相镜检：当SBR池运行正常时，活性污泥中含有大量菌胶团和纤毛类原生动物，如钟虫等枝虫、草履虫等。应经常观察原生动物的种属及数量，判断出废水净化的程度和活性污泥的状态，以便及时调整操作。

3. 气浮装置操作

（1）调整气浮处理进水量，保持水槽水位在出渣槽的沿口。

（2）控制好溶气罐压力、液位和清水进入溶气罐的流量。
（3）浮渣厚度达到规定值时启动刮渣机排泥。

4. 节能经济运行优化操作

（1）保持生化处理装置进水 COD、BOD、氨氮浓度稳定，保证微生物的活性，减少微生物所需的营养物质。

（2）控制生化处理装置进水的悬浮物含量，降低气浮装置的启运频率进而减少耗电量和化工原材料的消耗。

（二）装置开停工操作

1. 装置正常开产

（1）确认装置工艺流程、运转设备具备开车条件。
（2）确认所有仪表、电气完成调试，正常投运。

2. 投运生化污水处理装置

1）投运集水池、曝气调节池

（1）集水池进水至液位有 50%，通知分析人员对其取样分析。
（2）启动集水池污水提升泵向曝气调节池输送污水，逐步调整曝气风量。
（3）曝气池 COD 达到规定值后，投运污水提升泵；逐步向气浮装置送水并投运气浮装置；启动 COD 在线分析仪对其水质进行分析检测。
（4）根据操作规程要求，控制进水量和进水温度。

2）投运水解酸化池、缺氧池、好氧池

（1）水解酸化池、缺氧池、好氧池的水质管理。

① 水温：最适温度为 25~35℃。
② 溶解氧：好氧池进口处不低于 0.5mg/L，出口处高于 2mg/L；水解酸化池控制在 0.5~0.8mg/L。
③ 污泥沉降比 SV：控制在 10%~30%。
④ 混合液浓度：MLSS（混合液悬浮固体浓度）一般为 2500~3500mg/L。
⑤ 生物相镜检：根据原生动物的种属及数量能判断出废水净化的程度和活性污泥的状态。

（2）操作要求。

① 营养盐投加：按比例 BOD_5：N：P=100：5：1。
② 污泥排放：视池内污泥沉降比（SV）的多少酌情排放。
③ 有机物负荷：平稳操作，避免过大的冲击负荷。
④ 污泥回流量：为维持水解池正常的污泥浓度（2~3g/L），根据水解酸化池的污泥浓度控制回流量。

3. 装置正常停产

（1）确认各污水池处于极低液位。
（2）停运生化处理装置各运转设备。
（3）停运汽水混合加热器蒸汽及 UASB 加热蒸汽。

（4）停止供电，上锁挂牌。

（三）影响操作的主要因素

1. 温度

（1）厌氧过程比好氧过程对温度变化，尤其是对低温更加敏感，是因为将乙酸转化为甲烷菌比产乙酸菌对温度更加敏感。低温时挥发酸浓度增加，就是因为产酸菌的代谢速率受温度的影响比甲烷菌受到的影响小。

（2）厌氧消化过程存在两个不同的最佳温度范围，一个是55℃左右，一个是35℃左右。通常所称高温厌氧消化和低温厌氧消化即对应这两个最佳温度范围。温度的急剧变化和上下波动不利于厌氧处理的正常运行，当短时间内温度升降超过5℃，沼气产量会明显下降，甚至停止产气。因此厌氧生物处理系统在运行中的温度变化幅度一般不超过2~3℃。但温度的短时间突然变化或波动一般不会使厌氧生物处理系统遭到根本性破坏，温度一旦恢复，处理效果就会很快恢复。

2. 水力停留时间

水力停留时间对厌氧工艺的影响主要是通过上升流速来表现出来的。一方面，较高的水流速度可以提高污水系统内进水区的扰动性，从而增加生物污泥与进水有机物之间的接触，提高有机物的去除率；另一方面，水力负荷过大导致水力停留时间过短，可能造成反应器内的生物体流失。在处理低浓度污水时，水力停留时间比有机负荷更为重要，必须提高固体停留时间与水力停留时间的比值，即增加反应器内的生物量。

3. 有机负荷

厌氧处理的程度与有机负荷有关，一般是有机负荷越高，处理程度越低。有机物负荷对厌氧生物处理的影响主要有以下几方面：

（1）厌氧生物反应器的有机负荷直接影响处理效率和产气量。在一定范围内，随着有机负荷的提高，产气量增加，但有机负荷的提高必然导致停留时间的缩短，即进水有机物分解率将下降，从而使单位质量进水有机物的产气量减少。

（2）厌氧处理系统的正常运转取决于产乙酸和产甲烷速率的相对平衡，有机负荷过高，则产酸率有可能大于产甲烷的用酸率，阻碍产甲烷阶段的正常运行。

（3）如果有机负荷的提高是由进水量增加而产生的，过高的水力负荷可能使厌氧处理系统的污泥流失率大于其增长率，影响处理效率。

（4）如果进水有机负荷过低，产气率和有机物去除率可以提高，但设备利用率低，投资和运行费用升高。

4. 营养物质

厌氧微生物的生长繁殖需要提取一定比例的C、N、P及其他微量元素，但比好氧微生物对碳素养分需求少。厌氧法中碳氮磷比值一般控制在$CODcr：N：P=(200~300)：5：1$为好。

5. pH值

产酸菌对pH值的适应范围较广，产甲烷对pH值较为敏感，适应范围较窄，因此厌氧反应器中pH值最好控制在6.5~7.2。

6. 有毒物质

厌氧系统中的各个环节出现的各种有毒物质会对处理过程产生不同程度的影响，这些物质包括有毒有机物、重金属和一些无机离子等，它们有的是进水中所含的成分，有的是厌氧菌的代谢产物。厌氧处理系统能够承受有毒物质的最高容许浓度与厌氧处理工艺方法、厌氧污泥驯化程度、污水特性、控制条件等多种因素有关。

（1）对有机物来说，带有醛基、双键、氯取代基及苯环等结构的物质，对厌氧微生物有抑制作用。

（2）系统中的微量金属元素是厌氧处理的基本条件之一，同时过量的重金属又是反应器失效的最普遍和最主要的因素。

（3）氨是厌氧处理过程的营养剂和缓冲剂，但浓度过高时也会对厌氧微生物产生抑制作用。

（4）硫化物是厌氧微生物必需的营养元素之一，但过量的硫化物会对厌氧处理过程产生强烈的抑制作用。

二、催化氧化工艺

（一）日常操作

1. 空气压缩机启运操作

空压机控制模式有手动和自动，手动模式为调试和非正常情况下才采用，正常情况采用自动模式。启运步骤如下：

（1）检查各零部件的连接是否牢固。

（2）检查地脚螺栓和接电线是否完好。

（3）通过观察视镜窗口检查油气桶中的冷却油油位适宜。

（4）检查确认正常后，设定空压机出口压力至 0.6~0.7MPa，在控制柜上选择自动运行，空压机启运。

（5）空压机运行参数一经调试确认设置后，不可擅自改动。

（6）确认空压机运转声音正常。

（7）确认空压机各连接处、静密封点无泄漏。

（8）确认电动机温度正常。

（9）确认冷却油液位正常。

（10）在自动运行模式下，空压机自动启停。

2. 组合干燥机启运操作

无热吸附式干燥机和冷冻式干燥机相组合，自动运行，启运步骤如下：

（1）检查各零部件的连接是否牢固。

（2）检查地脚螺栓和接电线是否完好。

（3）检查确认正常后，将干燥机控制柜上旋钮旋至"远程"，并在总控制柜面板上点击程序启动，组合干燥机启动。

（4）确认干燥机和冷干机运转声音正常，各程控阀开关正常。

(5) 确认各连接处、静密封点无泄漏。

(6) 检查干燥器前后过滤器压差，当压差超过 0.76bar 时及时更换滤芯。

(7) 检查无热吸附式干燥机进气温度，应小于 45℃。

3. 制氧机启运操作

(1) 检查各零部件的连接是否牢固。

(2) 检查地脚螺栓和接电线是否完好。

(3) 检查确认正常后，将制氧机控制柜上旋钮旋至"远程"，并在总控制柜面板上点击程序启动，制氧机启动。

(4) 确认各连接处、静密封点无泄漏。

(5) 确认各程控阀是否正常自动开关，两吸附塔是否按程序正常切换。

(6) 检查制氧机前过滤器压差，当压差超过 0.76bar 时及时更换滤芯。

4. 臭氧发生装置启运操作

1) 换热器橇启运操作

(1) 确认换热器橇各连接处螺栓已紧固。

(2) 橇内除盐水循环泵盘车正常。

(3) 除盐水循环泵电路及地线接线完好。

(4) 全打开泵进口阀，出口阀开启约 30%，出口阀、回流阀严禁同时全闭。

(5) 检查确认正常后，将除盐水循环泵投自动，泵启运。

(6) 缓慢开启泵出口阀开，以达到不小于 $40m^3/h$ 的循环量。

(7) 确认泵运转声音正常。

(8) 确认内循环各连接处、静密封点无泄漏。

(9) 确认电动机温度正常。

(10) 在自动运行模式，泵自动启停。正常运行时泵的进口阀一直保持常全开状态，严禁关闭。

2) 臭氧发生器启运操作

(1) 确认臭氧发生器各连接处螺栓已紧固。

(2) 确认臭氧发生器各连接处无泄漏。

(3) 检查在线仪表能正常使用。

(4) 气动阀用仪表风压力正常。

(5) 臭氧发生器房间内排风系统正常运行。

(6) 仔细检查确认臭氧发生器接地线完好。

(7) 确认橇内除盐水循环泵处于运行状态，除盐水、循环水的各项参数均在正常范围内。

(8) 在控制柜触摸屏上点击"程序启动"按钮，臭氧发生器自动开始运行。

(9) 臭氧发生器产量可以进行调节，调节范围为 10%~100%，具体的产量需要根据后续氧化装置水质水量判定，在控制柜面板上输入范围大小。通常在水质水量没有变化或变化很小的情况下，无须修改臭氧产量。

(10) 启运过程中，必须时刻注意系统关键报警信号及各仪表是否正常工作，一旦发现异常，必须立即停机（必要时按下急停按钮），将故障点排除后，方可继续开机。

3）臭氧破坏器启运操作

臭氧破坏器运行控制模式有就地和远程两种。

当投入远程模式时，臭氧发生器启运后发出运行信号，臭氧破坏器自动启运；臭氧发生器发出停运信号，臭氧破坏器延时5min停运。启运前需检查：

(1) 确认臭氧破坏器各连接处螺栓已紧固。

(2) 确认电路及地线接线完好。

(3) 确认进口阀、橇内缓冲罐底部排污阀全开。

(4) 设备启运后，需检查确认引风机运转声音正常。

(5) 气液分离罐中的每班进行一次排水。

(6) 运行过程中，不要用手触摸反应罐和排气管，防止烫伤。

当设备投入就地模式时，完成上述检查后，手动按下绿色的"启动"按钮，设备开始运行；按下红色"停止"按钮，设备停运。

4）节能经济运行优化操作

(1) 环境气温较低时，在保证臭氧温度在控制范围内的情况下，可适当降低除盐水和循环水的流量。

(2) 按规定频率做好装置进出水的水质分析，保证出水水质合格的情况下，可适当调节臭氧的产生量或浓度，减少设备耗电量。

(3) 保证文丘里塔废水出水合格的情况下，适当降低次氯酸钠和氢氧化钠的使用量，减少化工原材料消耗成本。

（二）装置开停工操作

1. 装置正常开产

(1) 确认系统管路吹扫、水冲洗、试压合格。

(2) 确认设备供电正常。

(3) 确认电气、仪表检查调校完毕，并投入正常运行。

(4) 确认各污水、次氯酸钠、氢氧化钠、压缩空气、氧气和臭氧的工艺流程畅通。

(5) 打开胺液净化装置废水储罐进水阀、废水提升泵进出口阀、废水循环增压泵进出口阀，系统开始进水。

(6) 废水储罐液位、废水缓冲槽上涨至中液位以上后，在控制柜上将废水提升泵、废水循环增压泵、防回水装置进气阀、不合格水提升泵投入"自动"，触摸屏上点击"系统启运"，催化氧化装置开始运行。

(7) 将RO浓水催化氧化塔进水阀投入手动，阀门打开，催化氧化塔开始进水。

(8) 待RO浓水缓冲槽液位上涨至中液位以上后，将RO浓水催化氧化塔进水阀、RO浓水循环增压泵、蒸发结晶装置进水泵、RO防回水装置进气阀投入"自动"，触摸屏上点击"系统启运"，RO浓水催化氧化装置开始运行。

(9) 确认文丘里塔废水反应罐液位、次氯酸钠配药箱在中液位以上，将文丘里塔废水循环增压泵、次氯酸钠加药泵、碱液加药泵投入"自动"，触摸屏上点击"系统启运"，文丘里塔废水氧化装置开始运行。

(10) 启运冷干机，等待 10min 后启运空压机和无热再生吸附式干燥机。

(11) 启运变压吸附制氧机，对不合格的氧气进行手动放空，待氧气浓度不小于 90% 后，关闭放空阀，合格氧气进入氧气储罐。

(12) 检查确认臭氧发生器除氧水、循环水等参数正常后，启运臭氧发生器，调整产气流量和臭氧浓度。

(13) 臭氧破坏器在投入远程的情况下会随臭氧发生器同时启动。

(14) 胺液净化装置废水 COD、还原性硫脱除合格后，手动停止不合格废水提升泵。

2. 装置正常停产

1) 停工顺序

臭氧发生器+臭氧破坏器（延时）→空压机→制氧机→冷干机→吸干机→胺液净化装置废水催化氧化装置→RO 浓水催化氧化装置→文丘里塔废水氧化装置。

2) 装置停工方案

装置停产后，打开各塔、罐底部排放阀，将污水排放至生产废水调节池。将催化氧化装置控制柜总开关投入"停止"。

（三）影响装置操作的主要因素

1. 臭氧浓度

臭氧是强烈的氧化剂，它能氧化多种还原性有机物（COD）和无机物，对各种有机物的作用范围较广，但其反应速率相对较慢。氧化塔内填料负载的活性金属氧化物可促使废水中的臭氧在其表面最终分解形成羟基自由基（·OH）。这是一种重要的活性氧，从分子式上看是由氢氧根（OH^-）失去一个电子形成，因此羟基自由基具有极强的得电子能力（氧化能力），是自然界中仅次于氟的氧化剂。自由基可以和水中的大部分有机物（以及部分的无机物）发生反应，具有反应速率快、无选择性等特点，应控制合适的臭氧含量、臭氧发生量，保持催化氧化装置连续平稳运行。

2. 进水水质

装置的进水水质水量的变化影响装置的运行效果，运行时建议根据尾气处理装置的日排水量，及时调节进入氧化塔的处理水量，尽可能保持催化氧化装置连续平稳运行。

三、蒸发结晶工艺

（一）日常操作

1. 蒸发结晶装置操作要点

(1) 按"四稳定，一畅通"的操作原则指导液面工序运行，即首效蒸汽压强稳定，末效真空度稳定，液面稳定，罐内固液比稳定，转排盐畅通。

(2) 每 2h 检查各效不凝气排放情况一次，定排上不凝气一次。

(3) 每 2h 冲洗一次各效液位指示系统。

(4) 每天白班切换一次板式换热器流道。

(5) 经常检查盐脚出料口，保持畅通无堵，发现问题及时处理。

（6）保持各设备、仪器、仪表正常运行和工场清洁卫生。

2. 真空耙式干燥器操作规程

（1）启动前，全面检查电动机、电器、减速器油位及各润滑点，检查所有紧固件，手动盘车，将耙叶轴正反各转一周，应灵活自如，无卡擦现象。然后安装好联轴器，检查仪表、阀门等是否安装正确。

（2）准备就绪后，启动干燥器电动机，打开上部加料口，将物料加入设备内，最大装载量为内筒容积的60%，然后关闭盖严加料口。

（3）打开蒸汽进口阀及不凝性气体排放阀，待蒸汽冒出后关闭不凝性气体排放阀，同时打开冷凝水出口近路阀，将冷凝水排放掉，再关闭近路阀，打开疏水器进口阀，记录蒸汽压力，不得大于0.29MPa。

（4）与上条同步，启动真空泵，打开冷凝器进出口冷却水阀，及时将设备内汽化的湿分冷凝并排走，确保真空泵能维持高的真空度，有利于干燥过程正常进行。

（5）为确保系统正常进行，干燥器上部出口处应加装丝网等干式除尘捕集器，将抽真空时带走的物料及冷凝后的湿分捕集。湿分分离器只是进一步将物料及冷凝的湿分捕集。

（6）湿物料的干燥时间应视产品性状及干燥要求、操作中真空度的大小及加热温度不同而定。干燥后期可将蒸汽阀门关小或通入冷却水。

（7）干燥时间超过5h后，关闭蒸汽进口阀，切断真空泵系统，然后打开底部卸料口。待筒体内产品排出，再关闭干燥器电源。

（8）运行期间，定期检查电器、仪表、阀门及设备内真空度，检查所有润滑点及油位，及时补充和定期更换润滑油脂。

3. 节能经济运行优化操作

（1）在保证浓水池液位呈下降趋势的情况下，尽量提高各效蒸发室的真空度，降低盐浆的沸点，减少生蒸汽的用量。

（2）蒸发结晶装置所有泵类设备在停运后，关闭机封冷却水，减少新鲜水的用量。

（二）装置开停工操作

1. 装置正常开产

（1）接到污水单元有浓盐水进入污水通知时，打开冷凝水板式预热器旁通阀、各效进料阀，依次向Ⅰ~Ⅳ效罐进料至50%液位。

（2）打开蒸汽管路上各疏水阀、Ⅰ效生蒸汽排空阀、各效不凝气阀，通知锅炉房送入少量蒸汽进行暖管，暖管蒸汽从排空阀排出。

（3）启运循环泵，同时准备接收冷凝水。

（4）Ⅰ效循环泵启动后，向Ⅰ效加热室供汽。

供汽时，根据疏水暖管情况开主蒸汽阀，最后关排空阀。多次供汽时，排空阀也是分步关，在全供完汽后最后关完。

（5）待Ⅰ效加热室排空阀冒出全是蒸汽时，关闭排空阀。

（6）真空系统：

① Ⅰ效料液沸腾后，打开表面冷凝器循环水进出口阀，启运表面冷凝器。

②Ⅱ、Ⅲ、Ⅳ效加热室不凝气管手摸发热后关闭上不凝气阀，调下不凝气阀至长排位置。

③打开罗茨水环真空机组放空阀、新鲜水和排空管线进口阀，下水和冷凝水出口阀，启运罗茨水环真空机组。

（7）纯冷凝水：

①Ⅰ效冷凝水平衡桶冷凝水液位达到规定值后，打开平衡桶冷凝水出口管线液位调节阀旁通阀，冷凝水进入Ⅰ效冷凝水一次闪发桶进行一次闪发。

②一次闪发桶液位达到规定值后，打开一次闪发桶冷凝水出口管线调节阀旁通阀，冷凝水进入Ⅱ效冷凝水二次闪发桶进行二次闪发。

③当二次闪发桶液位达到规定值后，与锅炉房联系，启运Ⅰ效冷凝水泵，同时打开冷凝水泵出口管线调节阀旁通阀。冷凝水进入凝结水罐。

④检查确认各容器及Ⅰ效冷凝水泵运行正常后，关闭各旁通阀，打开调节阀进出口阀，投运调节阀。

（8）工艺冷凝水：

①Ⅱ效平衡桶液位至规定值后，打开平衡桶冷凝水出口阀、冷凝水调节阀旁通阀，将水转移至Ⅲ效平衡桶。

②Ⅲ效平衡桶液位至规定值后，打开平衡桶冷凝水出口阀、冷凝水调节阀旁通阀，将水转移至Ⅳ效平衡桶。

③当冷凝水平衡桶冷凝水液位达到规定值后，启运混合冷凝Ⅳ效水泵，同时打开冷凝水板式预热器冷凝水进口阀，关闭旁通阀，启运板式预热器。冷凝水进入混合冷凝水桶。

④观察确认各容器运转正常后，打开各调节阀前后阀门，关闭旁通阀，投用调节阀。

（9）盐浆：

①Ⅰ效结盐并达到规定固液比后，通知中控室打开盐浆出口管线阀门，向Ⅱ效转盐。

②Ⅱ效结盐并达到规定固液比后，通知中控室打开盐浆出口管线阀门，向Ⅲ效转盐。

③Ⅲ效结盐并达到规定固液比后，通知中控室打开盐浆出口管线阀门，向Ⅳ效转盐。

④Ⅳ效开始排盐后，打开盐浆泵进、出口阀，启运盐浆泵；同时启运离心机，盐浆进入盐浆增稠器增稠后通过离心机分离，离心机出口盐水进入离心母液桶，湿盐外运。

⑤当离心母液桶液位达到高位值（80%左右）后，打开离心母液泵进、出口阀，启运离心母液泵。离心母液进入Ⅳ效蒸发室循环管。

注意事项：

（1）各效盐水进完后，应检查平衡桶有无积水，没有则关闭平衡桶排地沟阀。

（2）各效料液沸腾后，平衡桶分别排污一次。

（3）盐水进入各效，启运循环泵时，打开各循环泵密封水进口阀。

2. 装置正常停产

（1）停运蒸发结晶装置真空泵及各效循环水泵和冷凝水泵。

（2）关闭蒸发结晶加热蒸汽。

（三）影响装置操作的主要因素

1. 进水水质水量

装置的进水水质水量的变化影响装置的运行效果，运行时建议根据污水浓水池日进水水量，及时调节进入蒸发结晶装置的处理水量，尽可能保持进入蒸发结晶装置进水水质水量的连续平稳。

2. 蒸发室温度及压力

蒸发室温度会影响蒸发室的压力，如果蒸发室温度过高会造成压力升高影响负压抽浓水效果，导致处理量下降，应严格控制蒸发室温度及压力。

第三节　火炬及放空系统

一、装置日常操作

（一）系统检查和火焰调整

净化装置在正常运转时，火炬应维持最小火焰，保证装置放空时能够及时引燃放空气，防止原料气、净化气和酸气直接排入大气，污染环境。在日常生产中要注意以下几方面：

（1）定期检查火炬放空系统，及时排除或回收放空管网及设备内的积液，防止放空系统积液造成事故。

（2）调整分子封燃料气流量。

（3）调整火炬长明灯燃料气流量，维持火焰正常燃烧。

（4）在雷雨和暴风等恶劣天气时，应增大火炬长明灯燃料气流量，防止熄火。若熄火应立即进行点火恢复。

（5）在酸气或其他可能导致火炬熄灭的气体进入放空系统前，应开大助燃燃料气，防止火炬熄灭。

（二）火炬点火

火炬长明灯火焰处于长期燃烧的工作状态，但在装置开工、停工、日常点火测试或熄灭后，均要进行点火操作。火炬点火方式包括远程自动点火、现场自动点火、现场手动点火。火炬长明灯熄灭时，常采用远程或现场自动点火系统点火，当自动点火系统失灵时，则采用现场手动点火程序点火。现以某净化厂为例介绍现场点火程序：

（1）确认放空系统吹扫置换合格，燃料气已供至火炬的分子封。

（2）确认燃料气、空气、点火电源供给正常。

（3）确认点火器在按点火按钮开关时能正常产生火花。

（4）确认分子封水封正常。

(5) 逐个点燃引火嘴（共3个引火嘴，每次点燃其中一个）。
① 打开点火器阀。
② 打开引火器阀。
③ 调整空气和燃料气压力。
④ 按点火器点火按钮开关，观察是否点火成功。
⑤ 若点不着火，应反复③、④步操作。
⑥ 点燃点火嘴后关闭引火嘴阀。
(6) 关闭点火空气阀和燃料气阀。

二、装置开停工操作

（一）装置正常开产

1. 投运前的准备工作

(1) 工艺、电气、仪表等安装工程顺利完成并进行了全面检查验收。
(2) 水、电、燃料气等引入装置并运转正常。
(3) 完成了本单元管道及放空分离器的吹扫与排污。
(4) 确保本单元的全部压力检测仪表检测准确，所有放空安全阀起跳设定正确，放空截断阀处于正确的开关状态；手动排污阀和所有的旁通阀处于关闭状态；其他各部阀门的开闭状态正确。
(5) 确保仪表电气运转正常并按设定值投入自动运行，自动点火系统工作可靠。

2. 投运

装置吹扫时同步吹扫放空管，吹扫完毕后用氮气置换出其中的空气，分析放空系统内的氧含量合格后才能引入可燃气体，然后再点燃长明灯。点火时，可采用多种方式分别进行，以确保各种点火方法都能正常进行点火操作（如：电点火、外传点火、内传点火等）。正常生产时，可将燃料气引入火炬分子封，形成微压隔离空气。

（二）装置正常停产

(1) 确定无放空气体进入本装置，完全熄灭火炬。
(2) 关闭点火装置的燃料气和仪表空气阀门。
(3) 关闭密封用燃料气阀门，停止向长明灯供燃料气。
(4) 开启含硫污水压送罐氮气管线阀门，将含硫污水压送罐内凝液压送至过滤单元气田水闪蒸罐内，排放完毕后，关闭氮气阀，对点火装置、火炬头进行检查，确保无故障、无损坏。

第三章 天然气净化公用装置操作

第一节 新鲜水及循环水处理

一、装置操作

在新鲜水及循环水处理工艺中，由于新鲜水处理的日常操作内容相对较少并与循环冷却水处理重复，本章节主要以循环水处理内容为主，其常规操作主要有加药、排污等。

（一）加药

为了抑制循环水系统设备及管道的腐蚀、沉积物结垢和菌藻繁殖，必须对循环水进行处理，处理方式为过滤、投加絮凝剂、缓蚀阻垢剂和杀菌灭藻剂。常见的投加药剂见表2-3-1。

表2-3-1 化学药剂一览表

项目	名称	代号（或分子式）	投加方式	用途
日常生产	缓蚀阻垢剂	CT4-36	连续	缓蚀阻垢
	杀菌灭藻剂	液体ClO_2	冲击	杀菌灭藻
	杀菌灭藻剂	CT4-42	冲击	杀菌灭藻
	絮凝剂	碱式氯化铝	连续	絮凝

1. 二氧化氯投加

1）二氧化氯投加步骤

二氧化氯投加步骤主要有：活化、配制、投加。

2）注意事项

（1）二氧化氯及活化剂具有强腐蚀性、强刺激性，可致人体灼伤及呼吸系统伤害。

（2）配制稀释二氧化氯时必须正确穿戴相关劳动保护用品，如护目镜、耐酸手套、防毒面罩等。

（3）若二氧化氯溶液溅入眼睛应立即启用洗眼器，用清水冲洗眼睛，严重时就医。

（4）若不慎吸入二氧化氯气体应立即到空气清新处呼吸新鲜空气，严重时就医。

2. 非氧化型杀菌剂（CT4-42）投加

通常采用非氧化型季铵盐类CT4-42和氧化型杀菌剂稳定性ClO_2对循环冷却水进行交替杀菌，达到杀菌和黏泥剥离效果。使用时将CT4-42冲击式一次加入循环水池中，加药后24h不排污，以保持杀菌效果。

通常投加 CT4-42 杀菌灭藻剂的当天不加二氧化氯。如果系统内出现菌藻生长，可适当增大两种杀菌剂投加量，以确保杀菌效果。

3. 缓蚀阻垢剂（CT4-36）投加

缓蚀缓垢剂 CT4-36 的使用原则是尽量保持循环水中的药剂浓度稳定和均匀，通常采用连续加注的方式投加。如果没有设置加药装置，则可以采用冲击式投加的方式将一天的药量一次性投加到循环水池中。

（二）排污

在循环冷却水系统运行过程中，由于空气中带进系统的悬浮杂质和微生物繁殖所产生的黏泥与补充水中的泥沙、黏土、难溶盐类，以及循环水中的腐蚀产物、菌藻、工艺介质的渗漏等因素，常常使循环水的浊度增加，不仅要依靠循环冷却水旁滤处理，还应定期进行排污操作，才能取得明显效果。

在排污操作前，应先确认循环水池液位在正常控制液位之上，然后开启循环水池底部排污阀进行快速排污操作。当水池液位在控制液位值时，应立即停止排污。在排污期间应监控循环水泵运行状态，停止排污后应确认排污阀门关闭，避免发生排污阀未关严导致水池跑水现象，严重时还会发生泵抽空等问题。

二、循环水装置开停工操作

（一）装置正常开产

1. 开工准备

（1）检查所有检修项目全部完工、验收合格，经拆卸的工艺、机械、仪表、电气设备全部正确复位，确认压力容器及管线已试压完毕，无泄漏。

（2）确认所有转动设备电源已送电。

（3）确认调节阀、联锁阀"手动""自动"动作均能正确无误。

（4）确认所有安全阀前后截止阀已打开。

（5）确认现场压力、温度、流量、液位等显示仪表引压管一次阀打开。

（6）检查现场所有截止阀处于正确位置。

2. 系统清洗

（1）打开循环水池补水阀，向循环水池进水，保持水池安全低液位。

（2）将所有冷却设备的进出口阀全开，启运循环水泵，采用大流量对循环水管网及冷换设备进行冲洗，根据水质情况打开补充水和排污阀进行循环水置换，置换水排至污水处理装置，直至无浑浊和杂质时停止。

（3）保持循环水池安全低液位，向循环水池中加入规定的清洗药剂，继续进行大循环量循环，严格按规定取样分析，在清洗过程中，应根据分析结果不断调整加药量和置换水量，最终达到清洗水工艺指标。

3. 预膜

（1）清洗指标达到后，同样保持循环水池安全低液位，向循环水池中分别加入规定的预膜剂、缓蚀剂、分散阻垢剂、pH 调配剂等，继续进行大循环量循环。

循环水预膜方案宜采用以下两种方式进行：

① 以正常运行阻垢缓蚀剂 7~8 倍的剂量作为预膜剂进行预膜处理，pH 值控制在 5.5~6.5，持续时间为 120h。

② 预膜剂成分为六偏磷酸钠和一水硫酸锌，质量比为 4∶1，浓度为 200mg/L，pH 值控制在 6.0~7.0，持续时间为 48h。

（2）同样严格按规定时间进行取样分析，并根据化验数据调整加药量，保证各参数指标在控制范围内。

（3）挂片监测预膜效果，达到预膜要求后，停止预膜。

预膜完成标准：试片表面无锈迹，在阳光下有明显的色晕，预膜后的试片的腐蚀速度达到要求。

（4）通过循环水池排污和循环水池补水操作，对循环水进行置换，联系化验分析取样，待各参数达到要求后加入水质稳定药剂转入正常运行。

4．投运

（1）确认循环水池预膜结束，循环水池补充至正常液位。
（2）根据用水情况及时调整冷却水量大小。
（3）根据循环水出水温度，启运凉水塔风机并调节好变频。
（4）投运旁滤器。
（5）向循环水中投加药剂。

（二）装置正常停产

（1）确认全装置无用户使用循环冷却水。
（2）停止向循环水中投加药剂，关闭新鲜水补充阀和旁滤器进水阀。
（3）停运循环水冷风机、循环水泵。
（4）手动打开旁滤器底部排放阀以及循环水池排放阀，将旁滤器和循环水池液位排空。
（5）将循环水系统的各手动阀、调节阀、联锁阀关闭。

三、影响装置操作的因素

（一）循环水水质

循环水水质对于冷却水系统的运行效果有巨大影响。控制合适的 pH 值、电导、浊度、硬度等指标有助于循环冷却水的冷却效果，如表 2-3-2 所示。

表 2-3-2　循环水、除盐水的水质要求

项　目		循环水	除盐水
pH 值	25℃时	7~9	8~9.5
电导	μs/cm（25）	<1100~1500	≤50
浊度	度	<10	0
硬度	mg/L（以 $CaCO_3$ 计）	<950	<2

续表

项 目		循环水	除盐水
Na^+、K^+	mg/L	—	微量
Ca^{2+}	mg/L（以 $CaCO_3$ 计）	<420	0
Mg^{2+}	mg/L（以 $CaCO_3$ 计）	<60	0
SO_4^{2-}	mg/L	—	0
SiO_2	mg/L	—	微量
Cl^-	mg/L	<1000	微量
总铁	mg/L	<1	—
悬浮物	μg/g	10~15	—
余氯	μg/g	>0.2	—
浓缩控制值	mg/L（以 $CaCO_3$ 计）	850~950	—
总磷	mg/L	4~7	—

（二）循环水出水温度

根据季节调整合适的循环水供水和回水温度，有利于提高冷却效果与节能。通过凉水塔风机转速调节、循环水流量调节等方式调节循环水温度。

（三）注药

为了抑制循环水系统设备及管道的腐蚀、沉积物结垢和菌藻繁殖，必须对循环水定期进行注药处理，处理方式为投加缓蚀阻垢剂和杀菌灭藻剂。

（四）旁过滤器及过滤效果

为了减少循环冷却水中不溶性杂质的积累，本单元设有旁滤器。从循环泵出口引出水流入旁过滤器，在布水器的作用下进入过滤层，经无烟煤、石英砂和卵石过滤，再经出水管回到循环水池。随着过滤时间的增长，滤料截留的悬浮物量不断增加，过滤阻力增大，通水量减小，这时过滤器不能正常工作或因悬浮物导致出水水质变差，需停止过滤进行过滤器的反洗。其过程为：先进行工厂风反吹，将滤料与吸附的杂质分离，然后进水反洗，最后反洗出来的水带着从滤料上反洗下来的附着物一起经排水管排出。

第二节　蒸汽及凝结水系统

一、装置操作

（一）锅炉运行调整

保持锅炉运行参数的稳定，是锅炉运行安全性、经济性的关键。日常操作中应注意以下几点：
(1) 及时调整锅炉的负荷以适应工艺需求。
(2) 控制好锅炉蒸发量和上水量，保持锅炉水位平稳，避免发生缺水和满水事故。
(3) 保持锅炉出汽压力和温度正常，以免造成蒸汽用户汽量波动。
(4) 严格加药，控制锅炉进水和炉水水质，减少锅炉结垢和腐蚀。
(5) 控制合理的配风，维持燃烧稳定，提高锅炉热效率。
(6) 控制好锅炉的排污频率和排污量。

(二) 液位计冲洗

(1) 检查记录液位计液位。
(2) 打开放水阀，冲洗汽水通路和玻板液位计。
(3) 关闭液相水阀，单独冲洗汽通路和玻板液位计。
(4) 关闭气相阀，打开液相水阀，单独冲洗液相通路。
(5) 关闭放水阀，打开气相阀，使液位计恢复正常。
(6) 确认液位计液位正常。

(三) 叫水操作

玻板液位计叫水操作是在锅炉液位出现异常时判断锅炉缺水或满水程度的一项基本操作。叫水操作分为缺水叫水操作和满水叫水操作。

1. 缺水叫水操作

打开玻板液位计底部排水阀，然后关闭气相阀，关闭排水阀，之后再打开排水阀，一开一关多次重复操作。操作时注意观察玻板液位计是否有水位出现。若有水位出现则为轻微缺水；若无水位出现则为严重缺水。

2. 满水叫水操作

打开玻板液位计底部排水阀，然后关闭液相阀，液位计关闭排水阀，之后再打开排水阀，一开一关多次重复操作。操作时注意观察玻板液位计是否有水位出现。有水位下降则为轻微满水；若无水位下降则为严重满水。

(四) 锅炉排污

锅炉排污分为连续排污和定期排污。

1. 连续排污

连续排污又称表面排污，是连续不断地从循环回路中含盐浓度最大和危害最大的近水位放出炉水，以降低炉水表面的碱度、氯根、泡沫和悬浮物，维持额定的炉水含盐量，防止汽水共腾的发生和减少炉水对锅筒的腐蚀。排污量应根据对炉水的化验结果确定，并通过调节排污管线上阀门的开度来实现。

2. 定期排污

定期排污又称间断排污或底部排污。定期排污可弥补连续排污的不足，从锅筒的最低点间断进行，它是排除锅内形成的泥垢及其他沉淀物质的有效方式。

锅炉的定期排污应在锅炉低负荷、高液位的条件下进行。锅炉的排污应采取勤排、少排的方式进行,以确保锅炉的安全平稳运行。排污时先开启慢开阀,再开快开阀进行快速排污,排污结束后,先关闭快开阀,再关闭慢开阀,这种方法可使慢开阀受到保护。排污操作应短促间断进行,即每次排污阀开后即关,关后再开,如此重复数次,依靠吸力使渣垢迅速向排污口汇合,然后集中排出。在排污过程中,应注意以下几个方面:

(1) 锅炉上水时要缓慢进行,防止给水系统压力下降或锅炉发生满水事故。
(2) 禁止一台锅炉两个点同时排污或两台锅炉同时排污。
(3) 排污前要检查排污管道、阀门以及排污扩容器是否完好,必要时应采取暖管措施。
(4) 排污时要严密监视水位,防止发生缺水事故。
(5) 排污阀卡住、扳动不灵活时,严禁用其他工具敲打或蛮干,以防阀门损坏,排污结束后,应检查排污阀是否关严。
(6) 排污时不能进行其他操作,若必须进行其他操作时,应先停止排污,关闭排污阀后再进行。

二、装置开停工操作

(一) 装置正常开产

1. 开工准备

(1) 检查所有检修项目全部完工、验收合格,经拆卸的工艺、机械、仪表、电气设备全部正确复位,确认压力容器及管线已试压完毕,无泄漏。
(2) 确认所有转动设备电源已送电。
(3) 确认调节阀、联锁阀"手动""自动"动作均能正确无误。
(4) 确认所有安全阀前后截止阀已打开。
(5) 确认现场压力、温度、流量、液位等显示仪表引压管一次阀打开。
(6) 检查现场所有截止阀处于正确位置。

2. 锅炉上水和水压试验

(1) 启运除盐水装置,确认除盐水罐液位正常,启运除盐水泵向除氧器供水。
(2) 确认除氧器液位正常后,启动锅炉上水泵,打开锅炉上水阀和锅炉排气阀,关闭锅炉安全阀截止阀。
(3) 控制上水速度,当锅炉的放空阀有水喷出时,关闭放空阀并继续对锅炉缓慢上水,此时应注意观察锅炉本体压力表的读数,压力升至工作压力的1.25倍时稳压30min。同时对锅炉进行全面的检查,若发现渗漏,则应立即停止水压试验,锅炉泄压后对泄漏部位进行及时检修后再进行水压试验,直到试压合格为止,试压合格后排液至正常液位等待投入使用。
(4) 对玻板液位计进行冲洗,并确认玻板液位计与变送器液位指示一致。

3. 锅炉各项保护试验

(1) 对锅炉高、低液位联锁测试:修改锅炉的液位联锁值,确认锅炉是否报警或联锁。

（2）熄火保护：拆下燃烧机火焰监测器，确认锅炉联锁或报警正常。

（3）蒸汽超压联锁：修改锅炉压力联锁值，确认锅炉联锁正常。

（4）对安全阀进行手动测试。

4. 锅炉点火、烘炉、升温

（1）打开锅炉燃料气总阀，检查减压阀后燃料气管道压力是否稳定，可通过自力式调压阀进行调整。

（2）点火前，对 PLC 电控柜送电，各指示灯应正常，若有故障指示，应先检查报警原因，排出故障后，按下 PLC 的"复位"按钮对控制程序进行复位。

（3）启动点火程序点火，接下来燃烧机的程控器将自动完成燃料气管线检漏、风压测试、自动吹扫、点火，直至燃烧机正常燃烧，并观察火焰燃烧情况。

（4）锅炉点火后，保持低负荷燃烧，进行烘炉，确保锅炉受热缓慢、均匀。

（5）烘炉时，将燃烧控制方式置于"手动"位置，根据排烟温度调整燃料气流量。

5. 升压、暖管、供汽

（1）缓慢增加锅炉负荷，排出锅炉内的空气，待冒出的完全是蒸汽时关小放空阀开始缓慢升压。

（2）当压力升至 0.05~0.1MPa 时，冲洗水位计和压力表存水弯管。

（3）当压力升至 0.2MPa 时，应检查各连接处有无渗漏。

（4）当压力升至 0.29~0.39MPa 时，应试用排污装置，确认排污阀是否操作灵活、可靠，确认正常后投用连续排污。

（5）联系取样分析锅炉给水和炉水，根据数据进行加药调整。

（6）当压力升至工作压力的 2/3 时，应对蒸汽及凝结水系统进行暖管。

（7）缓慢、少量开启蒸汽出口总阀，从前到后分批次打开蒸汽系统所有疏水阀前排放阀进行暖管，待主蒸汽送出后，投运疏水阀。

（8）暖管完毕，缓慢开启蒸汽总管出口阀至全开，开始向工艺装置供汽，使锅炉进入正常运行。此时，将燃烧控制方式由"手动"转"自动"状态。

（9）当系统有凝结水后，取样分析凝结水各项指标，待其指标达到正常值后，投运凝结水回收系统。

（10）当蒸汽及凝结水系统投运正常后，启运凝结水泵，投运除氧器，并取样分析除氧水指标。当除氧水指标达到正常值后，投入正常生产，保证锅炉给水供给正常。

（二）装置正常停产

（1）确认脱硫脱碳单元热循环结束，且硫磺回收单元不需要蒸汽时，准备停运锅炉。

（2）将燃烧机负荷调节置于"手动"位置，通过手动调节燃料气开度逐渐降低燃料气用量，当达到最低燃料气负荷后，将控制柜上燃烧机旋钮置于"停"位置以停运锅炉。（备注：不同厂家的锅炉操作方法不尽相同，本文以广州迪森锅炉为例，下同。）

（3）关闭燃料气截止阀，打开燃料气放空阀、氮气阀对燃料气管线进行置换。置换合格后，关闭燃料气排空阀。氮气置换合格的指标为 CH_4 含量小于 2%（体积分数）。

（4）打开锅炉放空阀泄压降温，密切监视锅炉压力和水位的变化，当锅炉泄压降温完成后，关闭锅炉蒸汽出口阀、连续排污阀等。

(5) 停运锅炉给水泵、加药泵以及凝结水泵。

(6) 待炉水温度降到70℃以下时，对锅炉进行排水。

(7) 打开蒸汽凝结水管网所有甩头，对管网进行彻底排水。

(8) 确认装置已无除盐水用水点，停除盐水泵装置以及除盐水泵。

(9) 打开除盐水罐、除氧罐、凝结水罐底部排污阀及顶部呼吸阀，进行排水。

三、影响操作的主要因素

(一) 锅炉水水质

控制合适的锅炉水水质有助于提高蒸汽品质以及锅炉使用年限。锅炉水水质要求如表2-3-3所示。

表2-3-3　锅炉水水质要求

项　目		锅炉给水指标	炉水指标
总硬度	mmol/L	≤0.03	—
总碱度	mmol/L	—	≤10
pH值	—	8.5~10.5	10~12
溶解氧	mg/L	≤0.1	—
PO_4^{3-}	mg/L	—	10~30
电导	μs/m	≤50	<1600

(二) 燃料气品质

加强燃料气系统的平稳操作，加强排水，提高燃料气热值有助于提高蒸汽系统热效率。

(三) 锅炉液位

控制合适且稳定的锅炉液位（40%~60%）有助于系统蒸汽稳定输出。

(四) 燃烧机配风

根据火焰颜色调整燃烧机配风，使燃烧机达到最高的热效率。

(五) 排污

定期排污与连续排污的配合，有助于保持炉水一直处于优质的状态，继而提高蒸汽品质。

(六) 蒸汽压力

控制合适且稳定的蒸汽系统压力，有助于提高各蒸汽用户的换热效果。

第三节　导热油系统

一、装置操作

（一）导热油炉的启停操作

（1）进行全面的检查。
（2）启动导热油循环泵。
（3）点火启炉。
（4）确认炉子运转正常平稳之后，才表明炉子启动成功。
（5）停炉时，在确认导热油泵延迟 30min 停泵完成后，关闭燃料气阀门，才能确认导热油炉停炉操作结束。

（二）加导热油或者退出系统导热油

（1）严格检查流程是否导通。
（2）确认无误后，启动齿轮泵。
（3）泵启运后，及时检查膨胀罐和导热油储罐或者导热油储存桶的液位变化。
（4）确认操作成功与否。

二、装置开停工操作

（一）装置正常开产

1. 开工检查

（1）确认开工方案、应急预案已下发到生产班组，并组织员工学习、熟悉开工操作。
（2）熟练掌握新增或更换的新设备的操作要点（如有的话），熟练掌握新工艺的生产（如有的话）。
（3）确认本装置所有的设备、管线、仪表都检修完毕，并经过检修质量验收，具备开车运转条件。
（4）确认水、电、气等具备开车条件。
（5）检查工艺流程，确认所有阀门灵活、完好，包括与本装置有关的其他装置的阀门处于应当开（或关）的位置。
（6）确认检查各安全阀已进行定压试验，并加了铅封。
（7）确认现场液位计、压力表清楚灵敏，各机泵油位正常，各种温度监测正常。
（8）确认消防设备、设施完好。
（9）确认消防通道畅通。

（10）确认开工时间。
（11）确认各仪表设备已投用。

2. 导热油填充

1）启动前的检查与确认

（1）确认系统内仪表已正常投运。
（2）确认导热油储罐液位正常。

2）启泵充油

（1）导通补油流程，启运注油泵；打开膨胀罐排空阀，对膨胀罐进行排气操作。
（2）当液位为70%时，打开热油管线上手动阀，并打开热油循环泵进口排气阀，排净泵前管线中所有气体。
（3）启运，将导热油输送至脱硫装置区重沸器，同时打开其高点排空阀进行排气操作。
（4）打开重沸器导热油流量调节阀，导通导热油至脱硫装置区间系统流程。
（5）确认导热油系统管线及设备中多余气体（N_2）排净。
（6）关闭各设备高点排空阀，待系统内填充满导热油、膨胀罐液位30%时，停运注油泵，关闭装卸油系统相关阀门。

3. 导热油冷循环

1）冷循环前的状态确认

确认系统内填充满导热油、膨胀罐液位30%时，热油管路及设备中多余气体基本排净。

2）导热油冷循环操作

（1）手动控制脱硫装置导热油流量调节阀，将系统循环量控制在合适范围。
（2）检查热油系统管线、设备和阀门连接处是否有泄漏，如有，及时进行整改。
（3）导热油系统冷循环2h后，确认热油系统导热油炉液位100%、膨胀罐液位50%、循环量和循环泵出口压力保持在合适范围。

4. 导热油热循环脱水

1）热循环前的状态确认

（1）确认加热炉各机组设备正常待用。
（2）确认燃料气气压正常。

2）导热油热循环、脱水操作

（1）将导热油炉负荷控制设定为手动模式，将导热炉控制设定为就地控制。
（2）将导热油炉出口温度设定值设定为高于实际10℃。
（3）按下加热炉启动按钮，进行点火。
（4）根据加热炉升温曲线，控制进炉燃料气量，对加热炉进行烘炉，以10℃/h的速度升温当热油温度达到70℃时，恒定温度8h，恒温后继续升温；从100~130℃时，控制升温速率在5℃/h左右，进行脱水（煮油）操作，打开膨胀罐手动排空阀对导热油进行脱水。
（5）确认膨胀罐手动排空阀基本无气体排出，循环泵无剧烈汽蚀抖动现象。

（6）关闭膨胀罐手动排空阀。

（7）控制进炉燃料气量，继续按烘炉曲线（以 10℃/h 的速度）要求对导热油进行升温至 190℃。

（8）在导热油炉出口油温升至 135℃后，将导热油炉负荷控制改为自动控制。

（9）打开膨胀罐手动排空阀对导热油进行脱轻组分操作。

（10）控制进炉燃料气量，控制导热油路炉出口温度为 190℃，保持热油循环量控制在满足工艺需求的范围。

5. 导热油系统投运

1）导热油系统投运前的状态确认

（1）确认导热油热循环正常。

（2）确认脱硫单元准备溶液热循环。

2）导热油投运操作

待脱硫单元准备溶液热循环后，按脱硫单元需求调整重沸器导热油循环量；控制平稳后将重沸器导热油循环量调节阀改为自动控制。

（二）装置正常停产

1. 停工准备

（1）确认停工方案、应急预案已下发到生产班组，并组织员工学习、熟悉停工操作。

（2）确认消防通道畅通。

（3）确认安全防护设备、设施配备齐全、完好。

（4）确认停工时间。

（5）确认工艺设备、工艺管线达到停工要求。

（6）确认通信畅通。

（7）确认各仪表投用正常。

2. 装置停运

（1）现场停运导热油炉，导热油系统进入冷循环阶段，待导热油温度降到 60℃时停止冷循环，关闭导热油泵。

（2）现场停运氮气系统。

（3）现场按导热油系统操作规定、导热油泵停泵操作规程停运。

3. 停工结束

确认导热油炉、导热油泵已按规定安全停运。

三、影响装置操作的因素

（一）进导热油炉导热油流量

正常生产运行中进导热油炉导热油流量不能控制过低或过高，流量过低会导致炉管内导热油变质结焦，而流量过高会造成能源的浪费。

（二）导热油炉出口导热油温度

通过调节燃料气气量来控制导热油出口温度。温度过低达不到系统所需的换热效果，温度过高会造成导热油炉的损坏。

（三）导热油炉循环泵出口压力

采用启动前排净泵内空气，保持泵进出口管线畅通等方式，有助于控制稳定的泵出口压力，继而稳定系统循环量，保证系统换热效果。

第四节　空气及氮气系统

一、装置操作

（一）排油水

（1）在启运压缩机之前，将停机时的冷凝水排净。
（2）在运行过程中，应注意观察疏水器是否正常工作。
（3）定期对空压机、空气缓冲罐排水。
（4）检查系统运行参数是否正常。

（二）空压机切换操作

（1）确认启运空压机 B，确认电源接通、仪表完好，油位正常，对空气出口管线上低点进行排水。
（2）按启动按钮，确认压缩机运转正常，无异常声音，排气压力、排气温度正常，压缩机各油气管路连接处、静密封点无泄漏。
（3）确认空压机正常加载卸载一个回合正常后，打开工厂风阀。
（4）停运空压机 A，按停止按钮，关闭工厂风阀。

二、装置开停工操作

（一）装置正常开产

1. 开工准备

（1）检查所有检修项目全部完工、验收合格，经拆卸的工艺、机械、仪表、电气设备全部正确复位，确认压力容器及管线已试压完毕，无泄漏。
（2）确认所有转动设备电源已送电。
（3）确认调节阀、联锁阀"手动""自动"动作均能正确无误。
（4）确认所有安全阀前后截止阀已打开。

(5) 确认现场压力、温度、流量、液位等显示仪表引压管一次阀打开。
(6) 检查现场所有截止阀处于正确位置。
(7) 确认空压机单机试运转完成。
(8) 确认循环冷却水系统冷却水供给正常。

2. 启运空气压缩机

确认空气缓冲罐压力达到正常压力时，开启干燥器入口阀、运行电源，开启工厂风储罐、仪表风储罐入口阀及制氮系统净化空气总阀。

（二）装置正常停产

(1) 检查确认装置无任何仪表风、工厂风、氮气用点，停运制氮装置、干燥器，并对应关闭进出口阀。
(2) 停运空气压缩机，关闭空气出口阀并泄压，待空压机冷却后，关闭空压机循环冷却水进出口阀和新鲜水进口阀。
(3) 打开空气缓冲罐、空气储罐、仪表风储罐、氮气缓冲罐、氮气储罐排气阀泄压。
(4) 将所有空气系统、仪表风系统、氮气系统主流程阀门关闭，现场检查阀或底部排放阀打开。

三、影响操作的主要因素

（一）进气温度

空气中的水含量随压力升高而降低，随温度升高而增大。空气压缩后压力升高，温度升高，其水含量仍然为该状态下的饱和状态。因此，降低进入无热再生式干燥器的压缩空气温度，有利于降低吸附塔净化空气的露点。

（二）工作压力

工作压力降低，压缩空气饱和含湿量升高，吸附塔负荷增加。当吸附塔工作压力降低时，再生气量减少，吸附塔再生时会出现再生不彻底的现象，影响吸附效果。

（三）压缩空气含油量

压缩机工作时，空气与压缩机润滑油混合增压，然后进行油气分离，因此，通过压缩机后压缩空气始终会夹带微量润滑油。压缩空气夹带的润滑油带入吸附塔中，被干燥剂吸附并逐渐积累，造成吸附剂中毒。

（四）吸附塔床层高度

吸附塔床层增高，接触时间延长，吸附量增大，有利于降低压缩空气露点。

（五）空塔气速

提高空塔气速，成品气露点上升，但变化幅度因吸附剂而异，分子筛对空塔气速的变化比较敏感。

第五节　燃料气系统

一、装置操作

（一）燃料气调节阀保温操作

(1) 燃料气调节阀存在节流结冰，堵塞调节阀的安全隐患，需对调节阀进行蒸汽保温，防止调节阀节流结冰。

(2) 常开蒸汽保温阀，对调节阀进行保温，班组巡检时，注意燃料气系统压力变化，是否存在保温蒸汽泄漏。

（二）燃料气罐排液

(1) 检查燃料气罐液位。

(2) 联系中控室，全开燃料气罐排液阀后截断阀，缓慢打开排液阀前阀。

(3) 监视燃料气罐液位、压力，低位罐液位、压力。

(4) 排液完毕后，关闭燃料气罐排液阀。

二、装置开停工操作

（一）装置正常开产

1. 开工检查

(1) 检查所有阀门、安全阀、法兰、接头、温度计、液位计、压力表、人孔等是否处于良好的开工状态。

(2) 检查确认工艺流程是否畅通，各阀门及盲板是否处于开工状态。

(3) 装置所需水、电、汽、仪表风、工厂风、氮气已引入装置，待使用。检查装置用水、电、蒸汽是否达到开工要求。

(4) 检查自控仪表调试工作是否全部完成。报警及联锁整定值静态调试合格，显示仪表、记录仪表是否准确、灵敏、可靠。

(5) 工厂污水处理装置和火炬放空系统已具备投用条件。

2. 操作步骤

(1) 开车前应用氮气置换设备、管线中的氧，要求设备内残氧含量小于2%。关闭产品气、闪蒸气进装置、燃料气出装置界区切断阀，按置换流程和正常生产时的情况开通燃料系统流程。

(2) 置换完毕后维持各设备微正压等待装置进气生产。注意：在充压、泄压的时候速度均不应过快。

（3）检查确认流程贯通后，确认各盲板处于正常状态。打开燃料气管线上的阀门，关闭旁路，打开降压阀，通过二级调压后作为工厂用的燃料气，进入全厂的燃料气主管，开始为锅炉房和厂内其他装置提供燃料气。

（二）装置正常停产

1. 停工检查

确认装置无其他燃料气用户，火炬放空系统已具备停运条件。

2. 操作步骤

（1）关闭燃料气管线总阀及调节阀前后切断阀。

（2）打开燃料气系统进行放空并泄压至 0，用 N_2 对系统进行置换，导通置换流程，对燃料气系统建压至 0.1MPa，而后在各用户终端排放，反复多次，直到燃料气系统 CH_4 含量小于 2%，合格后再次确认关闭情况。

（3）确认燃料气系统盲板倒在关的位置。对燃料气系统进行空气吹扫，导通流程，吹扫一段时间后取样分析 O_2 含量不小于 19.5%合格。

（4）根据检修项目需要停运生活燃料气系统，关闭调节阀前后截止阀及旁通阀，打开生活燃料气放空泄压阀将压力泄至 0（排至大气），用氮气对生活用燃料气进行置换，CH_4 含量小于 2%合格。

三、影响操作的主要因素

（一）燃料气质量

燃料气只要来源于闪蒸气及净化气的补充，燃料气质量差将影响再生釜、主燃烧炉、尾气焚烧炉、锅炉等燃烧设备的燃烧情况，最坏结果会使设备损坏。应该加强闪蒸罐的操作及净化气夹带的操作。

（二）燃料气压力

控制合适且稳定的燃料气压力，有助于燃料气用户的燃烧效果，即各燃烧炉的传热效率。

第四章　天然气净化装置设备维护

设备的维护是提高设备使用寿命和可靠度、延长生产装置的运行周期、确保净化厂的"安、稳、长、满、优"生产的关键环节之一。为了规范天然气净化装置设备维护内容，确保维护保养质量，及时发现并消除设备缺陷和隐患，实现生产装置长周期安全平稳运行；同时也为了规范和快捷地指导员工开展装置设备维护工作，不断提高设备维护质量，更好地为生产服务，特编制天然气装置设备维护。本章内容包括泵、风机、压缩机等动设备维护，压力管道、塔类设备、罐类设备、换热设备、阀门等静设备维护。

第一节　天然气净化装置动设备维护

天然气净化装置常用的转动设备主要包括泵、风机、压缩机、硫磺造粒机及结片机等。

一、泵的维护

（一）离心泵维护

离心泵日常维护的内容有：
（1）严格执行润滑管理制度。
（2）保持封油压力比泵密封腔压力大 0.05~0.15MPa。
（3）定时检查出口压力、振动、密封泄漏、轴承温度等情况。
（4）定期检查泵附属管线是否畅通。
（5）定期检查泵各部螺栓是否松动。
（6）热油泵停车后每半小时盘车一次，直到泵体温度降到 80℃ 以下为止，备用泵应定期盘车。

（二）磁力泵维护

磁力泵日常维护的内容有：
（1）检查压力表的显示是否稳定正常。
（2）检查输送介质流量和电流值是否稳定。
（3）检查泵运转中是否有异音和异常振动。
（4）若泵备有保护系统，检查其各监测指示是否处于安全区域内工作。
（5）运行中严禁用任何物体触碰外磁转子，检查密封罩根部工作温度是否符合要求。

(三) 屏蔽泵维护

屏蔽泵日常维护的内容有：
(1) 检查出口压力表指针是否正常。
(2) 检查电流值是否正常。
(3) 检查轴承监视指针是否在红色指示带范围内。
(4) 检查泵运转中是否有异音和异常振动。
(5) 检查有无液体泄漏。

(四) 往复泵维护

适用于天然气净化装置用 DB、DS、WB 等型号电动往复泵，日常维护内容有：
(1) 开泵前清除润滑油孔、活塞杆（或柱塞杆）等摩擦面的灰尘积垢，并加上清洁的润滑油，使油眼畅通，润滑油符合泵使用说明书的要求或使用相同牌号的润滑油。
(2) 检查各注油点、油杯，检查单向阀和注油器是否灵活正常。
(3) 检查泵进出口压力的波动和泵体、进出口阀等的振动情况。
(4) 检查泵及减速机构、安全装置等运转是否正常，有无杂音或异常响声。
(5) 保持泵体、油窗、冷却水看窗及压力表等的清洁，检查润滑油、冷却水是否正常。
(6) 严格执行润滑油"三过滤、一沉淀"和"润滑五定"制度，油品对路使用。
(7) 检查轴承、填料箱、油封等的发热情况，有无泄漏。
(8) 检查各部连接螺栓、传动轴销是否松动。
(9) 往复泵不允许在抽空、超压、超冲程数以及过负荷的情况下运行，发现泵抽空时，必须降低泵冲程数。
(10) 备用设备定期盘车和切换。

(五) 齿轮泵维护

适用于天然气净化装置输送温度低于 60℃ 溶液的齿轮泵，不适用于输送挥发性强、闪点低、含有硬质颗粒或纤维的介质。日常维护的内容有：
(1) 定时检查泵出口压力，不允许超压运行。
(2) 定时检查泵紧固螺栓有无松动，泵内有无杂音。
(3) 定时检查填料箱、轴承、壳体温度。
(4) 定时检查轴密封泄漏情况。
(5) 定时检查电流。
(6) 定期清理入口过滤器。

(六) 螺杆泵维护

适用于天然气净化装置用的单螺杆泵、双螺杆泵，日常维护的内容有：
(1) 定时检查泵出口压力。
(2) 定时检查泵轴承温度及振动情况。
(3) 检查密封泄漏及螺栓紧固情况。
(4) 封油压力应比密封腔压力高 0.05~0.1MPa。

(5) 泵有不正常响声或过热时，应停泵检查。

（七）计量泵维护

计量泵日常维护的内容有：

(1) 定期检查管线与阀连接处是否有泄漏。
(2) 每 3 个月清洗一次阀件（如使用高结晶度药剂，每 1 个月清洗一次阀件）。
(3) 长时间未运作的计量泵，启运前需进行清洁处理。

（八）自吸泵维护

自吸泵日常维护的内容有：

(1) 检查自吸泵管路及结合处有无松动，控制流量和扬程在标牌注明范围内。
(2) 检查轴承温度是否正常。
(3) 泵有不正常响声或过热时，应停泵检查。
(4) 自吸泵长时间不使用或在寒冬季节使用时，停机后需将泵体下部放水螺塞拧开将介质放净以防冻裂。

（九）旋喷泵维护

旋喷泵日常维护的内容有：

(1) 检查轴承箱体油位是否在正常范围内。
(2) 检查轴承温度、声音、振动是否正常。
(3) 检查泵与管道有无泄漏。
(4) 检查机械密封有无泄漏。
(5) 停机备用期如超过 3 个月，须每季度启动一次。

二、风机的维护

（一）离心式风机维护

适用于天然气净化装置常用的离心式通风机和离心式鼓风机，日常维护的内容有：

(1) 每 2h 巡检一次，检查风机声音是否正常、轴承温度和振动是否超标、运行参数是否正常，查看润滑油油位、压力是否稳定，判断冷却水系统是否畅通。
(2) 每 5 天检查一次润滑油质量，一旦发现润滑油变质及时更换。
(3) 及时添加润滑油（脂）。
(4) 备用离心风机应每天盘车 180°。

（二）轴流式风机维护

适用于天然气净化装置常用的凉水塔轴流风机及空冷器轴流风机，日常维护的内容有：

(1) 检查振动、声音、油温是否正常。
(2) 检查油位、油质情况。
(3) 检查密封是否漏油。

(4) 检查各紧固件有无松动或脱落。
(5) 定期添加或更换润滑油或脂。
(6) 按需要对机组进行防腐处理。

(三) 罗茨鼓风机维护

适用于天然气净化装置常用的罗茨鼓风机，日常维护的内容有：
(1) 检查风机出口压力的波动情况。
(2) 检查风机的运转是否正常，有无杂音或异常响声。
(3) 检查电流是否是超过额定电流。
(4) 保持机体、油窗、冷却水看窗及压力表等的清洁，检查润滑油、冷却水是否正常，润滑油液面应不低于规定线。
(5) 严格执行润滑油"三过滤、一沉淀"和"润滑五定"制度，油品对路使用；使润滑油符合风机使用说明书的规定或使用相同牌号的润滑油。
(6) 检查各部轴承、填料箱油封等的发热情况，有无泄漏。
(7) 备用设备定期盘车和切换。

三、压缩机的维护

以螺杆式压缩机维护为例进行介绍。

适用于天然气净化装置 LG12.5、LGl6、LG20、LG25、LG31.5 型及进 El 255、321 型螺杆冷冻机组和 LG15/0.8、LG30/0.8、LG60/0.8 型石油气螺杆压缩机组，日常的维护内容有：
(1) 定时巡检，严格控制进出口压力、润滑油压力、油温、排气温度等主要操作指标，按时填写操作记录，并做到齐全、准确。
(2) 定时检查机组各部的振动情况及有无异常杂声。
(3) 定时检查机组密封、润滑油管线接头、进出口阀等泄漏点。
(4) 定时检查压缩机轴承及电动机轴承温度、振动有无异常。
(5) 严格执行设备润滑管理制度。

四、其他转动设备的维护

（一）滚筒式结片机维护

滚筒式结片机日常维护的内容有：
(1) 检查确认冷却水喷头喷洒水雾稳定、均匀，无堵塞。
(2) 检查确认主刀刃正常，无裂纹、缺口；刀刃与水平面呈 30°。
(3) 检查确认侧刀架的进刀螺杆光泽度好，无锈斑，进退刀自如，无卡阻。
(4) 检查确认减速机振动、声音正常，油位符合设计文件要求。
(5) 检查确认滚动轴承温度不大于 70℃，滑动轴承温度不大于 65℃。
(6) 检查确认滚筒表面光滑，无裂纹、变形及凹陷。

(7) 检查确认基础稳固无裂纹、下陷，地脚螺丝紧固无松动，涂抹保护层。

（二）钢带造粒机维护

钢带造粒机日常维护的内容有：

(1) 检查机架水平是否变形，各紧固件是否松动、锈蚀。
(2) 检查冷却水槽有无滴漏，各喷头的出水角度是否准确。
(3) 检查减速机构振动、声音是否正常，油位是否符合规定。
(4) 检查传动三角皮带有无损坏，防护罩是否完好。
(5) 检查钢带表面是否光滑，有无裂纹、变形。
(6) 检查刮刀电动机温度是否正常。
(7) 检查布料器是否畅通，过滤器是否干净、有无堵塞，布料是否均匀，孔径大小是否一致。

（三）滚筒造粒机维护

滚筒造粒机日常维护的内容有：

(1) 检查减速机构振动、声音是否正常，油位是否符合规定。
(2) 检查齿轮箱油位是否正常，油品有无变质，质量是否符合要求。
(3) 检查环形齿轮声音、温度是否正常。
(4) 检查筒链链条有无损坏或驱动部件是否存在过度磨损的迹象，张力是否正常，润滑是否良好。
(5) 检查喷嘴喷洒水是否均匀，有无堵塞。
(6) 检查液硫、冷却水管线及支架有无损坏、裂缝、弯曲、扭曲或凹陷。
(7) 检查滚筒保护装置是否有效。
(8) 检查滚筒外壳有无裂纹，设备表面有无腐蚀。

第二节　天然气净化装置静设备维护

天然气净化装置常用的静设备主要包括压力管道、塔、罐、换热器、阀门等。

一、压力管道的维护

适用于天然气净化装置在用碳素钢、合金钢、不锈钢工业管道，操作人员必须按照操作规程使用工业压力管道，严禁频繁开停，定时巡回检查。

（一）日常定时巡回检查内容

(1) 检查在用管道有无超温、超压、超负荷和过冷。
(2) 检查管道有无异常振动，管道内部有无异常声音。
(3) 检查管道是否存在液击现象。

(4）检查管道安全保护装置运行是否正常。
(5）检查绝热层有无破损。
(6）检查支吊架有无异常。

（二）紧急情况停车

当管道发生以下情况之一时，应采取紧急措施并同时向有关部门报告：
(1）管道超温、超压、过冷，经过处理仍然无效。
(2）管道发生泄漏或破裂，介质泄出危及生产和人身安全时。
(3）发生火灾、爆炸或相邻设备和管道发生事故，危及管道的安全运行时。
(4）发现不允许继续运行的其他情况时。

二、塔、罐类设备的维护

（一）塔类设备维护

适用于操作压力低于 10.0MPa（包括真空）、设计温度为 $-20 \sim 200$℃ 的钢制板式塔和填料塔，日常维护的内容有：
(1）塔器操作中，不得超温、超压。
(2）定时检查安全附件，应灵活、可靠。
(3）定期检查人孔、阀门和法兰等密封点有无泄漏。
(4）定期检查受压元件等。

（二）罐类设备维护

适用于天然气净化装置生产装置中钢制储罐设备，日常维护的内容有：
(1）储罐使用时，要制定操作规程和巡回检查维护制度，并严格执行。
(2）操作人员巡回检查时，应检查罐体及其附件有无泄漏，收发物料时应注意罐体有无鼓包或抽瘪等异常现象。
(3）储罐发生以下现象时，操作人员应按照操作规程采取紧急措施，并及时报告有关部门：
① 储罐基础信号孔或基础下部发现渗水。
② 接管焊缝出现裂纹或阀门、紧固件损坏，难以保证安全生产。
③ 罐体发生裂纹、泄漏、鼓包、凹陷等异常现象，危及安全生产。
④ 发生火灾直接威胁储罐安全生产。
(4）定时检查储罐液位计、高低液位报警、温度测量、阻火呼吸阀、火灾报警、快速切断阀等安全附件是否灵活、可靠。

三、换热设备的维护

（一）管壳式换热器维护

适用于操作压力在 10MPa 以下的固定管板式、浮头式和 U 形管式的管壳式换热器，日常维护的内容有：

（1）装置系统蒸汽吹扫时，应尽可能避免对有涂层的冷换设备进行吹扫，工艺上确定避免不了，应严格控制吹扫温度（进冷换设备）不大于200℃，以避免造成涂层破坏。

（2）装置开停工过程中，换热器应缓慢升温和降温，避免造成温差过大或热冲击。同时应遵循停工时"先热后冷"，即先退热介质，再退冷介质；开工时"先冷后热"，即先进冷介质，后进热介质。

（3）在开工前应确定螺纹锁紧环式换热器系统通畅，避免管板当面超压。

（4）认真检查运行参数，严禁超温、超压。对按压差设计的换热器，在运行过程中不得超过规定的压差。

（5）保持螺栓紧固，阀门、压力表、安全附件等设施完好。

（6）操作人员应严格遵守安全操作规程，定时对换热设备进行巡回检查，检查基础支座是否稳固及设备有无泄漏等。

（7）应常对管、壳程介质的温度及压降进行检查，分析换热器的泄漏和结垢情况。在压降增大和传热系数降低超过一定数值时，应根据介质和换热器的结构，选择有效的方法进行清洗。

（8）应经常检查换热器的振动情况。

（9）在操作运行时，有防腐涂层的冷换设备应严格控制温度，避免涂层损坏。

（10）保持保温（冷）层完好。

（二）板式换热器维护

适用于天然气净化装置生产装置中板式换热器，日常维护的内容有：

（1）检查设备运行参数，发现工艺参数高于或接近于设定值时，及时进行切换。

（2）严格遵守安全操作规程，定时对板式换热器进行巡回检查，检查基础支座是否稳固及换热器有无泄漏。

（3）保持螺栓紧固、完好。

（4）保持板式换热器及周边环境的清洁。

四、阀门的维护

本规程适用于公称压力16MPa（表压），工作温度为-196~850℃的闸阀、截止阀、球阀、止回阀、蝶阀、旋塞阀、疏水阀、减压阀等通用阀门。日常维护的内容有：

（1）定时检查阀门的油杯、油嘴、阀杆螺纹和阀杆螺线的润滑。外露阀杆的部位，应涂润滑脂或加保护套进行保护。不经常启闭的阀门，要定期转动手轮。阀门的机械转动装置（包括变速箱）应定期加油。

（2）定期检查阀门的密封和紧固件，发现泄漏和松动应及时处理。

（3）定期清洗阀门的气动和液动装置，清洗时应注意做好准备工作。

（4）定期检查阀门防腐层和保温保冷层，发现损坏及时修理。

（5）法兰螺栓螺纹应涂防锈剂进行保护。

（6）阀门零件，如手轮、手柄等损坏或丢失，应尽快配齐，不可用活动扳手代替，以免损坏阀杆方头部的四方，导致启闭不灵，以致在生产中发生事故。

（7）长期停用的水阀、汽阀，应注意排除积水，阀底如有丝堵，确认没有压力后，打开丝堵排水。

（8）室外阀门，特别是明杆闸阀，阀杆上应加保护套，以防风露霜雪的侵蚀和尘土锈蚀。

（9）启闭阀门时禁止使用长杠杆或过分加长的阀门扳手，以防止扳断手轮、手柄和损坏密封面。

（10）对于平行式双闸板闸阀，有的结构两块闸板采用铅丝系结，如开启过量，闸板容易脱落，影响生产，甚至可能造成事故，也给拆卸修理带来困难，在使用时应特别注意。明杆阀门，应记住全开和全闭时的阀杆位置，避免全开时撞击上死点，并便于检查全闭时是否正常，若阀瓣脱落或阀瓣密封面之间嵌入较大杂物，全闭时阀杆的位置会变化。

（11）开启蒸汽阀门前，应先预热，排除凝结水，然后慢慢开启阀门，以免发生汽水冲击。当阀门全开后，应将手轮再倒转少许，使螺纹之间严密。

（12）长期开启的阀门，因密封面上可能粘有污物，关闭时，可将阀门先轻轻关上，再开启少许，利用介质的高速流动将杂质污物冲掉，最后轻轻关闭（不得快关猛闭，以防残留杂质损伤密封面）。特别是新投产的管道，可如此重复多次，冲净脏物，再投入正常生产。

（13）某些介质在阀门关闭后冷却，使阀件收缩，应在适当时间后再关闭一次，使密封面不留细缝，以免介质从密封面高速流过，冲蚀密封面。

（14）使用新阀门时，填料不宜压得太紧，以不漏为度，以免阀杆受压太大，启闭费力，又加快磨损。

（15）减压阀、调节阀、疏水阀等自动阀门启用时，均要先开启旁路或利用冲洗阀将管路冲洗干净。未装旁路和冲洗管的疏水阀，应将疏水阀拆下，吹净管路，再装上使用。

（16）应经常保持阀门的清洁。不能依靠阀门来支持其他重物，更不要在阀门上站立。

（17）发现安全阀动作不灵敏，起跳压力和回座压力与设定值偏离较多时，应进行检查维修。

（18）定期检查运行中的安全阀是否泄漏、卡阻及弹簧有无锈蚀等不正常现象，并注意观察调节螺套及调节圈紧定螺钉的锁紧螺母是否有松动，若发现问题应及时采取适当措施。

（19）定期将安全阀拆下进行全面清洗，检查并重新定压后方可重新使用。

（20）安装在室外的安全阀要采取适当的防护措施，以防止雨雾、尘埃、锈污等脏物侵入安全阀及排放管道，当环境低于0℃时，还应采取必要的防冻措施以保证安全阀动作的可靠性。

（21）重新调试完后初运行阶段，应仔细观察安全阀的运行情况。

模块三
故障诊断与处理

第一章 天然气净化厂主体装置故障分析与处理

第一节 天然气预处理

一、原料气压力异常偏高

（一）故障现象

原料气压力偏离设计范围。

（二）故障原因

(1) 上游输气站输出原料气压力过高，原料气流量过大。
(2) 产品气用户减少等原因造成系统背压升高。
(3) 产品气出厂调节阀故障关闭。
(4) 设备管线堵塞。
(5) 联锁阀故障。

（三）故障处理措施

(1) 严密监视系统压力，超过操作规定值时放空。
(2) 加强上下游单位协调，调整系统压力和流量。
(3) 若产品气调节阀故障，打开产品气压力调节阀的旁通阀，控制系统压力。
(4) 采取有效措施清堵。
(5) 若联锁阀故障，做紧急停工处理。

二、分离过滤效果差

（一）故障现象

(1) 吸收塔发泡拦液。
(2) 系统溶液变脏，浊度上升。
(3) 重力分离器液位长期无变化。
(4) 过滤分离段压差无变化，分离段液位长期无变化。
(5) 产品气质量差。

（二）故障原因

（1）进厂原料气夹带上游的凝析油、气田水化学药剂、固体杂质等较多。
（2）过滤元件破损，过滤器短路。
（3）分离器排液不及时。

（三）故障处理措施

（1）更换过滤元件。
（2）加强分离器排液。

第二节 天然气脱硫脱碳

一、供电异常

（一）故障现象

现场转动设备运转不正常或停运。

（二）故障原因

供电系统故障。

（三）故障处理措施

（1）关闭产品气外输阀，原料气、酸气做放空处理，系统保压。
（2）关闭溶液循环泵出口阀、酸水回流泵出口阀。
（3）关闭贫液流量调节阀、吸收塔液位调节阀、闪蒸罐液位调节阀、酸气分离器液位调节阀、酸气压力调节阀、重沸器蒸汽流量调节阀。
（4）关闭贫液入塔流量调节阀前切断阀、小股贫液阀、吸收塔液位调节阀前切断阀、闪蒸罐至再生塔切断阀。
（5）严密监视控制系统各点压力、液位。
（6）电源恢复后按程序恢复生产。

二、溶液发泡

（一）故障现象

（1）系统液位发生较大变化。
（2）闪蒸气量出现较大波动。
（3）湿净化气分液罐液位异常上升，净化度下降。
（4）吸收塔压差波动大。

(5) 酸气波动。

（二）故障原因

1. 发泡剂的影响

导致溶液产生泡沫的物质可称为发泡剂。在天然气净化装置中的发泡剂有从气井带出的一些处理剂（如表面活性剂、有机酸等）、胺液降解产物、补充水中的杂质。气流中带入的液烃或冷凝的烃类也会导致溶液发泡，它们在再生塔内的蒸发更是造成再生塔冲塔的重要因素。

2. 泡沫稳定剂的影响

胺液中的硫化铁等固体杂质具有稳定泡沫的作用。

3. 流体力学条件

高的气体线速及塔压的迅速变化也是导致溶液发泡的因素。

（三）故障处理措施

(1) 加强原料气预处理装置的过滤和排污操作。
(2) 适当提高溶液温度。
(3) 加入适量消泡剂，平稳操作或适当减少处理量。
(4) 加强溶液过滤，做好溶液保护。

三、吸收塔拦液

（一）故障现象

(1) 脱硫吸收塔差压明显上升。
(2) 脱硫单元吸收塔液位逐渐下降，再生塔液位明显下降。吸收塔富液调节阀、闪蒸罐液位调节阀开度明显关小。

（二）故障原因

(1) 原料气带入污物过多，造成溶液污染发泡。
(2) 溶液系统杂质过多，塔盘及浮阀堵塞，造成拦液。

（三）故障处理措施

(1) 脱硫吸收塔拦液时，首先关小吸收塔液调阀开度，维持脱硫吸收塔液位，防止串气。
(2) 关产品气压调阀提高塔压，降低处理量。
(3) 适当加入阻泡剂，可消除溶液发泡引起的拦液。
(4) 切换富液过滤器、原料气过滤器并更换过滤元件。
(5) 若加入阻泡剂不能消除拦液可判断为塔盘及浮阀结垢引起拦液，向中控室汇报，要求降低原料气处理量，并适当降低溶液循环量维持生产。
(6) 如果产品气不合格，关闭产品气压调阀，原料气放空。

(7) 申请停产，清洗脱硫装置。

四、再生塔拦液

（一）故障现象

(1) 再生塔液位频繁大幅度波动。
(2) 酸气量大幅波动。
(3) 再生塔塔顶温度波动较大。

（二）故障原因

(1) 原料气带入液相杂质过多，造成溶液污染发泡。
(2) 原料气带入固体杂质过多，富液过滤效果差，再生塔堵塞，造成拦液。

（三）故障处理措施

(1) 保证产品气质量合格的前提下，适当降低溶液循环量，防止再生塔底泵抽空。
(2) 适当加入阻泡剂，可消除溶液发泡引起的拦液。
(3) 适当降低进重沸器的蒸汽量，减少二次蒸汽产生量。
(4) 适当提高再生塔操作压力。
(5) 密切监视酸气分离器的液位及观察回收单元主燃烧炉的火焰，以免脱硫单元带液到主燃烧炉，并加强硫磺回收单元配风操作。

五、溶液再生质量异常

（一）故障现象

(1) 湿净化气 H_2S 含量上升。
(2) 贫液 H_2S 含量上涨。

（二）故障原因

(1) 再生温度偏低，蒸汽量小，H_2S 解吸不彻底。
(2) 溶液水含量低，传热困难，再生效果差。
(3) 溶液发泡拦液。
(4) 设备故障（如再生塔隔板泄漏等），造成贫液质量下降。

（三）故障处理措施

(1) 适当提高再生蒸汽量，保证再生效果。
(2) 适当补充水，改善换热和再生效果。
(3) 加强溶液过滤，投加消泡剂。
(4) 适当降低再生塔压力。
(5) 分析贫液质量，查明设备故障部位，必要时停产检修。

六、溶液循环量偏低

（一）故障现象

（1）贫液流量下降，贫液流量调节阀开大。
（2）溶液循环泵出口压力下降。

（二）故障原因

（1）泵或吸入管内有气体。
（2）再生塔压力或液位过低。
（3）管路不畅通。
（4）电动机异常。
（5）泵异常。

（三）故障处理措施

（1）重新灌泵排气。
（2）适当提高再生塔压力和液位。
（3）检查疏通管路。
（4）检修或更换电动机。
（5）对泵检修或更换。
（6）必要时停产检修。

七、再生塔液位异常

（一）故障现象

正常操作中，再生塔液位出现明显上升或下降。

（二）故障原因

1. 上升原因

（1）原料气污液进入系统。
（2）系统溶液发泡。
（3）系统补充溶液过多。
（4）系统补充水量过多。
（5）冷换设备窜漏。

2. 下降原因

（1）系统拦液。
（2）湿净化气带液量大。
（3）酸气温度高，带水量大。
（4）清洗切换设备等操作，退出系统的溶液量大。

（5）系统跑、冒、滴、漏严重。

（三）故障处理措施

1. 液位上升的处理

（1）加强原料气排油水操作，防止污水污油进入系统。
（2）加强溶液过滤，降低溶液中杂质，减少溶液发泡。
（3）控制好系统溶液补充量。
（4）控制系统补充水量，必要时采取甩水操作。
（5）检修窜漏设备。

2. 液位下降的处理

（1）加强溶液过滤，降低溶液中杂质，减少溶液发泡拦液。
（2）及时回收湿净化气分离器内的溶液。
（3）控制好酸气温度，加强酸水回收操作。
（4）控制好系统溶液和水的补充量。
（5）加强系统维护，杜绝跑、冒、滴、漏现象。

八、重沸器加不进蒸汽

（一）故障现象

（1）再生塔塔顶温度低。
（2）重沸器蒸汽流量下降。

（二）故障原因

（1）溶液水含量低。
（2）蒸汽及凝结水系统管路不畅。
（3）再生塔半贫液集液槽或釜式重沸器挡板泄漏。
（4）重沸器结垢，换热效果差。

（三）故障处理措施

（1）调整溶液水含量。
（2）排除蒸汽及凝结水系统管路故障。
（3）加强溶液过滤，保持溶液清洁。
（4）查明设备故障部位，停产检修。

九、湿净化气质量异常

（一）故障现象

（1）湿净化气 H_2S 含量明显上升。
（2）湿净化气总硫含量明显上升。

（二）故障原因

(1) 原料气气质气量波动大。
(2) 贫液质量差。
(3) 溶液发泡。
(4) 贫液入塔温度过高。
(5) 气液比高。
(6) 吸收塔性能下降。

（三）故障处理措施

(1) 加强与上游的联系，确保原料气气质气量的平稳。
(2) 分析贫液质量，查找贫液质量差的原因。
(3) 适当提高再生塔塔顶温度，加强溶液再生操作。
(4) 如果溶液发泡，加强溶液过滤，投加消泡剂。
(5) 采取措施降低贫液入塔温度。
(6) 降低气液比。
(7) 若无法维持生产，停产检修。

十、闪蒸罐超压

（一）故障现象

(1) 闪蒸罐压力超高，安全阀起跳，发出异响，火炬火焰增大。
(2) 闪蒸罐压力先升后降。

（二）故障原因

(1) 进入闪蒸罐富液流量过大。
(2) 富液到再生塔流程堵塞。
(3) 闪蒸气流量调节阀故障或操作失误。
(4) 系统溶液发泡严重，富液夹带大量的烃类气体。
(5) 吸收塔液位失控，高压气体窜入闪蒸罐。
(6) 循环泵不上量或抽空，贫液出口流量联锁阀失灵，高压气体通过小股贫液管线窜入闪蒸罐。

（三）故障处理措施

(1) 关闭吸收塔底富液进入闪蒸罐的阀门。
(2) 打开闪蒸罐至再生塔液位调节的阀门。
(3) 打开闪蒸罐放空阀，将闪蒸罐泄压至正常压力范围。
(4) 控制闪蒸罐液位，防止闪蒸罐满液逸出至放空系统。
(5) 如果酸气波动大，及时调节硫磺回收装置操作。
(6) 对系统设备检查，重新调校闪蒸罐安全阀。

(7) 调校相关仪表。

十一、吸收塔冲塔

(一) 故障现象

(1) 吸收塔液位迅速下降。
(2) 吸收塔差压先升后降，波动幅度大。
(3) 湿净化分离器液位上升。
(4) 湿净化气 H_2S 含量上升。
(5) 管线发出啸叫声。

(二) 故障原因

(1) 吸收塔进气量过大。
(2) 溶液发泡拦液严重。
(3) 塔盘堵塞，浮阀卡死。
(4) 循环量过大。

(三) 故障处理措施

(1) 控制好吸收塔液位，防止窜气。
(2) 打开原料气放空压力调节阀，防止系统超压。
(3) 关闭产品气压力调节阀，产品气停止外输。
(4) 降低溶液循环量。
(5) 若是系统溶液发泡，加入消泡剂，加强原料气和溶液过滤。
(6) 回收湿净化气分离器中的溶液，并补充至系统。
(7) 若拦液冲塔现象得到控制或消除，则及时恢复正常生产。
(8) 若拦液冲塔现象短时间内无法控制或消除，装置紧急停产。

十二、再生塔冲塔

(一) 故障现象

(1) 再生塔液位迅速下降。
(2) 再生塔差压先升后降，波动幅度大。
(3) 酸气分离器液位迅速上升。
(4) 酸气流量波动大。
(5) 塔顶再生温度波动大。

(二) 故障原因

(1) 溶液发泡拦液严重。
(2) 塔盘或填料堵塞。
(3) 进入再生塔富液量过大。

（三）故障处理措施

（1）降低溶液循环量，控制好再生塔液位，防止循环泵抽空。
（2）降低重沸器蒸汽用量，适当提高再生操作压力。
（3）加强酸气分离器操作，防止溶液带入硫磺回收装置。
（4）控制好闪蒸罐进入再生塔的富液量。
（5）若是系统溶液发泡，加入消泡剂，加强原料气和溶液过滤。
（6）补充系统溶液，维持再生塔液位正常。
（7）若拦液冲塔现象得到控制或消除，则及时恢复正常生产。
（8）若拦液冲塔现象短时间内无法控制或消除，装置紧急停产。

第三节　天然气脱水

一、三甘醇脱水法

（一）供电异常

1. 故障现象

现场转动设备运转不正常或停运。

2. 故障原因

装置供电系统故障。

3. 故障处理措施

（1）关闭产品气外输阀，湿净化气放空，系统保压。
（2）关闭三甘醇溶液循环泵出口阀。
（3）关闭脱水塔液位调节阀、闪蒸罐液位调节阀、汽提气流量调节阀，手动联锁再生釜明火加热炉燃料气联锁阀，关闭明火加热炉温度调节阀。
（4）严密监视控制系统各点压力、液位。
（5）电源恢复后按程序恢复生产。

（二）产品气水含量偏高

1. 故障现象

产品气水含量升高。

2. 故障原因

（1）湿净化气处理量波动。
（2）湿净化气温度偏高、含水量大。
（3）三甘醇贫液质量差。

(4) 贫液入塔温度过高。

(5) 三甘醇溶液循环量低。

(6) 溶液发泡。

(7) 脱水塔性能下降。

3. 故障处理措施

(1) 加强与上游操作,确保湿净化气气量的平稳,适当降低湿净化气温度。

(2) 分析贫液质量,查找贫液质量差的原因。

(3) 适当提高再生温度,增加汽提气量。

(4) 调整入塔贫液温度。

(5) 适当提高溶液循环量。

(6) 如果溶液发泡,投加消泡剂,加强溶液过滤。

(7) 若无法维持生产,停产检修。

(三) 溶液再生质量差

1. 故障现象

(1) 产品气水含量升高。

(2) 贫液中水含量升高。

2. 故障原因

(1) 再生温度较低。

(2) 再生压力较高。

(3) 汽提气流量偏低。

(4) 溶液氧化和变质。

(5) 设备故障(如换热器窜漏等),造成贫液再生质量下降。

3. 故障处理措施

(1) 适当提高再生温度。

(2) 检查疏通废气管路,降低再生压力。

(3) 适当提高汽提气流量。

(4) 分析贫液质量,查明设备故障部位,必要时停产检修。

(四) 溶液发泡

1. 故障现象

(1) 脱水塔压差上涨。

(2) 脱水塔液位调节阀波动较大。

(3) 产品气水含量波动较大。

2. 故障原因

(1) 处理量过大,气流速度过高。

(2) 溶液被污染。

3. 故障处理措施

(1) 精心调整，确保系统平稳运行。
(2) 加消泡剂。
(3) 保证贫甘醇温度大于气体进口温度约5℃，防止烃类冷凝析出。
(4) 提高闪蒸效率。
(5) 控制再生温度，防止甘醇过热降解。
(6) 加强富液过滤，及时清洗和更换过滤元件。
(7) 防止氧进入系统产生降解，保持溶液 pH 值正常。

（五）缓冲罐液位异常偏低

1. 故障现象

正常操作中，缓冲罐液位出现明显下降。

2. 故障原因

(1) 溶液发泡或拦液。
(2) 进料气气速过高，产品气带液严重。
(3) 再生温度过高，溶液分解严重。
(4) 汽提气量过大，溶液从废气带走。
(5) 系统跑、冒、滴、漏严重。

3. 故障处理措施

(1) 加消泡剂，加强溶液过滤和溶液保护，减少溶液发泡拦液。
(2) 控制好合适的气速，加强产品气分离器的操作，降低产品气带液。
(3) 控制合理的再生温度，降低溶液分解。
(4) 适当降低汽提气量。
(5) 加强系统维护，杜绝跑、冒、滴、漏现象。

（六）明火加热炉燃烧异常

1. 故障现象

(1) 火焰燃烧不稳定。
(2) 炉膛积炭严重。
(3) 燃料气流量偏高。
(4) 废气烟囱冒黑烟。

2. 故障原因

(1) 配风不合理或配风过滤网堵塞。
(2) 燃料气质量差。
(3) 再生釜温度控制故障。
(4) 明火加热炉炉管穿孔泄漏三甘醇。
(5) 火嘴堵塞或异常。

3. 故障处理措施

（1）清洗滤网。

（2）调整配风。

（3）提高燃料气质量。

（4）调校温度调节控制系统。

（5）若明火加热炉火管穿孔，应停产检修。

（6）检修火嘴。

（七）闪蒸罐超压

1. 故障现象

（1）闪蒸罐压力超高，安全阀起跳，发出异响。

（2）闪蒸罐压力先升后降。

（3）火炬火焰增大。

2. 故障原因

（1）进入闪蒸罐富液流量增大。

（2）富液到再生釜流程堵塞。

（3）闪蒸气流量调节阀故障或操作失误。

（4）系统溶液发泡严重，富液夹带大量的烃类气体。

（5）脱水塔液位失控，高压气体通过富液管线窜入闪蒸罐。

3. 故障处理措施

（1）关闭脱水塔底富液进入闪蒸罐的阀门。

（2）打开闪蒸罐至重沸器液位调节的阀门。

（3）打开闪蒸罐放空阀，将闪蒸罐泄压至正常压力范围。

（4）控制闪蒸罐液位，防止闪蒸罐满液逸出至放空系统。

（5）对系统设备检查，重新调校闪蒸罐安全阀。

（6）调校相关仪表。

（八）明火加热炉闪爆

1. 故障现象

加热炉发出闪爆声响，严重时设备损坏。

2. 故障原因

（1）系统吹扫不彻底，点火时发生闪爆。

（2）燃料气阀内漏，点火时发生闪爆。

（3）系统熄火，联锁保护失灵。

3. 故障处理措施

（1）关闭燃料气阀门。

（2）更换燃料气阀门。

（3）严格执行点火操作程序。

(4）对设备进行检查，视损坏情况及时检修设备。

二、分子筛脱水法

（一）分子筛再生效果差

1. 故障现象

产品气水含量上升。

2. 故障原因

(1) 分子筛再生温度不够。
(2) 再生气流量低。
(3) 分子筛再生时间不足。
(4) 再生气流程短路。

3. 故障处理措施

(1) 提高再生气温度。
(2) 提高再生气流量。
(3) 增加再生加热时间。
(4) 检查再生气流程。

（二）分子筛活性降低

1. 故障现象

(1) 产品气水含量上升。
(2) 床层压降增大。

2. 故障原因

(1) 进料气量、压力升降过快。
(2) 进料气夹带液烃或液态水。
(3) 分子筛超温。
(4) 分子筛污染。
(5) 分子筛粉化。

3. 故障处理措施

(1) 平稳控制进料气气量、压力。
(2) 加强进料气排液操作。
(3) 加强再生操作，防止超温。
(4) 筛选补充或更换分子筛。
(5) 若分子筛粉化，应降低处理量或更换分子筛。

第四节　天然气脱烃

一、脱乙烷塔温度梯度异常

（一）故障现象

（1）脱乙烷塔塔顶温度波动大。
（2）塔底温度波动大。

（二）故障原因

（1）脱乙烷塔塔顶温度和塔底温度波动大的根本原因是精馏操作的热量平衡和物料平衡被打破。
（2）塔顶温度波动，主要是膨胀机制冷量、回流量、中部进料量以及塔底重沸器温度变化综合作用引起的。
（3）塔底温度波动，主要是重沸器蒸汽量变化、回流量及中部进料量波动引起的。

（三）故障处理措施

综合操作精馏塔的进料量、回流量、脱乙烷塔压力、塔底蒸汽开度，建立气液平衡、热量平衡、物料平衡。

二、制冷温度偏高

（一）故障现象

制冷温度参数偏高。

（二）故障原因

（1）原料气压力偏低。
（2）原料气处理量减少。
（3）脱乙烷塔压力升高，使膨胀机膨胀比变小，从而导致膨胀机制冷量的减少，引起制冷温度偏高。

（三）故障处理措施

联系上游单位前段提升原料气压力及流量，适当降低脱乙烷塔压力，提高膨胀机膨胀比。

第五节　硫磺回收

一、主燃烧炉温度偏高

（一）故障现象

(1) 热电偶温度高温报警。
(2) 炉膛颜色发白。
(3) 废热锅炉蒸汽流量和上水量偏高。
(4) 废热锅炉出口过程气温度偏高。

（二）故障原因

(1) 酸气流量大。
(2) 酸气中 H_2S 浓度高。
(3) 酸气中烃类气体含量高。
(4) 酸气分流比值不合理。

（三）故障处理措施

(1) 适当降低酸气流量。
(2) 停运空气和酸气预热器。
(3) 调整上游操作，降低酸气浓度。
(4) 调整酸气分流比值。
(5) 加入适量氮气（或蒸汽）降温。

二、主燃烧炉温度偏低

（一）故障现象

(1) 热电偶温度低温报警。
(2) 燃烧不稳定，炉膛颜色发暗，火焰检测信号弱。
(3) 废热锅炉蒸汽流量和上水量偏低。
(4) 废热锅炉出口过程气温度偏低。

（二）故障原因

(1) 酸气流量低。
(2) 酸气中 H_2S 浓度低。
(3) 酸气分流比值不合理。
(4) 降温氮气或蒸汽阀内漏。

（三）故障处理措施

(1) 适当提高酸气流量。
(2) 加强上游操作，改善酸气气质。
(3) 提高空气和酸气预热器预热温度。
(4) 调整酸气分流比值。
(5) 检查确认流程。

三、系统回压升高

（一）故障现象

(1) 炉头压力升高。
(2) 酸气调节阀开度增大。
(3) 空气流量调节阀开度增大。

（二）故障原因

(1) 酸气负荷大。
(2) 液硫冷凝器温度低，液硫凝固堵塞。
(3) 液硫封和液硫管线保温效果不好，液硫封堵塞。
(4) 尾气管线保温效果不佳，硫磺沉积堵塞，尾气流通不畅。
(5) 反应器积炭，催化剂粉化严重。
(6) 反应器床层温度过低，发生硫沉积。
(7) 尾气焚烧炉压力较高。
(8) 捕雾网堵塞。
(9) 炉子衬里垮塌；反应器衬里垮塌、催化剂泄漏。
(10) 废热锅炉或硫磺冷凝器管板或管束穿孔。
(11) 烟囱衬里垮塌。

（三）故障处理措施

(1) 控制好酸气负荷。
(2) 调整液硫冷凝器温度。
(3) 加强液硫封和液硫管线保温，疏通液硫封。
(4) 加强尾气管线保温。
(5) 加强配风操作，检修时筛选或更换粉化的催化剂。
(6) 适当提高反应器入口温度进行除硫操作。
(7) 调整尾气焚烧炉操作。
(8) 加强捕集器保温，必要时更换捕雾网。
(9) 停产修补炉子或反应器垮塌衬里。
(10) 出现设备管板或管束穿孔时，立即停产检修。
(11) 停产修补烟囱垮塌衬里。

四、废热锅炉液位升高

(一) 故障现象

废热锅炉液位显示升高,高液位报警。

(二) 故障原因

(1) 上水调节阀误操作或失灵。
(2) 上水旁通阀打开或内漏。
(3) 废热锅炉发生"泡胀"现象。

(三) 故障处理措施

(1) 控制好废热锅炉上水调节阀。
(2) 检查流程阀门状态。
(3) 避免工况发生较大波动。

五、废热锅炉液位下降

(一) 故障现象

废热锅炉液位显示下降,低液位报警。

(二) 故障原因

(1) 酸气负荷大,废热锅炉蒸发量高,上水不及时。
(2) 上水调节阀误操作或失灵。
(3) 蒸汽安全阀起跳、蒸汽带水。
(4) 排污操作不当,排污阀内漏。
(5) 给水压力不足。
(6) 废热锅炉管束或管板穿孔泄漏。

(三) 故障处理措施

(1) 调整酸气处理量和蒸汽操作压力时,应缓慢进行。
(2) 控制好废热锅炉上水调节阀。
(3) 定期校验安全阀,检查汽水分离器性能。
(4) 加强排污操作和流程检查。
(5) 调校上水调节阀。
(6) 提高给水压力。
(7) 若废热锅炉管板或管束发生泄漏,应停产检修。

六、反应器床层温度偏高

(一) 故障现象

反应器床层温度偏高,高温报警。

(二) 故障原因

(1) 酸气负荷偏高。
(2) 反应器入口过程气温度偏高。
(3) 入口过程气中 H_2S 和 SO_2 浓度偏高。
(4) 游离氧进入反应器。
(5) 上一级反应器催化剂活性下降。

(三) 故障处理措施

(1) 降低酸气负荷。
(2) 降低反应器入口过程气温度。
(3) 降低入口过程气 H_2S 和 SO_2 浓度。
(4) 确保酸气气质气量稳定,严格配风,防止游离氧进入反应器。
(5) 调整上一级反应器操作。再生催化剂,必要时更换失活催化剂。

七、反应器床层温度偏低

(一) 故障现象

反应器床层温度偏低。

(二) 故障原因

(1) 酸气负荷偏低。
(2) 反应器入口过程气温度偏低。
(3) 入口过程气中 H_2S 和 SO_2 浓度偏低。
(4) H_2S/SO_2 比例失调。
(5) 反应器催化剂活性下降。
(6) 反应器降温蒸汽或氮气阀内漏。

(三) 故障处理措施

(1) 提高酸气负荷。
(2) 提高反应器入口过程气温度。
(3) 加强主燃烧炉配风操作,严格控制过程气中 H_2S/SO_2 的体积比为 2∶1。
(4) 再生催化剂,必要时更换失活催化剂。
(5) 检查确认流程。

八、硫磺回收率下降

（一）故障现象

(1) 反应器床层温升低。
(2) 硫磺产量下降。
(3) 尾气烟囱冒黄烟。

（二）故障原因

(1) 酸气气质气量波动大。
(2) 主燃烧炉酸气与空气配比不合理。
(3) 反应器催化剂活性下降，转化率低。
(4) 液硫冷凝效果差。
(5) 液硫捕集效果差。

（三）故障处理措施

(1) 加强上游操作，提高酸气质量，减少酸气波动。
(2) 及时校验酸气和空气流量计，调整风气比。
(3) 控制反应器床层温度。再生催化剂，必要时更换催化剂。
(4) 控制好硫冷凝器蒸汽压力。
(5) 更换捕雾网。

九、催化剂活性下降

（一）故障现象

(1) 催化剂床层温升下降。
(2) 转化率下降。
(3) 尾气 SO_2 总量升高。

（二）故障原因

(1) 催化剂积硫。
(2) 催化剂硫酸盐化。
(3) 催化剂热老化、水热老化、粉化严重。
(4) 催化剂积炭。

（三）故障处理措施

(1) 在正常温度下，提高各级反应器过程气入口温度15~30℃，并持续此工况24h以上除硫。
(2) 提高催化剂床层入口温度，稳定在高于正常温度15~30℃，且应保持 H_2S/SO_2 的体积比略高于2:1，并持续此工况24h以上硫酸盐还原操作。

(3) 筛选催化剂。
(4) 调整炉子配风。
(5) 提高酸气质量。

十、液硫封冲封

(一) 故障现象

(1) 液硫溢出。
(2) 过程气从液硫采样包逸出。
(3) 系统回压先升高后急剧下降。
(4) 主燃烧炉酸气和空气流量先降低后突然增大。

(二) 故障原因

(1) 酸气负荷突然增加。
(2) 蒸汽保温效果差，过程气及尾气管线液硫凝固堵塞。
(3) 预热器、废热锅炉、硫冷凝器管壳程窜漏。
(4) 反应器催化剂床层粉化、积炭、积硫。
(5) 炉子、烟囱衬里垮塌；反应器床层催化剂泄漏。
(6) 硫冷凝器蒸汽压力控制过低，液硫冷凝堵塞冷凝器管束。
(7) 液硫夹套管线窜漏，蒸汽进入系统。
(8) 硫冷凝器、尾气捕集器捕雾网损坏、脱落、积灰严重。

(三) 故障处理措施

(1) 关闭进入液硫封前的夹套球阀。
(2) 控制好酸气负荷，确保其在设计参数范围内。
(3) 加强设备管线保温，防止液硫凝固堵塞。
(4) 催化剂除硫。
(5) 加强液硫封液硫流动检查。
(6) 加强主炉配风，调整尾气焚烧炉操作。
(7) 出现设备管板或管束穿孔时，立即停产检修。
(8) 检查更换捕雾网。
(9) 催化剂筛选，粉化严重时更换催化剂。
(10) 停产修补垮塌衬里。

十一、余热锅炉烧干锅

(一) 故障现象

(1) 废热锅炉无液位。
(2) 废热锅炉出口过程气温度升高。

(3) 蒸汽流量明显减少。

(二) 故障原因

(1) 锅炉低液位报警和联锁系统失灵。
(2) 酸气负荷大，废热锅炉蒸发量高，上水不及时。
(3) 上水调节阀失灵。
(4) 蒸汽安全阀起跳、蒸汽带水。
(5) 排污操作不当，排污阀内漏。
(6) 锅炉给水压力不足。
(7) 废热锅炉管束或管板穿孔泄漏。

(三) 故障处理措施

(1) 装置立即停产、焖炉熄火。
(2) 停止向废热锅炉上水。
(3) 待废热锅炉冷却后，进行全面检查检修。

十二、反应器床层着火

(一) 故障现象

(1) 床层温度迅速上升。
(2) 在线分析仪 SO_2 含量急剧升高。
(3) 烟囱冒黄烟。
(4) 床层出口温度上升。

(二) 故障原因

大量过剩氧气进入反应器床层，硫磺燃烧。

(三) 故障处理措施

(1) 降低主燃烧炉、过程气再热炉的配风量，防止过剩氧气继续进入反应器床层。
(2) 打开反应器灭火蒸汽或氮气进行灭火操作。
(3) 视情况恢复生产或检修。

十三、酸气倒流泄漏

(一) 故障现象

(1) 酸气从风机入口逸出。
(2) 报警仪报警或操作人员中毒。

(二) 故障原因

(1) 设计缺陷，联锁逻辑设计不全。

(2) 风机突然停电或故障停机，联锁保护和单向阀失灵。

（三）故障处理措施

(1) 停止进酸气，视情况组织装置停产。
(2) 启动应急救援预案，抢救中毒人员。

十四、超级克劳斯反应器床层温度偏高

（一）故障现象

超级克劳斯反应器床层温度升高，高温报警。

（二）故障原因

(1) 超级克劳斯再热炉燃料气流量大。
(2) 进入超级克劳斯反应器的过程气流量大。
(3) 进入超级克劳斯反应器的过程气中 H_2S 含量高。

（三）故障处理措施

(1) 调整再热炉燃料气量和配风比值，适当降低反应器入口温度。
(2) 调整酸气负荷。
(3) 调整主燃烧炉风气比，控制过程气 H_2S 含量。
(4) 超温严重时，开启降温蒸汽或氮气。

十五、超级克劳斯反应器床层温度偏低

（一）故障现象

超级克劳斯反应器床层温度下降。

（二）故障原因

(1) 超级再热炉燃料气流量小，出口过程气温度下降。
(2) 进入超级克劳斯反应器的过程气流量小。
(3) 进入超级克劳斯反应器的过程气中 H_2S 含量低。
(4) 进入超级克劳斯反应器的氧化空气不足。
(5) 催化剂活性下降。

（三）故障处理措施

(1) 调整再热炉燃料气量和配风比值，适当提高反应器入口温度。
(2) 调整酸气负荷。
(3) 调整好主燃烧炉风气比，控制过程气 H_2S 含量。
(4) 调整好氧化空气量。

(5) 催化剂再生；检查催化剂，视情况时更换。

十六、CBA 程序阀切换不到位

（一）故障现象

(1) CBA 反应器超过规定时间未进行切换。
(2) 切换时程序报警。
(3) 系统回压波动。

（二）故障原因

(1) CBA 切换程序故障。
(2) 切换阀转动不到位，无转动到位的回讯信号。
(3) 切换阀保温效果差，硫磺堵塞，切换阀卡。
(4) 三通阀内漏。

（三）故障处理措施

(1) 检查 CBA 切换程序是否正常工作。
(2) 检查切换阀转动是否到位，检查回讯信号是否传输正常。
(3) 检查切换阀保温是否正常，有无硫磺或杂质堵塞，必要时现场手动进行操作。

十七、CBA 反应器床层堵塞

（一）故障现象

(1) CBA 反应器温度降低。
(2) 系统回压不断升高。

（二）故障原因

(1) CBA 反应器入口温度低。
(2) CBA 反应器床层温度低。
(3) CBA 程序切换时间设置不合理，反应器积硫多，催化剂失活。

（三）故障处理措施

(1) 调整控制 CBA 反应器入口温度。
(2) 控制好 CBA 各级冷凝器蒸汽压力和出口过程气温度。
(3) 根据进料气组成和数据分析，及时调整 CBA 程序切换时间。

十八、CPS 反应器再生温度偏高

（一）故障现象

反应器进、出口温度及床层温度偏高。

（二）故障原因

(1) 尾气焚烧炉烟道温度偏高。

(2) 再生气温度调节阀开度过小。

(3) 过程气中 H_2S、SO_2 含量偏高。

(4) 克劳斯冷凝器冷却效果差。

（三）故障处理措施

(1) 调整焚烧炉烟道温度。

(2) 适当开大再生气温度调节阀。

(3) 加强主燃烧炉和常规克劳斯反应器操作。

(4) 改善克劳斯冷凝器冷却效果。

十九、CPS 反应器再生温度偏低

（一）故障现象

(1) 反应器进、出口温度及床层温度偏低。

(2) 尾气焚烧炉烟道温度下降。

(3) 硫磺收率下降。

(4) 尾气烟囱冒黄烟。

(5) 尾气烟囱冒白烟。

（二）故障原因

(1) 尾气焚烧炉烟道温度偏低。

(2) 再生气温度调节阀开度过大。

(3) 再生气换热器穿孔，过程气泄漏。

(4) 冷凝器或蒸汽夹套阀门、管线窜漏。

（三）故障处理措施

(1) 调整焚烧炉烟道温度。

(2) 适当关小再生气温度调节阀。

(3) 停产检修。

二十、CBA 常规克劳斯反应器入口温度高

（一）故障现象

反应器进、出口温度及床层温度偏高。

（二）故障原因

(1) 酸气负荷高。

(2) 反应器入口冷旁通阀开度过小。
(3) 冷凝器出口温度高。
(4) 反应器入口热旁通阀内漏。
(5) 一级过程气再热器窜漏。

(三) 故障处理措施

(1) 调整酸气负荷。
(2) 调整冷旁通阀开度。
(3) 控制好冷凝器温度。
(4) 停产检修,更换设备。

第六节 尾气处理

一、还原吸收工艺

(一) 急冷塔循环水 pH 值偏低

1. 故障现象

(1) 急冷水 pH 值下降。
(2) 尾气 SO_2 含量偏高。
(3) 过程气剩余 H_2 含量下降。

2. 故障原因

(1) 硫磺回收单元回收率下降,使尾气中 SO_2 总量高。
(2) 在线燃烧炉制氢量不足。
(3) 加氢反应器催化剂活性降低。

3. 故障处理措施

(1) 加强回收单元的配风操作,提高硫磺回收装置收率。
(2) 加大氨的注入量。严重时,适当加入 NaOH(碱),并对酸水进行置换直至恢复正常。
(3) 适当降低在线燃烧炉的配风比,提高制氢量。
(4) 必要时对催化剂进行更换。

(二) 急冷塔堵塞

1. 故障现象

(1) 酸水循环泵流量低或无流量。
(2) 急冷塔液位波动大。
(3) 急冷塔 pH 值下降。

(4) 急冷塔循环水颜色异常。

2. 故障原因

(1) 在线燃烧炉制氢量不足。

(2) 加氢反应器催化剂活性下降，硫蒸气进入急冷塔引起堵塞。

(3) 回收单元配风过多，使尾气中 SO_2 含量过高，造成过程气中 H_2S 和 SO_2 发生低温克劳斯反应生成单质硫。

(4) 催化剂粉化严重，进入急冷塔循环水系统。

3. 故障处理措施

(1) 严格控制硫磺回收单元的配风操作。

(2) 提高在线燃烧炉的制氢量。

(3) 提高加氢反应器催化剂加氢还原反应转化率。

(4) 加强泵粗滤器的切换清洗，严重时停产清洗塔盘。

(三) 尾气总硫 SO_2 偏高

1. 故障现象

(1) 排放尾气总硫 SO_2 含量高。

(2) 尾气焚烧炉炉膛温度上升。

(3) 尾气烟囱冒黄烟。

2. 故障原因

(1) 硫磺回收单元硫回收率低。

(2) 吸收塔进料气波动，H_2S 含量高。

(3) 贫液质量差，吸收效率下降。

(4) 贫液和进料气进塔温度过高。

(5) 贫液循环量、进塔层数偏低。

3. 故障处理措施

(1) 加强硫磺回收单元的配风操作，提高回收率。

(2) 加强还原段操作。

(3) 提高贫液质量，加强溶液过滤。

(4) 调整贫液和进料气进塔温度。

(5) 调整贫液循环量、进塔层数。

(四) 加氢反应器温度偏高

1. 故障现象

加氢反应器床层温度上升，高温报警。

2. 故障原因

(1) 加氢反应器入口温度过高。

(2) 过剩空气进入反应器。

(3) SO_2 绝对值过高。

3. 故障处理措施

(1) 降低在线燃烧炉燃料气用量。
(2) 调整在线燃烧炉配风，避免过剩氧进入床层。
(3) 加强上游硫磺回收单元的配风操作，提高硫磺回收单元的回收率。

（五）再生塔液位偏高

1. 故障现象

再生塔液位上升。

2. 故障原因

(1) 系统补充水阀门内漏、未关。
(2) 进入吸收塔过程气温度偏高。
(3) 冷换设备窜漏。

3. 故障处理措施

(1) 检查补充水阀门，及时关闭。
(2) 加大冷却塔循环水量。
(3) 停产检修窜漏设备。
(4) 进行甩水操作。

（六）溶液水含量偏高

1. 故障现象

(1) 溶液浓度降低。
(2) 尾气总硫含量偏高。
(3) 再生塔液位偏高。

2. 故障原因

(1) 进吸收塔过程气温度高于离开吸收塔气流的温度。
(2) 系统补充水阀门内漏、未关。
(3) 冷换设备窜漏。

3. 故障处理措施

(1) 进行甩水操作。
(2) 降低出冷却塔的过程气温度。
(3) 提高进吸收塔贫液温度。
(4) 检查补充水阀门，及时关闭。
(5) 停产检修窜漏设备。

（七）溶液水含量偏低

1. 故障现象

(1) 溶液浓度上升。

(2) 再生塔液位偏低。

2. 故障原因

(1) 进吸收塔过程气温度低于离开吸收塔气流的温度。
(2) 酸气带水严重。

3. 故障处理措施

(1) 进行补水操作。
(2) 提高进吸收塔过程气温度。
(3) 降低进吸收塔贫液温度。
(4) 降低酸气温度，加强酸水分离。

(八) 尾气烟囱冒白烟

1. 故障现象

尾气烟囱冒白烟。

2. 故障原因

(1) 尾气中水蒸气含量较多。
(2) 大气环境温度较低。

3. 故障处理措施

(1) 加强酸气分离器操作，减少酸气带水量。
(2) 检查降温蒸汽阀是否内漏。
(3) 若蒸汽夹套管窜漏，停产检修。
(4) 若蒸汽预热器、废热锅炉、冷凝器管壳程窜漏，停产检修。

(九) SO_2 穿透

1. 故障现象

(1) 冷却塔冷却水 pH 值降低。
(2) 循环冷却水变浑浊。
(3) 吸收再生段溶液吸收效率下降，溶液发泡拦液。
(4) 泵入口压差升高。
(5) 换热器堵塞。

2. 故障原因

(1) 硫磺回收装置操作不当，配风过多，造成尾气中 SO_2 含量大幅增加。
(2) H_2 含量不够，SO_2 未完全还原，导致 SO_2 穿透。
(3) 加氢还原催化剂活性降低，SO_2 未完全还原，导致 SO_2 穿透。

3. 故障处理措施

(1) 加 NaOH 来调节冷却塔循环水的 pH 值，及时对酸水进行置换，调整 pH 值至正常。
(2) 严重时应停止还原吸收尾气处理单元生产，还原段建立气循环，防止吸收再生段溶液被进一步污染。

(3) 加强硫磺回收装置配风操作。
(4) 如果溶液被严重污染时，应补充更换溶液。
(5) 必要时，停产更换催化剂。

(十) 尾气焚烧炉温度偏高

1. 故障现象

(1) 焚烧炉炉膛温度偏高。
(2) 焚烧炉烟道温度偏高。

2. 故障原因

(1) 燃料气流量高。
(2) 主燃烧炉配风不合理及反应器转化率低，尾气中 H_2S 含量升高。
(3) 冷凝、捕集效果差，尾气中硫含量升高。
(4) 焚烧炉配风不合理，冷却空气量低。

3. 故障处理措施

(1) 控制好入炉燃料气流量。
(2) 加强主燃烧炉配风，控制好反应器的操作，减少尾气中 H_2S 含量。
(3) 控制末级冷凝器温度，提高捕集效果，减少气态硫进入焚烧炉。
(4) 调整好尾气焚烧炉配风和冷却空气流量。

(十一) 尾气焚烧炉温度偏低

1. 故障现象

(1) 炉膛温度偏低。
(2) 烟道温度偏低。

2. 故障原因

(1) 燃料气流量低。
(2) 冷却空气量过大。
(3) 焚烧炉配风不合理。

3. 故障处理措施

(1) 控制好入炉燃料气流量。
(2) 控制好冷却空气量。
(3) 调整好尾气焚烧炉配风。

二、氧化吸收工艺

(一) SO_2 吸收塔填料段压降高

1. 故障现象

(1) 吸收塔差压升高。

（2）吸收塔液位下降。

2. 故障原因

（1）胺液发泡。
（2）尾气流速过高。
（3）贫液流量过高。
（4）填料结垢或堵塞。

3. 故障处理措施

（1）化验分析做发泡实验，加消泡剂。
（2）控制尾气流速在正确范围内。
（3）控制好贫液流量。
（4）不能维持正常生产时，停产检修。

（二）中和废水 pH 值偏低

1. 故障现象

（1）pH 在线仪数值偏低。
（2）中和废水颜色异常。

2. 故障原因

（1）碱液供给不足。
（2）碱液浓度较低。
（3）碱液供给泵故障。
（4）中和储罐搅拌装置故障。
（5）进口烟气中 SO_3 含量突然增大。

3. 故障处理措施

（1）及时补充碱液。
（2）调整碱液浓度在正常值。
（3）检修碱液供给泵。
（4）检修储罐搅拌装置。
（5）加强操作，调整烟气中的 SO_3 含量至正常值。

（三）尾气焚烧炉炉膛温度高

1. 故障现象

（1）温度显示升高。
（2）废热锅炉上水量增大。

2. 故障原因

（1）尾气中 H_2S 含量较高。
（2）燃料气流量过大。

3. 故障处理措施

（1）加强硫磺回收装置操作，降低尾气中的 H_2S 含量。

(2)减少燃料气流量,控制温度在设计范围之内。

(四)系统溶液损失

1. 故障现象

(1)胺液储罐液位异常偏低。

(2)在液位一定时,化验分析发现胺液浓度下降。

2. 故障原因

(1)吸收塔过程气夹带损失。

(2)胺液净化装置运行排放损失。

(3)溶液发生歧化反应造成溶液损失。

(4)装置跑、冒、滴、漏。

(5)溶液高温降解。

3. 故障处理措施

(1)保持溶液洁净度,定期检查塔顶捕集网的捕集效果。

(2)根据溶液分析数据制定胺液净化装置启运次数,控制溶液中 $S_2O_3^{2-}$ 和 SO_3^{2-} 的含量,避免启运次数过多导致溶液损失。

(3)加强装置巡检和设备维护保养,避免出现跑、冒、滴、漏现象。

(4)确保溶液再生合格的前提下,减少蒸汽流量,防止溶液高温降解。

(五)文丘里组合塔入口烟气压力偏高

1. 故障现象

文丘里组合塔入口烟气压力高报警。

2. 故障原因

(1)文丘里组合塔至烟囱段阻力上升(文丘里组合塔急冷段填料堵塞,烟气加热器内部管束堵塞,吸收塔填料段堵塞,文丘里组合塔及 SO_2 吸收塔顶部捕集网堵塞)。

(2)系统烟气量过大。

(3)文丘里组合塔液位高于进气口。

(4)仪表故障。

3. 故障处理措施

(1)检查预洗涤及脱硫系统设备阻力,根据阻力大小和部位决定是否停车。

(2)与上游装置联系,弄清烟气量过大的原因,采取措施降低气量。

(3)检查文丘里组合塔液位,并采取降液位措施。

(4)相关仪表校正、检修或更换。

(六)湿式电除雾器出口酸雾超标

1. 故障现象

(1)取样分析溶液中硫酸盐含量增加。

(2) 湿式电除雾器上部试镜观察烟气带雾，试镜不通透。

2. 故障原因

(1) 湿式电除雾器二次输出电压、电流过低。
(2) 湿式电除雾器故障停运。
(3) 除盐水冲洗不彻底，导致除雾效率下降。

3. 故障处理措施

(1) 调整湿式电除雾器二次输出电压、电流。
(2) 检查恢复湿式电除雾器供电。
(3) 加强湿式电除雾器除盐水冲洗操作。

(七) SO_2 再生塔液位异常偏高

1. 故障现象

SO_2 再生塔液位高报警。

2. 故障原因

(1) 富胺液进再生塔流量突然增加。
(2) 回流罐酸水回流量突然增加。
(3) 贫胺液出口阻塞或贫液泵流量减小。
(4) 贫液温度控制调节阀故障，开度减小。
(5) 再生重沸器出现窜漏。

3. 故障处理措施

(1) 适当控制富胺液进再生塔流量。
(2) 适当控制酸水回流量。
(3) 考虑关闭系统，寻找管线（节流孔板等）中的阻塞物。
(4) 检查维护贫液温度控制调节阀。
(5) 设备窜漏，检修设备。

(八) SO_2 再生塔液位异常偏低

1. 故障现象

SO_2 再生塔液位低报警。

2. 故障原因

(1) 进再生塔的富胺液流量突然减小。
(2) 贫液泵流量增大。
(3) 酸水回流量减小。
(4) 再生塔填料阻塞；溶液流通不畅。
(5) 贫液温度控制调节阀故障，开度增大。

3. 故障处理措施

（1）确认输送到再生塔的富胺液流量。

（2）适当控制酸水回流量。

（3）适当调整贫液泵流量。

（4）检查确认再生塔填料段压差。

（5）检查维护贫液温度控制调节阀。

（九）溶液中热稳定盐含量高

1. 故障现象

（1）化验分析数据热稳定性盐含量高。

（2）尾气 SO_2 上升。

2. 故障原因

（1）尾气焚烧炉配风过量，烟气中 SO_3 含量增加。

（2）胺液净化装置启运次数偏少，溶液中热稳定性盐没有及时去除。

（3）胺液净化装置树脂结垢，去除效率受损。

（4）胺液净化装置树脂活性低，树脂容量不足，吸附能力下降。

（5）湿式电除雾器除硫雾效果差。

（6）胺液净化装置系统运行中 NA^+ 离子进入溶液系统。

（7）再生温度偏低，再生效果差。

3. 故障处理措施

（1）调整尾气焚烧炉配风，减少烟气中氧含量，防止 SO_3 含量增加。

（2）根据分析数据，调整胺液净化装置启运次数。

（3）若胺液净化装置内部吸附树脂板结、失活、吸附能力降低，考虑更换树脂或适当增加树脂容量。

（4）调整湿式电除雾器二次电流和电压，提高除硫雾效果。

（5）适当控制再生压力和再生蒸汽流量，提高再生效果。

第七节　酸水汽提

一、出塔净化水 H_2S 含量偏高

（一）故障现象

出塔净化水中 H_2S 含量超标。

（二）故障原因

(1) 进料酸水波动大。
(2) 进料酸水中酸性气体含量高。
(3) 汽提塔塔顶温度偏低。
(4) 汽提塔塔顶压力偏高。
(5) 汽提塔塔盘堵塞，导致拦液。

（三）故障处理措施

(1) 控制进料酸水流量。
(2) 加强上游操作，控制酸水中酸气含量。
(3) 调整重沸器蒸汽流量和塔顶循环冷却水流量。
(4) 降低汽提塔的压力。
(5) 加强酸水过滤，必要时停产检修。
(6) 不合格净化水重新进行处理。

二、汽提塔塔压偏高

（一）故障现象

(1) 酸水酸气流量波动大。
(2) 酸气流量波动大。
(3) 塔顶温度波动大。
(4) 出塔净化水不合格。

（二）故障原因

带入杂质多，堵塞汽提塔塔盘。

（三）故障处理措施

(1) 加强酸水过滤。
(2) 控制汽提塔塔顶温度。
(3) 加强夹套保温效果。
(4) 提高汽提塔塔顶压力。
(5) 严重时，停产清洗塔盘，疏通管线。

三、酸水汽提塔冲塔

（一）故障现象

(1) 酸水汽提塔液位迅速下降。
(2) 酸水汽提塔压力先升后降。
(3) 汽提蒸汽流量和塔顶温度波动大。

(4)酸气分离器液位迅速上升。

(二)故障原因

(1)严重拦液,导致冲塔。
(2)塔盘堵塞,浮阀卡死。
(3)酸气管线堵塞。

(三)故障处理措施

(1)停止酸水汽提塔进料。
(2)停止进重沸器的蒸汽。
(3)加强硫磺回收装置酸气分离罐酸水排除,防止进炉。
(4)停产检修。

第二章 天然气净化厂辅助装置故障分析与处理

第一节 硫磺成型

一、硫磺成型效果差

（一）故障现象

(1) 固体硫磺呈糊状、块状。
(2) 硫磺出料通道堵塞。
(3) 称量系统不准。

（二）故障原因

(1) 液硫分布不均匀。
(2) 进料量大。
(3) 冷却效果差。
(4) 设备转速快。

（三）故障处理措施

(1) 疏通分布器。
(2) 调整液硫进料量。
(3) 加强冷却效果。
(4) 调整设备转速。

二、硫磺粉尘偏高

（一）故障现象

设备积尘速度快。

（二）故障原因

(1) 成型效果差。
(2) 除尘效果差。

（3）通风效果差。

(三) 故障处理措施

(1) 提高成型效果。
(2) 加强除尘设备操作。
(3) 加强自然通风和强制通风。

三、冷却效果差

(一) 故障现象

(1) 固体硫磺呈糊状、块状。
(2) 硫磺颜色异常。

(二) 故障原因

(1) 循环水管线堵塞，循环水量低。
(2) 循环水进水温度高。
(3) 传热效果差。

(三) 故障处理措施

(1) 疏通循环水管线，加大循环水量。
(2) 加强循环水系统操作，降低循环水进水温度。
(3) 加强成型设备除垢。

四、硫磺粉尘爆炸

(一) 故障现象

(1) 形成爆炸烟雾。
(2) 有刺鼻性 SO_2 味道。
(3) 严重时设备损坏、人员伤亡。

(二) 故障原因

(1) 除尘效果差。
(2) 静电产生火花或明火源存在。

(三) 故障处理措施

(1) 提高除尘效果，降低硫磺粉尘浓度，使之处于爆炸下限以下（<35g/m³）。
(2) 控制明火源，消除静电产生因素。

第二节　消防水系统

一、消防水压力偏低

（一）故障现象

消防水系统压力显示偏低。

（二）故障原因

(1) 水池液位低。
(2) 消防水泵运行故障。
(3) 消防水管网不畅通或有泄漏。
(4) 用户使用量大。

（三）故障处理措施

(1) 将水池液位调整到正常值。
(2) 检修消防水泵。
(3) 疏通管网，检查泄漏点。

二、消防水泵压力偏低

（一）故障现象

消防水泵出口压力显示偏低。

（二）故障原因

(1) 消防水池液位偏低。
(2) 消防水泵故障。
(3) 消防水泵进口管线堵塞。
(4) 消防水使用量大。

（三）故障处理措施

(1) 将水池液位调整到正常值。
(2) 检修消防水泵。
(3) 疏通泵进口管线。
(4) 适当减少消防水用量。

第三节　污水处理

一、UASB 出水 COD、挥发性脂肪酸偏高

（一）故障现象

(1) UASB 池出水 COD 值偏高。
(2) UASB 池产气量下降或无产气量。
(3) UASB 池出水挥发性脂肪酸浓度增大。

（二）故障原因

(1) UASB 池进水 COD 负荷偏高。
(2) UASB 池微生物活性下降。
(3) 停留时间不足。
(4) 污泥排出过多，微生物数量减少。

（三）故障处理措施

(1) 调整 UASB 池 COD 负荷至适宜值。
(2) 控制 UASB 池温度、pH 值和碱度在正常范围。
(3) 取样分析污水中是否有大量有毒物质，若有应采取必要的措施去除。
(4) 调整好 UASB 池营养物比例。
(5) 增加污水在 UASB 池的停留时间。
(6) 控制好污泥排出量。

二、SBR 池出水 COD 偏高

（一）故障现象

(1) 保险池 COD 值升高。
(2) 保险池水质色度变差。

（二）故障原因

(1) 进水 COD 负荷升高。
(2) 进水有毒有害物质增加。
(3) 进水营养组分配比不合理。
(4) 微生物活性降低，数量减少。
(5) 溶解氧偏低，温度异常。

（三）故障处理措施

(1) 将保险池不合格水返回配水池处理。
(2) 控制调节水池水质指标在允许范围内。
(3) 对水质进行有毒有害物质分析，降低有毒有害物质含量。
(4) 确保 SBR 池的环境符合微生物的生长要求。
(5) 控制 SBR 池排泥频率和排泥量。
(6) 及时清除 SBR 池表面污物。

三、UASB 反应器产气量下降

（一）故障现象

(1) UASB 池产气量下降或无产气量。
(2) UASB 池出水 COD 值偏高。

（二）故障原因

(1) UASB 反应器的污泥流失严重，污泥浓度过低。
(2) UASB 内 pH 值波动大。
(3) 有毒物浓度增加。
(4) 温度突然降低。
(5) 污泥产甲烷菌活性不足。

（三）故障处理措施

(1) 减少污泥洗出，提高投入污泥浓度。
(2) 检查进液 pH 值，及时中和调整。
(3) 稀释进液，降低有毒物质浓度。
(4) 逐步提高水温，注意升温速率。
(5) 调整 UASB 池营养，提高甲烷菌繁殖和驯化。

四、SBR 池污泥沉降比偏低

（一）故障现象

(1) SBR 池上层清液含大量悬浮状微小絮体。
(2) 泥水界面不明显。

（二）故障原因

(1) 曝气过度使污泥解体。
(2) 负荷下降，污泥量过多。
(3) 流入高浓度有机废水使污泥絮凝性和沉淀性下降。

（三）故障处理措施

(1) 调整曝气强度。

(2) 增加处理负荷或加大污泥排出量。
(3) 防止高浓度污水进入。

五、水解酸化池活性污泥膨胀

(一) 故障现象

(1) 活性污泥质量变轻、膨大上浮。
(2) 沉降效果差，污泥进入保险池。

(二) 故障原因

(1) 水质较差，如水中硫化物较高或溶解性碳水化合物较高。
(2) 进水负荷过高引起溶解氧不足。
(3) pH 值较低。
(4) 水温过高。
(5) 缺乏 N、P 营养。

(三) 故障处理措施

(1) 调节进水水质。
(2) 控制曝气量，使曝气池中保持适量的溶解氧。
(3) 调节 pH 值在正常范围。
(4) 改变水温。
(5) 投加尿素、磷肥等营养，控制 COD：N：P＝200：5：1。

第四节 火炬及放空系统

一、系统积液和放空带液

(一) 故障现象

(1) 火炬放空时下"火雨"。
(2) 放空管线水击、振动。
(3) 严重时放空管线变形甚至倒塌。

(二) 故障原因

(1) 放空分离器液位过高、分离效果不好。
(2) 放空管线积液。
(3) 放空时气量过大过猛，放空气带液。

（三）故障处理措施

（1）对放空分离器、放空管网进行低点排液操作。

（2）控制好放空气量及速度。

（3）停产检修。

二、火炬闪爆

（一）故障现象

（1）火炬头发生闷爆，发出异声、冒烟。

（2）火炬头损坏。

（3）严重时放空管网损坏。

（二）故障原因

（1）放空管网吹扫不彻底，残余大量可燃气体和空气的混合物。

（2）放空管网排液、分离器回收液体后阀门关闭不严或未关，空气进入放空管网。

（3）分子封燃料气流量过小或未开，空气从火炬头进入放空系统。

（4）过滤器或其他设备更换元件时未关放空阀，打开封头时空气吸入放空管网。

（三）故障处理措施

（1）关闭燃料气，熄灭火炬。

（2）全面检查放空管网，防止空气继续进入。

（3）彻底吹扫置换放空系统。

（4）检查或检修设备。

三、火炬熄火

（一）故障现象

放空时火炬长明灯熄灭。

（二）故障原因

（1）酸气放空或惰性气体排至放空火炬时，助燃燃料气异常，未形成稳定的火焰造成熄火。

（2）放空时气量过大、过猛，造成火焰脱火熄灭。

（3）放空气中带有大量液体，造成火焰熄灭。

（三）故障处理措施

（1）酸气放空时应及时打开助燃气体。

（2）放空初期应缓慢进行，然后逐步增加。

（3）定期排除放空管网内的积液，控制好放空速率。

第三章 天然气净化厂公用装置故障分析与处理

第一节 新鲜水及循环水系统

一、机械过滤器运行异常

（一）故障现象

(1) 过滤器出水量减少。
(2) 过滤出水浊度增大。
(3) 过滤出水或反洗水有滤砂。

（二）故障原因

(1) 滤层上部被污泥严重污染、堵塞或板结。
(2) 滤层高度不足。
(3) 进水浊度高。
(4) 过滤速度太快。
(5) 滤料分布不均。
(6) 絮凝剂投加不当。
(7) 过滤器内部损坏。
(8) 反洗水量过大。

（三）故障处理措施

(1) 彻底反洗过滤器，必要时拆检过滤器以消除污泥或结块。
(2) 增加滤层高度。
(3) 尽量降低进水的悬浮物含量。
(4) 调整适宜的滤速。
(5) 调整反洗水量，控制反洗强度。
(6) 调整絮凝剂投加量。
(7) 对过滤器进行检修。

二、无阀过滤器运行异常

（一）故障现象

（1）出水浊度高。
（2）不能自动反洗。
（3）反洗水管和虹吸管持续排水。

（二）故障原因

（1）滤料层高度不够。
（2）入口水浊度高。
（3）滤料严重结块。
（4）过滤水进量大。
（5）过滤器内部构件损坏，如虹吸上升管损坏。

（三）故障处理措施

（1）检查滤层高度，补充滤料至设计高度。
（2）检查进水的浊度，查明原因，采取相应对策。
（3）进行强制反洗或更换滤料。
（4）调整过滤水进量。
（5）查找损坏部位并进行检修。

三、循环水水质异常

（一）故障现象

（1）电导或总硬度超标。
（2）pH 值、碱度不合格。
（3）总磷不合格。
（4）浊度超标。
（5）浓缩倍数超标。
（6）循环水池内出现大量泡沫。

（二）故障原因

（1）排污频率、排污量不足。
（2）排污量过大或药剂投加量、药剂浓度不足。
（3）旁滤量太小或旁滤器运行异常。
（4）工艺介质压力超过循环水管网压力的冷却器窜漏。

（三）故障处理措施

（1）调整排污量及排污频率，适当补充新鲜水。

(2）加强药剂投加管理，保证投加药剂量和浓度。
(3）适当增加旁滤量。
(4）查找旁滤器运行异常原因并进行相应处理。
(5）查找工艺介质泄漏点并进行相应处理，同时对循环水系统进行置换。

四、循环水水池液位偏低

（一）故障现象

(1）循环水池液位异常下降。
(2）补充水量异常上升。

（二）故障原因

(1）工艺介质压力低于循环水管网压力的冷却器窜漏。
(2）循环水池液位调节阀故障。
(3）循环水地下管网泄漏。
(4）排污阀未关闭或内漏。
(5）旁滤器运行异常，旁滤水从反洗管、虹吸管溢出。

（三）故障处理措施

(1）查找泄漏点并进行相应处理。
(2）用旁通阀控制液位，检查并维修循环水池液位调节阀。
(3）关闭排污阀或对内漏阀门进行处理。
(4）查找旁滤器运行异常原因并进行相应处理。

五、循环水出水温度偏高

（一）故障现象

循环水系统出水温度偏高。

（二）故障原因

(1）环境温度高。
(2）凉水塔填料堵塞或损坏。
(3）凉水塔进水喷淋装置堵塞或损坏。
(4）凉水塔风机故障。
(5）旁滤器过滤量过大。

（三）故障处理措施

(1）增大循环量，启运凉水塔风机。
(2）清洗或修复凉水塔填料。
(3）清洗或修复凉水塔喷淋装置。

（4）排除风机故障。
（5）减小旁滤器流量。

第二节　蒸汽及凝结水系统

一、离子交换器出水异常

（一）故障现象

（1）出水电导率偏高。
（2）周期制水量下降。

（二）故障原因

（1）进水水质恶化。
（2）树脂再生不好。
（3）树脂中毒失效。
（4）树脂流失。
（5）发生窜水。

（三）故障处理措施

（1）查找分析上游水质异常的原因。
（2）检查再生液质量、再生程序，彻底反洗，重新再生。
（3）更换失效树脂。
（4）补充流失树脂。
（5）检查流程，避免窜水。

二、反渗透出水电导率偏高

（一）故障现象

（1）出水电导率异常升高。
（2）脱盐率低。

（二）故障原因

（1）给水水质异常。
（2）进水量偏大。
（3）反渗透压力偏高。
（4）反渗透膜污染。
（5）反渗透膜短路。

（三）故障处理措施

（1）检查给水水质。
（2）根据出电导率调整进水量。
（3）检查反渗透加压泵及流程。
（4）反渗透膜再生或更换膜元件。
（5）检查膜安装情况。

三、锅炉给水氧含量偏高

（一）故障现象

（1）分析数据氧含量偏高。
（2）设备腐蚀严重。

（二）故障原因

（1）除氧器效果差。
（2）氧气进入凝结水系统。
（3）除氧设备损坏。

（三）故障处理措施

（1）控制好除氧器压力、温度。
（2）保证药剂质量，调整除氧药剂量。
（3）加强凝结水系统操作，防止氧气进入。
（4）检修设备。

四、锅炉汽水共沸

（一）故障现象

（1）波板液位计气水界面模糊不清。
（2）蒸汽带水严重，锅炉液位明显下降，锅炉上水量大幅上升。
（3）蒸汽流量或蒸汽管网压力大幅波动。

（二）故障原因

（1）炉水含盐过高，悬浮杂质太多。
（2）负荷增加过快。
（3）并炉时锅炉水位过高，锅炉压力高于蒸汽母管气压，开启主汽阀过猛。
（4）用量突然增大或蒸汽放空速率过快造成蒸汽系统压力急剧下降。
（5）锅炉给水被污染。

（三）故障处理措施

（1）加强锅炉排污换水，降低锅炉炉水含盐量。

(2) 平稳调整锅炉负荷。
(3) 开炉时控制锅炉正常液位和压力，打开主蒸汽阀时操作要缓慢。
(4) 平稳控制蒸汽放空速率。
(5) 增加分析频率，及时调整给水水质。

五、锅炉液位偏低

（一）故障现象

(1) 液位计液位低于正常值。
(2) 锅炉低液位报警。

（二）故障原因

(1) 锅炉负荷增大。
(2) 上水自动调节阀动作迟缓或失灵。
(3) 锅炉排污阀泄漏。
(4) 给水压力降低。
(5) 增加负荷或降低锅炉压力时蒸汽阀打开过猛，蒸汽带水。

（三）故障处理措施

(1) 适当降低锅炉负荷。
(2) 对锅炉进行手动补水，调校上水调节阀。
(3) 检修或更换排污阀。
(4) 适当提高给水系统压力。
(5) 在增加锅炉负荷时应平稳进行。

六、锅炉液位偏高

（一）故障现象

(1) 液位计液位高于正常值。
(2) 锅炉高液位报警。

（二）故障原因

(1) 锅炉负荷降低。
(2) 上水阀开度过大或内漏。
(3) 给水压力高。

（三）故障处理措施

(1) 减小锅炉上水。
(2) 适当排污。
(3) 调整给水压力。

（4）平稳调整锅炉负荷。

七、蒸汽管网压力偏低

（一）故障现象

（1）蒸汽系统压力下降。
（2）蒸汽用户加热、保温效果变差。

（二）故障原因

（1）锅炉负荷偏小。
（2）系统用汽量增大，用户增多。
（3）蒸汽系统泄漏，设备窜漏。
（4）环境温度过低，蒸汽管网保温效果差。

（三）故障处理措施

（1）适当提高锅炉负荷。
（2）查找用汽量大的原因，及时调整。
（3）查找检修泄漏点。

八、蒸汽管线水击

（一）故障现象

蒸汽或凝结水在管道内发生冲击，产生振动和声响。

（二）故障原因

（1）投用蒸汽或凝结水管线前未疏水或疏水不彻底造成管线内有余水。
（2）投用蒸汽或凝结水管线时，暖管速率过快或未暖管。
（3）锅炉水位偏高，蒸汽带水进入系统，造成蒸汽品质差。
（4）蒸汽管网保温效果差，疏水阀疏水效果差或失灵。

（三）故障处理措施

（1）蒸汽或凝结水管线投用前必须充分疏水和预热暖管。
（2）控制好锅炉液位，调整锅炉压力时要缓慢进行，防止蒸汽带水。
（3）加强蒸汽管线保温。
（4）定期检查蒸汽管路疏水器运行状态，及时清洗疏水器过滤网或更换故障的疏水器。

九、锅炉给水水质差

（一）故障现象

（1）给水总硬度偏高。

(2) 给水溶解氧偏高。

（二）故障原因

(1) 离子交换器效果差。
(2) 反渗透除盐效果差。
(3) 除氧器除氧效率降低。
(4) 凝结水回水质量差。

（三）故障处理措施

(1) 加强离子交换设备调整，加强树脂再生操作，必要时更换树脂。
(2) 加强反渗透装置操作。
(3) 控制好除氧器压力和温度，确保除氧效果。
(4) 检查流程，防止其他介质窜漏污染凝结水。

十、凝结水回水不畅

（一）故障现象

(1) 凝结水回水箱液位不断下降。
(2) 凝结水系统轻微水击。
(3) 脱硫单元凝结水罐液位上涨。
(4) 蒸汽保温系统保温效果变差。

（二）故障原因

(1) 凝结水回水箱压力偏高。
(2) 疏水阀泄漏，凝结水中夹带大量蒸汽。
(3) 凝结水管线堵塞。

（三）故障处理措施

(1) 控制好凝结水回水箱压力。
(2) 检查疏水阀疏水效果，必要时更换疏水阀。
(3) 检修或疏通设备和管线。

第三节　空气及氮气系统

一、压缩机排气温度偏高

（一）故障现象

(1) 空气压缩机排气温度显示偏高。

(2) 疏水器排除冷凝水偏少。

（二）故障原因

(1) 冷却水温度太高或流量不足。
(2) 润滑油冷却系统油位不足。
(3) 油冷却器和气冷却器结垢、堵塞，换热效果不好。
(4) 回流阀失灵。
(5) 压缩机空气入口滤芯堵塞。
(6) 空气压缩机设备存在异常。

（三）故障处理措施

(1) 提高冷却水流量，加强冷却效果。
(2) 检查补充润滑油。
(3) 清洗、疏通油冷却器，提高换热效率。
(4) 及时更换回流阀。
(5) 更换滤芯。
(6) 检修设备。

二、仪表风含水量偏高

（一）故障现象

(1) 仪表风系统带油严重。
(2) 空气压缩机润滑油损耗大。

（二）故障原因

(1) 油气分离器内的回油管堵塞，油无法正常回流，油随空气排出。
(2) 油气分离器破裂，造成部分压缩空气未经分离直接排出。
(3) 排气压力太低，离心力分离油不彻底，增大油气分离器的负荷。
(4) 机头温度过高，油挥发性增大，油分子变小，油分离不彻底。
(5) 机组加油过多，油气分离器液位太高，油离心分离不彻底。
(6) 前过滤器分离效率差。

（三）故障处理措施

(1) 疏通、更换回油管。
(2) 检修、更换油气分离器。
(3) 控制空气压缩机排气压力。
(4) 加强通风冷却效果。
(5) 控制系统油位在正常范围内。
(6) 加强过滤器分离效果，及时更换分离效率差的滤芯。

三、仪表风含油量偏高

（一）故障现象

仪表风系统带水严重。

（二）故障原因

(1) 进气量过大。

(2) 进气温度过高。

(3) 进气中含液态水。

(4) 干燥剂被污染。

(5) 再生气量小，进气压力低。

(6) 干燥器旁通阀内漏。

(7) 疏水器失效。

（三）故障处理措施

(1) 将进气量控制在额定范围内。

(2) 加强冷却器效果。

(3) 检查油气分离器和干燥器前过滤器。

(4) 根据情况更换干燥剂。

(5) 检查再生气流程。

(6) 检修更换干燥器旁通阀。

(7) 更换疏水器。

四、仪表风压力低

（一）故障现象

(1) 仪表风系统压力低。

(2) 自动控制仪表失灵。

（二）故障原因

(1) 空压机、干燥器故障。

(2) 仪表风泄漏量过大。

(3) 油细分离器压差过大、堵塞。

(4) 干燥器中干燥剂粉化引起管道堵塞。

（三）故障处理措施

(1) 空气压缩机故障，则启运备用压缩机，并通知人员进行检修。

(2) 检查漏点，通知维修人员抢修堵漏。

(3) 将过滤置于旁路，更换过滤器滤芯。

(4) 将干燥器置于旁路，对管道进行疏通，更换干燥剂，与此同时加强仪表风的排油排水操作。

五、氮气含氧量偏高

（一）故障现象

氮气系统中氧含量偏高。

（二）故障原因

(1) 氮气流量过高。
(2) 制氮装置吸附塔进气程控阀内漏。
(3) 氧分析仪故障。
(4) 碳分子筛量不足或失效。
(5) 吸附压力降低造成碳分子筛吸附能力大幅下降。

（三）故障处理措施

(1) 检查流量控制器设置点，将流量调小。
(2) 检修更换泄漏的程控阀。
(3) 调校氧分析仪。
(4) 补充或更换碳分子筛。
(5) 提高吸附塔入口空气缓冲罐压力或关小氮气缓冲罐至氮气储罐的阀门以提高氮气缓冲罐压力。

第四节 燃料气系统

一、燃料气压力偏高

（一）故障现象

燃料气系统压力偏高。

（二）故障原因

(1) 压力调节阀失灵。
(2) 用气量降低且压力调节阀内漏。
(3) 旁通阀未关到位或内漏。
(4) 闪蒸气量突然增大。

（三）故障处理措施

(1) 检查调压阀，若失灵则利用旁通手动控制燃料气压力。

(2) 查找用气量降低原因，及时进行调整。
(3) 检查旁通阀。
(4) 查找闪蒸气量突增原因，并及时处理。

二、燃料气压力偏低

（一）故障现象

燃料气系统压力偏低。

（二）故障原因

(1) 放空调节阀故障或内漏。
(2) 放空阀旁通未关或内漏。
(3) 用气量突然增加。
(4) 闪蒸气流量突然降低且净化气补充不足。
(5) 燃料气系统管线泄漏。

（三）故障处理措施

(1) 检查放空阀，若内漏则关闭前后截止阀进行检修。
(2) 检查放空阀旁通阀是否开启或者内漏。
(3) 查找用气量突增原因，并及时处理。
(4) 查找闪蒸气流量波动较大的原因，并及时处理。
(5) 适当打开补充气调节阀旁通阀，检查补充气调节阀是否故障。

三、燃料气带液

（一）故障现象

燃料气罐液位异常上升。

（二）故障原因

(1) 闪蒸罐液位或压力异常。
(2) 闪蒸气严重带液。
(3) 净化气严重带液。
(4) 燃料气罐排液不及时。

（三）故障处理措施

(1) 检查燃料气罐液位，液位过高时，及时对燃料气罐内的溶液进行回收或排污操作。
(2) 检查闪蒸罐液位、压力及精馏柱压差。
(3) 闪蒸罐液位过高时，中控室人员应及时调整液位。
(4) 精馏柱压差过大时，在保证闪蒸气质量合格的前提下，适当降低小股贫液流量。

第五节　导热油系统

一、导热油油炉出口温度偏低

（一）故障现象

导热油系统正常运行时温度偏低，油炉出口温度偏低。

（二）故障原因

（1）燃料气热值下降。
（2）导热油炉燃烧机配风不当。
（3）燃料气流量或压力不足。
（4）导热油循环量高。

（三）故障处理措施

（1）燃料气系统排液。
（2）提高燃料气品质，提高热值。
（3）调整导热油炉风门，提高燃烧效果。
（4）提高燃料气流量。

二、膨胀罐压力偏低

（一）故障现象

膨胀罐压力偏低。

（二）故障原因

（1）膨胀罐顶部排气阀未关。
（2）稳压氮气压力低。
（3）膨胀罐液位过低，主循环泵抽空。

（三）故障处理措施

（1）检查并关闭膨胀罐顶部排气阀。
（2）适当补充膨胀液位并调整膨胀罐液位。

三、膨胀罐压力偏高

（一）故障现象

膨胀罐压力偏高。

（二）故障原因

（1）膨胀罐液位过高。

（2）稳压氮气压力低。

（3）导热油温度高，汽化或裂解。

（4）膨胀罐内有气未排净。

（三）故障处理措施

（1）控制合适的膨胀罐液位。

（2）打开顶部排气阀排气，适当泄压。

模块四

天然气净化HSE管理

第一章　天然气净化厂安全管理

第一节　危害因素辨识与风险控制

一、危害因素辨识与风险评价基本知识

（一）基本概念

1. 风险的基本概念

"风险"在 HSE 管理体系中是指某一特定危害事件发生的可能性与后果严重性的组合。

$$风险 = 可能性 \times 后果的严重程度$$

2. 风险评价

"风险评价"是评估风险程度以及确定风险是否可接受的全过程。风险评价主要包括两个阶段：一是对风险进行分析，评估其发生事故的可能性，以及事故所造成的损失，并计算风险值；二是将得出的风险值与事先确定的风险分级标准和可允许值相对照，确定风险的等级是否可接受。

3. 风险控制

"风险控制"是利用工程技术、教育和管理手段消除、替代和控制危害因素，防止发生事故、造成人员伤亡和财产损失。风险控制就是要在现有技术、能力和管理水平上，以最小的消耗达到最优的安全水平。

（二）危害因素辨识与风险评价方法

1. 健康、安全类危害因素识别

1）识别基本要求

健康、安全类危害因素识别时应考虑过去、现在和将来 3 种时态，正常、异常和紧急 3 种状态，包括机械能、电能、热能、化学能、放射能、生物因素、人机工效学（生理、心理）7 种类型。

2）识别范围

（1）常规性或非常规性的生产经营活动或服务（包括新、改、扩建设项目）。

（2）作业、办公场所内的所有设备、设施（包括组织内部和外界所提供的）。

（3）所有进入作业场所人员的活动，包括合同方和访问者；事故及潜在的危害和影响；以往活动的遗留问题。

3) 识别方法

健康、安全类危害因素识别时，要根据对象的性质、特点、环境、生命周期的不同阶段，人员的知识、经验和习惯来确定。常用的识别方法包括而不限于：现场观察，工作前安全分析法，安全检查表（SCL），危险与可操作性分析（HAZOP），生产过程中的危害因素按照《生产过程危险和有害因素分类与代码》（GB/T 13861—2022）、《企业职工伤亡事故分类》（GB 6441—1986）和《职业病危害因素分类目录》进行辨识。

2. 风险评价

1) 判别准则

根据有毒有害、高温高压、易燃易爆行业特点，收集国家、地方相关法律法规、标准，编制风险评价判别准则。

2) 评价方法

（1）作业条件危险性分析法（LEC 法）。

作业条件危险性分析法（LEC 法），采用公式 $D = L \times E \times C$ 计算发生事故或危险事件的可能性大小。

公式中 L 表示发生事故或危险事件的可能性；E 表示暴露于潜在危险环境的频次；C 表示可能出现的结果；D 表示发生事故或危险事件的可能性大小。

① 发生事故或危险事件的可能性（用 L 值表示），见表 4-1-1。

表 4-1-1　发生事故或危险事件的可能性

分数值（L）	事故或危险事件的可能性
10	完全可以预料
6	相当可能
3	可能，但不经常
1	可能性小，若发生属意外
0.5	很不可能，可以设想
0.2	极不可能
0.1	实际不可能

② 暴露于潜在危险环境的频繁程度（用 E 值表示），见表 4-1-2。

表 4-1-2　暴露于潜在危险环境的频繁程度

分数值（E）	暴露于危险环境的情况
100	连续暴露
40	每天工作时间暴露
15	每天一次暴露
7	每周一次暴露
3	每月一次暴露
1	罕见的暴露

③ 发生事故的后果（用 C 值表示），见表 4-1-3。

表 4-1-3　事故后果

分数值（C）	统计损失，万元	发生事故的后果	伤亡人数
100	>1000	大灾难，许多人死亡	10人以上死亡
40	500~1000	灾难，数人死亡	3~10人死亡
15	100~500	非常严重，一人死亡	1人死亡
7	50~100	严重，重伤	多人
3	10~50	重大伤亡，致残	至少1人
1	1~10	引人注目，需要救护	轻伤

④ 作业条件的危险性大小（用D值表示），见表4-1-4。

表 4-1-4　作业条件的危险性

分数值（D）	危险程度
>320	极其危险，不能继续作业
160~320	高度危险，需要立即整改
70~160	显著危险，需要整改
20~70	一般危险，需要注意
<20	稍有危险，可以接受

（2）风险矩阵法。

在进行风险评价时，将风险事件的后果严重程度相对定性分为若干级，将风险事件发生的可能性也相对定性分为若干级，然后以严重性为表列，以可能性为表行，制成表（表4-1-5），在行列的交点上给出定性的加权指数。所有的加权指数构成一个矩阵，而每一个指数代表了一个风险等级。该方法的优点是简洁明了，易于掌握，适用范围广；缺点是确定风险可能性、后果严重度过于依赖经验，主观性较大。

表 4-1-5　矩阵风险评估表

严重级别	风险后果				概率增加				
	人员	财产	环境	名誉	A	B	C	D	E
	P	A	R	E	从没有发生过	本行业发生过	本组织发生过	本组织容易发生	本组织经常发生
0	无伤害	无损失	无影响	无影响					
1	轻微伤害	轻微损失	轻微影响	轻微影响	（Ⅰ区）				
2	小伤害	小损失	小影响	有限损害					
3	重大伤害	局部损失	局部影响	很大影响		（Ⅱ区）			
4	一人死亡	严重损失	重大影响	全国影响			（Ⅲ区）		
5	多人死亡	特大损失	巨大影响	国际影响					

注：Ⅰ区：一般风险，需加强管理不断改进；Ⅱ区：中度风险，需制定风险消减措施；Ⅲ区：重大风险，不可忍受的风险，纳入目标管理或制定管理方案。

评价为一般风险和中度风险的危害因素应列入危害因素清单，评价为重大风险的危害因素应列入重大危害因素清单。

矩阵风险评估表中对人员、财产、环境、组织名誉的损害和影响的判别准则分别见表4-1-6、表4-1-7、表4-1-8、表4-1-9。

表4-1-6　对人的影响判别准则

潜在影响		定　义
0	无伤害	对健康没有伤害
1	轻微伤害	对个人受雇和完成目前劳动没有伤害
2	小伤害	对完成目前工作有影响，如某些行动不便或需要一周以内的休息才能恢复
3	重大伤害	导致对某些工作能力的永久丧失或需要经过长期恢复才能工作
4	一人死亡	一人死亡或永久丧失全部工作能力
5	多人死亡	多人死亡

表4-1-7　对财产的影响判别准则

潜在影响		定　义
0	无损失	对设备没有损坏
1	轻微损失	对使用没有妨碍，只需要少量的修理费用
2	小损失	给操作带来轻度不便，需要停工修理
3	局部损失	装置倾倒，修理可以重新开始
4	严重损失	装置部分丧失，停工
5	特大损失	装置全部丧失，大范围损失

表4-1-8　对环境的影响判别准则

潜在影响		定　义
0	无影响	没有环境影响
1	轻微影响	可以忽略的环境影响，当地环境破坏在小范围内
2	小影响	破坏大到足以影响环境，单项超过基本或预定的标准
3	局部影响	环境影响多项超过基本的或预设的标准，并超出了一定范围
4	严重影响	严重的环境破坏，承包商或业主被责令把污染的环境恢复到污染前水平
5	巨大影响	对环境（商业、娱乐和自然生态）的持续严重破坏或扩散到很大的区域，对承包商或业主造成严重的经济损失，持续破坏预先规定的环境界限

表4-1-9　对组织名誉的影响判定准则

潜在影响		定　义
0	无影响	没有公众有反应
1	轻微影响	公众对事件有反应，但是没有公众表示关注
2	有限影响	一些当地公众表示关注，受到一些指责；一些媒体有报道和一些政治上的重视
3	很大影响	引起整个区域公众的关注，大量的指责，当地媒体大量反面的报道；国家媒体或当地/国家政策的可能限制措施或许可证影响；引发群众集会

续表

	潜在影响	定 义
4	国内影响	引起国内公众的反应，持续不断的指责，国家级媒体的大量负面报道；地区/国家政策的可能限制措施或许可证影响；引发群众集会
5	国际影响	引起国际影响和国际关注；国际媒体大量反面报道或国际政策上的关注；可能对进入新的地区得到许可证或税务上有不利影响，受到群众的压力；对承包方或业主在其他国家的经营产生不利影响

3. 风险控制基本要求

（1）全员参与风险管理。

（2）对生产作业活动全过程进行危害因素辨识，对识别出来的危害因素依据法律法规和标准进行评估，划分风险等级，编制并经有效审核、审批形成"健康、安全类危害因素辨识清单及风险评价表"，制定相应的控制措施，消减风险。

（3）每年对所涉及范围内危害因素进行辨识与风险评价一次，更新"健康、安全类危害因素辨识清单及风险评价表"。

当生产活动和服务、现有法律法规发生重大变化，相关方有要求或发生重大、特大事故时，应重新对所涉及范围内健康、安全类危害因素进行辨识和风险评价，更新"健康、安全类危害因素辨识清单及风险评价表"。

（4）应用工作循环分析（JCA）、工作前安全分析（JSA）、上锁挂牌管理等工具方法实施风险管理。

（5）危害因素及风险控制措施应告知参与作业人员及相关方。

（6）风险管理活动的过程应形成文件。

（三）危险化学品重大危险源管理

危险化学品重大危险源是指长期或临时地生产、储存、使用和经营危险化学品，且危险化学品的数量不小于临界量的单元。生产单元、储存单元内存在危险化学品的数量不小于规定的临界量，即被定为重大危险源。

1. 重大危险源分级

重大危险源根据其危险程度，分为一级、二级、三级、四级，一级为最高级别。

2. 重大危险源管理要求

（1）建立完善重大危险源安全管理规章制度和安全操作规程，并采取有效措施保证其得到执行。

（2）根据构成重大危险源的危险化学品种类、数量、生产、使用工艺（方式）或者相关设备、设施等实际情况，按照下列要求建立健全安全监测监控体系，完善控制措施：

① 重大危险源配备温度、压力、液位、流量、组分等信息的不间断采集和监测系统以及可燃气体和有毒有害气体泄漏检测报警装置，并具备信息远传、连续记录、事故预警、信息存储等功能；一级或者二级重大危险源，具备紧急停车功能。记录的电子数据的保存时间不少于30天。

② 重大危险源的化工生产装置装备满足安全生产要求的自动化控制系统；一级或者

二级重大危险源，装备紧急停车系统。

③ 对重大危险源中的毒性气体、剧毒液体和易燃气体等重点设施，设置紧急切断装置；对毒性气体的设施，设置泄漏物紧急处置装置；涉及毒性气体、液化气体、剧毒液体的一级或者二级重大危险源，配备独立的安全仪表系统（SIS）。

④ 重大危险源中储存剧毒物质的场所或者设施，设置视频监控系统。

⑤ 安全监测监控系统符合国家标准或者行业标准的规定。

（3）定期对重大危险源的安全设施和安全监测监控系统进行检测、检验，并进行经常性维护、保养，保证重大危险源的安全设施和安全监测监控系统有效、可靠运行。维护、保养、检测应当做好记录，并由有关人员签字。

（4）明确重大危险源中关键装置、重点部位的责任人或者责任机构，并对重大危险源的安全生产状况进行定期检查，及时采取措施消除事故隐患。事故隐患难以立即排除的，应当及时制定治理方案，落实整改措施、责任、资金、时限和预案。

（5）对重大危险源的管理和操作岗位人员进行安全操作技能培训，使其了解重大危险源的危险特性，熟悉重大危险源安全管理规章制度和安全操作规程，掌握本岗位的安全操作技能和应急措施。

（6）在重大危险源所在场所设置明显的安全警示标志，写明紧急情况下的应急处置办法。

（7）将重大危险源可能发生的事故后果和应急措施等信息，以适当方式告知可能受影响的单位、区域及人员。

（8）依法制定重大危险源事故应急预案，建立应急救援组织或者配备应急救援人员，配备必要的防护装备及应急救援器材、设备、物资，并保障其完好和使用方便；配合地方人民政府安全生产监督管理部门制定所在地区涉及本单位的危险化学品事故应急预案。对存在吸入性有毒、有害气体的重大危险源，应当配备便携式浓度检测设备、空气呼吸器、化学防护服、堵漏器材等应急器材和设备；涉及剧毒气体的重大危险源，还应当配备两套以上（含本数）气密型化学防护服；涉及易燃易爆气体或者易燃液体蒸气的重大危险源，还应当配备一定数量的便携式可燃气体检测设备。

（9）制订重大危险源事故应急预案演练计划，并按照下列要求进行事故应急预案演练：

① 对重大危险源专项应急预案，每年至少进行一次。

② 对重大危险源现场处置方案，每半年至少进行一次。

应急预案演练结束后，危险化学品单位应当对应急预案演练效果进行评估，撰写应急预案演练评估报告，分析存在的问题，对应急预案提出修订意见，并及时修订完善。

（10）对辨识确认的重大危险源及时、逐项进行登记建档。重大危险源档案应当包括下列文件、资料：

① 辨识、分级记录。

② 重大危险源基本特征表。

③ 涉及的所有化学品安全技术说明书。

④ 区域位置图、平面布置图、工艺流程图和主要设备一览表。

⑤ 重大危险源安全管理规章制度及安全操作规程。

⑥ 安全监测监控系统、措施说明、检测、检验结果。
⑦ 重大危险源事故应急预案、评审意见、演练计划和评估报告。
⑧ 安全评估报告或者安全评价报告。
⑨ 重大危险源关键装置、重点部位的责任人、责任机构名称。
⑩ 重大危险源场所安全警示标志的设置情况。
⑪ 其他文件、资料。

（11）在完成重大危险源安全评估报告或者安全评价报告后15日内，应当填写重大危险源备案申请表，连同重大危险源档案材料，报送所在地县级人民政府安全生产监督管理部门备案。

（12）出现以下所列情形之一的，应当及时更新档案，并向所在地县级人民政府安全生产监督管理部门重新备案。

① 重大危险源安全评估已满3年的。
② 构成重大危险源的装置、设施或者场所进行新建、改建、扩建的。
③ 危险化学品种类、数量、生产、使用工艺或者储存方式及重要设备、设施等发生变化，影响重大危险源级别或者风险程度的。
④ 外界生产安全环境因素发生变化，影响重大危险源级别和风险程度的。
⑤ 发生危险化学品事故造成人员死亡，或者10人以上受伤，或者影响到公共安全的。
⑥ 有关重大危险源辨识和安全评估的国家标准、行业标准发生变化的。

（13）新建、改建和扩建危险化学品建设项目，应当在建设项目竣工验收前完成重大危险源的辨识、安全评估和分级、登记建档工作，并向所在地县级人民政府安全生产监督管理部门备案。

二、生产过程主要风险识别及控制

天然气净化厂涉及的易燃易爆、有毒有害、高温高压危险介质，主要有天然气、硫磺、硫化氢气体、丙烷、二氧化硫气体、轻烃、凝析油、粉尘、高温蒸汽、危险化学品等。在装置日常生产过程中，可能出现火灾、爆炸、中毒、窒息、烫伤、物体打击、机械伤害、冻伤、高处坠落、噪声伤害、触电、溺水等风险。

（一）火灾和爆炸风险

1. CH_4、H_2S、轻烃、凝析油、丙烷等燃烧和爆炸

装置中存在 CH_4、H_2S、轻烃、凝析油、丙烷等易燃易爆介质，因管道设备腐蚀穿孔、系统超压、误操作、设备及管件密封不严等原因造成泄漏，可能导致火灾和爆炸。

控制措施：执行操作规程；配置有针对性的安全防护器材；设置有毒气体检测系统并保证其正常运行；及时发现和处理设备、设施存在的隐患和缺陷；进行硫化氢防护培训，取得培训合格才能上岗作业；危化品作业人员持证上岗；按规定做好危化品存储使用管理；有窒息风险的场所，保持良好的通风，作业前应对氧含量进行检测。

2. 硫磺粉尘爆炸

在硫磺成型或存储过程中，游离的硫磺粉尘在空气中积累到一定浓度，形成爆炸混合物，可能导致火灾和爆炸。

控制措施：执行操作规程；配置有针对性的安全防护器材；设置有毒气体检测系统并保证其正常运行；及时发现和处理设备、设施存在的隐患和缺陷；进行硫化氢防护培训，取得培训合格才能上岗作业；危化品作业人员持证上岗；按规定做好危化品存储使用管理；有窒息风险的场所，保持良好的通风，作业前应对氧含量进行检测。

3. 系统超压爆炸

因压力调节阀故障、安全阀故障、误操作等原因，可能导致设备和管线超压爆炸。因塔罐液位调节阀故障、手动阀内漏、液位计失灵、误操作等原因造成系统窜压，可能导致设备和管线超压爆炸。

控制措施：执行操作规程，严禁系统超压；配置有针对性的安全防护器材；及时发现和处理设备、设施存在的隐患和缺陷。

4. 炉类设备炉膛爆炸

脱水单元加热炉、废气焚烧炉、主燃烧炉、再热炉、尾气焚烧炉、锅炉等在点火过程中，因吹扫不彻底，可能导致炉膛闪爆或爆炸。

控制措施：执行操作规程，严禁系统超压；配置有针对性的安全防护器材；及时发现和处理设备、设施存在的隐患和缺陷；严格吹扫，取样合格后才能进行下一步操作。

5. 锅炉、废热锅炉严重缺水爆炸

废热锅炉、锅炉在生产运行过程中，因给水设备故障、给水调节阀故障、液位计失灵、操作失误等，造成严重缺水，而操作人员对缺水判断不准，处理不当，可能导致废热锅炉和锅炉爆炸，引起设备损坏或人员伤亡。

控制措施：执行操作规程；执行防火防爆场所相关规定，控制火源；落实车辆进入安全措施；执行特种设备安全管理要求；按要求巡检，定期进行检测，及时发现处理压力容器、管道和锅炉等存在的隐患和缺陷；设置可燃气体检测系统并保证其正常运行；安装运行好除尘设施；确保F&GS系统、消防系统、应急系统处于完好状态。

(二) 中毒、窒息风险

1. H_2S 中毒

含硫天然气、酸气、过程气、尾气、脱硫富液、半贫液、酸水、污油、污水、污泥等存在 H_2S 介质，因违章作业、操作失误、系统超压、管道设备腐蚀穿孔、设备及管件密封不严等导致含硫化氢介质外溢，可能造成人员中毒。

控制措施：执行操作规程；配置有针对性的安全防护器材；设置有毒气体检测系统并保证其正常运行；及时发现和处理设备、设施存在的隐患和缺陷；进行硫化氢防护培训，取得培训合格才能上岗作业；有窒息风险的场所，保持良好的通风，作业前应对氧含量进行检测。

2. SO_2 中毒

硫磺回收装置、尾气处理装置中过程气、尾气存在 H_2S 介质，因违章作业、操作失误、系统超压、管道设备腐蚀穿孔、设备及管件密封不严等原因导致含 H_2S 气体外溢，可能造成人员中毒。

控制措施：执行操作规程；配置有针对性的安全防护器材；设置有毒气体检测系统并保证其正常运行；及时发现和处理设备、设施存在的隐患和缺陷；进行硫化氢防护培训，取得培训合格才能上岗作业；有窒息风险的场所，保持良好的通风，作业前应对氧含量进行检测。

3. 危险化学品中毒

因使用和保存过程中出现遗失、泄漏或密封不严或遗失等情况，导致危险化学品接触人体，可能造成人员中毒。

控制措施：执行操作规程；配置有针对性的安全防护器材；设置有毒气体检测系统并保证其正常运行；及时发现和处理设备、设施存在的隐患和缺陷；危化品作业人员持证上岗；按规定做好危化品存储使用管理；有窒息风险的场所，保持良好的通风，作业前应对氧含量进行检测。

4. 窒息

因天然气、氮气外泄导致在局部区域大量聚集或在受限空间时，可能造成人员窒息。

控制措施：执行操作规程；配置有针对性的安全防护器材；设置有毒气体检测系统并保证其正常运行；及时发现和处理设备、设施存在的隐患和缺陷；进行硫化氢防护培训，取得培训合格才能上岗作业；危化品作业人员持证上岗；按规定做好危险化学品存储使用管理；有窒息风险的场所，保持良好的通风，作业前应对氧含量进行检测。

（三）烫伤、冻伤风险

因液硫、蒸汽、冷凝水、溶液等高温介质外溢，或塔、罐、换热器等高温设备管线保温层失效，可能造成烫伤。因液氮、液氨、丙烷储存设备设施及管线部件损坏，导致低温介质外溢，可能造成冻伤。

控制措施：执行操作规程；穿戴好相应劳保用品；设置警示标识；及时发现和处理设施、设备存在的隐患和缺陷。

（四）化学灼伤风险

因脱硫溶液、盐酸、氢氧化钠、液体二氧化氯等化学品在使用和储存过程中出现泄漏、密封不严或遗失等情况，导致化学品接触人体，可能造成人员灼伤。

控制措施：按规定做好危险化学品存储使用管理；危险化学品作业人员持证上岗；正确穿戴劳保用品；执行操作规程；及时发现和处理设施、设备存在的隐患和缺陷。

（五）触电、雷击

因绝缘保护接地失效、电气设备带电、误操作、作业人员劳保穿戴不规范等原因，可能发生触电事故；雷雨天气下未与避雷器保持安全距离可能发生雷击。

控制措施：电气、用电设备及防雷设施应保持接地完好有效，执行能量隔离管理规定，作业人员雷雨天气不得进入避雷设施5m半径范围内，与高压电气设备保持必要的安全距离。

（六）淹溺

在坑池周边巡检、操作过程中，因人员滑倒、绊倒、违章攀越、防护设施损坏失效等原因，可能造成人员淹溺。

控制措施：执行操作规程；配置有针对性的安全防护器材；及时发现和处理设施、设备存在的隐患和缺陷。

（七）物体打击

工具使用不当、承压部件受损、转动部件断裂等可能造成物体打击。

控制措施：执行操作规程；作业人员正确穿戴防护用品；及时发现和处理设施、设备存在的隐患和缺陷。

（八）机械伤害

机泵类设备的旋转部件、传动件，因防护设施失效或残缺，或作业时劳保穿戴不规范，在运转过程中易发生碾伤、挤伤、绞伤等机械伤害。

控制措施：机泵类设备护罩安装正确且完好；正确穿戴劳保用品；及时发现和处理设施、设备存在的隐患和缺陷。

（九）高处坠落

巡检、操作时，因防护栏、平台、扶梯损坏或松动，或未正确使用安全带，可能发生高处坠落。

控制措施：执行高处作业安全管理规定；正确佩戴使用安全防护用品；按要求巡检，及时发现处理设备设施存在的隐患和缺陷。

（十）职业健康风险

中暑：在高温环境下作业，因高温防护措施不当发生中暑。

噪声：设备运转时产生的噪声，调压节流装置、放空系统等在节流或流速改变时产生的噪声，长时间在噪声环境下作业可能受到噪声伤害。

粉尘危害：因除尘设施、防护器材故障、维护不当、未按标准配置或未规范穿戴防护用品等原因，可能导致职业病。

控制措施：执行《工作场所有害因素职业接触限值 第2部分：物理因素》（GBZ 2.2—2007）有关规定；改善作业条件；保证除尘设施完好；正确使用佩戴劳动保护及安全防护用品。

三、检修过程主要风险识别及控制

（一）停产阶段的主要风险分析及消减措施

1. 溶液储罐、溶液低位罐、污水池清洗

主要风险分析：

（1）吹扫置换不彻底，可能造成 H_2S 中毒、窒息。

（2）清洗过程，可能从污物中逸出 H_2S，造成 H_2S 中毒或发生火灾爆炸。

（3）清洗过程，可能造成人员高处坠落、滑倒、物体打击等伤害。

主要消减措施：

（1）开展 JSA（工作前安全分析），办理作业许可证。

（2）确认与溶液储罐、溶液低位罐相连的管线已隔断、阀门已锁定。

（3）吹扫置换彻底，气体检测合格后，携带 H_2S 报警仪方可进入作业。

（4）作业期间应采取强制通风措施，并每 2h 一次气体检测。

（5）正确穿戴个人劳动防护用品，高处作业时应正确使用安全带。

（6）作业现场设置专人监护。

2. 放空系统积液排放

主要风险分析：

（1）排出积液中可能逸出 H_2S，造成 H_2S 中毒。

（2）排出积液直接排放，可能造成水体污染。

（3）积液排完未及时关闭排液阀，空气进入放空系统，CH_4 或 H_2S 与 O_2 形成爆炸性混合气体，可能造成爆炸事故。

主要消减措施：

（1）现场作业须携带 H_2S 报警仪，佩戴正压空气呼吸器，并注意观察风向，站在上风向操作，设置专人监护。

（2）排放污水时应密闭排放并收集。

（3）储罐应最低保持5%的液位，防止空气进入系统。

3. 停气作业

主要风险分析：

停气作业过程中，由于上、下游通信不畅或沟通无效，集气站还未停止原料气供给净化厂就关闭原料气和产品气界区阀，可能造成净化装置和上游集气站超压、发生爆炸。

主要消减措施：

（1）确认上、下游通信畅通，沟通有效。

（2）原料气和产品气流量降为0，参考原料气进厂和产品气出厂压力参数，确认上游原料气已停止供给，再关闭原料气和产品气界区阀。

（3）检查确认放空系统处于正常状态，确保超压时系统能紧急放空。

4. 脱硫溶液热、冷循环

主要风险分析：

脱硫溶液热、冷循环过程，由于酸气放空压力调节阀全部打开或再生塔温度降低，可能造成再生塔压力急剧下降，导致溶液循环泵损坏。

主要消减措施：

（1）检查确认再生塔压力控制处于自动状态，放空压力设定值处于正常操作范围，加强再生塔压力监控。

（2）检查确认到再生塔的氮气管线畅通，发现压力降低、超出允许范围时，应立即向再生塔补充氮气，保证再生塔操作压力正常。

（3）监视溶液循环量，发现流量下降时，应立即调节溶液循环量或停运溶液循环泵。

5. 脱硫、脱水单元停止溶液循环

主要风险分析：

由于高、中、低压系统之间的隔断阀门内漏，可能发生窜压事故。

主要消减措施：
(1) 停止溶液循环后，应检查确认相关调节阀和隔断阀处于关闭状态。
(2) 停止溶液循环后，应关闭高、中、低压系统间的联锁阀。
(3) 加强中控室各设备液位和压力变化趋势的监控。
(4) 检查确认放空设施处于正常状态，确保超压时系统能紧急放空。

6. 脱硫溶液回收

主要风险分析：
(1) 由于脱硫溶液逸出 H_2S，可能造成 H_2S 中毒。
(2) 高、中、低压系统同时回收或排放速度过大，可能发生窜压事故。
(3) 由于脱硫溶液溢出，可能导致化学灼伤或污染环境。

主要消减措施：
(1) 脱硫溶液热循环，应控制 H_2S 含量在允许范围内。
(2) 应在冷循环过程中疏通低位回收点。
(3) 回收溶液前，应关闭至硫磺回收单元的酸气阀，同时将再生系统泄压至0，防止酸气逸出。
(4) 检查确认 H_2S 报警系统完好有效，中控室应密切关注、及时处置报警信号。
(5) 现场作业应携带 H_2S 报警仪，佩戴护目镜，准备空气呼吸器备用，并观察风向，站在上风向操作，设置专人监护。
(6) 冷循环结束后，将系统泄压至0，再回收溶液。
(7) 回收溶液前，应确认溶液储罐和低位罐排污阀处于关闭状态；回收溶液时，应控制溶液回收速度，避免溶液溢出。
(8) 溶液低位回收点打开数量不宜太多，每个回收点应有人监视。
(9) 中控室和现场应同时监视低位罐液位，根据液位情况及时启停溶液提升泵或及时调节溶液回收阀门开度。

7. 脱水溶液回收

主要风险分析：
(1) 高、中、低压系统同时回收或排放速度过大，可能发生窜压事故。
(2) 由于脱水溶液溢出，可能导致化学灼伤或污染环境。

主要消减措施：
(1) 冷循环结束后，将系统泄压至0，再回收溶液。
(2) 现场作业应佩戴护目镜。
(3) 回收溶液前，应检查确认溶液储罐和低位罐排污阀处于关闭状态；回收溶液时，控制回收速度，避免溶液溢出。
(4) 溶液低位回收点打开数量不宜太多，每个回收点应有人监视。
(5) 中控室和现场应同时监视低位罐液位，根据液位情况及时启停溶液提升泵或及时调节溶液回收阀门开度。

8. 脱硫、脱水单元水洗

主要风险分析：

（1）建压过程可能存在窜压或超压风险。
（2）水洗时，溶液循环泵可能抽空，导致泵损坏。
（3）水洗时，高、中、低压系统存在窜压风险。
（4）水洗后排水时，可能发生 H_2S 中毒、污水灼伤眼睛、高速气流冲击等伤害。

主要消减措施：

（1）建压前应确保高、中、低压阀门隔断，建压过程中应控制升压速度和压力在规定范围之内。
（2）在水洗过程中，应确认脱硫再生塔或脱水缓冲罐液位，避免溶液循环泵抽空。
（3）在水洗过程中，应确认吸收塔、闪蒸罐液位，防止发生窜气事故。
（4）应控制液相调节阀开度，避免开度过大或突然开启发生窜气事故。
（5）应确保 H_2S 报警系统完好有效，中控室要随时关注和处置报警信号。
（6）现场作业必须按规定携带 H_2S 报警仪，准备好空气呼吸器备用；并随时观察风向，应站在上风向，一人操作一人监护。
（7）每个排水点应有人看守，当排完污水之后，及时关闭排水阀，防止 H_2S 逸出。
（8）在排水操作过程中，必须按规定佩戴护目镜。

9. 脱硫、脱水单元泄压放空

主要风险分析：

（1）泄压放空流速过大，导致放空管道振动，可能损坏放空管网。
（2）泄压放空过程中，放空气可能夹带大量液体进入放空管网，造成水击损坏放空管网。
（3）泄压放空流速过大，燃烧不完全或将放空火炬吹熄，部分 H_2S、CO、CH_4 直接排放，影响大气环境质量。

主要消减措施：

（1）停气前，排净放空管网中的积液。
（2）逐渐打开放空阀，控制放空流速。
（3）应遵循高、中、低压顺序进行放空，避免系统压力相互影响。

10. 脱硫、脱水单元、燃料气系统氮气置换

主要风险分析：

采用氮气装置生产的氮气对装置进行置换，在置换过程中，氮气中氧含量超标，可能造成爆炸事故。

主要消减措施：

（1）氮气置换前，分析氮气中的氧含量，氧含量应在规定范围内。
（2）置换过程中，应定期对氮气中的氧含量进行分析。

11. 脱硫、脱水单元、燃料气系统空气吹扫

主要风险分析：

（1）在氮气置换合格之后，由于放空阀未关闭就进行空气吹扫，空气进入放空系统，放空管线内壁上附着的 FeS 自燃，导致放空管线损坏。
（2）原料气分离设备、管线内壁上附着的 FeS 自燃，造成设备或管线被烧坏。

主要消减措施：
(1) 空气吹扫前，确认到火炬系统的所有阀门都已关闭。
(2) 空气吹扫前，必须熄灭火炬。
(3) 空气吹扫前，加工业水对分离设备的内壁进行浸泡或润湿。
(4) 控制空气流速，保证空气流动摩擦产生的热量不足以达到FeS的自燃点。
(5) 吹扫过程中，现场监控设备及管线外表面温度，并观察空气吹扫气排放口是否有烟尘排出。

12. 脱硫脱碳、脱水、脱烃单元加装、倒换盲板

主要风险分析：
(1) 倒换原料气界区盲板时，可能导致H_2S中毒。
(2) 加装、倒换盲板有遗漏，导致检修作业可能发生事故。

主要消减措施：
(1) 开展JSA，办理作业许可。
(2) 倒换原料气界区盲板时，应佩戴空气呼吸器，设专人监护。
(3) 编制盲板加装和倒换清单、绘制示意图、说明盲断/导通状态并现场公示。
(4) 盲板加装、倒换工作完成后，施工人员与技术管理人员共同到现场确认，签认盲板加装、倒换工作单。
(5) 对盲板位置挂牌标识。

13. 硫磺回收单元酸水压送

主要风险分析：
在酸水压送过程中，由于管线或阀门泄漏，H_2S逸出至大气中，可能造成H_2S中毒。

主要消减措施：
(1) 现场作业须带H_2S报警仪，佩戴正压空气呼吸器，应站在上风向，设置专人监护。
(2) 酸水压送完成之后，应将压送罐内的气体放空泄压到火炬。

14. 硫磺回收单元除硫

主要风险分析：
由于配风过剩，反应器超温，造成设备管线或催化剂烧坏。

主要消减措施：
(1) 停产之前，调校硫磺回收单元燃料气和空气流量。
(2) 停产之前，检查确认加入反应器的灭火蒸汽或氮气流程畅通，如果反应器床层超温时，应加入灭火蒸汽或氮气。
(3) 设置专人负责回收除硫操作，严格配风，监视反应器床层各点温度，确保在正常操作范围之内。

15. 硫磺回收单元系统除硫后降温操作

主要风险分析：
若硫磺回收单元除硫操作不彻底，FeS自燃引发反应器床层、过程气管线残存硫磺燃烧，反应器、过程气管线超温，造成设备管线或催化剂烧坏。

主要消减措施：

(1) 反应器除硫应彻底。

(2) 降温时，空气量应逐步缓慢增加，并监视反应器床层各点温度。

(3) 在硫磺回收单元至焚烧炉的过程气管线上，定点检测管道外壁温度，监视温度变化情况。

16. 现场操作的其他风险分析与消减措施

主要风险分析：

停产、检修、开产过程中，操作人员在现场操作时，还可能存在物体打击、高空坠落、滑倒、撞击、机械伤害、触电、溺水等风险。

主要消减措施：

(1) 进入现场操作前，应穿戴好安全帽、护目镜、劳保服、安全鞋等个人劳动防护用品，携带 H_2S 报警仪。

(2) 进入现场操作前，应选择合适的操作工具。

(3) 操作阀门时，严禁正对阀杆。

(4) 上下楼梯时，应扶好扶手。

(5) 涉及危险作业的操作，应按危险作业管理规定执行。

17. 化验取样风险分析与消减措施

主要风险分析：

停产、检修、开产过程中，化验分析人员在现场取样时，可能存在 H_2S 中毒、溶液灼伤、物体打击、高空坠落、滑倒、撞击、触电、溺水等风险。

主要消减措施：

(1) 进入现场取样前，应穿戴好安全帽、护目镜、劳保服、安全鞋等个人劳动防护用品，佩戴 H_2S 报警仪。

(2) 上下楼梯时，应扶好扶手。

(3) 涉及危险作业的操作，应按危险作业管理规定执行。

(二) 检修过程中的主要风险及消减措施

整体要求：所有的危险作业，作业前必须开展工作前安全分析和办理专项作业许可。

1. 工业动火作业

主要风险分析：

检修时，在设备、管线及容器上进行焊接、切割作业，以及其他能直接或间接产生明火的作业，因设备、管线内可能残留有易燃、易爆等危险介质，有可能发生燃烧或爆炸事故。

主要消减措施：

(1) 严格执行工业动火安全管理相关规定，办理作业许可。

(2) 动火前必须进行工作前安全分析，编制施工方案和应急预案。

(3) 严禁进行与动火作业许可不符的动火作业。

2. 受限空间作业

主要风险分析：

检修时进塔、罐等设备及坑、池等有限空间作业时，有 H_2S、SO_2、CO 等中毒或窒息的风险。

主要消减措施：

（1）严格执行进入受限空间作业安全管理相关规定，办理作业许可。

（2）作业前应开展受限空间应急救援演练。

（3）对作业的受限空间严格物理隔断。

（4）进入受限空间作业期间，按规定定期进行气体监测。

（5）进入受限空间作业，应有足够的照明，照明要符合防爆要求。

3．高空、交叉作业

主要风险分析：

检修期间，高空作业如未采取有效保护措施，未搭设脚手架或搭设质量有问题，违规抛掷物料、工具；多层交叉作业未设置安全隔离网；高空物体坠落等都有可能造成人身伤害事故。

主要消减措施：

（1）严格执行高处作业安全管理相关规定，办理作业许可。

（2）高空作业必须搭设质量合格的脚手架。

（3）使用安全带或其他防止坠落措施。

（4）高空作业人员严禁上下抛掷物料、工具。

（5）尽量避免多层交叉作业，无法避免则必须采取设置安全隔离网等有效措施。

（6）高空作业严禁穿硬性、易滑、厚底的鞋。

（7）高空作业工具应系尾绳，防止高空物件坠落。

（8）起重作业必须由起重工或指定专人统一指挥。

4．临时用电作业

主要风险分析：

检修中，临时用电过程中可能发生人员触电或设备损坏的事故。

主要消减措施：

（1）严格执行临时用电作业安全管理相关规定，办理作业许可。

（2）临时用电的安装、维修、拆除必须由具有资质的专业电工进行。

5．脚手架搭拆作业

主要风险分析：

检修期间脚手架作业可能存在高处落物、抛物导致人员物体打击，作业期间脚手架搭设不牢坍塌，高处搭设脚手架未系挂安全带导致人员坠落。

主要消减措施：

（1）严格执行脚手架作业管理相关规定，办理作业许可。

（2）脚手架作业前进行危害辨识，明确作业地点。

（3）脚手架作业涉及高处作业应使用安全带或其他防止坠落措施。

（4）作业人员严禁上下抛掷物料、工具。

（5）脚手架作业严禁穿硬性、易滑、厚底的鞋。

（6）脚手架作业工具、材料应系尾绳，防止高空物件坠落。

6. 挖掘作业

主要风险分析：

检修期间的挖掘作业可能会损伤埋地管线、电缆，可能发生土层垮塌、人员坠落等事故。

主要消减措施：

（1）严格执行挖掘作业安全管理相关规定，办理作业许可。
（2）挖掘作业前进行危害识别，明确动土内容、范围和地点。
（3）情况不明时，严禁使用推土机、挖掘机等施工机械作业。
（4）挖掘作业应设置护栏、盖板、支撑和明显的警示标志。

7. 移动式起重作业

主要风险分析：

移动式起重作业过程中可能发生物体打击、起重机械事故等。

主要消减措施：

（1）严格执行移动式起重作业安全管理相关规定，办理作业许可。
（2）移动式起重作业前必须对作业半径内进行清场。
（3）起重机司机、司索和指挥必须持证上岗。
（4）移动式起重作业范围内须拉好警戒线，设警示标识。

8. 管线与设备打开作业

主要风险分析：

可能存在物体打击、人员中毒、硫化亚铁自燃、火灾爆炸等风险。

主要消减措施：

（1）严格执行管线与设备打开安全管理相关规定，办理作业许可。
（2）明确管线与设备打开的位置、可能存在的介质和危险。
（3）打开前，应对管线内介质彻底置换。
（4）作业人员应正确穿戴劳动防护用品。
（5）对需打开的设备或者管线严格物理隔断。

9. 单套生产、单套检修期间的风险

主要风险分析：

单套生产、单套检修期间，若发生紧急停电、H_2S 泄漏、爆炸等事故时，如不熟悉相关应急预案，可能加大事故程度。另外，未按规定进行能量隔离，可能诱发事故；生产与检修作业同时进行，若检修施工混乱，可能影响装置正常生产。

主要消减措施：

（1）加强对入场人员的安全培训。
（2）单套生产时，设置隔离带，严禁非生产操作人员进入生产装置区。
（3）合理规划施工区域，确保逃生通道的畅通。
（4）根据检修作业指导书，严格执行能量隔离和上锁挂签管理规定。

10. 设备无损检测作业

主要风险分析：

作业时，可能造成放射性辐射、电磁辐射、紫外线辐射伤害的风险；放射源管理不当，可能造成辐射伤害；作业时，有毒材料、易燃或易挥发材料、粉尘等，可能影响身体健康。

主要消减措施：

（1）开展JSA。

（2）无损检测人员应持有效操作证上岗。

（3）无损检测人员应正确穿戴防护用品。

（4）设置专人对放射源进行管理。

（5）作业前，应对无损检测影响范围内的人员清理、撤离。

（6）设置警戒线、警示标识。

（7）设置专人监护，并在受影响区域外进行巡逻。

（8）执行相关管理规定：《无损检测　应用导则》（GB/T 5616—2014）。

11. 换热器清洗作业

主要风险分析：

高压水可能造成冲击伤害；污水、污油可能灼伤人员眼睛，或造成环境污染；清管枪头滑落，可能造成物体打击伤害。

主要消减措施：

（1）开展JSA。

（2）操作前，作业区域设置警戒线、警示标识。

（3）操作前，应确认清管机具及附属管线完好。

（4）操作时，严禁清洗水枪正对人员。

（5）操作人员正确佩戴防护面罩等劳动防护用品。

（6）操作人员应保持正确的操作姿势，双人操作清洗水枪，避免枪头滑落。

（7）收集清洗废水，避免环境污染。

（8）作业现场应设置监护人。

12. 焊缝热处理

主要风险分析：

使用电加热带操作过程中，可能发生触电、烫伤事故。

主要消减措施：

（1）开展JSA，办理作业许可证、临时用电作业许可证。

（2）由持有效操作证件的专业电工接入或拆除热处理设备的临时电源。

（3）临时用电源线应完好无损，铺设符合规定。

（4）热处理设备应可靠接地。

（5）应设置警戒线、警示标识。

（6）作业现场应设置监护人。

（7）执行相关管理规定：《工作前安全分析管理规定》《天然气净化厂作业许可管理规定》《天然气净化厂临时用电作业安全管理规定》等。

13. 安全阀调校

主要风险分析：

可能发生爆炸、机械伤害。

主要消减措施：

（1）开展JSA，办理作业许可证和相应的危险作业许可证。

（2）佩戴护目镜、面罩等安全防护器材。

（3）属地责任人对安全阀拆卸、安装过程进行监护。

（4）调校安全阀时，升压应缓慢，人员严禁正对气体泄放口。

（5）执行相关管理规定：《工作前安全分析管理规定》《作业许可管理规定》《管线与设备打开作业安全管理规定》。

（三）开产阶段的主要风险分析及消减措施

1. 盲板切换、拆除作业

主要风险和消减措施等同停产过程盲板加装、倒换作业。

2. 脱硫、脱水、脱烃、燃料气等系统氮气置换

主要风险分析：

（1）开展PSSR（启动前安全检查）工作。

（2）空气进入放空系统，由于FeS自燃造成放空管线损坏。

（3）空气进入放空系统，天然气放空时，可能造成爆炸事故。

（4）采用氮气装置生产氮气用于装置的置换，装置在氮气置换过程中，氮气中氧含量超标，可能造成爆炸事故。

主要消减措施：

（1）氮气置换前，确认到放空系统的所有阀门已关闭。

（2）氮气置换前，分析氮气中的氧含量，氧含量应在规定范围之内。

（3）置换过程中，应定期对氮气中的氧含量进行分析。

3. 火炬点火

主要风险分析：

放空系统N_2置换不合格，点火炬时，可能造成闪爆事故。

主要消减措施：

放空系统N_2置换应充分，点火炬应分析放空系统的氧含量合格。

4. 脱硫、脱水单元进气检漏

主要风险分析：

（1）用含H_2S的天然气升压检漏时，可能造成人员中毒或火灾爆炸事故。

（2）进气升压检漏过程中，由于阀门开关错误或阀门内漏，可能造成系统窜压，导致设备超压爆炸。

主要消减措施：

（1）检查确认所有阀门处于正确开关状态，调节阀、联锁阀动作符合要求。

（2）中控室监控系统各压力变化情况，放空设施处于正常状态，确保系统超压时能紧急放空。

（3）升压速度应缓慢。

(4) 高压系统检漏时应按低压到高压逐级进行，若发现漏点应立即泄压整改，低压检漏合格后方能进入下一压力等级检漏。

(5) 现场作业应携带 H_2S 报警仪，佩戴正压空气呼吸器，观察风向，站在上风向操作，并设置监护人。

(6) 作业现场按正常生产安全管理要求进行管理。

5. 脱硫、脱水单元水洗

主要风险和消减措施等同停产过程中脱硫、脱水单元水洗作业。

6. 脱硫、脱水单元补充溶液及冷热循环

主要风险分析：

(1) 补充溶液过程，由于再生塔无液位，可能导致溶液循环泵抽空，损坏泵。

(2) 溶液循环过程，高、中、低压系统存在窜压风险。

(3) 溶液循环过程，由于溶液泄漏，可能导致化学灼伤及环境污染。

(4) 溶液热循环时，再生塔重沸器进蒸汽操作过程中，蒸汽及凝结水管道由于水击，可能导致管道损坏。

主要消减措施：

(1) 补充溶液过程中，应确认脱硫再生塔、脱水缓冲罐液位，避免溶液循环泵抽空。

(2) 补充溶液过程中，应确认吸收塔、闪蒸罐液位，防止窜气事故。

(3) 应控制液相调节阀开度，避免开度过大或突然开启发生窜气事故。

(4) 现场作业应佩戴护目镜，注意观察风向，站在上风向操作，设置专人监护。

(5) 再生塔重沸器进蒸汽操作前，应进行暖管并将重沸器及凝结水管道积水排净，防止水击。

7. 炉类点火

主要风险分析：

开产过程中，锅炉、硫磺回收单元主燃烧炉、尾气焚烧炉、脱水单元明火加热炉等炉类设备点火操作时，由于吹扫不彻底，可能发生爆炸事故。

主要消减措施：

(1) 严格执行炉类设备点火操作步骤，确保吹扫彻底。

(2) 严禁连续点火，如点火不成功，应分析和查找原因，待问题解决后再进行点火操作程序。

8. 蒸汽及凝结水系统暖管

主要风险分析：

(1) 管道可能产生水击，损坏管道。

(2) 在排放蒸汽及凝结水操作时，可能发生烫伤事故。

主要消减措施：

(1) 暖管前，应先将蒸汽及凝结水管道中的积水排净。

(2) 暖管操作应缓慢进行，蒸汽及凝结水管道升温速度按操作规程执行，不宜过快。

(3) 现场操作应穿戴劳动防护用品，设置监护人。

(4) 暖管时，操作人员应远离排放点，防止高温介质飞溅烫伤。

9. 进气生产

主要风险和消减措施等同停产过程停气作业。

10. 硫磺回收单元升温

主要风险分析：

如果升温速度过快，主燃烧炉、尾气焚烧炉或反应器耐火衬里可能会垮塌，设备损坏。

主要消减措施：

（1）严格按照操作规程升温曲线控制升温速度。

（2）如果耐火衬里重新浇注或修补后，开产前应先按烘炉方案进行干燥、烘炉等操作。

四、风险分级防控及隐患排查双重预防机制

风险分级防控及隐患排查双重预防机制包括生产安全风险防控和事故隐患排查治理两部分内容，从建立生产安全风险分级防控机制、实施事故隐患排查治理闭环管理和提升事故应急处置能力3方面入手开展工作。建立生产安全风险分级防控机制的主要内容：建立企业各级生产安全风险清单、建立生产安全风险等级划分标准，进行风险分级；落实生产安全风险管控措施和分级防控责任。

（一）风险分级防控及隐患排查双重预防机制建设的基本原则

安全风险分级防控及隐患排查双重预防机制的建设不是另起炉灶，是HSE管理体系的完善和补充，是安全管理制度系统性、针对性和实用性的提升过程。应以进一步深化HSE管理体系建设为主线，辨识和防控各类风险，排查治理各类隐患，并实行分类分级防控，使全体员工的风险辨识能力、隐患自查自改能力得到提升。具体坚持以下原则。

1. 分层管理、分级防控

将生产安全风险防控和隐患排查治理的责任划分到各个管理层级，每一层级对照专业领域、业务流程，辨识、评估并确定各类组织生产安全风险防控重点，强化隐患闭环管理，落实防控责任。

2. 直线责任、属地管理

将生产安全风险防控和隐患排查治理的职责落实到规划设计、人事培训、生产组织、工艺技术、设备设施、安全环保、物资采购、工程建设等职能部门和属地管理岗位，实现管工作必须管风险、管隐患。

3. 过程控制、逐级落实

从设计、施工、投产、运行等生产经营的全过程和各环节进行生产安全风险防控，逐级落实生产安全风险防控措施，同时强化隐患治理，查找风险管控措施的薄弱环节，实现双重预防机制常态化。

（二）风险分级防控及隐患排查双重预防机制工作程序与内容

双重预防机制构建工作程序包括：前期策划与准备，开展风险辨识、评估，明确风险

等级与控制措施，结合风险识别结果开展隐患排查与治理工作，形成风险分级防控的有效工作机制并持续改进，具体如图 4-1-1 所示。

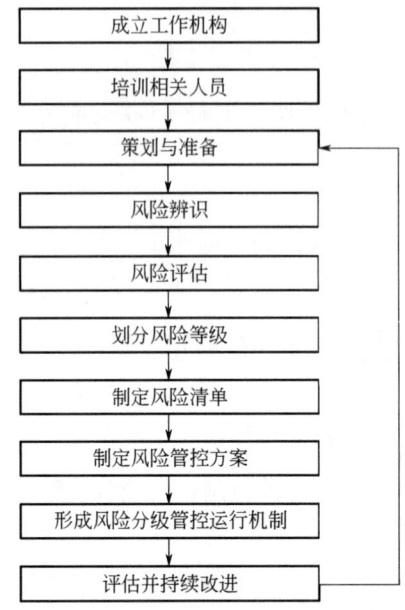

```
成立工作机构
    ↓
培训相关人员
    ↓
策划与准备 ←──┐
    ↓         │
风险辨识      │
    ↓         │
风险评估      │
    ↓         │
划分风险等级  │
    ↓         │
制定风险清单  │
    ↓         │
制定风险管控方案
    ↓         │
形成风险分级管控运行机制
    ↓         │
评估并持续改进 ┘
```

图 4-1-1　风险分级防控及隐患排查双重预防机制工作程序与内容

第二节　应急预案与演练

应急管理是指组织通过预先制订的计划和程序，确定组织存在的潜在事故或紧急情况并做出快速响应，以便预防或减少可能伴随的疾病、伤害、重大财产损失和环境破坏。

突发事件是指突然发生，造成或者可能造成严重社会危害，需要采取应急处置措施予以应对的自然灾害、事故灾难、公共卫生事件和社会安全事件。

安全生产应急管理是指应对事故灾难类突发事件而开展的应急准备、监测、预警、应急处置与救援和应急评估等全过程管理。

一、应急预案体系

（一）概述

根据《生产经营单位生产安全事故应急预案编制导则》（GB/T 29639—2020）中的定义，应急预案是指针对可能发生的事故，最大程度减少事故及其造成损害而预先制定的工作方案。

生产经营单位应急预案体系由综合应急预案、专项应急预案、现场处置方案构成。

（1）综合应急预案，是生产经营单位为应对各类生产安全事故而制定的综合性工作方案，是本单位应对安全生产事故的总体工作程序、措施和应急预案体系的总纲。

（2）专项应急预案，是生产经营单位为应对某一种或者多种类型突发事件，或者针对重要生产设施、重大危险源、重大活动而制定的专项工作方案。

（3）现场处置方案，是生产经营单位根据不同生产安全事故类型，针对具体场所、装置或设施所制订的应急处置措施。

企业风险单一，应急职责、工作程序、响应内容等较为简单的，可将专项应急预案并入综合应急预案。所属企业仅负责具体作业场所、装置或者设施管理，且风险单一，危险性小的，可只编制现场处置方案。

对于突发事件的应急处置，特别是第一现场、第一时间的应急处置尤为重要。针对天然气净化操作工，应重点掌握现场应急处置方案与岗位应急处置程序的相关内容。

（二）现场应急处置方案

现场应急处置方案是针对具体装置、场所或设施、岗位所制订的应急处置措施。现场处置方案应具体、简单、针对性强，适用于基层科级、大队级单位的应急方案，与上一级应急预案相衔接。

现场应急处置方案主要包括 4 个方面的内容，即事故特征、组织机构及职责、应急处置、注意事项。

1. 事故特征

1）危险性分析

根据现场及作业环境可能出现的突发事件类型，对现场进行风险识别。重点分析关键装置、要害部位、重大危险源等突发事件的可能性及后果的严重程度，对现场及可以依托的资源的应急处置能力进行分析和评估。

2）事件及事态描述

简述现场可能发生的事件，分析事态发展，判断事故的危害性。对已发生的事件，组织现场有关人员和专家进行研究和分析，根据分析结果判断，对事态、可能后果及潜在危害等进行描述。

2. 组织机构及职责

明确现场应急处置领导小组及具体人员组成，并按照现场应急工作分工，组成负责综合、抢险、通信、专家、善后、后勤、信息报送及信息发布等若干工作小组，确定人员的岗位工作职责。

3. 应急处置

1）应急处置流程图

明确突发事件的现场应急处置工作流程，按照处置程序和步骤绘制流程图，并在各处置步骤中列出相关机构、工作小组及岗位的主要工作任务。

2）应急处置程序

明确事故报警、各项应急措施启动、应急救护人员的引导、事故扩大及同企业应急预案衔接等应急程序。

3）应急处置要点

针对可能发生的各类事件，从操作措施、工艺流程、现场处置、监测、监控，以及事态控制、紧急疏散或警戒、人员防护与救护、环境保护等方面制订应急处置措施，细化应急处置步骤。

4）应急处置具体要素

明确第一发现者进行事故初步判定的要点及报警时的必要信息；明确报警、采取应急措施、应急救护人员引导、扩大应急等程序；针对操作程序、工艺流程、现场处置、事故控制和人员救护等方面制订处置措施；明确报警方式、报告单位、基本内容和有关要求。

4. 注意事项

注意事项包括佩戴个人防护器具注意事项、使用抢险救援器材注意事项、采取救援对策或措施注意事项、现场自救和互救注意事项、现场应急处置能力确认、应急救援结束后注意事项、其他需要特别警示的事项。

（三）岗位应急处置程序（岗位应急处置卡）

岗位应急处置程序是针对危险性较大的重点岗位制定的应急处置程序，作为安全操作规程的重要组成部分，是指导作业现场岗位操作人员进行应急处置的行动指南。

岗位应急处置程序可采用卡片化的方式展现，形成岗位应急处置卡。

1. 岗位应急处置程序的主要内容

岗位应急处置程序包括岗位应急事件的处理次序及正确做法，其中应当规定重点岗位、人员的应急处置程序和措施，以及相关联络人员和联系方式，便于从业人员携带；明确可能发生事故的具体应对措施，着重解决出现险情时岗位员工"怎么做、做什么、何时做、谁去做"的问题。

岗位应急处置程序主要内容包括：岗位可能发生事故名称；关键报警、报告及救援联系方式；现场操作环境安全判定提示；应急处置关键步骤及要领；处置后的汇报及定点集合要求。

2. 岗位应急处置卡

岗位应急处置卡是针对具体岗位工作环境中存在的危害因素制定的应急处置程序，是现场处置方案具体实施步骤的细化分解，采用文字和图片相结合的形式，指明操作程序要点，便于操作员工操作。

二、应急培训与演练

（一）应急培训

应急培训是针对参与应急行动所有相关人员开展的培训，主要目的是提升应急人员的应急处置意识和技能。应急培训的主要内容应包括：潜在突发事件失控的原因及预防措施培训；突发事件预警、预测、分级响应要求培训；应急机构及职责培训；应急预案培训等。

单位应采取各种形式、各种方式开展应急培训、宣传教育工作。各级培训归口管理部门应负责将应急培训纳入各单位总体培训计划并督促按时实施。应急培训的时间、地点、内容、培训情况及考核结果等信息应如实记入培训档案。

（二）应急演练

1. 定义及要求

应急预案演练是为了检验应急预案的可靠性和可行性，也为各个应急救援部门、应急指挥人员之间的协作提供实际锻炼的机会。

企业应当每年制订应急演练计划，定期组织应急演练，每年至少组织一次综合应急预案演练或专项应急预案演练。基层单位应按计划定期组织现场处置方案演练，演练频次不得少于每半年一次。重点岗位应急处置卡应当经常组织演练。新制订或修订的应急预案应当及时组织演练。

应急演练按照演练组织形式划分，一般分为桌面演练和实战演练。桌面演练，顾名思义，就是参演人员利用地图、沙盘、流程图、计算机模拟、视频会议等辅助手段，针对事先假定的演练情景，讨论和推演应急决策和现场处置的过程；实战演练，是指参演人员利用应急处置涉及的设备和物资，针对事先设置的突发事件情景及其后续的发展情景，通过实际决策、行动和操作，完成真实应急响应的过程。

2. 应急演练准备

（1）制订演练计划。演练计划主要内容包括：确定演练目的、分析演练需求、确定演练范围、安排演练准备与实施的日程计划、编制演练经费预算。

（2）设计演练方案。演练方案通过评审后由演练领导小组批准，必要时还需报有关主管单位同意并备案。主要内容包括：确定演练目标、设计演练情景与实施步骤、设计评估标准与方法、编写演练方案文件、演练方案评审。参演人员要清楚演练脚本，脚本描述演练事件场景、处置行动、执行人员、指令与对白、视频背景与字幕、解说词等。

（3）演练动员与培训。在演练开始前要进行演练动员和培训，确保所有演练参与人员掌握演练规则、演练情景和各自在演练中的任务。所有演练参与人员都要经过应急基本知识、演练基本概念、演练现场规则等方面的培训。

（4）应急演练保障。应急演练保障的内容包括：人员保障、经费保障、场地保障、物资和器材保障、通信保障、安全保障。确保相关人员参与演练活动的时间充足，经费使用专用节约，场地空间充足、条件达标，物资器材满足演练要求，信息传递渠道及时可靠。特别是要保障演练的安全，大型或高风险演练活动要按规定制定专门应急预案，并对关键部位和环节可能出现的突发事件进行针对性演练。根据需要为演练人员配备个体防护装备。演练出现意外情况时，应提前终止演练。

3. 应急演练实施

1）演练启动

一般由演练总指挥宣布演练开始并启动演练活动。

2）演练执行

（1）演练指挥与行动。

演练总指挥负责演练实施全过程的指挥控制。按照演练方案要求，应急指挥机构指挥各参演队伍和人员，开展对模拟演练事件的应急处置行动，完成各项演练活动；演练控制人员应充分掌握演练方案，按总策划的要求，熟练发布控制信息，协调参演人员完成各项演练任务：参演人员根据控制消息和指令，按照演练方案规定的程序开展应急处置行动，完成各项演练活动；模拟人员按照演练方案要求，模拟未参加演练的单位或人员的行动，并做出信息反馈。

（2）演练过程控制。

桌面演练过程控制：在桌面演练中，演练活动主要是围绕对所提出的问题进行讨论。以口头或书面形式部署引入一个或若干个问题。参演人员根据应急预案及有关规定，讨论应采取的行动。在角色扮演或推演式桌面演练中，由总策划按照演练方案发出控制消息，参演人员接收到事件信息后，通过角色扮演或模拟操作，完成应急处置活动。

实战演练过程控制：在实战演练中，要通过传递控制消息来控制演练进程。总策划按照演练方案发出控制消息，控制人员向参演人员和模拟人员传递控制消息。参演人员和模拟人员接收到信息后，按照发生真实事件时的应急处置程序，或根据应急行动方案，采取相应的应急处置行动。

（3）演练解说。

在演练实施过程中，演练组织单位可以安排专人对演练过程进行解说。解说内容一般包括演练背景描述、进程讲解、案例介绍、环境渲染等。对于有演练脚本的大型综合性示范演练，可按照脚本中的解说词进行讲解。

（4）演练记录。

演练实施过程中，一般要安排专门人员，采用文字、照片和音像等手段记录演练过程。文字记录主要包括演练实际开始与结束时间、演练过程控制情况、各项演练活动中参演人员的表现、意外情况及其处置等内容。照片和音像记录可安排专业人员和宣传人员在不同现场、不同角度进行拍摄，尽可能全方位反映演练实施过程。

3）演练结束与终止

演练完毕，由总策划发出结束信号，演练总指挥宣布演练结束。演练结束后所有人员终止演练活动，按预定方案集合进行现场总结讲评或者组织疏散，演练现场进行清理和恢复。

演练实施过程中出现下列情况，经演练领导小组决定，由演练总指挥按照事先规定的程序和指令终止演练：出现真实突发事件，需要参演人员参与应急处置时，要终止演练，使参演人员迅速回归其工作岗位，履行应急处置职责；出现特殊或意外情况，短时间内不能妥善处理或解决时，可提前终止演练。

4. 应急演练评估与总结

1）演练评估

演练评估是在全面分析演练记录及相关资料的基础上，对比参演人员表现与演练目标要求，对演练活动及其组织过程做出客观评价，并编写演练评估报告的过程。所有应急演练活动都应进行演练评估。演练结束后可通过组织评估会议、填写演练评价表和对参演人员进行访谈等方式进行评估。

2）演练总结

演练总结可分为现场总结和事后总结。

（1）现场总结。在演练的一个或所有阶段结束后，在现场有针对性地进行讲评和总结。内容主要包括本阶段的演练目标、参演队伍及人员的表现、演练中暴露的问题及改进措施等。

（2）事后总结。在演练结束后，根据演练材料，对演练进行总结，并形成演练总结报告、演练方案概要、发现的问题与原因、经验教训及改进有关工作的建议等。

3) 文件归档与备案

演练组织单位在演练结束后应将演练计划、演练方案、演练评估报告、演练总结报告等资料归档保存。

第三节 作业许可管理

作业许可（PTW）是指对在生产或施工作业区域内工作程序或操作规程未涵盖到的非常规作业，以及一些有专门程序规定的作业活动，如进入受限空间、挖掘、高处、吊装、管线与设备打开、临时用电等高危作业，开展事前危害因素辨识，制定和落实风险管控措施，提出作业申请，并最终获得作业批准的一个过程。

作业许可的主要作用是：

（1）通过识别、分析和控制非常规作业及危险作业过程中的风险。

（2）计划和协调本区域与邻近区域的作业。

（3）减少和防止事故风险的发生。

（4）作业风险未控制在允许承受的范围内不许作业，安全措施落实不到位不许作业。

作业许可的管理对象是非常规作业。非常规作业是指临时性的、缺乏程序规定的和承包商作业的活动。企业在所辖区域内或在已交付的在建装置区域内，进行以下作业均应实行作业许可管理：

（1）非计划性维修作业（未列入日常维护计划或无程序指导的维修作业）。

（2）承包商作业（指由承包商完成的非常规作业）。

（3）偏离安全标准、规则、程序要求的工作。

（4）交叉作业。

（5）在承包商区域内进行的作业。

（6）缺乏安全程序的作业。

（7）对不能确定是否需要办理许可证的其他工作，应办理许可证。

一、作业许可管理流程

作业许可管理流程主要包括作业申请、作业批准、作业实施和作业关闭等步骤。

（一）作业许可申请

作业申请由作业单位的现场作业负责人提出，作业申请人负责与作业区域所在单位进行沟通，参加作业区域所在单位组织的风险分析，根据提出的风险管控要求制定落实安全措施，并准备作业许可证等相关资料。

（1）作业许可证、相关专业作业许可证。

（2）作业内容说明、相关专业作业内容说明。
（3）相关附图，如作业环境示意图、工艺流程示意图、平面布置示意图等。
（4）风险评估（如JSA分析表）。
（5）安全措施或安全工作方案。
相关专业作业许可证申请，可能还需要提供以下内容：
（1）个人防护装备。
（2）相关安全培训或会议记录。
（3）其他相关资料。
作业申请人应实地参与作业许可所涵盖的工作，否则作业许可不能得到批准。当作业许可涉及多个责任人时，则被涉及的负责人均应在申请表内签字。

（二）开展风险评估

申请人应组织对申请的作业进行JSA分析，应明确作业活动的工作步骤、存在的风险及危害程度、采取的控制措施等，可在作业区域安全专职人员的指导下进行。对于一份作业许可证下的多种类型作业，可统筹考虑作业类型、作业内容、交叉作业界面、工作时间等各方面因素，统一完成JSA分析。必要时，作业单位应根据风险评估的结果编制安全工作方案，通过风险评估确定的危害和不可承受的风险，均应在安全工作方案中提出针对性的控制措施。

（三）落实安全措施

作业单位应严格按照安全工作方案落实安全措施。需要系统隔离时，应进行系统隔离、吹扫、置换，交叉作业时需考虑区域隔离。许可证审批之前，对凡是可能存在缺氧、富氧、有毒有害气体、易燃易爆气体、粉尘的作业环境，都应进行气体检测，并确认检测结果合格。同时在安全工作方案中注明工作期间的气体检测时间和频次。

许可证得到批准后，在作业实施过程中，申请人应按照安全工作方案的要求进行气体检测，填写气体检测记录，注明气体检测的时间和检测结果。凡是涉及有毒有害、易燃易爆作业场所的作业，作业单位均应按照相应要求配备个人防护装备，并监督相关人员佩戴齐全，执行相关个人防护装备管理的要求。

（四）进行书面审查

在收到作业申请人的作业许可申请后，批准人应组织作业申请人和作业涉及的相关方人员，集中对许可证中提出的安全措施、工作方法进行书面审查，并记录审查结论。

（五）开展现场核查

书面审查通过后，所有参加书面审查的人员均应到许可证上涉及的工作区域实地检查，确认各项安全措施的落实情况。现场确认内容包括但不限于：
（1）与作业有关的设备、工具、材料等。
（2）现场作业人员资质及能力情况。
（3）系统隔离、置换、吹扫、检测情况。
（4）个人防护装备的配备情况。
（5）安全消防设施的配备，应急措施的落实情况。

(6) 培训、沟通情况。
(7) 安全工作方案中提出的其他安全措施落实情况。
(8) 确认安全设施的提供方，并确认安全设施的完好性。

(六) 作业许可证审批

根据作业初始风险的大小，由有权提供、调配、协调风险控制资源的直线管理人员或其授权人审批作业许可证。批准人通常应是企业主管领导、业务主管、区域（作业区、车间、站、队、库）负责人、项目负责人等。

许可证的有效期限一般不超过一个班次，如果在书面审查和现场核查过程中，经确认需要更多的时间进行作业，应根据作业性质、作业风险、作业时间，经相关各方协商一致确定作业许可证有效期限和延期次数。

如书面审查或现场核查未通过，对查出的问题应记录在案，申请人应重新提交一份带有对该问题解决方案的作业许可申请。作业人员、监护人员等现场关键人员变更时，应经过批准人和申请人的批准。

(七) 作业许可证取消

当发生下列任何一种情况时，生产单位和作业单位都有责任立即终止作业，取消作业许可证，并告知批准人许可证被取消的原因，若要继续作业应重新办理许可证：作业环境和条件发生变化；作业内容发生改变；实际作业与作业计划的要求发生重大偏离；发现有可能发生立即危及生命的违章行为；现场作业人员发现重大安全隐患；事故状态下，当正在进行的工作出现紧急情况或已发出紧急撤离信号时，所有许可证立即失效。

许可证一旦被取消即作废，重新作业应办理新的作业许可证。

(八) 许可证延期和关闭

如果在许可证有效期内没有完成工作，申请人可申请延期。办理延期时，作业申请人、作业批准人应当重新核查工作区域，确认所有安全措施仍然有效，作业条件和风险未发生变化。

在规定的延期次数内没有完成的作业，应重新申请办理作业许可票证。作业完成后，申请人与批准人或其授权人在现场验收合格后，双方签字后方可关闭作业许可。

二、进入受限空间作业管理要求

(一) 定义

受限空间是除符合以下所有物理条件外，还至少存在以下危险特征之一的空间：
(1) 物理条件。
① 有足够的空间，让员工可以进入并进行指定的工作。
② 进入和撤离受到限制，不能自如进出。
③ 并非设计用来给员工长时间在内工作的空间。
(2) 危险特征。
① 存在或可能产生有毒有害气体或机械、电、辐射、放射源等危害。

② 存在或可能产生掩埋进入者的物料。

③ 内部结构可能将进入者困在其中（如内有固定设备或四壁向内倾斜收拢）。

特别注意的是，用惰性气体吹扫空间，可能在空间开口附近产生气体危害，此处应视为受限空间。

（二）风险辨识

天然气净化厂受限空间作业存在的主要安全环保风险包括中毒、缺氧窒息、燃爆以及淹溺、高处坠落、触电、物体打击、机械伤害、灼烫、坍塌掩埋、高温高湿、污水外泄等。在某些环境下，上述风险可能共存，并具有隐蔽性和突发性。

（三）受限空间作业安全风险管控措施

1. 作业前准备

1）能量隔离

进入受限空间需要进行系统隔离的，应先编制系统隔离方案，隔离相关能源和物料的外部来源。

2）清理、清洗

进入受限空间前，应进行清洗、置换等，主要方式包括但不限于：清空、清扫（如冲洗、蒸煮、洗涤、漂洗等）、中和、置换等。

3）气体检测

（1）凡是有可能存在缺氧、富氧、有毒有害气体、易燃易爆气体与粉尘等，事前应进行气体检测，注明检测时间和结果。

（2）受限空间内气体检测 30min 后，仍未开始作业，应重新进行检测；如作业中断，再进入之前应重新进行气体检测。

（3）气体取样和检测应由培训合格的人员进行，取样应有代表性，取样点应包括受限空间的顶部、中部和底部。

（4）检测次序应是氧含量、易燃易爆气体浓度、有毒有害气体浓度。

（5）气体检测标准。

① 氧浓度应保持在 19.5%~23.5%。

② 可燃气体浓度：使用便携式可燃气体报警仪或其他类似手段检测进行分析时，被测可燃气体或可燃液体蒸气浓度应小于其与空气混合爆炸下限（LEL）的 10%，且应使用两台设备进行对比检测。使用色谱分析等分析手段时，被测的可燃气体或可燃液体蒸气的爆炸下限不小于 4%（体积分数）时，其被测浓度应小于 0.5%（体积分数）；当被测的可燃气体或可燃液体蒸气的爆炸下限小于 4%（体积分数）时，其被测浓度应小于 0.2%（体积分数）。

③ 有毒有害气体浓度应符合国家相关规定要求，如：$H_2S<10mg/m^3$；$SO_2<5mg/m^3$。

2. 作业过程

（1）进入受限空间作业实施前应当进行安全交底，作业人员应当按照进入受限空间作业许可证的要求进行作业。

（2）进入受限空间作业应指定专人监护，不得在无监护人的情况下作业；作业人员和监护人员应当相互明确联络方式并始终保持有效沟通；进入特别狭小空间时，作业人应当系安全可靠的保护绳，并利用保护绳与监护人员进行沟通。

（3）受限空间内的温度应当控制在不对作业人员产生危害的安全范围内。

（4）受限空间内应当保持通风，保证空气流通和人员呼吸需要，可采取自然通风或强制通风，严禁向受限空间内通纯氧。

（5）受限空间内应当有足够的照明，使用符合安全电压和防爆要求的照明灯具；手持电动工具等应当有漏电保护装置；所有电气线路绝缘良好。

（6）进入受限空间作业，照明应使用安全电压不大于 24V 的安全行灯；在金属设备内及特别潮湿的作业场所作业，其安全行灯电压应为 12V 且绝缘性能良好。

（7）受限空间作业应当采取防坠落或防滑跌的安全措施。

（8）对受限空间内阻碍人员移动、对作业人员可能造成危害或影响救援的设备应当采取固定措施，必要时移出受限空间。

（9）进入受限空间作业期间，应当连续进行气体检测，结果不合格时应立即停止作业。

（10）在特殊情况下，作业人员应佩戴正压式空气呼吸器或长管呼吸器。佩戴长管呼吸器时，应仔细检查气密性，并防止通气长管被挤压；吸气口应置于新鲜空气的上风口，并有专人监护。

（11）携带进入受限空间作业的工具、材料要登记，作业结束后应当清点，以防遗留在受限空间内。

（12）如发生紧急情况，需进入受限空间进行救援时，应当明确监护人员与救援人员的联络方法。救援人员应当佩戴相应的防护装备。

（13）如果进入受限空间作业中断时间超过 30min，继续作业前，作业人员、作业监护人应当重新确认安全条件。作业中断过程中，应对受限空间采取必要的警示或隔离措施，防止人员误入。

（14）在进入受限空间进行救援之前，应明确监护人与救援人员的联络方法。获得授权的救援人员均应佩戴安全带、救生索等以便救援；如存在有毒有害气体，应携带气体防护设备。

三、动火作业管理要求

（一）定义

动火作业是指在具有火灾爆炸危险性的生产或施工作业区域内能直接或间接产生明火的各种临时作业。

动火作业包括但不限于以下方式：

（1）气焊、电焊、铅焊、锡焊、塑料焊等各种焊接作业；利用等离子切割机、砂轮机、磨光机等进行各种金属切割作业。

（2）使用喷灯、液化气炉、火炉、电炉等进行明火作业。

（3）烧、烤、煨管线、熬沥青、炒砂子、铁锤击（产生火花）物件、喷砂和产生火花的其他作业。

（4）生产装置连接临时电源并使用非防爆电气设备和电动工具。

（5）使用雷管、炸药等进行爆破作业。

动火作业分为特殊动火作业、一级动火作业、二级动火作业3类。

（1）特殊动火作业。特殊动火作业是指在生产运行状态下的易燃易爆生产装置、输送管道、储罐、容器等部位及其他特殊危险场所进行的动火作业。

（2）一级动火作业。一级动火作业是指在易燃易爆场所进行的除特殊动火作业以外的动火作业。易燃易爆场所是指生产或储存物品的场所符合《建筑设计防火规范（2018年版）》（GB 50016—2014）中火灾危险分类为甲、乙类的区域。

（3）二级动火作业。二级动火作业是指在除特殊动火作业和一级动火作业以外的禁火区进行动火作业。

（二）风险辨识

天然气净化厂动火作业存在的主要安全风险包括火灾爆炸、烧伤烫伤、触电、中毒、缺氧窒息、高处坠落、物体打击、机械伤害、坍塌、粉尘伤害等。在某些环境下，上述风险可能共存，并具有隐蔽性和突发性。

（三）动火作业安全风险管控措施

1. 作业前准备

1）现场隔离

（1）动火作业前应当清除距动火点周围5m之内的可燃物质或者用阻燃物品隔离。

（2）距离动火点10m范围内及动火点下方，不应当同时进行可燃溶剂清洗或者喷漆等作业。

（3）距动火点15m区域内的漏斗、排水口、各类井口、排气管、地沟等应当封严盖实，不允许排放可燃液体，不允许有其他可燃物泄漏。

（4）铁路沿线25m以内的动火作业，如遇有装危险化学品的火车通过或者停留时，应当立即停止作业。

（5）距动火点30m内不允许排放可燃气体，不允许有液态烃或者低闪点油品泄漏。动火作业区域应当设置灭火器材和警戒，严禁与动火作业无关人员或者车辆进入作业区域。必要时，作业区域所在单位应当协调专职消防队在现场监护，并落实医疗救护设备和设施。

2）气体检测

（1）动火前气体检测时间距动火时间不应超过30min。安全措施或安全工作方案中应规定动火过程中的气体检测时间和频次。

（2）作业中断时间超过60min应重新分析；特殊动火作业期间应实时进行气体检测。

（3）当被测气体或蒸气的爆炸下限不小于4%（体积分数）时，其被测浓度应不大于0.5%（体积分数）；当被测气体或蒸气的爆炸下限小于4%（体积分数）时，其被测浓度应不大于0.2%（体积分数）。

（4）需要动火的塔、罐、容器、槽车等设备和管线，清洗、置换和通风后，要检测可燃气体、有毒有害气体、氧气浓度，达到许可作业浓度才能进行动火作业。

2. 作业过程

（1）动火作业实行动火作业许可管理，应当办理动火作业许可证。涉及受限空间、高处等其他高危作业，还应当办理相应许可，并考虑同时作业时可能产生风险的控制措施。

（2）作业申请人、作业批准人、作业监护人、属地监督、作业人员应当经过相应培训并考核合格。作业监护人、属地监督应当佩戴明显标志，持证上岗。

（3）处于运行状态的生产作业区域和罐区内，凡是可不动火的一律不动火，凡是能拆移下来的动火部件原则上应当拆移到安全场所动火。

（4）在带有易燃易爆、有毒有害介质的设备和管道上动火时，应当制定有效的作业方案及应急预案，采取可行的风险控制措施，经检测合格，达到安全动火条件后方可动火。

（5）凡在盛有或者盛装过危险化学品的设备、管道等生产、储存设施及处于甲、乙类火灾危险区域的生产设备上动火作业，应当将其与生产系统彻底隔离，并进行清洗、置换，分析合格后方可作业；严禁以水封或者关闭阀门代替盲板作为隔断措施。因条件等限制无法清洗、置换而确需动火作业时按特级动火执行。

（6）遇有五级风以上（含五级风）天气应当停止一切露天动火作业；在夜晚、公休日和特殊敏感时间，以及异常天气露天情况下原则上不允许动火，确需进行的动火作业应当升级管理。作业申请人和作业批准人应当全过程坚守作业现场，落实各项安全措施，保证动火作业安全。

四、高处作业管理要求

（一）定义

高处作业是在坠落高度基准面 2m 以上（含 2m）位置进行的作业。主要包括：除按规范设置有护栏的固定设备或平台外，各类梯子、脚手架、机械升降机、斜面房顶、临边和洞口以及平台、安装钢架或安装（更换）房顶，以及管排架上从事的作业等。

根据作业高度，高处作业分为一级、二级、三级和特级 4 个等级。

（1）作业高度在 2~5m（含 2m，不含 5m），称为一级高处作业。

（2）作业高度在 5~15m（含 5m，不含 15m），称为二级高处作业。

（3）作业高度在 15~30m（含 15m，不含 30m），称为三级高处作业。

（4）作业高度在 30m 以上（含 30m），称为特级高处作业。

（二）风险辨识

天然气净化厂高处作业存在的主要安全风险包括高处坠落、物体打击、坍塌、触电、火灾爆炸、中毒等。在某些环境下，上述风险可能共存，并具有隐蔽性和突发性。

（三）高处作业安全风险管控措施

1. 个人防护要求

（1）高处作业人员必须系好全身式双钩安全带，戴好安全帽，衣着灵便，禁止穿硬底和带钉易滑的鞋。

（2）如不能完全消除和预防坠落危害，应评估工作场所和作业过程的坠落危害，选择安装使用坠落保护设备，如安全带、安全绳、缓冲器、抓绳器、吊绳、锚固点、安全网等。

（3）自动收缩式救生索应直接连接到安全带的背部D形环上，一次只能一人使用，严禁与缓冲安全绳一起使用或与其连接。

（4）在屋顶、脚手架、储罐、塔、容器、人孔等处作业时，应考虑使用自动收缩式救生索。在攀登垂直固定梯子、移动式梯子及升降平台等设施时，也应考虑使用自动收缩式救生索。

（5）吊绳应在专业人员的指导下安装和使用。水平吊绳可以充当机动固定点，能够在水平移动的同时提供防坠落保护。垂直吊绳从顶部独立的锚固点上延伸出来，使用期间应该保持垂直状态。安全绳应通过抓绳器装置固定到垂直吊绳上。

（6）安全网是防止坠落的最后措施，使用时应按《安全网》（GB 5725—2009）进行安装和坠落测试，满足要求后方可投入使用。安全网应每周至少检查一次磨损、损坏和老化情况。掉入安全网的材料、构件和工具应及时予以清除。

2. 工器具要求

（1）作业方使用的所有工器具均应交由项目方（属地方）验收，并粘贴检验标签，确保工器具完好。

（2）脚手架的搭设必须符合国家有关规程和《脚手架搭设安全管理规范》（Q/SY 1246—2009）的要求。搭架人员必须经特殊工种培训并考核合格，做到持证上岗；脚手架必须经过脚手架专业技术人员检查合格并悬挂目视化合格标识后，方可投入使用。高处作业应使用符合有关标准规范的吊架、梯子、脚手板、防护围栏和挡脚板等。作业前，脚手架技术负责人应仔细检查作业平台是否坚固、牢靠，安全措施是否落实。

（3）脚手架载荷不允许超过最大载荷，不得在脚手架邻近区域进行挖掘作业。移动脚手架在移动时脚手架上严禁站人，应远离电力线。

（4）梯子最上两级严禁站人，并应有明显警示标识。用靠梯时，双手不能同时离开梯子，脚距梯子顶端不得少于4步，用人字梯时不得少于2步。靠梯的高度如超过6m，应在中间设支撑加固。一个梯子上只允许一人站立，严禁带人移动梯子。在梯子上工作时，应避免过度用力、背对梯子工作、身体重心偏离等，以防止身体失去平衡而发生坠落。

（5）在平滑面上使用的梯子，应采取端部套、绑防滑胶皮等措施。直梯应放置稳定，与地面夹角以60°~70°为宜。在容易滑偏的构件上靠梯时，梯子上端应用绳绑在上方牢固构件上。禁止在吊架上架设梯子。在电路控制箱、高压动力线、电力焊接等有任何漏电危险的场所应使用专用绝缘梯，禁止使用金属梯子。便携式梯子用作人员上下，禁止用作支撑架、跳板、滑板或其他用途。禁止使用简易梯子或竹子、木头编织的梯子。

（6）使用移动式升降平台，地面应平整无障碍，操作平台周围无电线、电缆等带电体。作业环境远离危险位置（如地面边缘、斜坡、坑洞）。使用过程中，应使用支腿、伸缩轴等增加稳定性。按照额定载荷使用，严禁载人移动。

3. 作业环境要求

（1）在作业期间，应密切注意、掌握季节气候变化，严禁在6级以上大风和雷电、暴雨、大雾等气象条件下以及40℃及以上高温、-20℃及以下寒冷环境下从事高处作业。

（2）高处作业应与架空电线保持安全距离。夜间高处作业应有充足的照明。高处作业人员应与地面保持联系，根据现场需要配备必要的联络工具，并指定专人负责联系。

（3）高处作业与其他作业交叉进行时，应按指定的路线上下，不得上下垂直作业。如确需垂直作业时，应采取可靠的隔离措施。

4. 其他要求

（1）作业人员应身体健康，体检合格，凡经医生诊断患有高血压、心脏病、贫血病、癫痫病、严重关节炎、手脚残废、饮酒或服用嗜睡、兴奋等药物以及其他禁忌高处作业的人员，不得从事高处作业。

（2）作业人员应熟悉并掌握高处作业的操作技能，并经过培训合格，持证上岗。

（3）作业人员禁止投掷工具、材料和杂物等，上爬梯时手中不得持物，工具应采取防坠落措施。

（4）高空电缆桥架作业（安装和放线）应设置作业平台。

（5）坠落防护应通过采取消除坠落危害、坠落预防和坠落控制等措施来实现。坠落防护措施的优先选择顺序如下：

① 尽量选择在地面作业，避免高处作业。
② 设置固定的楼梯、护栏、屏障和限制系统。
③ 使用工作平台，如脚手架或带升降的工作平台等。
④ 使用边缘限位系索，以避免作业人员的身体靠近高处作业的边缘。
⑤ 使用坠落保护装备，如配备缓冲装置的全身式安全带和系索。

如果以上防范措施无法实施，不得开始作业。

（6）在作业计划阶段，应评估工作场所和作业过程高处坠落的可能性，制订作业方案时，应选择安全可靠的工程技术措施和作业方式，尽量避免高处作业。凡涉及高处作业，尤其是屋顶作业、大型设备的施工、架设钢结构等作业，应制订坠落保护计划。

（7）如果不能完全消除坠落危害，应通过改善工作场所的作业环境来预防坠落，如安装楼梯、护栏、屏障、行程限制系统、逃生装置等。

（8）应避免临边作业，尽可能在地面预制好装设缆绳、护栏等设施的固定点，避免在高处进行作业。如必须进行临边作业时，必须采取可靠的防护措施。

（9）尽可能采用脚手架、操作平台和升降机等作为安全作业平台。高空电缆桥架作业（安装和放线）应设置作业平台。

（10）禁止在不牢固的结构物（如石棉瓦、木板条等）上进行作业，禁止在平台、孔洞边缘、通道或安全网内休息。楼板上的孔洞应设盖板或围栏。禁止在屋架、桁架的上弦、支撑、檩条、挑架、挑梁、砌体、不固定的构件上行走或作业。

五、移动式吊装作业管理要求

（一）定义

移动吊装作业是利用移动式起重机进行的可变换作业场所的吊装作业。

移动式起重机是指自行式起重机，包括履带起重机、轮胎起重机，不包括桥式起重机、龙门式起重机、固定式桅杆起重机、悬挂式伸臂起重机以及额定起重量不超过 1t 的起重机。

（二）风险辨识

天然气净化厂移动式起重机吊装作业存在的主要安全风险包括倾覆、物体打击、高处坠落、中毒、燃爆、触电、机械伤害、坍塌等。在某些环境下，上述风险可能共存，并具有隐蔽性和突发性。

（三）移动式吊装作业安全风险管控措施

1. 基本要求

（1）禁止起吊超载、质量不清的货物和埋置物件。

（2）任何情况下，严禁起重机带载行走；无论何人发出紧急停车信号，都应立即停车。

（3）起重机吊臂回转范围内应采用警戒带或其他方式隔离，无关人员不得进入该区域内。

（4）任何人员不得在悬挂的货物下工作、站立、行走，不得随同货物或起重机械升降。

（5）起重机械司机在吊装作业过程中持续作业一般不超过 2h，如需，则应中途休息或配备双司机轮流作业。

（6）在起重机运行时，任何人不得站在起重机上。

（7）在下列情况下，司机不得离开操作室：

① 货物处于悬吊状态。

② 操作手柄未复位。

③ 手刹未处于制动状态。

④ 起重机未熄火关闭。

⑤ 门锁未锁好。

（8）操作中起重机应处于水平状态。在操作过程中可通过引绳来控制货物的摆动，禁止将引绳缠绕在身体的任何部位。

（9）在吊装作业中，有下列情况之一者不准吊装：

① 指挥信号不明、错误或乱指挥不吊。

② 重量不明，埋入地下或超负荷不吊。

③ 工件捆绑不牢、棱角未包未垫、捆绑方法错误和吊挂重物直接进行加工或焊接时不吊。

④ 吊物上有人，用人作配重或吊物上有散浮件时不吊。

⑤ 光线不良，照明不良不吊。

⑥ 歪接斜吊（大于5%）不吊。

⑦ 起重机电铃、吊钩限位器缺陷时不吊。

⑧ 制动器等部件不可靠时不吊。

（10）起重机司机应与指挥人员保持可靠的沟通，沟通方式的优先顺序如下：

① 视觉联系。

② 有线对讲装置。

③ 双向对讲机。

当联络中断时，起重机司机应停止所有操作，直到重新恢复联系。

（11）吊装前应对移动式起重机、吊绳、吊具进行认真检查，并填写"移动式起重机外观检查表"和"钢丝绳和吊钩检查表"。

2. 作业环境要求

（1）进入作业区域之前，应对基础地面及地下土层承载力、作业环境等进行评估。

（2）需在电力线路附近使用起重机时，起重机与电力线路的安全距离应符合相关标准。在没有明确告知的情况下，所有电线电缆均应视为带电电缆。必要时应制订关键性吊装计划并严格实施。

（3）在大雪、暴雨、大雾等恶劣天气及风力达到6级时应停止起吊作业，并卸下货物，收回吊臂。

（4）在正式开始吊装作业前，司机应巡视工作场所，确认支腿是否垫枕木，发现问题应及时整改。

六、挖掘作业管理要求

（一）定义

挖掘作业是指在生产作业场所、生活基地使用人工或推土机、挖掘机等施工机械，通过移除泥土形成沟、槽、坑或凹地的挖土、打桩、地锚入土的作业；或建筑物拆除以及在可能存在隐蔽工程的墙壁开槽打眼的作业。

（二）风险识别

天然气净化厂挖掘作业存在的主要安全风险包括坍塌、管线电缆破坏造成事故、人员坠落、机械伤害、触电、火灾爆炸、中毒等。

（三）挖掘作业安全风险管控措施

1. 挖掘工器具管理要求

（1）作业方使用的所有工器具均应交由项目方（属地方）验收，并粘贴检验标签，确保工器具完好。

（2）在防火防爆危险区域内使用挖掘机作业时，挖掘机发动机排气管应安装阻火器。

（3）当地下情况不明时，严禁使用施工机械进行挖掘作业。

（4）应用手工工具（例如铲子、锹、尖铲、镐只能用来开挖表面）来确认1.2m以内的任何地下设施的正确位置和深度。

（5）开挖作业邻近地下隐蔽工程时，应采用人工方式，禁止使用铁钎、铁镐等工具和施工机械进行作业。

2. 挖掘作业环境管理要求

（1）现场相关人员拥有最新的地下设施布置图，明确标注地下设施的位置、走向及可能存在的危害。

（2）挖掘前应确定附近结构物是否需要临时支撑，必要时由有资质的专业人员对邻近结构物基础进行评价并提出保护措施建议。

（3）如果挖掘作业危及邻近的房屋、墙壁、道路或其他结构物，应当使用支撑系统或其他保护措施，如支撑、加固或托换基础来确保这些结构物的稳固性，并保护员工免受伤害。

（4）不得在邻近建筑物基础的水平面下或挡土墙的底脚下进行挖掘，除非在稳固的岩层上挖掘或已经采取了下列预防措施：

① 提供诸如托换基础的支撑系统。
② 建筑物距挖掘处有足够的距离。
③ 挖掘工作不会对员工造成伤害。

（5）雷雨天气应停止挖掘作业，雨后复工时，应检查受雨水影响的挖掘现场，监督排水设备的正确使用，检查土壁稳定和支撑牢固情况。发现问题，要及时采取措施，防止骤然崩坍。

（6）如果有积水或正在积水，应采用导流渠，构筑堤防或其他适当的措施，防止地表水或地下水进入挖掘处，并采取适当的措施排水，方可进行挖掘作业。

3. 其他管理要求

（1）不应在坑、沟槽内休息，不得在挖掘设备下或坑、沟槽上端边沿站立、走动。

（2）人工开挖基坑时，操作人员之间要保持安全距离，一般大于 2.5m。

（3）挖土要自上而下，逐层进行，不应进行先挖坡脚的危险作业。

（4）作业过程中暴露出的线缆、管线或其他不能确认的物品时，应立即停止作业，妥善加以保护，并报告施工区域所在单位，待现场确认，并采取相应的安全保护措施后，方可继续作业。

（5）采用机械设备开挖时，应确认活动范围内没有障碍物（如架空线路、管架等）。机械挖掘，多台阶同时开挖土方时，应验算边坡的稳定，确定挖土机离边坡的安全距离；多台机械开挖，挖土机间距离应大于 10m。

（6）保护性支撑系统的安装应自上而下进行，支撑系统的所有部件应稳固相连。严禁用胶合板制作构件。

（7）如果需要临时拆除个别构件，应先安装新的替代构件，以承担加载在支撑系统上的负荷，再拆除旧的替代构件。工程完成后，应自下而上拆除保护性支撑系统，回填和支撑系统的拆除应同步进行。

（8）挖出物应及时运出，如需要临时堆土，或留作回填土，挖出物或其他物料至少应距坑、井、沟槽边沿 1m，堆积高度不得超过 1.5m，坡度不大于 45°，不得堵塞下水道、窨井以及作业现场的逃生通道和消防通道。

（9）在坑、井、沟槽的上方、附近放置物料和其他重物或操作挖掘机械、起重机、卡车时，应在边沿安装板桩并加以支撑和固定，设置警示标志或障碍物。

（10）当允许员工、设备在挖掘处上方通过时，应提供带有标准栏杆的通道或桥梁，并明确通行限制条件。

（11）挖掘深度超过 1.2m 时，应在合适的距离内提供梯子、台阶或坡道等，用于安全进出。作业场所不具备设置进出口条件，应设置逃生梯、救生索及机械升降装置等，并安排专人监护作业，始终保持有效的沟通。

（12）挖掘作业现场应设置护栏、盖板和明显的警示标志。在人员密集场所或区域施工时，夜间应悬挂红灯警示。

（13）挖掘作业如果阻断道路，应设置明显的警示和禁行标志，对于确需通行车辆的道路，应铺设临时通行设施，限制通行车辆吨位，并安排专人指挥车辆通行。

（14）采用警示路障时，应将其安置在距开挖边缘1.5m之外。如果采用废石堆作为路障，其高度不得低于1m。在道路附近作业时应穿戴警示背心。

（15）施工结束后，应根据要求及时回填，并恢复地面设施。

七、临时用电作业管理要求

（一）定义

临时用电作业是指在施工、生产、检维修等作业过程中，临时使用非标准配置380V及以下的低压电力系统的作业。超过6个月的用电，不能按临时用电作业管理，应按照相关工程设计规范配置线路。

非标准配置的临时用电线路是指除按标准成套配置的，有插头、连线、插座的专用接线排和接线盘以外的，所有其他用于临时性用电的电气线路，包括电缆、电线、配电箱、开关箱、电气开关、设备等。

（二）风险识别

天然气净化厂临时用电作业存在的主要安全风险包括触电、高处坠落、物体打击、坍塌、火灾爆炸、中毒等。

（三）临时用电作业安全风险管控措施

1. 临时用电设备设施管理要求

（1）作业方使用的所有工器具均应交由项目方（属地方）验收，并粘贴检验标签，确保工器具完好。

（2）配电箱（盘）应保持整洁、接地良好。对配电箱（盘）、开关箱应定期检查、维修。进行检查、维修、接引或拆除临时电路作业时，应将其上一级相应的电源隔离开关分闸断电、上锁，并悬挂警示性标识。

（3）固定式配电箱、开关箱下底与地面的垂直距离应大于1.4m，小于1.6m；移动式分配电箱、开关箱下底与地面的垂直距离应大于0.8m，小于1.6m。

（4）移动工具、手持工具等用电设备应有各自的电源开关，必须实行"一机一闸"制，严禁两台或两台以上用电设备（含插座）使用同一开关。

（5）使用电气设备或电动工具作业前，应由电气专业人员对其绝缘进行测试，Ⅰ类工具绝缘电阻不得小于2MΩ，Ⅱ类工具绝缘电阻不得小于7MΩ，合格后方可使用。

（6）使用潜水泵时应确保电动机及接头绝缘良好，潜水泵引出电缆到开关之间不得有接头，并设置非金属材质的提泵拉绳。

（7）使用手持电动工具应满足如下安全要求：

① 设备外观完好，标牌清晰，各种保护罩（板）齐全。

② 在一般作业场所，应使用Ⅱ类工具；若使用Ⅰ类工具时，应装设额定漏电动作电流不大于15mA、动作时间不大于0.1s的漏电保护器。

③ 在潮湿作业场所或金属构架上等导电性能良好的作业场所，应使用Ⅱ类或由安全隔离变压器供电的Ⅲ类工具。

④ 在狭窄场所，如锅炉、金属管道内，应使用Ⅲ类工具。若使用Ⅱ类工具应装设额定漏电动作电流不大于15mA、动作时间不大于0.1s的漏电保护电器。

⑤ Ⅲ类工具的安全隔离变压器，Ⅱ类工具的漏电保护器及Ⅱ、Ⅲ类工具的控制箱和电源联结器等应放在容器外或作业点处，同时应有人监护。

(8) 临时照明应满足以下安全要求：

① 现场照明应满足所在区域安全作业亮度、防爆、防水等要求。

② 使用合适的灯具和带护罩的灯座，防止意外接触或破裂。

③ 使用不导电材料悬挂导线。

④ 行灯电源电压不超过36V，灯泡外部有金属保护罩。

⑤ 在潮湿和易触及带电体场所的照明电源电压不得大于24V，在特别潮湿场所、导电良好的地面、锅炉或金属容器内的照明电源电压不得大于12V。

2. 作业环境管理要求

所有的临时配电箱应标上电压标识和危险标识，在其安装区域内应在前方1m处用黄色油漆或警示带做警示。室外的临时用电配电盘、箱应设有安全锁具，有防雨、防潮措施。在距配电箱、开关及电焊机等电气设备15m范围内，不应存放易燃、易爆、腐蚀性等危险物品。

3. 其他管理要求

(1) 临时用电设备在5台以上（含5台）或设备总容量在50kW以上（含50kW）的，应专门进行临时用电施工组织设计。

(2) 使用周期在1个月以上的临时用电线路，应采用架空方式安装，并满足以下要求：

① 架空线路应架设在专用电杆或支架上，严禁架设在树木、脚手架及临时设施上。架空电杆和支架应固定牢固，防止受风或者其他原因倾覆造成事故。

② 在架空线路上不得进行接头连接，如果必须接头，则需进行结构支撑，确保接头不承受拉、张力。

③ 临时架空线最大弧垂与地面距离，在施工现场不低于2.5m，穿越机动车道不低于5m。

④ 在起重机等大型设备进出的区域内不允许使用架空线路。

(3) 使用周期在1个月以下的临时用电线路，可采用架空或地面走线方式，地面走线应满足以下要求：

① 所有的地面走线应避免机械损伤和不得阻碍人员、车辆通行，且在醒目位置设置走向标识和安全标志。

② 需要横跨道路或在有重物挤压危险的部位，应加设防护套管，套管应固定；当位

于交通繁忙区域或有重型设备经过的区域时，应用混凝土预制件对其进行保护，并设置安全警示标识。

③ 要避免敷设在可能施工的区域内。

④ 电线埋地深度不应小于 0.7m。

（4）临时用电线路经过有高温、振动、腐蚀、积水及机械损伤等危害的部位，不得有接头，并应采取相应的保护措施。

（5）所有的临时用电线路必须采用耐压等级不低于 500V 的绝缘导线。

（6）临时用电应设置保护开关，使用前应检查电气装置和保护设施。所有的临时用电都应设置接地保护，接地电阻值应满足《施工现场临时用电安全技术规范（附条文说明）》（JGJ 46—2005）的要求，接地线和接零线应分开设置。

（7）送电操作顺序为：总配电箱—分配电箱—开关箱（上级过载保护电流应大于下级）。停电操作顺序为：开关箱—分配电箱—总配电箱（出现电气故障的紧急情况除外）。

（8）所有临时用电线路应由电气专业人员检查合格、贴上标签后方可使用。搬迁或移动后的临时用电线路应再次检查确认。在防爆场所使用的临时用电线路和电气设备，应达到相应的防爆等级要求。

（9）临时用电线路的自动开关和熔丝（片）应符合安全用电要求，不得随意加大或缩小，不得用其他金属丝代替熔丝。

（10）临时电源暂停使用时，应在接入点处切断电源。搬迁或移动临时用电线路时，应先切断电源。

八、管线与设备打开作业管理要求

（一）定义

管线与设备打开作业是指采取下列方式（包括但不限于）改变封闭管线与设备及其附件的完整性：

（1）解开法兰。

（2）从法兰上去掉一个或多个螺栓。

（3）打开阀盖或拆除阀门。

（4）调换 8 字盲板。

（5）打开管线连接件。

（6）去掉盲板、盲法兰、堵头和管帽。

（7）断开仪表、润滑、控制系统管线，如引压管、润滑油管等。

（8）断开加料和卸料临时管线（包括任何连接方式的软管）。

（9）用机械方法或其他方法穿透管线。

（10）开启检查孔。

（11）微小调整（如更换阀门填料）。

（12）其他作业。

（二）风险识别

天然气净化厂管线与设备打开作业存在的主要安全环保风险包括物体打击、中毒、缺氧窒息、燃爆、灼烫、高处坠落、坍塌、触电、机械伤害、环境污染等。

（三）管线与设备打开作业安全风险管控措施

1. 能量隔离措施

（1）需要打开的管线或设备必须与系统隔离，编制系统隔离方案，隔离相关物料的外部来源。管线与设备中的物料应采用排净、冲洗、置换、吹扫等方法除尽。清理合格应符合以下要求：

① 系统温度为-10~60℃。

② 已达到大气压力。

③ 与气体、蒸气、雾沫、粉尘的毒性、腐蚀性、易燃性有关的风险已降低到可接受的水平。

（2）系统隔离应首先切断物料来源，隔离可采取加装盲板、实现断开、双重隔离或其他有效隔离方式。隔离应优先选取截断、加盲板或盲法兰等方式实现有效隔离。

（3）当使用单阀隔离有毒、有害或压力大于0.4MPa（表压），温度高于闪点或大于60℃的介质时，应增加额外的控制措施。

2. 气体检测（监测）措施

管线与设备打开作业涉及中毒、缺氧窒息或燃爆风险的，应开展气体检测（监测），签发人应在现场风险辨识的基础上，在作业许可证中注明气体检测类别和标准。

3. 现场监护措施

（1）属地监督、安全监护认真履职，不得离开作业现场或做与工作无关的事情。

（2）属地监督严格按照JSA制定的风险控制措施逐一落实，针对控制措施未落实的，应立即制止作业，控制措施落实后，方可继续作业。

（3）防止未经许可的人员进入作业区域。

4. 其他管理要求

（1）管线与设备打开作业时，应明确打开管线与设备的位置。应在受管线与设备打开作业影响的区域设置区域隔离或警戒线，禁止无关人员进入。

（2）发生任何危险物料泄漏，应立即停止作业并对泄漏进行处置；如果发生不可控泄漏，应立即组织现场人员疏散撤离。

（3）管线与设备打开前并不能完全确认已无危险，应在管线与设备打开之前做以下准备：

① 确认管线与设备清理合格。采用凝固（固化）工艺介质的方法进行隔离时应充分考虑介质可能重新流动。

② 如果不能确保管线与设备清理合格，如残存压力或介质在死角截留、未隔离所有压力或介质的来源、未在低点排凝和高点排空等，应停止工作，重新制订工作计划，明确控制措施，消除或控制风险。

③ 应根据工作前安全分析及作业涉及的危险物质特性，结合现场实际落实必要的安全技术措施。

④ 在打开有机溶液和污水等可能导致环境污染的介质的管线或设备时，应提前做好

收集措施，防止有机溶液和污水外泄发生环境污染事件。

第四节　常用 QHSE 工具方法

HSE 工具方法是 HSE 管理体系与现场风险管控实际相结合的有效抓手。通过应用 HSE 工具方法，可规范现场管理，提高安全环保管理水平。下面将简述常用工具方法的定义、主要做法及适用范围。

一、有感领导、直线责任、属地管理

（1）有感领导：各级领导通过以身作则的良好个人安全行为，使员工真正感知到安全生产的重要性，感受到领导做好安全的示范性，感悟到自身做好安全的必要性。

（2）直线责任：机关职能部门和各级管理人员，对业务范围内的 HSE 工作负责，结合本岗位管理工作负责相应 HSE 管理，做到"谁管工作、谁管安全"。

（3）属地管理：属地责任人对自己所管辖区域内人员（包括自己、同事、承包商员工和访客）的安全、设备设施的完好、作业过程的安全、工作环境的整洁负责。

二、安全经验分享

安全经验分享是指员工将本人亲身经历或看到、听到的有关质量与 HSE 方面的经验做法或事故、事件、不安全行为、不安全状态等总结出来，通过介绍和讲解，在一定范围内使事故教训得到分享、典型经验得到推广的一项活动。

主要做法：

（1）制度化：在各种会议、各类培训前应开展经验分享活动。

（2）形式多样化：收集各种典型案例，搭建网络共享平台或编制案例手册；分享人员以口述、文字材料、多媒体等方式进行。

（3）内容多元化：既有生产、消防、交通、质量、健康安全、环保方面的内容，也有日常生活中的安全感悟。

三、行为安全观察与沟通

行为安全观察与沟通是指针对现场行为安全的一个工具，通过观察员工的行为，与员工讨论安全与不安全工作的后果，沟通更安全的工作方式，从而达到改善现场行为安全绩效的目的。以"观察、表扬、讨论、沟通、启发、感谢"六步法为基础实施，主要观察 7 个方面的内容：员工的反应、员工的位置、个人防护装备、工具与设备、程序、人体工效学、整洁。

各单位各级领导和员工每年年初制订行为安全观察与沟通计划，实行分级管理原则，行为安全观察与沟通应覆盖所有区域和班次，并覆盖不同的作业时间段，如夜班作业、超时加班以及周末工作。各级管理者在进行安全联系活动时，应开展行为安全观察与沟通。各单位应定期统计分析行为安全观察与沟通结果，为领导层决策提供依据和参考，为预测安全趋势提供先导指标，直线部门组织跟踪结果，及时整改并提供必要资源。

四、安全目视化管理

安全目视化管理是指通过安全色、标签、标牌等方式，明确人员的资质和身份、工器具和设备设施的使用状态，以及生产作业区域的危险状态的一种现场安全管理方法，主要包括人员目视化、工器具目视化、设备设施目视化和生产作业区域目视化4方面。

五、上锁挂牌管理

上锁是指为避免系统意外开启，造成人员伤害、环境污染等事故，对介质或能量的来源部位进行机械锁定的操作；挂牌是指用于严禁操作部位的标识，对于无法上锁但又不允许操作的部位进行提示。

上锁挂牌适用于工艺系统、电气系统相应设施的上锁及解锁程序，涵盖各装置日常检维修、临时停产检修、系统性检修等作业，主要包括以下内容：

（1）净化装置停产检修加装盲板后需要上锁挂牌的。
（2）工艺系统、电气系统及设备检维修作业需强制执行上锁挂牌的。
（3）动火作业、管线与设备打开、受限空间等危险作业前需进行上锁挂牌的。
（4）净化装置正常生产期间避免因误操作阀门而破坏现有的安全运行状态需进行上锁挂牌的。

六、作业许可（PTW）

作业许可（PTW）是指在从事危险作业（如进入受限空间、动火、挖掘、高处作业、吊装、管线打开、临时用电等）及缺乏工作程序（规程）的非常规作业等之前，为保证作业安全，必须取得授权许可方可实施作业的一种管理制度。

七、工艺与设备变更管理（MOC）

工艺与设备变更管理（MOC）是指对涉及工艺技术、设备设施、工艺参数等超出现有设计范围的改变（如压力等级改变、压力报警值改变等）的管理过程。

八、工作前安全分析（JSA）

工作前安全分析（JSA）是指事先或定期对某项工作任务进行风险评价，并根据评价结果制定和实施相应的控制措施，达到最大限度消除或控制风险的方法。适用于生产单位和施工作业场现场新作业、非常规性（临时）作业、承包商作业、改变现有的作业、评估现有的作业、实行作业许可的作业。

九、工作循环分析（JCA）

工作循环分析（JCA）是指以各单位技术干部、班组长与操作工合作的方式，对操作规程、岗位操作卡等操作程序与作业操作人员实际操作行为进行分析和评价的一种方法，其目的是完善操作规程内容和规范员工操作行为。

十、HSE 培训需求矩阵

HSE 培训需求矩阵是指用一张矩阵式表格，将一个岗位所要求的具体培训内容与对每一项培训内容的具体培训要求对应列入其中，纵列为该岗位员工需要掌握的 HSE 培训内容项目，包括 HSE 理念、HSE 知识、HSE 技能（岗位操作技能、控制风险的技能、预防和应急技能）等，横行为针对每一项培训内容的具体培训要求，包括培训课时、培训方式、培训效果、培训周期、培训师资等。

十一、启动前安全检查（PSSR）

启动前安全检查（PSSR）是指在生产装置、设备、设施启动前对所有因素进行检查确认，并将所有必改项整改完成、批准启动的过程。

一个完整的 PSSR 过程包括成立小组、召开计划会、实施检查、召开审核会议、批准启动、跟踪待改项和文件归档 6 个步骤。

十二、工艺危害分析（PHA）

工艺危害分析（PHA）是指系统辨识、评估和控制工艺设备设计、使用和报废过程中的危害，以预防火灾、爆炸、泄漏等事故的发生。PHA 是工艺生命周期内各个时期和阶段辨识、评估和控制工艺危害的有效工具，其中危险与可操作性分析（Hazard and operability analysis，简称 HAZOP）是最常用的方法之一。

HAZOP 分析是有条理地研究工艺参数偏离的原因及其对整个工艺系统影响的方法。HAZOP 作为一种风险分析评价手段，可以发现设计方案和布局配置不合理、配套设施不完整、材料选择不当等方面的问题，并提出建议和改进措施，以促使装置设计更趋完善、投产运行安全性得到进一步提高等。

十三、工艺安全信息（PSI）

工艺安全信息（PSI）是指提供物料的危害性、工艺设计基础和设备设计基础的文件化信息资料，是工艺安全管理的基础，也是工艺安全管理工作中的第一步。一般由工艺技术管理部门组织对现役、闲置、停用和废弃装置工艺安全信息资料收集，建立工艺安全信息资料台账，规范资料归档管理。

十四、质量保证（QA）

质量保证（QA），用于保证新设备的质量符合设计规范和生产要求，是对设备的设计、采购、制造、验收、运输、存储、安装等环节的控制。

十五、设施完整性管理（MI）

设施完整性管理（MI）也就是采取技术改进措施和规范设备管理相结合的方式来保证整个装置中关键设备运行状态的完好性，主要管理内容为对关键设备使用和维护、维修规程、维修培训、材料与备件的质量控制、测试与检查、维修、设备可靠性分析、更新与改造、报废等环节进行控制管理。

十六、停止作业卡（STOP 卡）

STOP 卡，停止作业卡（Safety Training Observation Program，简称 STOP 卡），是美国杜邦公司在 HSE 管理中提出的新的管理方式，鼓励并倡导在生产作业现场全体作业人员使用 STOP 卡纠正不安全行为，肯定和加强安全行为，赋予员工发现制止"三违"等不安全行为/状态的权利，以达到防止不安全行为的再发生和强化安全行为的目的。

十七、事故控制卡（ACT 卡）

事故控制卡（Accident Control Technique，简称 ACT 卡），是壳牌公司一项先进的安全管理方法。是通过员工辨识和根除日常工作中不安全的行为与不安全的状态，达到控制不安全行为和预防事故的目的。

HSE 管理部门是 ACT 卡的归口管理部门，负责制作 ACT 卡，编制 ACT 卡奖励细则，定期收集并组织评审，对员工提出的隐患分级管理并奖励，定期分析发现隐患。

第二章　天然气净化厂环境管理

第一节　环境因素管理

一、环境因素辨识及风险评价

(一) 危害因素（环境因素）辨识

1. 基本要求

(1) 危害因素（环境因素）识别应考虑正常、异常、紧急 3 种状态。正常是指日常的连续运转状态，如设备的正常运转及生产；异常是指可以合理预期并发生的非正常状态，如机器设备的开机、停机、检修等；紧急是指不可合理预期的突发事情，如火灾、爆炸、化学品泄漏等。

(2) 危害因素（环境因素）识别应考虑过去、现在、将来 3 种时态。过去是指以往的环境影响一直持续到现在，如泄漏事件造成的土地污染；现在是指在进行或产生的活动、产品或服务中的环境因素及其影响，如正在运行过程中的锅炉烟尘和 SO_2 排放；将来是指计划中的活动、产品、服务，将来可能产生的环境影响，如新改建项目中涉及的环境因素。

(3) 危害因素（环境因素）识别应体现生命周期思想和全过程、动态管理思想，从向大气的排放、向水体的排放、噪声排放、固体废弃物管理、土壤污染、原材料及资源能源的消耗和浪费、能量释放（如热、振动、辐射等）、所在地环境保护部门及相关方的要求和期望等方面进行识别。

2. 辨识方法

危害因素（环境因素）辨识可采用现场观察法、直观经验法、现场询问和咨询法、实际监测和对比法、专家咨询法、调查法等。

(二) 危害因素（环境因素）评价

危害因素（环境因素）的评价方法：首选选用"重要性准则评价法"判定重要环境因素，不能运用"重要性准则评价法"的，运用"打分法"确定重要、一般环境因素。

(三) 危害因素（环境因素）控制

1. 一般危害因素（环境因素）控制

一般危害因素（环境因素）对环境影响相对较小，可通过制定控制措施或补充、修订现有操作规程、规章制度加强控制管理。

2. 重要危险因素（环境因素）控制

（1）对加强管理或执行现有操作规程即可控制的重要危害因素（环境因素），如酸气、原料气放空，通过制定消减措施，包括制定目标、指标、管理方案（相关规章制度及操作规程等），实现有效控制、消减环境影响。

（2）对于可能造成潜在事故和紧急情况发生的重要危害因素（环境因素），如硫磺库火灾，通过制定并执行相关规章制度和应急预案，预防和消减环境影响。

（3）对需投资整改的其他重要危害因素（环境因素），如现有工艺技术条件不能达到国家排放标准的，应立项整改。

（4）对因经济状况、技术条件等原因暂时无法实施整改的重要危害因素（环境因素），如厂家噪声超标，纳入中长期环境保护规划的治理范围之内。

二、重要环境因素及控制措施

天然气净化厂重要危害因素（环境因素）有污水排放，工艺废气排放，原料气、酸气放空，硫磺库火灾，固体废弃物，装置火灾爆炸，化学溶剂泄漏，厂家噪声超标。控制措施如下：

（1）污水排放的控制措施是实施污染源头控制，加强污水处理设施高效运行操作，安装污水排放在线监测仪监控，设置不合格污水返回处理设施。

（2）工艺废气排放的控制措施是实施污染源头控制，加强工艺装置平稳运行操作，安装废气在线监测仪监控。

（3）原料气、酸气放空的控制措施是加强生产装置平稳运行管理，减少原料气、酸气放空频次和放空量；紧急放空时控制原料气、酸气放空流速，避免冲灭放空火炬火苗，导致直接排放 H_2S。

（4）硫磺库火灾的控制措施是规范硫磺堆码管理，预防硫磺库发生火灾；若发生火灾，执行火灾应急预案，减少火灾废气、消防废液对环境的影响。

（5）固体废弃物的控制措施是修建固体废弃物堆放棚，分类收集、分类储存、分类处置。一般工业废物利用固废焚烧装置无害化、减量化处置；危险废物及一般工业废弃物焚烧后的废渣交与有资质单位处置。

（6）装置火灾爆炸的控制措施是编制装置火灾爆炸应急预案；修建事故应急池及配套系统，收集事故消防废液。

（7）化学溶剂泄漏的控制措施是编制装置溶剂泄漏应急预案；修建事故应急池，收集泄漏化学溶剂。

（8）厂界噪声超标的控制措施是选用低噪声设备，合理布置设施设备，加强装置区厂界树木绿化，修建隔声罩、隔声屏，安装消声器、消声坑等。

第二节 污染源管理

一、装置主要污染源及管控措施

(一) 主要污染源

1. 工业废气

工业废气主要包括硫磺回收装置出来尾气经焚烧炉燃烧后排放的废气、因雷击或设备故障等紧急状态下原料气或酸气经放空火炬燃烧后排放的废气。

2. 工业污水

工业污水主要包括锅炉排污水，循环水排污，机泵冷却水、过滤器返洗水等正常生产污水，以及装置检修污水、场地冲洗水。

3. 固体废物

在生产过程和装置检修活动中将产生废催化剂、生化污泥、废活性炭、溶液过滤袋、滤芯、废旧手套、油棉纱等固体废物。

4. 噪声

噪声主要包括风机、泵等动设备运转噪声、管道气流噪声等。

(二) 主要污染物控制措施

1. 污水控制

(1) 实施清污分流，分类收集。

(2) 正常运行污水处理设施，确保污染物稳定达标排放。

(3) 积极开展中水回用，削减污水排放量。

2. 废气控制

(1) 利用硫磺回收新技术，提高硫回收率。

(2) 加强操作，避免因供电、设备异常引起原料气、酸气放空事件，减少 SO_2 排放。

3. 固废控制

(1) 固体废物管理实行分类收集、分类储存、分类处理。能综合利用的固体废物及时回收处理，不能综合利用的应集中堆放于固废棚内，统一处理。

(2) 规范危险废物的储存处置，不得擅自倾倒、堆放；建立危险废物月度台账和年度台账。

(3) 委外处置危险废物应执行危险废物转移联单制度。未经环境保护行政主管部门批准，不得转移。委托其他企业处理处置废物时，应核实被委托方的资质和能力，确保达到国家、地方环境保护要求。

4. 噪声控制

从设备选型、布局、绿化等方面加强噪声源治理，定期开展噪声污染源监测工作，建立噪声污染源档案。

（三）污染物排放执行标准

天然气净化厂的废水、废气、固体废物和厂界噪声严格执行国家标准，具体执行标准见天然气净化厂污染物外排执行标准（表4-2-1）。

表 4-2-1 天然气净化厂污染物外排执行标准

污染物	执行标准号	标准级别	主要执行内容	
废水	GB 8978—1996《污水综合排放标准》	一级	1997年12月31日前 pH值：6~9 COD：100mg/L Oil：10mg/L SS：70mg/L S^{2-}：1.0mg/L BOD_5：30mg/L 挥发酚：0.5mg/L	1998年1月1日后 pH值：6~9 COD：100mg/L Oil：5mg/L SS：70mg/L S^{2-}：1.0mg/L BOD_5：20mg/L 挥发酚：0.5mg/L
废气	二氧化硫执行《陆上石油天然气开采工业大气污染物排放标准》（GB 39728—2020）（新建净化厂2021年1月1日实施；现有净化厂2023年1月1日起实施）； 氮氧化物、颗粒物、烟气黑度执行《大气污染物综合排放标准》（GB 16297—1996）最高允许排放标准	—	硫磺回收装置总规模≥200t/d 时，二氧化硫排放浓度限值为400mg/m³； 硫磺回收装置总规模<200t/d 时，二氧化硫排放浓度限值为800mg/m³	
厂界噪声	GB 12348—2008《工业企业厂界环境噪声排放标准》	一级	昼间：≤55dB 夜间：≤45dB	
		二级	昼间：≤60dB 夜间：≤50dB	
		三级	昼间：≤65dB 夜间：≤55dB	
厂内噪声	GBZ 2.2—2007《工作场所有害因素职业接触限值 第2部分：物理因素》	—	接触限值（5d/w，=8h/d）：85dB（A）（非稳态噪声计算8h等效声级）； 接触限值（5d/w，≠8h/d）：85dB（A）（计算8h等效声级）； 接触限值（≠5d/w）：85dB（A）（计算40h等效声级）	
固体废物	GB 18599—2020《一般工业固体废物贮存和填埋 污染控制标准》 GB 18597—2023《危险废物贮存污染控制标准》	—	—	

二、污染源治理设施管理

（一）污染治理设施完整性

污染治理设施应保持较好的完好率和运行率，不得擅自拆除或停运，污染治理设施运行率和污染物处理率为100%；确需拆除或停运，必须经相关部门批准。

（二）建立设施、设备基础台账

建立环保治理设施、设备基础台账，实行动态更新管理。基础台账主要包括设施名称、制造商、投产日期、投资额、原设计处理能力、更新日期、新设计处理能力等信息。

（三）建立环保治理设施运行记录

建立环保设施运行记录，记录包括设备运转情况、运行时间、污染物处理量及处理效果等情况。停运设备应注明停运原因及停运时间。

（四）设施运行效率考核

对各污染治理设施每年进行一次运行效率考核，分别考核主要污染治理单体设备、整套污染治理装置对主要污染物的去除效率。根据考核结果编写污染治理设施运行效率考核报告，对污染治理设施运行管理中存在的问题提出整改意见。

（五）限期整改

对污染治理设施运行不正常、运行效率低的单位，下达限期整改通知单，被通知限期整改的单位必须按期完成整改任务，确保污染治理设施有效运行。

（六）排污口管理

各污染治理设施外排口依据《排污许可证管理条例》执行排污许可证制度；各排污口办理排污许可证，设立明显排污标志，标明排污口编号和排放污染物种类。

参 考 文 献

[1] 武汉大学，吉林大学等校．无机化学．3版．北京：高等教育出版社，1994．
[2] 朱堂标．化学反应基本类型研究．考试周刊，2011，(13)：201-202．
[3] 华彤文，陈景祖．普通化学原理．3版．北京：北京大学出版社，2005．
[4] 许满贵，徐精彩．工业可燃气体爆炸极限及其计算．西安科技大学学报，2005，(02)：139-142．
[5] 邢其毅，裴伟伟，徐瑞秋，等．基础有机化学：上册．3版．北京：高等教育出版社，2005．
[6] 李景宁．有机化学：上册．5版．北京：高等教育出版社，2011．
[7] 吴望一．流体力学：上册．北京：北京大学出版社，1982．
[8] 李道明．流体过滤分离技术展望．航空精密制造技术，1995，(03)：24-26．
[9] 陈敏恒，丛德滋，方图南，等．化工原理：上册．3版．北京：化学工业出版社，2006．
[10] 马友光，余国琮．气液相际传质的理论研究．天津大学学报，1998，(04)：123-127．
[11] 崔思贤．石化工业中金属材料的腐蚀与防护（2）．石油化工腐蚀与防护，1995，(01)：47-50．
[12] 张洪涛，张海启，祝有海．中国天然气水合物调查研究现状及其进展．中国地质，2007，(06)：953-961．
[13] 乐嘉谦．仪表工手册．北京：化学工业出版社，1998．
[14] 张文勤，郑艳，马宁，等．有机化学．5版．北京：高等教育出版社，2014．
[15] 王开岳．天然气净化工艺：脱硫脱碳、脱水、硫黄回收及尾气处理．2版．北京：石油工业出版社，2015．
[16] 诸林．天然气加工．2版．北京：石油工业出版社，2008．
[17] 金文，逯红杰．制冷技术．北京：机械工业出版社，2009．
[18] 赵军，张有忱．化工设备机械基础．北京：化学工业出版社，2011．
[19] 陈赓良．SCOT法尾气处理工艺技术进展．石油炼制与化工，2003，(10)：28-32．
[20] 叶波，曹东，熊勇，等．凝析油稳定装置运行评述及操作优化．石油与天然气化工，2015，44 (02)：38-42．
[21] 唐受印，戴友芝，汪大翚．废水处理工程．2版．北京：化学工业出版社，2004．
[22] 蒋树林，杨彪，甘宇，等．蒸发结晶工艺在天然气净化厂污水处理中的应用浅析．广东化工，2016，43 (19)：148-149+153．
[23] 王遇冬．天然气处理原理与工艺．北京：石油工业出版社，2007．
[24] 朱利凯．天然气处理与加工．北京：石油工业出版社，1997．
[25] 陈庚良，肖学兰，杨仲熙，等．克劳斯法硫黄回收工艺技术．北京：石油工业出版社，2007．
[26] 范恩泽，王隆祥．卧引净化装置运行十年评析．石油与天然气化工，1991，(01)：27-35+55．
[27] 薛永强，李强，晁琼萧，等．天然气处理厂放空系统运行安全分析及对策．石油化工应用，2010，29 (09)：34-39+79．
[28] 谭波．常压热水锅炉的选用．工程建设与设计，2011，(04)：106-108．
[29] 沈贞珉，邢磊．司炉读本．北京：中国劳动社会保障出版社，2008．
[30] 纪轩．污水处理工必读．北京：中国石化出版社，2004．
[31] 中国石油天然气集团有限公司人事部．天然气净化操作工：上册．北京：石油工业出版社，2019．
[32] 中国石油天然气集团有限公司人事部．天然气净化操作工：下册．北京：石油工业出版社，2019．